配电网规划

Electric Distribution Network Planning

【澳】Farhad Shahnia　Ali Arefi　Gerard Ledwich　著

国网经济技术研究院有限公司　译

中国电力出版社
CHINA ELECTRIC POWER PRESS

图书在版编目（CIP）数据

配电网规划/（澳）法哈德·沙哈尼亚（Farhad Shahnia），（澳）阿里·阿雷菲（Ali Arefi），（澳）杰拉德·莱德维奇（Gerard Ledwich）著；国网经济技术研究院有限公司译. —北京：中国电力出版社，2019.7（2019.11 重印）
书名原文：Electric Distribution Network Planning
ISBN 978-7-5198-3398-5

Ⅰ. ①配… Ⅱ. ①法… ②阿… ③杰… ④国… Ⅲ. ①配电系统–电力系统规划 Ⅳ. ①TM715

中国版本图书馆 CIP 数据核字（2019）第 135933 号

北京市版权局著作权合同登记　图字：01－2019－3004 号

出版发行：中国电力出版社
地　　址：北京市东城区北京站西街 19 号（邮政编码 100005）
网　　址：http://www.cepp.sgcc.com.cn
责任编辑：王春娟　陈　倩（010-63412512）
责任校对：黄　蓓　常燕昆
装帧设计：左　铭
责任印制：石　雷

印　　刷：北京博海升彩色印刷有限公司
版　　次：2019 年 8 月第一版
印　　次：2019 年11月北京第二次印刷
开　　本：710 毫米×1000 毫米　16 开本
印　　张：22.25
字　　数：418 千字
印　　数：1001—2000 册
定　　价：98.00 元

译 者 序

近年来，随着清洁能源的不断发展，大量分布式电源接入配电网，使得配电网的内涵发生了深刻的变革。配电网对可再生能源的主动兼容性使其优化目标变得更加多元，需要综合考虑系统可靠性、经济性及可再生能源利用效率等多方面因素。同时，在开放电力市场环境下，由于对配电网的投资可能涉及配电公司、分布式发电投资商与需求侧集成提供商在内的多个独立市场主体，使得配电网的规划问题由传统意义上追求单一主体利益最大化向复杂的多主体协调规划方向转变。需求侧响应与分布式可再生能源发电不确定性的叠加使配电网运行状态更加复杂多变，从而极大地影响规划方案寻优的可行空间。因此，忽略运行的传统配网规划方法已不再适用，需要对配电网可能遇到的各种不确定性工况进行精细化运行模拟才能确定最优规划方案。

本书是由澳大利亚莫道克大学电气工程学院副教授法哈德·沙哈尼亚、昆士兰科技大学研究员阿里·阿雷菲以及首席教授杰拉德·莱德维奇组织其他 39 位世界知名的配电网规划领域先行者于 2018 年共同编撰的。该书全面介绍了配电网新的规划技术和管理理念，深入解读了配电网规划的概念、数学模型和相关的规划方法，涵盖了基于可再生能源的分布式发电、需求预测和用户侧响应等配电网规划管理的前沿技术，同时也提出了包括微电网、交直流混合配电网等未来配电系统的新需求及解决方法。全书观点鲜明、内容丰富且颇具启发性。该书的英文版是国外电力界畅销之作，足以证明其观点和理论的前瞻性和方向性，其中文版必将成为国内电力系统规划专业技术人员和在校师生的重要参考资料。

本书包括 13 章，共 16 家单位 30 余人参加了翻译工作。国网浙江省电力有限公司经济技术研究院、国网山西省电力有限公司经济技术研究院负责序言、国网冀北电力有限公司经济技术研究院负责第 1 章、国网河北省电力有限公司经济技术研究院负责第 2 章、国网福建省电力有限公司经济技术研究院、国网天津市电力公司经济技术研究院负责第3章、国网上海市电力公司经济技术研究院负责第4章、国网湖南省电力有限公司经济技术研究院负责第5章、国网四川省电力公司经济技术研究院负责第6章、国网湖北省电力公司经济技术研究院负责第7章、国网江西省电力有限公司经研院负责第8章、国网甘肃省电力公司经济技术研究院负责第9章、国网新疆电力有限公司经济技术研究院负责第10章、国网内蒙古东部电力有限公司经济技术研究院负责第11章、国网吉林省电力有限公司经济技术研究院负责第12章、国网山东省电力公司经济技术研究院负责第13章。

全书由国网经济技术研究院有限公司负责校核统稿，本书的中译版并非是翻译初稿的简单拼接，校核统稿过程耗费了大量的精力。何洪斌、董昕、杨晨钧、范须露、王泽众、赵国玮、刘莉玲、肖杰和孙博伟对各章的内容和术语进行反复推敲，力求本书的专业术语和国内已公开出版的书籍、标准中的专业术语保持一致。孔祥玉、张沛、杨德昌三位教授对原书中涉及的内容、算法进行了仔细的研读，重新翻译了很多章节的部分内容，力求最完整地向读者呈现原稿的精华。

在此译稿完成之际，我们由衷地感谢各方面给予的大力支持和帮助，感谢中国电力出版社对本书出版所做的大量工作，同时要特别感谢国网经济技术研究院有限公司出版基金所提供的全方位支持。

由于本译著翻译工作量巨大，虽然校稿人员付出了巨大努力，但书中难免有不足或疏漏之处，敬请读者指正。

译　者

2019年2月

原 版 序

配电网是电力传输系统的重要组成部分。近年来，随着新技术的应用和分布式能源接入配电网，为了在保证电能质量的情况下尽可能降低成本，长期规划对于配电网来说十分重要。在配电网规划中，为了满足负荷需求和技术要求并应对与负荷和分布式能源相关的不确定性，需要确定配电网升级的最优位置和规模。为了达到这个目的，需要应用优化算法寻找规划期内增加的最优净现成本。通常可采用混合整数非线性规划对配电网建模，并采用包括数学和启发式算法等多种方法来求解。

近十年来，国内外开展了多项配电网规划研究，主要发表在期刊文章、会议论文和技术报告中。然而据编者所知，迄今没有一本书涵盖配电网规划的各个方面。感兴趣的读者必须通过各种数据库在数百篇关于这个主题的论文中搜索来积累这方面的知识。本书是第一本完全专注于配电网规划的书，旨在为研究生和研究人员提供一本以配电网规划为研究导向的、清晰易懂的书。

本书的编写得益于学术界和工业界大量研究员和专家的研究结论和建议。全书包括 13 章，内容如下：

第 1 章回顾了考虑电网投资和分布式电源的配电网多阶段扩展规划问题；第 2 章介绍了配电网规划的静态和动态模型；第 3 章讨论了不平衡网络的数学表达式，用于运行优化分析，以支持决策过程；第 4 章提出了电力批发零售市场中，含分布式电源的中低压配电网扩展规划；第 5 章讨论了一种新的多代理规划方法；第 6 章提出了一种有效的分布式电源的选址定容方法；第 7 章描述了基于概率和可能性的配电网电池储能系统规划方法；第 8 章提出了以网损最小化为目标的分布式发电最优布局方案；第 9 章提出了局部搜索和遗传算法相结合的方法以解决多目标多阶段配电网扩展规划问题；第 10 章分析了网络重构和分布式电源接入对配电网的影响；第 11 章研究了插电式电动汽车参与能源市场交易的最优激励方案；第 12 章介绍了用于确定无功补偿装置最优容量和位置的优化技术概况；第 13 章讨论了配电网自动重合闸的配置方法。

作为本书的编者，我们要感谢所有贡献者的支持和辛勤工作。我们也要感谢审稿人提供了宝贵的意见，使本书质量得以提升。此外，我们感谢出版商施普林格·自然集团同意出版这本书。

澳大利亚珀斯　法哈德·沙哈尼亚　阿里·阿雷菲
澳大利亚布里斯班　杰拉德·莱德维奇

2018 年 1 月

审 稿 人

阿盖洛斯·S. 布霍拉斯，塞萨洛尼基亚里士多德大学，应用科技大学，希腊
阿里·艾哈迈迪，K.N.图斯工业大学，伊朗
阿里·埃尔卡梅尔，滑铁卢大学，加拿大
亚历山大·M. F. 迪亚斯，里斯本大学及系统和计算机工程研究发展所（INESC-ID），葡萄牙
阿尔莫塔兹·Y. 阿卜杜勒阿齐兹，艾因·夏姆斯大学，埃及
阿里雷扎·海达里，新南威尔士大学，澳大利亚
卡洛斯·F. M. 阿尔梅达，圣保罗大学，巴西
卡洛斯·F. 萨比隆，圣保罗州立大学，巴西
戴维·波佐，斯科尔科沃科学技术研究所，俄罗斯
季米特里斯·P. 拉普里斯，塞萨洛尼基亚里士多德大学，希腊
加布里埃尔·奎罗加，圣保罗大学，巴西
格雷戈里奥·穆尼奥斯–德尔加多，卡斯蒂利亚拉曼查大学，西班牙
哈泽利·莫克利斯，马来亚大学，马来西亚
亨里克·卡根，圣保罗大学，巴西
简·凯斯，阿姆普里恩有限公司，多特蒙德，德国
哈维尔·孔特雷拉斯，卡斯蒂利亚拉曼查大学，西班牙
约翰·F. 弗朗哥，圣保罗州立大学，巴西
何塞·M. 阿罗约，卡斯蒂利亚拉曼查大学，西班牙
胡里奥·洛佩兹，昆卡大学，昆卡，厄瓜多尔
卡拉·穆罕默德，阿斯旺大学，埃及
卡泽姆·扎尔，大不里士大学，伊朗
梅迪·拉赫马尼 安德比利，沙力夫理工大学，伊朗
马赫迪·塞德吉，K.N.图斯工业大学，伊朗

马哈茂德・雷扎・哈吉法姆，塔比阿特莫达勒斯大学，伊朗
马哈茂德・福图希・菲鲁扎巴德，沙力夫理工大学，伊朗
马科斯・J. 里德，坎皮纳斯大学，巴西
马苏德・阿列克巴尔・格尔卡，K.N.图斯工业大学，伊朗
梅尔达德・塞塔什・纳扎尔，沙希德贝赫什迪大学，伊朗
米迦勒・福勒，滑铁卢大学，加拿大
莫因・莫伊尼・阿格泰，沙力夫理工大学，伊朗
穆罕穆德・埃贝德，阿斯旺大学，埃及
纳尔逊・卡根，圣保罗大学，巴西
帕斯卡利斯・A. 盖凯达兹，塞萨洛尼基亚里士多德大学，希腊
佩德罗・M.S. 卡瓦略，里斯本大学及系统和计算机工程研究发展所（INESC-ID），葡萄牙
鲁本・罗梅罗，圣保罗州立大学，巴西
萨拉・哈米尔，阿斯旺大学，埃及
歇迪・H.E. 阿卜杜勒・阿莱姆，高等工程学院，开罗，埃及
瓦迪亚・穆罕默德・达哈兰，吉隆坡大学，马来西亚
餘利野直人，广岛大学，日本

编 者 简 介

法哈德·沙哈尼亚，2011 年于澳大利亚布里斯班昆士兰科技大学获得电气工程博士学位，现为澳大利亚珀斯莫道克大学电力工程副教授。曾在伊朗大不里士东阿扎巴扬配电公司研究室工作 3 年，随后回到昆士兰科技大学成为一名研究员，后加入澳大利亚珀斯科廷大学担任讲师。他曾著书 1 部、撰写 9 章，编辑了 4 本书，发表学术论文 120 余篇。

阿里·阿雷菲，2011 年获得电气工程博士学位，现于澳大利亚珀斯莫道克大学担任电力工程高级讲师。他曾在昆士兰科技大学担任研究员、讲师。他还拥有 6 年的配电行业从业经验，并担任 5 个电力工业界资助研究项目的技术指导者。他的研究范围包括配电规划、配电系统状态估计、电能质量和电能效率。发表学术论文 80 余篇。

杰拉德·莱德维奇，1976 年于澳大利亚纽卡斯尔大学获得电气工程博士学位。1976～1994 年于昆士兰大学任教，1998 年后成为昆士兰科技大学电力工程首席教授。他的研究方向为电力系统运行与控制，曾任 35 名以上博士的导师。曾著书 1 部、撰写 3 章，发表学术论文 350 余篇。

缩　写

3P3W（three-phase three-wire）三相三线
3P4W（three-phase four-wire）三相四线
ABC（artificial bee colony）人工蜂群算法
AI（artificial intelligence）人工智能
ALO（ant lion optimization）蚁狮优化算法
AR（automatic recloser）自动重合闸
BES（battery energy storage）蓄电池储能
BFOA（bacterial foraging optimization algorithm）菌群优化算法
CAMG（customers'active microgrid）用户主动微电网
CDF（cumulative distribution function）累积概率分布函数
CDMG（customer's dispatchable microgrid）用户参与调度的微电网
CF（capacity factor）负载系数
CNDMG（customer's non-dispatchable microgrid）用户不参与调度的微电网
CS（cuckoo search）布谷鸟搜索算法
DA（distribution automation）配电自动化
D-FACTS（distributed flexible AC transmission system）配电网柔性交流输电系统
DFIG（doubly fed induction generator）双馈异步发电机
DG（distributed generation）分布式电源
DisCo（distribution company）配电公司
DL（dispatchable load）可调负荷
DNUDG（dispatchable non-utility distributed generation）可调度自有分布式电源
DOD（depth of discharge）放电深度
DR（demand response）需求响应
DSM（demand side management）需求侧管理
DSO（distribution system operator）配电系统运营商
DSTATCOM（distributed static compensator）配电网静态补偿器

D-SVC（distribution static VAR compensator）配电网静止无功补偿器
DVS（decision variable set）决策变量集
EDNEP（distribution network expansion planning）配电网扩展规划
ELF（exhaustive load flow）穷举潮流法
EM（energy management）能量管理
ENS（energy not supplied）缺供电量
EP（evolutionary programming）进化算法
EPSO（evolutionary particle swarm optimization）进化粒子群优化算法
ESS（energy storage system）储能系统
EV（electric vehicle）电动汽车
EVCC（electric vehicle charging coordination）电动汽车有序充电
FCB（fixed capacitor bank）固定式电容器组
FLF（fuzzy load flow）模糊潮流算法
G2V（grid-to-vehicle）电动汽车充电模式
GA（genetic algorithm）遗传算法
GAP（genetic algorithm population）遗传算法种群
GEV（generalized extreme value）广义极值
GIS（georeferenced information system）地理信息系统
GOA（grasshopper optimization algorithm）蚱蜢优化算法
GPSO（global particle swarm optimization）全局粒子群优化
GRASP（greedy randomized adaptive search procedure）贪婪随机自适应搜索算法
GS（gaussian search）高斯搜索
GUPFC（generalized unified power flow controller）通用统一潮流控制器
GWO（grey wolf optimization）灰狼优化
HIC（hours of interrupted customer）用户停电小时数
HP（hydro-plant）水电厂
HS（harmony search）和声搜索
HV（high voltage）高压
IA（improved analytical）改进分析
IC（interrupted customers）停电用户数
ICT（information and communications technology）信息通信技术

IDGNEP（integrated distributed generation and primary–secondary network expansion planning）含分布式电源的中低压配电网扩展规划
IG（induction generator）异步发电机
IGBT（insulated gate bipolar transistor）绝缘栅双极型晶体管
IPFC（interline power flow controller）线间潮流控制器
LP（linear programming）线性规划
LPSO（local particle swarm optimization）粒子群局部优化
LS（load smoothing）削峰填谷
LSF（loss sensitivity factor）损失敏感因子
LV（low voltage）低压
MAS（multi-agent system）多代理系统
MCS（monte carlo simulation）蒙特卡洛模拟
MGA（modified genetic algorithm）改进遗传算法
MI（merit index）价值指数
MICQP（mixed-integer conic quadratic programming）混合整数二阶锥规划
MILP（mixed-integer linear programming）混合整数线性规划
MINLC（mixed-integer-nonlinear constrained）混合整数非线性约束
MINLP（mixed-integer nonlinear programming）混合整数非线性规划
MPSO（modified particle swarm optimization）改进粒子群优化算法
MU（monetary unit）货币单位
MV（medium voltage）中压
NC（normally closed）动断
NC-AR（normally closed automatic recloser）动断自动重合闸
NDL（non-dispatchable load）不可调负荷
NDNUDG（non-dispatchable non-utility distributed generation）不可调分布式自用电源
NLP（nonlinear programming）非线性规划
NO（normally opened）动合
NO-AR（normally opened automatic recloser）动合自动重合闸
NR（network reconfiguration）网络重构
NUDG（non-utility distributed generation）分布式自用电源
NURMP（non-utility retail market participants）自用零售市场参与者

O&M（operation and maintenance）运行维护
ODGP（optimal distributed generation placement）最优分布式电源布局
OESSP（optimal energy storage system placement）最优储能系统布局
OLTC（on-load tap changer）有载分接开关
OMS（outage management system）停电管理系统
OPF（optimal power flow）最优潮流
ORESP（optimal renewable energy sources placement）最佳可再生能源配置
PCC（point of coupling connection）连接点
PDF（probability density function）概率密度函数
PEM（point estimate method）点估计法
PEV（plug-in electric vehicle）插电式电动汽车
PLF（probabilistic/possibilistic load flow）概率/可能性潮流
POPF（probabilistic/possibilistic optimal power flow）概率/可能性最优潮流
PRF（price factor）电价因素
PSO（particle swarm optimization）粒子群优化算法
PV（photovoltaic）光伏
PWM（pulse-width modulation）脉冲宽度调制
RES（renewable energy source）可再生能源
RPF（reverse power flow）潮流倒送
SABC（satisfied artificial bee colony）简化人工蜂群算法
SCA（sine cosine algorithm）正弦余弦算法
SCB（switched capacitor bank）投切式电容器组
SiG（synchronous generator）同步发电机
SoC（state of charge）荷电状态
SSSC（static synchronous series compensator）静止同步串联补偿器
SVC（static VAR compensator）静止无功补偿器
TCSC（thyristor controlled series capacitor）可控串联补偿装置
UDG（utility distributed generation）公用分布式电源
UPQC（unified power quality conditioner）统一电能质量控制器
UPS（uninterruptible power supply）不间断电源
UPSO（unified particle swarm optimization）统一粒子群优化算法
V2G（vehicle-to-grid）（电动汽车）放电模式

VR（voltage regulator）电压调节器

VSC（voltage source converter）电压源换流器

VSS（value of the stochastic solution）随机解价值

VVC（volt-VAR control）电压—无功控制

WRI（weighted reliability index）加权可靠性指数

WT（wind turbine）风机

目　　录

译者序
原版序

1　配电系统扩展规划 …… 1

1.1　引言 …… 2
1.2　确定性模型 …… 4
1.2.1　目标函数和与成本相关的要素 …… 5
1.2.2　基尔霍夫定律和运行约束 …… 7
1.2.3　约束条件 …… 8
1.2.4　辐射式运行方式的约束 …… 10
1.2.5　混合整数线性模型 …… 11
1.3　随机规划模型 …… 12
1.3.1　不确定性建模 …… 12
1.3.2　目标函数和成本相关要素 …… 15
1.3.3　基尔霍夫定律和运行约束 …… 16
1.3.4　约束条件 …… 17
1.3.5　辐射式运行方式的约束 …… 17
1.3.6　混合整数线性模型 …… 17
1.4　计算结果 …… 18
附录 …… 27
参考文献 …… 32

2　配电网静态与动态扩展凸规划模型 …… 35

2.1　引言 …… 35
2.2　时间框架 …… 36
2.3　配电网交流潮流 …… 37

2.4 EDNEP 凸规划模型 …… 38
2.4.1 电容器组模型 …… 38
2.4.2 调压器模型 …… 40
2.4.3 配电网静态凸规划模型 …… 42
2.4.4 配电网动态凸规划模型 …… 44
2.5 计算结果 …… 46
2.5.1 数据指标 …… 46
2.5.2 静态测试算例 …… 46
2.5.3 动态测试算例 …… 49
附录 …… 51
参考文献 …… 53
3 含智能电网设备不平衡网络的数学优化 …… 57
3.1 引言 …… 57
3.2 不平衡配电网的数学表达式 …… 60
3.2.1 基于电流的数学表达式 …… 60
3.2.2 基于功率的数学表达式 …… 63
3.2.3 效果和准确性 …… 67
3.3 运行约束 …… 69
3.3.1 电压幅值 …… 69
3.3.2 线路电流 …… 70
3.3.3 变压器容量 …… 71
3.4 负荷表达式 …… 72
3.4.1 负荷类型：电压敏感型负荷模型 …… 72
3.4.2 特殊负荷：插电式电动汽车 …… 75
3.5 分布式电源 …… 77
3.6 储能装置 …… 81
3.6.1 电池储能系统的运行 …… 81
3.7 电压和无功控制设备 …… 82
3.7.1 电容器组 …… 83
3.7.2 有载分接开关和调压器 …… 84
3.8 数学框架在控制方法中的应用 …… 86
3.8.1 电动汽车有序充电问题 …… 86
3.8.2 电压控制问题 …… 89

3.9 本章小结 …… 91
附录 …… 93
参考文献 …… 95
4 考虑电力批发零售市场的多阶段中低压配电网规划 …… 98
4.1 引言 …… 99
4.2 问题建模与公式 …… 100
4.2.1 第一阶段优化问题建模 …… 102
4.2.2 第二阶段优化问题建模 …… 103
4.2.3 第三阶段优化问题建模 …… 104
4.2.4 第四阶段优化问题建模 …… 105
4.3 求解算法 …… 105
4.4 计算结果 …… 108
附录 …… 117
参考文献 …… 119
5 计及个人用户行为的多代理规划 …… 120
5.1 引言 …… 120
5.2 多代理系统在配电网规划中的应用 …… 122
5.3 仿真环境 …… 123
5.3.1 仿真环境的结构 …… 124
5.4 电网用户代理 …… 126
5.4.1 居民负荷代理 …… 126
5.4.2 储能代理 …… 127
5.5 仿真示例 …… 132
5.5.1 常规电网分析 …… 133
5.5.2 基于时间序列的分析 …… 134
5.5.3 新电网用户对网络的影响分析 …… 135
参考文献 …… 137
6 分布式电源的优化选址和定容 …… 140
6.1 引言 …… 140
6.2 DG 模型 …… 141
6.3 DG 对配电网的影响 …… 142

6.4 DG 配置问题……144
6.5 组合最优潮流解析法……145
6.5.1 DG 网损……145
6.5.2 最优 DG 容量解析表达式……146
6.6 求解过程……147
6.7 结果与分析……149
6.7.1 假设条件……149
6.7.2 测试系统……149
6.7.3 分析……151
参考文献……153
7 电池储能规划……156
7.1 引言……156
7.2 电池储能最优规划……158
7.2.1 定义……159
7.2.2 最优潮流……161
7.3 影响因素……167
7.3.1 常规分布式电源……167
7.3.2 可再生 DG……168
7.3.3 插电式电动汽车……168
7.3.4 配备分接开关的变压器……169
7.3.5 电容器组……169
7.3.6 电池容量……169
7.3.7 技术经济因素……172
附录……175
参考文献……178
8 基于网损最小化的分布式电源优化布局……181
8.1 引言……181
8.2 面向功率损耗最小化的 ODGP——问题提出……182
8.2.1 目标函数——约束条件……182
8.2.2 补偿函数——条件……184
8.3 面向功率损耗最小化的 ODGP——求解方法……185
8.3.1 解析方法……185

8.3.2 启发式算法……186
8.3.3 启发式算法评测……189
8.3.4 启发式算法与解析式算法的评估与比较……193
8.4 面向功率损耗最小化的 ODGP——潮流倒送问题……194
8.5 面向功率损耗最小化的 ODGP——可再生能源问题……196
8.6 面向能量损耗最小化的 ODGP——发电和负荷的变化问题……199
8.6.1 负荷变化……200
8.6.2 负荷和发电变化……203
8.7 ODGP 与其他问题相结合……206
8.7.1 ODGP 与 NR……206
8.7.2 ODGP 与最优储能系统安装布局（OESSP）……208
参考文献……210

9 考虑需求响应的电网优化规划……216

9.1 引言……216
9.2 配电网规划方法……217
9.2.1 问题的提出……217
9.2.2 解决方案……218
9.3 案例分析……224
附录……237
参考文献……238

10 网络重构和分布式电源接入对配电网的影响分析……240

10.1 引言……240
10.2 最优网络重构和分布式电源定容……242
10.3 问题建模……243
10.4 改进元启发式方法……245
10.5 拟议概念的执行情况……246
10.6 33 母线系统测试结果……247
10.6.1 网络重构和分布式电源规模对功耗的影响……248
10.6.2 网络重构和分布式电源规模对电压分布的影响……253
参考文献……255

11 插电式电动汽车的优化激励方案 ······ **258**

11.1 引言 ······ 259
11.2 停车场能量交易能力建模 ······ 260
11.3 PEV 驾驶员与聚合商的协作建模 ······ 262
11.4 基于 V2G 的 PEV 电池寿命损耗建模 ······ 263
11.5 规划问题建模 ······ 264
11.5.1 目标函数 ······ 264
11.5.2 约束条件 ······ 266
11.6 推荐的优化技术 ······ 267
11.7 数值研究 ······ 269
11.7.1 原始数据 ······ 269
11.7.2 结果 ······ 272
附录 ······ 274
参考文献 ······ 276

12 无功补偿装置的优化配置 ······ **279**

12.1 引言 ······ 280
12.2 分布式补偿器工作原理 ······ 280
12.2.1 并联电容器 ······ 281
12.2.2 配电网静态补偿器 ······ 282
12.2.3 统一电能质量控制器 ······ 285
12.3 优化技术 ······ 287
12.4 公式 ······ 287
12.4.1 电容容量计算公式 ······ 287
12.4.2 DSTATCOM 配置公式 ······ 290
12.4.3 系统约束条件 ······ 290
12.5 蚱蜢优化算法概述 ······ 291
12.6 数值案例 ······ 293
12.6.1 案例 1 ······ 294
12.6.2 案例 2 ······ 295
附录 ······ 299
参考文献 ······ 302

13　自动重合闸的优化配置 …… 308
13.1　引言 …… 309
13.2　方法论 …… 310
13.2.1　第一阶段——状态列举—动合自动重合闸的配置 …… 311
13.2.2　第二阶段——动断自动重合闸的配置 …… 312
13.2.3　第三阶段——全局优化 …… 320
13.3　结果 …… 324
13.3.1　棕色地带分析 …… 326
13.3.2　绿色地带分析 …… 326
13.3.3　结论 …… 327
参考文献 …… 328

1

配电系统扩展规划

格雷戈里奥·穆尼奥斯·德尔加多，
哈维尔·孔特雷拉斯，何塞·M. 阿罗约

摘　要　分布式电源（distributed generation，DG）运营和规划效益以及可再生能源的发展，使 DG 得到广泛应用。这就不可避免地要求我们将 DG 纳入配电网规划模型。本章在介绍配电系统中的多阶段扩展规划问题的同时，统筹考虑了配电网和 DG 的投资。最优扩展规划明确了设备的最佳备选方案、地点和安装时间。在配电系统扩展规划中考虑 DG 极大地增加了优化过程的复杂性。为了说明协同优化规划问题的建模难点，首先提出了确定性模型。该模型以总成本的净现值最小化为目标，包括投资、维护、生产、能量损失和缺电成本。辐射式作为配电网的相关特征，在处理 DG 时做了特殊的定制化处理，用以避免 DG 的孤岛化以及与传输节点相关的问题。由于大部分 DG 依赖于不可调度的可再生能源，需要在规划模型中正确表征具有高度可变性的可再生能源的不确定性。基于先前的确定性模型，使用随机规划模型来模拟不确定性。在此背景下，通过一系列场景来表征可再生能源发电和负荷的不确定性。这些场景清晰地捕捉了不确定性电源之间的相互关系。以总预期成本最小作为相应随机优化问题的目标。确定性和随机优化问题都被表述为混合整数线性优化，保证了有限的最优收敛，并可用现有软件求解。数值结果验证了本章方法的有效性。

关键词　分布式电源，配电系统规划，多阶段，网络扩展，随机编程，不确定性

1.1 引言

电力系统是电厂到用户之间发电、输电和配电系统的总和。电力系统通常由发电机组、输电网及子输电网、配电网、负荷中心、系统保护设备和控制设备组成[1]。配电网是电力系统的重要组成部分，通过变电站向终端用户提供电力。配电网的主要组成部分是变电站和馈线线路。配电网中的变电站可由一个或多个子输电网供电，或者直接连接到输电网。此外，电能可从变电站通过一个或多个主馈线注入配电网[2]。

无论配电网本身的拓扑结构是环网式还是辐射式，大多数配电网辐射运行时都采用辐射式，因为从规划、设计和系统保护的角度来看，辐射式运行是最经济高效的方法。从传统意义上来说，这些网络被设计得具有较宽的运行范围，允许它们被动操作，从而实现更经济的管理。然而，对配电网的投资成本要比输电网高几倍[1]，这也说明了经济性在配电系统规划中的重要性。此外，可行的投资计划必须是经济的，同时还必须满足与设计、设备、布局或性能相关的若干标准和指南[3]。

总体来看，电力公司应该负责配电网的运营和规划，以便高质量并且安全地满足不断增长的负荷需求。因此，要通过规划模型来获得最佳投资计划，即保证成本最低的同时，满足安全和质量要求。通常，这些规划模型确定了与线路、变电站和变压器的新建及改造相关的最优扩展决策[3,4]。然而，DG 的运营和规划效益以及可再生能源的发展，使 DG 得到广泛应用。这就不可避免地要求将这种电源纳入配电网规划模型[4,6]，配电系统的运行和规划方式也将随之发生改变[3]。

DG 主要指靠近负荷中心的小型发电单元。目前，有多种设备应用于 DG，包括风机、光伏（photovoltaic，PV）、小型水力发电厂、燃料电池、热电联产机组、微型燃气轮机、内燃机和电池等储能设备[5,7]。DG 的应用在系统规划和运行方面具有许多优点[8]，如减少能量损失、控制电压水平、提高电能质量、提高系统可靠性、减少或推迟电网扩建、减少二氧化碳排放量、缩短交付周期、降低投资风险、实现模块化、减少占地面积。

DG 的接入可能对潮流、电压水平、系统效率和保护装置产生重大影响。因此，传统的被动配电网正在转变为一种新的更为主动的配电网。DG 对配电网运行的影响取决于许多因素，例如发电机组的类型、大小和位置，控制设备的种类，以及线路和负荷的特征等。

风电和光伏等一系列不可调度的可再生能源发电不断接入系统，需要考虑与这些能源高度可变性相关的不确定性。此外，负荷需求是对发电产生巨大影响的另一个不确定因素。虽然已经成功开发了许多工具来做负荷预测以及对风电和光伏的发电预测，但在规划模型中纳入这些不确定性因素仍然具有挑战性。

从各种技术文献中可知，许多研究都解决了配电网资产和DG的联合扩展规划[4]。但是，在动态或多阶段框架下，只有少数研究考虑了由于新建线路和新增负荷节点而产生拓扑变化的完整扩展模型。解决这个问题的相关研究可分为两类，即无视不确定性的研究[9~13]和考虑不确定性的研究[14~19]。

在文献［9］中，采用结合最优潮流的遗传算法，解决了以总成本最小化为目标的确定性共同优化扩展规划问题。文献［10］使用基于粒子群优化和混合蛙跳的启发式方法来解决多目标优化问题，两个目标函数为成本最小化和可靠性最大化。文献［11］应用改进的粒子群优化算法来解决这种组合优化问题。文献［12］提出了一种基于多目标可靠性的分布扩展规划模型。使用混合自适应全局和声搜索算法和最优潮流，并应用模糊优化方法以获得最佳解。文献［13］提出了一种混合整数线性规划模型来解决联合多阶段扩展规划问题。

文献［14］提出了一种遗传算法，利用多目标优化框架解决不确定性下的配电系统扩展规划问题。文献［15］应用了结合最优潮流的遗传算法。通过基于其相应的概率密度函数生成的场景来表示负荷、电价和风能的不确定性。文献［16］使用粒子群优化算法来解决在电力市场环境下考虑负荷和价格不确定性的规划问题。这些不确定性通过概率密度函数和蒙特卡罗模拟来建模。在文献［17］中，制定了一个多目标模型，在考虑负荷不确定性的同时，表示配电公司和个人DG投资者的不同目标。提出了系统化的概念来模拟DG私人投资商的扩展，并应用粒子群优化算法求解该模型。在文献［18，19］中，作者开发了一个多阶段随机混合整数线性规划模型，以支持配电系统规划者的决策过程。

本章重点介绍配电网和DG资产设备的多阶段扩展规划[20,21]。在该问题中，提供了每个资产设备的最佳安装位置、安装方案和安装时间，从而构成一种动态方法。此外，还考虑了新增负荷节点的连接问题。因此，明确考虑了为满足这些新负荷节点需求而新建线路引起的拓扑变化。首先，描述了共同优化扩展规划的确定性模型。该模型以总成本的现值最小化为目标，包括与投资、维护、生产、能量损失和缺供电量相关的成本。其次，为了表示与负荷和可再生能源的发电相关的不确定性，提出了依赖于先前确定性模型的随机规划模型。不确定性通过明确捕捉不确定性来源之间相关性的不同场景建模。该模型以总预期成本现值最小

化为目标。由此产生的优化问题可使用混合整数非线性模型来描述，通过使用一些常用的线性化方案，重构为混合整数线性模型。

使用本章中描述的模型存在一定误差，完整的研究需要考虑更复杂的运行模型。然而，这种考虑使问题难以通过优化方法来处理，必须通过启发式或重复模拟来解决。尽管模型存在不足，但该模型对于配电规划来说是可接受的，它为规划人员提供了对成本效益的扩展规划的初步估计。

此外，混合整数线性规划的使用从实际角度来看具有三个最重要的优点：① 保证有限收敛到最优；② 在解决方案过程中测量到全局最优距离；③ 可使用成熟的软件求解。

无论 DG 的所有权如何，本章描述的模型都在经济方面提供有关最佳投资计划的有用信息。在独立生产者拥有 DG 的情形下，这些信息可用于制定适当的激励策略，这并不在本章讨论的范围内。

1.2 确定性模型

在本节中，给出了配电网资产和 DG 联合扩展规划的确定性优化模型。基于文献［7，22，23］中描述的配电网扩展规划模型，本章所提出的模型考虑了一个集中式框架。因此，规划人员负责扩展现有的配电网，以便在包括若干阶段的规划期限内，以最低成本满足不断增长的负荷需求。为此，规划人员可以考虑新建线路、变压器、变电站和发电机，并为其提供多种投资选择。对于每个阶段，负荷、风速和光照强度都被分为几个时间段。图 1－1 展示了 4 个时间段离散化的示例。首先，通过将每个数据除以相应的最大值，将一年中系统负荷、风速和光照强度的历史每小时数据转换为标幺值。每组因数代表负荷、风速和光照强度分布的标幺值。其次，负荷、风速和光照强度的每小时数据按负荷降序排序。接下来，根据预先设定的小时数将曲线离散化为 4 个时间段。对于每个时间段，计算有序负荷、风速和光照强度因数的平均值。

此外，如文献［22，23］所述，系统采用辐射式运行方式，并且使用了近似无损的网络模型。在文献［23］中，损耗成本被包含在目标函数中。以下将详细描述确定性模型。

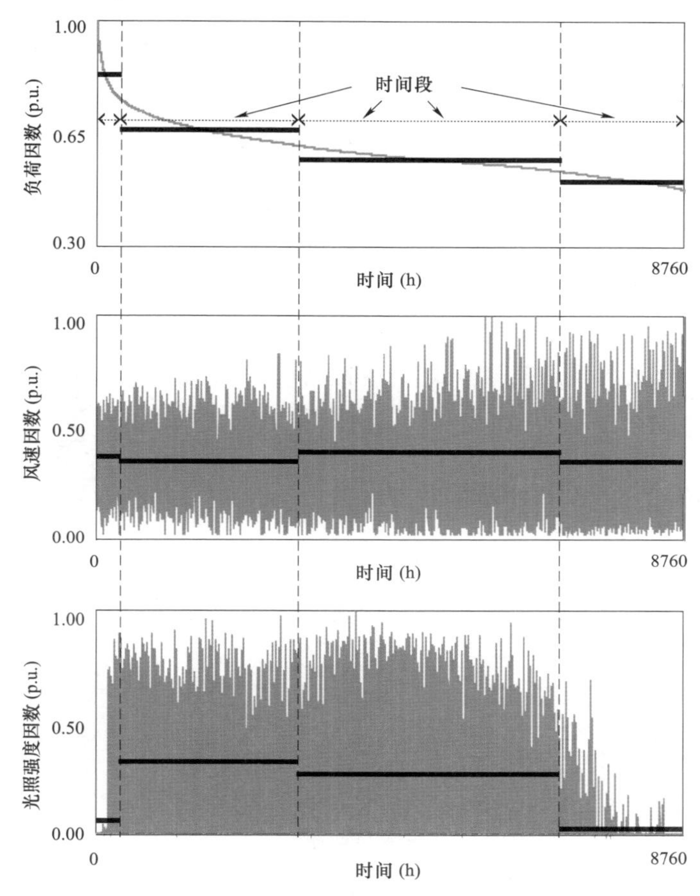

图 1－1 用于确定性模型的负荷、风速和光照强度因数按时间段离散化示例

1.2.1 目标函数和与成本相关的要素

配电网规划人员的目标是通过以经济和安全的方式安装所需的系统组件来满足预测的负荷增长。为此，提出了一个优化问题，以最小化计划范围内的投资和运营成本总和为目标。投资成本与购买和安装 DG 以及配电网络资产（如线路、变压器和变电站）有关。运营成本包括与维护、生产、能量损失和缺供电量相关的成本。维护成本表示通过定期检查和维修（如果需要）将所有系统组件保持在良好状态的相关成本；生产成本与通过变电站购电和发电机发电有关；能量损失的成本包括由于焦耳效应而在线路和变压器中作为热量损失的成本；缺电成本是对正常运营下未提供所需电能的惩罚。

优化目标为最小化总成本的现值，总成本的计算公式见式（1－1）。

$$c^{TPV}=\sum_{t\in T}\frac{(1+I)^{-t}}{I}c_t^I+\sum_{t\in T}[(1+I)^{-t}(c_t^M+c_t^E+c_t^R+c_t^U)]$$
$$+\frac{(1+I)^{-n_T}}{I}(c_{n_T}^M+c_{n_T}^E+c_{n_T}^R+c_{n_T}^U) \qquad (1-1)$$

如文献［23］所述，总费用由三个要素组成。第一个要素中，投资成本的现值是在永久或无限规划范围的假设下表示的[24]；第二个要素表征运营成本总和的现值，包括维护、生产、能量损失和缺电成本；第三个要素对最后一个阶段之后产生的运营成本之和的现值进行建模。此要素取决于最后一个阶段的成本值，同时还假设一个永久的规划范围。式（1－1）中的成本要素表示为：

$$c_t^I=\sum_{l\in\{NRB,NAB\}}RR^l\sum_{k\in K^l}\sum_{(i,j)\in\Upsilon^l}C_k^{I,l}\ell_{ij}x_{ijkt}^l+RR^{SS}\sum_{i\in\Psi^{SS}}C_i^{I,SS}x_{it}^{SS}+RR^{NT}\sum_{k\in K^{NT}}\sum_{i\in\Psi^{SS}}C_k^{I,NT}x_{ikt}^{NT}$$
$$+\sum_{p\in\mathcal{P}}RR^p\sum_{k\in K^p}\sum_{i\in\Psi^p}C_k^{I,p}pf\bar{G}_k^p x_{ikt}^p;\quad \forall t\in\mathcal{T} \qquad (1-2)$$

$$c_t^M=\sum_{l\in\mathcal{L}}\sum_{k\in K^l}\sum_{(i,j)\in\Upsilon^l}C_k^{M,l}(y_{ijkt}^l+y_{jikt}^l)+\sum_{tr\in TR}\sum_{k\in K^{tr}}\sum_{i\in\Psi^{SS}}C_k^{M,tr}y_{ikt}^{tr}$$
$$+\sum_{p\in\mathcal{P}}\sum_{k\in K^p}\sum_{i\in\Psi^p}C_k^{M,p}y_{ikt}^p;\quad\forall t\in\mathcal{T} \qquad (1-3)$$

$$c_t^E=\sum_{b\in\mathcal{B}}\Delta bpf\left(\sum_{tr\in TR}\sum_{k\in K^{tr}}\sum_{i\in\Psi^{SS}}C_b^{SS}g_{iktb}^{tr}+\sum_{p\in\mathcal{P}}\sum_{k\in K^p}\sum_{i\in\Psi^p}C_k^{E,p}g_{iktb}^p\right);\quad\forall t\in\mathcal{T} \qquad (1-4)$$

$$c_t^R=\sum_{b\in\mathcal{B}}\Delta_b C_b^{SS}pf\left[\sum_{tr\in TR}\sum_{k\in K^{tr}}\sum_{i\in\Psi^{SS}}Z_k^{tr}(g_{iktb}^{tr})^2\right.$$
$$\left.+\sum_{l\in\mathcal{L}}\sum_{k\in K^l}\sum_{(i,j)\in\Upsilon^l}Z_k^l\ell_{ij}(f_{ijktb}^l+f_{jiktb}^l)^2\right];\quad\forall t\in\mathcal{T} \qquad (1-5)$$

$$c_t^U=\sum_{b\in\mathcal{B}}\sum_{i\in\Psi_t^{LN}}\Delta_b C^U pfd_{itb}^U;\quad\forall t\in\mathcal{T} \qquad (1-6)$$

资本回收率计算方式为 $RR^l=\dfrac{I(1+I)^{\eta^l}}{(1+I)^{\eta^l}-1}$，$\forall l\in\{NRB,NAB\}$；$RR^{NT}=\dfrac{I(1+I)^{\eta^{NT}}}{(1+I)^{\eta^{NT}}-1}$；$RR^P=\dfrac{I(1+I)^{\eta P}}{(1+I)^{\eta P}-1}$；$\forall P\in P$；$RR^{SS}=\dfrac{I(1+I)^{\eta^{SS}}}{(1+I)^{\eta^{SS}}-1}$。

需要指出的是，对于每个时间段，对每条线路都用一组二元变量 x_{ijkt}^l 来对相关投资决策进行建模。相反，两组二元变量 y_{ijkt}^l 和 y_{jikt}^l，以及两组连续变量 f_{ijktb}^l 和 f_{jiktb}^l 与每条线路相关联，以便分别模拟相应电流的方向和幅度。注意，f_{ijktb}^l 是正值并且等于当电流从 i 流到 j 时在节点 i 处测量的节点 i 和 j 之间的电流，否则为 0。

式（1－2）表示每个阶段摊销的投资成本，为新建和改造线路、新建和扩建变电站、安装新变压器以及安装 DG 相关的成本总和。式（1－3）表示现有和新增的线路、变压器和发电机的维护成本。式（1－4）表示与变电站和发电机相关的生产成本。式（1－5）表示线路和变压器中能量损失的成本，如文献［23］所述，用二次项来表示。这些非线性项可以通过一组切线近似，将在第 1.2.5 节详述。该近似产生的分段线性函数，如果使用足够多的分段，它将与非线性模型基本一致。式（1－6）表示由缺供电量引起的惩罚成本。

1.2.2 基尔霍夫定律和运行约束

由于投资和运营决策对彼此将产生很大的影响，系统运营是扩展规划模型中的一个重要因素。与系统运行相关的约束表达为

$$\underline{V} \leqslant v_{itb} \leqslant \bar{V}; \forall i\in \Psi^N, \forall t\in T, \forall b\in \mathcal{B} \tag{1－7}$$

$$0 \leqslant f^l_{ijktb} \leqslant y^l_{ijkt}\bar{F}^l_k, \forall l\in \mathcal{L}, \forall i\in \Psi^l_j, \forall j\in \Psi^N, \forall k\in k^l, \forall k\in \mathcal{T}, \ \forall b\in \mathcal{B} \tag{1－8}$$

$$0 \leqslant g^{tr}_{iktb} \leqslant y^{tr}_{ikt}\bar{G}^{tr}_k; \forall tr\in TR, \forall i\in \Psi^{SS}, \forall k\in K^{tr}, \forall t\in \mathcal{T}, \forall b\in \mathcal{B} \tag{1－9}$$

$$0 \leqslant d^U_{itb} \leqslant \mu^D_b D_{it}; \forall i\in \Psi^{LN}_t, \forall t\in \mathcal{T}, \forall b\in \mathcal{B} \tag{1－10}$$

$$0 \leqslant g^C_{iktb} \leqslant y^C_{ikt}\bar{G}^C_k; \forall i\in \Psi^C, \forall k\in K^C, \forall t\in \mathcal{T}, \forall b\in \mathcal{B} \tag{1－11}$$

$$0 \leqslant g^p_{iktb} \leqslant y^p_{ikt}\hat{G}^p_{ikb}; \forall p\in \{W,\Theta\}, \forall i\in \Psi^p, \forall k\in K^p, \forall t\in \mathcal{T}, \forall b\in \mathcal{B} \tag{1－12}$$

$$\sum_{p\in\mathcal{P}}\sum_{k\in K^p}\sum_{i\in\Psi^p} g^p_{iktb} \leqslant \xi \sum_{i\in\Psi^{LN}_t} \mu^D_b D_{it}; \forall t\in \mathcal{T}, \forall b\in \mathcal{B} \tag{1－13}$$

$$\begin{aligned}&\sum_{l\in\mathcal{L}}\sum_{k\in K^l}\sum_{(i,j)\in\Upsilon^l}[f^l_{ijktb} - f^l_{jiktb}] \\ &= \sum_{tr\in TR}\sum_{k\in K^{tr}} g^{tr}_{iktb} + \sum_{p\in\mathcal{P}}\sum_{k\in K^p} g^p_{iktb} - \mu^D_b D_{it} + d^U_{itb}; \forall i\in \Psi^N, \forall t\in \mathcal{T}, \forall b\in \mathcal{B}\end{aligned} \tag{1－14}$$

$$\begin{aligned}&y^l_{ijkt}[Z^l_k \ell_{ij} f^l_{ijktb} - (v_{itb} - v_{jtb})] = 0; \\ &\forall l\in \mathcal{L}, \forall i\in \Psi^l_j, \forall j\in \Psi^N, \forall k\in K^l, \forall t\in \mathcal{T}, \forall b\in \mathcal{B}.\end{aligned} \tag{1－15}$$

式（1－7）设置上限和下限来限制节点电压幅度。类似地，式（1－8）设置线路电流的界限。如果没有线路，即 $y^l_{ijkt}=0$，则相应的电流为 0。类似地，变压器的电流注入水平受限于式（1－9），由此，如果不使用变压器，即 $y^{tr}_{ikt}=0$，则相应的电流为 0。式（1－10）将与节点缺供电量相关的变量建模成连续的以及非负的，其最大水平等于节点负荷的相应水平。传统电源和可再生能源发电的生产限制分别由式（1－11）和式（1－12）制定。与线路和变压器一样，通过使用状态的二元变量来表示发电的最大级别。此外，每个传统发电机的出力上限是相应的额定发电容量，而每个可再生能源发电机的出力上限是与相应发电技术相关的可用功率。式（1－13）采用相对于负荷的占比 ξ 来限制 DG 的渗透水平。

对配电网的影响通过表达式（1－14）和式（1－15）来表征，它们使用文献［22］中提出的线性化网络模型来表示基尔霍夫定律。如文献［22］中所述，线性化网络模型是用于传输网络的标幺直流模型的改进版本，它基于三个假设：① 将位于额定值附近较小范围内节点电压用作基准电压；② 所有线路的电流和节点注入功率标幺值具有相同的功率因数；③ 线路上的标幺电压降等于线路两端两个节点的标幺电压幅度之间的差值。

根据假设①，注入节点的视在功率和电流的标幺值是相同的。假设②允许通过它们的幅值大小表示以复数形式存在的标幺线路电流和注入节点功率。因此，基尔霍夫电流定律可以用一组标幺电流和节点功率的线性标量等值表示，进而生成节点平衡方程式（1－14）。此外，假设③允许为每条在运线路制定基尔霍夫电压定律，作为与线路电流、节点电压和线路阻抗的标幺值相关的线性表达式。式（1－15）将此结果扩展为考虑所有线路的投运状态。式（1－15）包括涉及二元变量和连续变量的乘积的非线性，其中线性等价将在 1.2.5 节详述。

1.2.3 约束条件

约束条件如下：

$$x_{ijkt}^{l} \in \{0,1\}; \forall l \in \{NRB, NAB\}, \forall (i,j) \in \Upsilon^{l}, \forall k \in K^{l}, \forall t \in \mathcal{T} \tag{1-16}$$

$$x_{it}^{SS} \in \{0,1\}; \forall i \in \Psi^{SS}, \forall t \in \mathcal{T} \tag{1-17}$$

$$x_{ikt}^{NT} \in \{0,1\}; \forall i \in \Psi^{SS}, \forall k \in K^{NT}, \forall t \in \mathcal{T} \tag{1-18}$$

$$x_{ikt}^{p} \in \{0,1\}; \forall p \in \mathcal{P}, \forall i \in \Psi^{p}, \forall k \in K^{p}, \forall t \in \mathcal{T} \tag{1-19}$$

$$y_{ijkt}^{l} \in \{0,1\}; \forall l \in \mathcal{L}, \forall i \in \Psi_{j}^{l}, \forall j \in \Psi^{N}, \forall k \in K^{l}, \forall t \in \mathcal{T} \tag{1-20}$$

$$y_{ikt}^{tr} \in \{0,1\}; \forall tr \in TR, \forall i \in \Psi^{SS}, \forall k \in K^{tr}, \forall t \in \mathcal{T} \tag{1-21}$$

$$y_{ikt}^{p} \in \{0,1\}; \forall p \in \mathcal{P}, \forall i \in \Psi^{p}, \forall k \in K^{p}, \forall t \in \mathcal{T} \tag{1-22}$$

$$\sum_{t \in \mathcal{T}} \sum_{k \in K^{l}} x_{ijkt}^{l} \leqslant 1; \forall l \in \{NRB, NAB\}, \forall (i,j) \in \Upsilon^{l} \tag{1-23}$$

$$\sum_{t \in \mathcal{T}} x_{it}^{SS} \leqslant 1; \forall i \in \Psi^{SS} \tag{1-24}$$

$$\sum_{t \in \mathcal{T}} \sum_{k \in K^{NT}} x_{ikt}^{NT} \leqslant 1; \forall i \in \Psi^{SS} \tag{1-25}$$

$$\sum_{t \in \mathcal{T}} \sum_{k \in K^{p}} x_{ikt}^{p} \leqslant 1; \forall p \in \mathcal{P}, \forall i \in \Psi^{p} \tag{1-26}$$

$$x_{ikt}^{NT} \leqslant \sum_{\tau=1}^{t} x_{i\tau}^{SS}; \forall i \in \Psi^{SS}, \forall k \in K^{NT}, \forall t \in \mathcal{T} \tag{1-27}$$

$$y_{ijkt}^{EFB} + y_{jikt}^{EFB} \leqslant 1; \forall (i,j) \in \Upsilon^{SW,EFB}, \forall k \in K^{EFB}, \forall t \in \mathcal{T} \tag{1-28}$$

$$y_{ijkt}^{l}+y_{jikt}^{l}\leqslant\sum_{\tau=1}^{t}x_{ijk\tau}^{l};\forall l\in\{NRB,NAB\},\forall(i,j)\in\Upsilon^{SW,l},\forall k\in K^{l},\forall t\in\mathcal{T}\quad(1-29)$$

$$y_{ijkt}^{ERB}+y_{jikt}^{ERB}\leqslant1-\sum_{\tau=1}^{t}\sum_{\kappa\in K^{NRB}}x_{ij\kappa\tau}^{NRB};\forall(i,j)\in\Upsilon^{SW,ERB},\forall k\in K^{ERB},\forall t\in\mathcal{T}\quad(1-30)$$

$$y_{ijkt}^{EFB}+y_{jikt}^{EFB}=1;\forall(i,j)\in(\Upsilon^{EFB}/\Upsilon^{SW,EFB}),\forall k\in K^{EFB},\forall t\in\mathcal{T}\quad(1-31)$$

$$y_{ijkt}^{l}+y_{jikt}^{l}=\sum_{\tau=1}^{t}x_{ijk\tau}^{l};\forall l\in\{NRB,NAB\},\forall(i,j)\in(\Upsilon^{l}/\Upsilon^{SW,l}),\forall k\in K^{l},\forall t\in\mathcal{T}$$

（1－32）

$$y_{ijkt}^{ERB}+y_{jikt}^{ERB}=1-\sum_{\tau=1}^{t}\sum_{\kappa\in K^{NRB}}x_{ij\kappa\tau}^{NRB};\forall(i,j)\in(\Upsilon^{ERB}/\Upsilon^{SW,ERB}),\forall k\in K^{ERB},\forall t\in\mathcal{T}$$

（1－33）

$$y_{ikt}^{NT}\leqslant\sum_{\tau=1}^{t}x_{ik\tau}^{NT};\forall i\in\Psi^{SS},\forall k\in K^{NT},\forall t\in\mathcal{T}\quad(1-34)$$

$$y_{ikt}^{p}\leqslant\sum_{\tau=1}^{t}x_{ik\tau}^{p};\forall p\in\mathcal{P},\forall i\in\Psi^{p},\forall k\in K^{p},\forall t\in\mathcal{T}\quad(1-35)$$

$$\sum_{l\in\{NRB,NAB\}}\sum_{k\in K^{l}}\sum_{(i,j)\in\Upsilon^{l}}C_{k}^{I,l}\ell_{ij}x_{ijkt}^{l}+\sum_{i\in\Psi^{SS}}C_{i}^{I,SS}x_{it}^{SS}+\sum_{k\in K^{NT}}\sum_{i\in\Psi^{SS}}C_{k}^{I,NT}x_{ikt}^{NT}+\sum_{p\in\mathcal{P}}\sum_{k\in K^{p}}\sum_{i\in\Psi^{p}}C_{k}^{I,p}pf\bar{G}_{k}^{p}x_{ikt}^{p}\leqslant IB_{t};\forall t\in\mathcal{T}.$$

（1－36）

表达式（1－16）～式（1－22）设置了变量的投资和投运二元性质。约束式（1－23）～式（1－27）与投资决策有关。根据约束式（1－23），在规划范围内每条线路最多可以进行一次投资。约束式（1－24）规定，变电站节点的投资只能在规划期内进行一次。根据式（1－25）建模，每个变电站节点最多可以安装一个新的变压器。根据约束式（1－26），在整个规划范围内，每个候选节点处的发电机安装数量被限制为一个。约束式（1－27）确保新变压器只能添加到先前已新建或扩建的变电站中。

约束式（1－28）～式（1－35）与现有和新增设备的使用有关。使用状态的二元变量与投资变量相关，因此如果系统设备以前未被安装，则无法使用该变量。约束式（1－28）～式（1－30）模拟可切改线路的应用，同时明确表征电流的方向。此类线路的切改一般在正常运行条件下考虑，从而允许网络重新配置。类似地，约束式（1－31）～式（1－33）可应用到在正常运行条件下不可重新配置的线路的使用状态。约束式（1－34）和式（1－35）分别模拟新增变压器和 DG 的使用。约束式（1－36）为每个阶段的投资设定了预算。

1.2.4 辐射式运行方式的约束

辐射式运行通过以下方式建模：

$$\sum_{l\in\mathcal{L}}\sum_{i\in\Psi_j^l}\sum_{k\in K^l} y_{ijkt}^l = 1; \forall j\in\Psi_t^{LN}, \forall t\in\mathcal{T} \tag{1-37}$$

$$\sum_{l\in\mathcal{L}}\sum_{i\in\Psi_j^l}\sum_{k\in K^l} y_{ijkt}^l \leqslant 1; \forall j\notin\Psi_t^{LN}, \forall t\in\mathcal{T} \tag{1-38}$$

$$\sum_{l\in\mathcal{L}}\sum_{k\in K^l}\sum_{j\in\Psi_i^l}(\tilde{f}_{ijkt}^l - \tilde{f}_{jikt}^l) = \tilde{g}_{it}^{SS} - \tilde{D}_{it}; \forall t\in\Psi^N, \forall t\in\mathcal{T} \tag{1-39}$$

$$0\leqslant \tilde{f}_{ijkt}^{EFB} \leqslant n_{DG}; \forall i\in\Psi_j^{EFB}, \forall j\in\Psi^N, \forall k\in K^{EFB}, \forall t\in\mathcal{T} \tag{1-40}$$

$$0\leqslant \tilde{f}_{ijkt}^{ERB} \leqslant n_{DG}\left(1-\sum_{\tau=1}^{t}\sum_{\kappa\in K^{NRB}} x_{ij\kappa\tau}^{NRB}\right); \forall (i,j)\in\Upsilon^{ERB}, \forall k\in K^{ERB}, \forall t\in\mathcal{T} \tag{1-41}$$

$$0\leqslant \tilde{f}_{jikt}^{ERB} \leqslant n_{DG}\left(1-\sum_{\tau=1}^{t}\sum_{\kappa\in K^{NRB}} x_{ij\kappa\tau}^{NRB}\right); \forall (i,j)\in\Upsilon^{ERB}, \forall k\in K^{ERB}, \forall t\in\mathcal{T} \tag{1-42}$$

$$0\leqslant \tilde{f}_{ijkt}^{l} \leqslant n_{DG}\sum_{\tau=1}^{t} x_{ij\kappa\tau}^{l}; \forall l\in\{NRB, NAB\}, \forall (i,j)\in\Upsilon^{l}, \forall k\in K^{l}, \forall t\in\mathcal{T} \tag{1-43}$$

$$0\leqslant \tilde{f}_{jikt}^{l} \leqslant n_{DG}\sum_{\tau=1}^{t} x_{ij\kappa\tau}^{l}; \forall l\in\{NRB, NAB\}, \forall (i,j)\in\Upsilon^{l}, \forall k\in K^{l}, \forall t\in\mathcal{T} \tag{1-44}$$

$$0\leqslant \tilde{g}_{it}^{SS} \leqslant n_{DG}; \forall i\in\Psi^{SS}, \forall t\in\mathcal{T} \tag{1-45}$$

其中

$$\tilde{D}_{it} = \begin{cases} 1; \forall i\in[(\Psi^C\cup\Psi^W\cup\Psi^\Theta)\cap\Psi_t^{LN}], \forall t\in\mathcal{T} \\ 0; \forall i\notin[(\Psi^C\cup\Psi^W\cup\Psi^\Theta)\cap\Psi_t^{LN}], \forall t\in\mathcal{T}. \end{cases} \tag{1-46}$$

辐射式运行通过传统约束式（1－37）和式（1－38）[23,25]以及约束式（1－39）～式（1－45）[26]进行建模。约束式（1－37）强制规定负荷节点具有单个注入电流，而约束式（1－38）为其余节点设置最多一个注入电流。新的辐射式运行方式的约束式（1－39）～式（1－45）避免了传统节点和DG的孤岛问题，如果传统的辐射式运行方式等约束仅用于共同优化的扩展规划问题，则会出现问题。这些新的辐射式运行方式潜在含义是在由于安装DG单元而可能被孤立的那些负荷节点上设置虚拟负荷。虚拟节点负荷只能由位于原始变电站节点的虚拟变电站提供，这个原始变电站节点也就是流经系统线路的虚拟能量注入点。结果，在正常运行方式下防止了具有负荷需求的区域形成孤岛。约束式（1－39）代表节点虚拟电流平衡方程。约束式（1－40）～式（1－44）将虚拟潮流限制在线路中。约束式（1－45）设定了由虚拟变电站注入的虚拟电流的极限。

1.2.5 混合整数线性模型

DG 和配电网联合扩展规划的确定模型是一个混合整数非线性方程，目前还没有更精确的求解方法。这个问题可以通过用线性项替换非线性表达式（1－5）和式（1－15），来重新解释原始问题成为混合整数线性规划的一个实例。因此，保证了最佳的有限收敛，同时提供了求解过程中最优距离。

基于文献［27］，分段线性逼近用于式（1－5）中的二次项。因此，表达式（1－5）被替换为

$$c_t^R = \sum_{b\in\mathcal{B}} \Delta_b C_b^{SS} pf \left[\sum_{tr\in TR} \sum_{k\in K^{tr}} \sum_{i\in\Psi^{SS}} \sum_{h=1}^{n_H} M_{kh}^{tr} \delta_{iktbh}^{tr} + \sum_{l\in\mathcal{L}} \sum_{k\in K^l} \sum_{(i,j)\in\Upsilon^l} \sum_{h=1}^{n_H} M_{kh}^l \ell_{ij} (\delta_{ijktbh}^l + \delta_{jiktbh}^l) \right]; \forall t\in\mathcal{T} \tag{1-47}$$

$$g_{iktb}^{tr} = \sum_{h=1}^{n_H} \delta_{iktbh}^{tr}; \forall tr\in TR, \forall i\in\Psi^{SS}, \forall k\in K^{tr}, \forall t\in\mathcal{T}, \forall b\in\mathcal{B} \tag{1-48}$$

$$0 \leqslant \delta_{iktbh}^{tr} \leqslant A_{kh}^{tr}; \forall h=1,\cdots,n_H, \forall tr\in TR, \forall i\in\Psi^{SS}, \forall k\in K^{tr}, \forall t\in\mathcal{T}, \forall b\in\mathcal{B} \tag{1-49}$$

$$f_{ijktb}^l = \sum_{h=1}^{n_H} \delta_{ijktbh}^l; \forall l\in\mathcal{L}, \forall i\in\Psi_j^l, \forall j\in\Psi^N, \forall k\in K^l, \forall t\in\mathcal{T}, \forall b\in\mathcal{B} \tag{1-50}$$

$$0 \leqslant \delta_{ijktbh}^l \leqslant A_{kh}^l; \forall h=1,\cdots,n_H, \forall l\in\mathcal{L}, \forall i\in\Psi_j^l, \forall j\in\Psi^N, \forall k\in K^l, \forall t\in\mathcal{T}, \forall b\in\mathcal{B} \tag{1-51}$$

表达式（1－47）是能量损失的线性化成本，而式（1－48）～式（1－49）和式（1－50）～式（1－51）分别与变压器和线路中能量损失的线性化有关。

另外，使用文献［28］中描述的基于分离约束的变换，非线性表达式（1－15）线性等价于

$$-J(1-y_{ijkt}^l) \leqslant Z_k^l \ell_{ij} f_{ijktb}^l - (v_{itb} - v_{jtb}) \leqslant J(1-y_{ijkt}^l); \forall l\in\mathcal{L}, \forall i\in\Psi_j^l, \forall j\in\Psi^N, \forall k\in K^l, \forall t\in\mathcal{T}, \forall b\in\mathcal{B}. \tag{1-52}$$

如果 y_{ijkt}^l 等于 1，相应的约束式（1－52）就变为 $0 \leqslant Z_k^l l_{ij} f_{ijktb}^I - (v_{itb} - v_{itb}) \leqslant 0$，这与式（1－15）得出的条件 $Z_k^l l_{ij} f_{ijktb}^I - (v_{itb} - v_{jtb}) = 0$ 完全一致。相反，如果 $y_{ijkt}^l = 0$，相应的约束式（1－52）使得 $-J \leqslant -(v_{itb} - v_{jtb}) \leqslant J$，即 $|v_{itb} - v_{jtb}| \leqslant J$，根据式（1－8），$f_{ijktb}^I = 0$。因此，对于足够大正值的参数 J，节点电压幅值 v_{itb} 和 v_{jtb} 之间没有强制的联系，就像在式（1－15）中关于 $y_{ijkt}^I = 0$ 的模型。由于在式（1－7）中可见节点电压幅值受 $\overline{V}$ 和 $\underline{V}$ 限制，因此 $|v_{itb} - v_{jtb}|$ 的最大可能值就是 $\overline{V} - \underline{V}$，也

就是 J 的最小值。

可建模得到如下混合整数线性规划：

$$\begin{aligned}\min_{\Xi^{DT}} c^{TPV} = &\sum_{t\in T}\frac{(1+I)^{-t}}{I}c_t^I + \sum_{t\in T}[(1+I)^{-t}(c_t^M + c_t^E + c_t^R + c_t^U)] \\ &+ \frac{(1+I)^{-n_T}}{I}(c_{n_T}^M + c_{n_T}^E + c_{n_T}^R + c_{n_T}^U)\end{aligned} \tag{1-53}$$

约束条件　式(1-2)～式(1-4)，式(1-6)～式(1-14)，
式(1-16)～式(1-45)，式(1-47)～式(1-52)　　(1-54)

其中

$$\Xi^{DT} = \{c_t^E, c_t^I, c_t^M, c_t^R, c_t^U, c^{TPV}, d_{itb}^U, f_{ijktb}^l, \tilde{f}_{ijkt}^l, g_{iktb}^p, g_{iktb}^{tr}, \tilde{g}_{it}^{SS}, v_{itb}, x_{ijkt}^l, x_{ikt}^{NT}, x_{ikt}^p, x_{it}^{SS}, y_{ijkt}^l, y_{ikt}^p, y_{ikt}^{tr}, \delta_{ijktbh}^l, \delta_{iktbh}^{tr}\}$$

1.3　随机规划模型

本节将基于先前的确定性模型，使用基于场景的随机规划框架[29]，表征与可再生能源的发电和负荷相关的不确定性。为此，通过一系列明确捕捉不确定性来源之间相关性的场景来表征不确定性。

以下介绍生成负荷、风速和光照强度场景的程序，详细描述随机模型的目标函数和约束，最后给出混合整数线性规划的表达式。

1.3.1　不确定性建模

在投资规划中，由于随机特征显著的各类发电资源在配电网络中日益普及，需要对相关不确定性进行精确建模。基于文献［30］中描述的方法，使用历史数据生成表示与负荷、风速和光照强度相关的不确定性的一组场景。场景生成过程包括六个步骤，描述如下：

（1）通过用每个数据除以相应的最大水平，将每年的系统负荷、风速和光照强度的历史小时数据表示为标幺值。因此，每组因数代表负荷、风速和光照强度分布标幺值。

（2）将负荷、风速和光照强度的单位小时因数三元组按负荷因数降序排序。图 1-2 表示有序负荷因数曲线以及风速和光照强度因数的相应曲线。

（3）将步骤（2）得到的因数曲线离散化为 n_B 个时间段。为了准确地模拟尖峰负荷（通常对投资决策有很大影响），定义了与这种尖峰负荷相关的相对较小的时间段。对于每个时间段，相应的风速和光照强度因数按降序排序。图 1-3 表示具有 4 个离散化时间段的示例。

（4）对于每个时间段，建立排序后的负荷、风速和光照强度因数的累积概率分布函数（CDF）。作为一个例子，图 1－4 中的累积概率分布函数曲线对应图 1－3 中所示的曲线。

（5）累积概率分布函数根据相应概率分成若干段。对于负荷、风速和光照强度系数曲线，预先指定的段数分别由 n_S^D 、n_S^W 和 n_S^Θ 表示。除了其预先指定的概率之外，每个分段 s 的特征都通过该分段内的平均因数来表示。在此基础上，生成了成对概率平均因数，对于负荷，是 $\pi_{sb}^D-\mu_{sb}^D$；对于风速，是 $\pi_{sb}^W-\mu_{sb}^W$，对于光照强度，是 $\pi_{sb}^\Theta-\mu_{sb}^\Theta$。在图 1－5 中，负荷因数曲线的第一个时间段的累积概率分布函数被分成三段，每段分别具有概率 π_{11}^D、π_{21}^D 和 π_{31}^D，其值分别为 0.4、0.5 和 0.1。与这些分段相关的负荷因素分别分布在［0.00，0.70］、（0.70，0.86］和（0.86，1.00］的范围。从图 1－5 中可以看出，相应的平均负荷因数为 μ_{11}^D、μ_{21}^D 和 μ_{31}^D，其值分别等于 0.67、0.76 和 0.90。

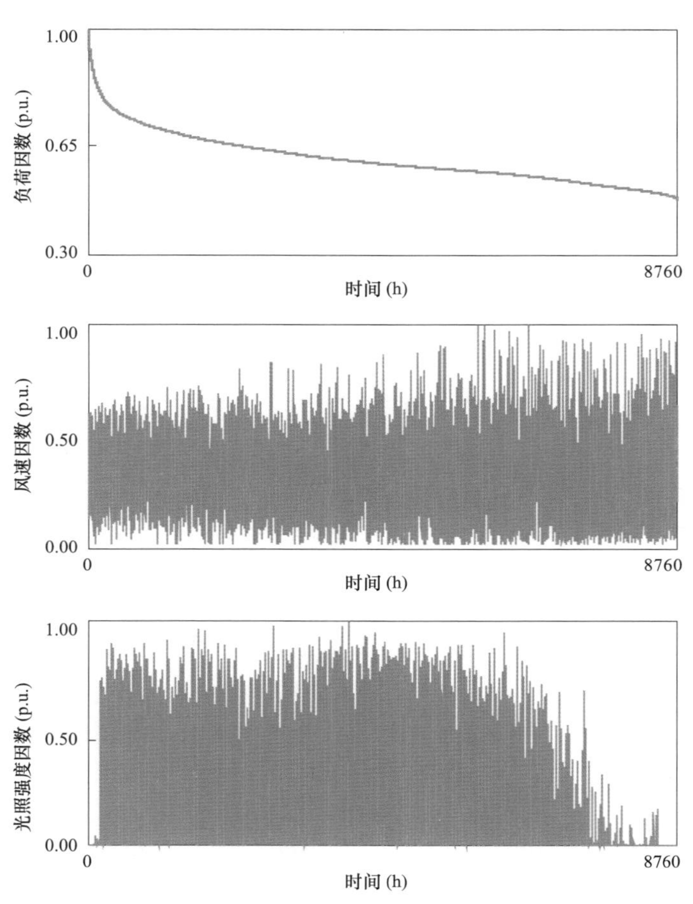

图 1－2　排序后的负荷因数曲线和相应的风速和光照强度因数的剖面

（6）对于每个时间段，通过组合所有的 $\pi_{sb}^{D}-\mu_{sb}^{D}$ 、$\pi_{sb}^{W}-\mu_{sb}^{W}$ 和 $\pi_{sb}^{\Theta}-\mu_{sb}^{\Theta}$ 得到的场景都按 ω 排序。因此，每种场景下的节点负荷都是等于预测值和相应因数 $\mu_{b}^{D}(\omega)$ 的乘积。对于每种情况，平均因数 μ_{sb}^{W} 和 μ_{sb}^{Θ} 被转换为风速和光照强度水平，从而可确定风力发电和光伏发电的最大出力 $\hat{G}_{ikb}^{W}(\omega)$ 和 $\hat{G}_{ikb}^{\Theta}(\omega)$ 。因此，对于每个时间段 b，方案 ω 包括平均负荷因数 $\mu_{b}^{D}(\omega)$ 、最大风力发电水平矢量 $\hat{G}_{ikb}^{W}(\omega)$ 以及最大光伏发电水平矢量 $\hat{G}_{ikb}^{\Theta}(\omega)$ 。

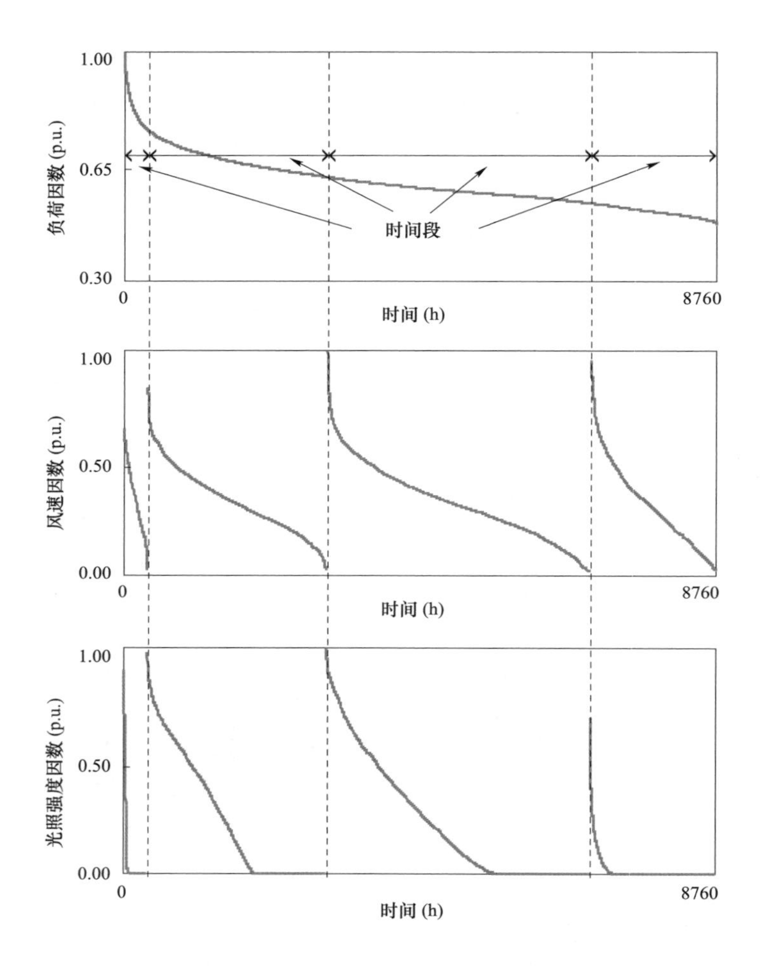

图 1－3　各时间段的负荷、风速和光照强度因数的离散化

从数学上，一组场景 Ω_b 为

$$\Omega_{b}=\{\mu_{b}^{D}(\omega),\{\hat{G}_{ikb}^{W}(\omega)\}_{\forall i\in\Psi^{W},\ \forall k\in K^{W}},\{\hat{G}_{ikb}^{\Theta}(\omega)\}_{\forall i\in\Psi^{\Theta},\ \forall k\in K^{\Theta}}\}_{\forall\omega=1,\cdots,n_{\Omega}};\forall b\in\mathcal{B}. \tag{1－55}$$

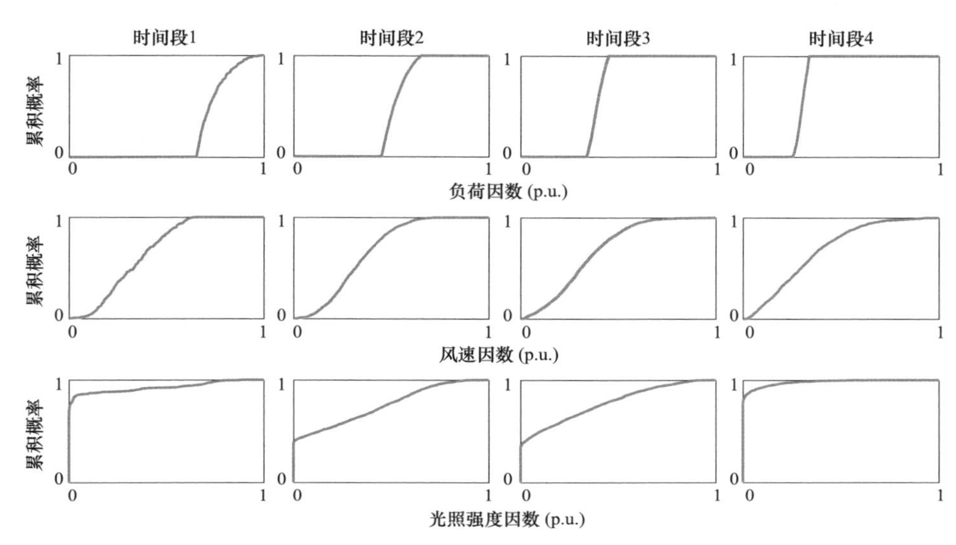

图 1－4　负荷、风速和光照强度因数的累积概率分布函数

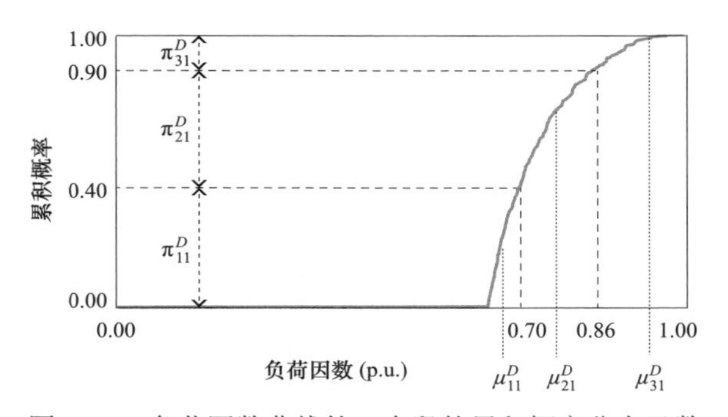

图 1－5　负荷因数曲线第一个段的累积概率分布函数

此外，每个场景的概率 $\pi_b(\omega)=\pi_{sb}^D\pi_{sb}^W\pi_{sb}^\Theta$。每个时间段的场景数 $n_\Omega=n_s^D n_s^W n_s^\Theta$，而场景或运行条件的数量为 $n_B n_\Omega$。

如果可以获得超过一年的数据，则场景生成程序可以生成每年的数据，以便在每个阶段创造不同的运行条件。

1.3.2　目标函数和成本相关要素

要目标函数是预期总成本的最小净现值，同样可以通过表达式（1－1）来表示。预期的投资和维护成本分别如式（1－2）和式（1－3）所示。其他成本要素，即预期的生产成本、能量损失和缺电成本，建模如下：

$$c_t^E = \sum_{b\in\mathcal{B}}\sum_{\omega=1}^{n_\Omega}\pi_b(\omega)\Delta_b pf\left[\sum_{tr\in TR}\sum_{k\in K^{tr}}\sum_{i\in\Psi^{SS}}C_b^{SS}g_{iktb}^{tr}(\omega)\right.$$
$$\left.+\sum_{p\in\mathcal{P}}\sum_{k\in K^p}\sum_{i\in\Psi^p}C_k^{E,p}g_{iktb}^{p}(\omega)\right];\forall t\in\mathcal{T} \quad (1-56)$$

$$c_t^R = \sum_{b\in\mathcal{B}}\sum_{\omega=1}^{n_\Omega}\pi_b(\omega)\Delta_b C_b^{SS} pf\left|\sum_{tr\in TR}\sum_{k\in K^{tr}}\sum_{i\in\Psi^{SS}}Z_k^{tr}\left[g_{iktb}^{tr}(\omega)\right]^2\right.$$
$$\left.+\sum_{l\in\mathcal{L}}\sum_{k\in K^l}\sum_{(i,j)\in\Upsilon^l}Z_k^l\ell_{ij}\left[f_{ijktb}^l(\omega)+f_{jiktb}^l(\omega)\right]^2\right];\forall t\in\mathcal{T} \quad (1-57)$$

$$c_t^U = \sum_{b\in\mathcal{B}}\sum_{\omega=1}^{n_\Omega}\sum_{i\in\Psi_t^{LN}}\pi_b(\omega)\Delta_b C^U pfd_{itb}^U(\omega);\forall t\in\mathcal{T}. \quad (1-58)$$

与确定性模型类似，对于每个时间阶段，每条线路的一组二元变量 x_{ijkt}^l 可用于对相关投资决策进行建模。相反，两组二元变量 y_{ijkt}^l 和 y_{jikt}^l，以及两组连续变量 $f_{ijktb}^l(\omega)$ 和 $f_{jiktb}^l(\omega)$ 与每条线路相关联，以便分别模拟相应电流的方向和幅度。应注意，仅当电流从 i 流向 j 时，$f_{ijktb}^l(\omega)$ 为正并且等于在节点 i 处测量的节点 i 和 j 之间的分支电流，否则为 0。

分别在式（1－56）～式（1－58）中建模的三个预期成本是确定性模型在式（1－4）～式（1－6）中制定的成本的随机对应物。表达式（1－56）～式（1－58）与式（1－4）～式（1－6）的主要不同之处在于模拟计及场景和概率的不确定性。

1.3.3 基尔霍夫定律和运行约束

对于随机模型，考虑系统运行的约束建模如下：

$$\underline{V}\leqslant v_{itb}(\omega)\leqslant\overline{V};\forall i\in\Psi^N,\forall t\in\mathcal{T},\forall b\in\mathcal{B},\forall\omega=1,\cdots,n_\Omega \quad (1-59)$$

$$0\leqslant f_{ijktb}^l(\omega)\leqslant y_{ijkt}^l\overline{F}_k^l;$$
$$\forall l\in\mathcal{L},\forall i\in\Psi_j^l,\forall j\in\Psi^N,\forall k\in K^l,\forall t\in\mathcal{T},\forall b\in\mathcal{B},\forall\omega=1,\cdots,n_\Omega \quad (1-60)$$

$$0\leqslant g_{iktb}^{tr}(\omega)\leqslant y_{ikt}^{tr}\overline{G}_k^{tr};$$
$$\forall tr\in TR,\forall i\in\Psi^{SS},\forall k\in K^{tr},\forall t\in\mathcal{T},\forall b\in\mathcal{B},\forall\omega=1,\cdots,n_\Omega \quad (1-61)$$

$$0\leqslant d_{itb}^U(\omega)\leqslant\mu_b^D(\omega)D_{it};\forall i\in\Psi_t^{LN},\forall t\in\mathcal{T},\forall b\in\mathcal{B},\forall\omega=1,\cdots,n_\Omega \quad (1-62)$$

$$0\leqslant g_{iktb}^C(\omega)\leqslant y_{ikt}^C\overline{G}_k^C;\forall i\in\Psi^C,\forall k\in K^C,\forall t\in\mathcal{T},\forall b\in\mathcal{B},\forall\omega=1,\cdots,n_\Omega \quad (1-63)$$

$$0\leqslant g_{iktb}^p(\omega)\leqslant y_{ikt}^p\hat{G}_{ikb}^p(\omega);$$
$$\forall p\in\{W,\Theta\},\forall i\in\Psi^p,\forall k\in K^p,\forall t\in\mathcal{T},\forall b\in\mathcal{B},\forall\omega=1,\cdots,n_\Omega \quad (1-64)$$

$$\sum_{p\in\mathcal{P}}\sum_{k\in K^p}\sum_{i\in\Psi^p}g_{iktb}^p(\omega)\leqslant\xi\sum_{i\in\Psi_t^{LN}}\mu_b^D(\omega)D_{it};\forall t\in\mathcal{T},\forall b\in\mathcal{B},\forall\omega=1,\cdots,n_\Omega \quad (1-65)$$

$$\sum_{l\in\mathcal{L}}\sum_{k\in K^l}\sum_{(i,j)\in\Upsilon^l}[f_{ijktb}^l(\omega)-f_{jiktb}^l(\omega)]$$
$$=\sum_{tr\in TR}\sum_{k\in K^{tr}}g_{iktb}^{tr}(\omega)+\sum_{p\in\mathcal{P}}\sum_{k\in K^p}g_{iktb}^p(\omega) \quad (1-66)$$
$$-\mu_b^D(\omega)D_{it}+d_{itb}^U(\omega);\forall i\in\Psi^N,\forall t\in\mathcal{T},\forall b\in\mathcal{B},\forall\omega=1,\cdots,n_\Omega$$

$$y_{ijkt}^l\left\{Z_k^l\ell_{ij}f_{ijktb}^l(\omega)-\left[v_{itb}(\omega)-v_{jtb}(\omega)\right]\right\}=0;$$
$$\forall l\in\mathcal{L},\forall i\in\Psi_j^l,\forall j\in\Psi^N,\forall k\in K^l,\forall t\in\mathcal{T},\forall b\in\mathcal{B},\forall\omega=1,\cdots,n_\Omega. \quad (1-67)$$

表达式（1－59）～式（1－67）对应确定性模型表达式（1－7）～式（1－15），是后者考虑多场景的适应性修正。本章 1.2.2 节对表达式（1－59）～式（1－67）有详细介绍。

1.3.4 约束条件

对于随机模型，各个阶段投资预算限制的配电网投资相关决策和分布式电源使用相关决策建模见表达式（1－16）～式（1－36），详见本书 1.2.3 节。

1.3.5 辐射式运行方式的约束

随机模型的辐射式运行方式的约束与本书 1.2.4 节所描述的确定性模型完全相同，即表达式（1－37）～式（1－46）。

1.3.6 混合整数线性模型

随机模型可以建模为一个混合整数非线性规划。其中非线性部分与式（1－57）中表述能量损失的二次型以及式（1－67）中二元变量和连续变量的双线性项有关。

与处理确定性模型的方式一样，式（1－57）中表述能量损失的二次型可用分段线性项来表述[27]。

$$c_t^R=\sum_{b\in\mathcal{B}}\sum_{\omega=1}^{n_\Omega}\pi_b(\omega)\Delta_bC_b^{SS}pf\left\{\sum_{tr\in TR}\sum_{k\in K^{tr}}\sum_{i\in\Psi^{SS}}\sum_{h=1}^{n_H}M_{kh}^{tr}\delta_{iktbh}^{tr}(\omega)\right.$$
$$\left.+\sum_{l\in\mathcal{L}}\sum_{k\in K^l}\sum_{(i,j)\in\Upsilon^l}\sum_{h=1}^{n_H}M_{kh}^l\ell_{ij}\left[\delta_{ijktbh}^l(\omega)+\delta_{jiktbh}^l(\omega)\right]\right\};\forall t\in\mathcal{T} \quad (1-68)$$

$$g_{iktb}^{tr}(\omega)=\sum_{h=1}^{n_H}\delta_{iktbh}^{tr}(\omega);$$
$$\forall tr\in TR,\forall i\in\Psi^{SS},\forall k\in K^{tr},\forall t\in\mathcal{T},\forall b\in\mathcal{B},\forall\omega=1,\cdots,n_\Omega \quad (1-69)$$

$$0\leqslant\delta_{iktbh}^{tr}(\omega)\leqslant A_{kh}^{tr};$$
$$\forall h=1\cdots n_H,\forall tr\in TR,\forall i\in\Psi^{SS},\forall k\in K^{tr},\forall t\in\mathcal{T},\forall b\in\mathcal{B},\forall\omega=1,\cdots,n_\Omega \quad (1-70)$$

$$f_{ijktb}^{l}(\omega)=\sum_{h=1}^{n_H}\delta_{ijktbh}^{l}(\omega);$$
$$\forall l\in\mathcal{L},\forall i\in\Psi_{j}^{l},\forall j\in\Psi^{N},\forall k\in K^{l},\forall t\in\mathcal{T},\forall b\in\mathcal{B},\forall\omega=1,\cdots,n_{\Omega} \quad (1-71)$$

$$0\leqslant\delta_{ijktbh}^{l}(\omega)\leqslant A_{kh}^{l};$$
$$\forall h=1,\cdots,n_H,\forall l\in\mathcal{L},\forall i\in\Psi_{j}^{l},\forall j\in\Psi^{N},\forall k\in K^{l},\forall t\in\mathcal{T},\forall b\in\mathcal{B},\forall\omega=1,\cdots,n_{\Omega}. \quad (1-72)$$

采用文献［28］中基于分离约束的转换方法，非线性表达式（1－67）可进行如下线性等价转换：

$$-J(1-y_{ijkt}^{l})\leqslant Z_{k}^{l}\ell_{ij}f_{ijktb}^{l}(\omega)-[v_{itb}(\omega)-v_{jtb}(\omega)]\leqslant J(1-y_{ijkt}^{l});$$
$$\forall l\in\mathcal{L},\forall i\in\Psi_{j}^{l},\forall j\in\Psi^{N},\forall k\in K^{l},\forall t\in\mathcal{T},\forall b\in\mathcal{B},\forall\omega=1,\cdots,n_{\Omega}. \quad (1-73)$$

需要注意的是，随机模型的表达式（1－68）～式（1－73）分别对应确定模型的表达式（1－47）～式（1－52）。

因此，随机模型可采用下述混合整数线性规划对其确定性部分进行等价表述。该混合整数线性规划可用商业软件求解。

$$\min_{\Xi^{ST}} c^{TPV}=\sum_{t\in\mathcal{T}}\frac{(1+I)^{-t}}{I}c_{t}^{I}+\sum_{t\in\mathcal{T}}[(1+I)^{-t}(c_{t}^{M}+c_{t}^{E}+c_{t}^{R}+c_{t}^{U})]+\frac{(1+I)^{-n_T}}{I}(c_{n_T}^{M}+c_{n_T}^{E}+c_{n_T}^{R}+c_{n_T}^{U}) \quad (1-74)$$

约束条件：式(1－2)，式(1－3)，式(1－16)～式(1－45)，式(1－56)，式(1－58)～式(1－66)，式(1－68)～式(1－73)　（1－75）

其中

$$\Xi^{ST}=[c_{t}^{E},c_{t}^{I},c_{t}^{M},c_{t}^{R},c_{t}^{U},c^{TPV},d_{itb}^{U}(\omega),f_{ijktb}^{l}(\omega),\tilde{f}_{ijkt}^{l},g_{iktb}^{p}(\omega),g_{iktb}^{tr}(\omega),\tilde{g}_{it}^{SS},v_{itb}(\omega),x_{ijkt}^{l},x_{ikt}^{NT},x_{ikt}^{p},x_{it}^{SS},y_{ijkt}^{l},y_{ikt}^{p},y_{ikt}^{tr},\delta_{ijktbh}^{l}(\omega),\delta_{iktbh}^{tr}(\omega)].$$

1.4 计算结果

采用上述两种模型，对文献［31］的基准配电网系统进行研究。如图 1－6 所示，该系统包含 50 个负荷节点、4 个变电站节点以及 63 条线路，分别用圆圈、方块和线段所示。基准容量为 1MVA，基准电压为 13.5kV。负荷节点的电压上限和下限分别为 1.05p.u.和 0.95p.u.。系统的功率因数 p_f 被设为 0.9，采用三分段的线性化模型近似表征能量损失。

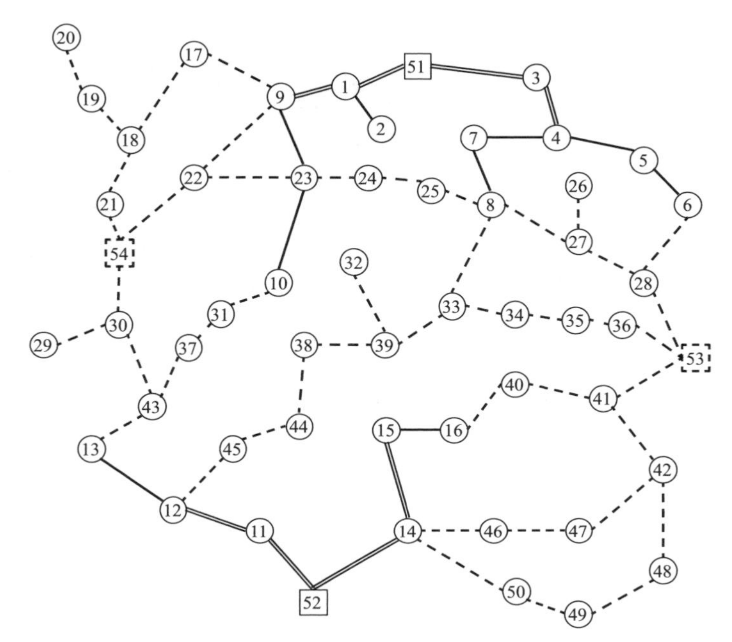

图 1－6　测试系统的单线图

仿真采用美元作为货币单位，下文中用$表示。投资决策的规划年限为 10 年，采用年度投资的方式，每年作为一个阶段，考虑 10%的年利率以及每年 350 万美元的投资预算。表 1－1 表示每个节点的峰值负荷。

表 1－1　　节 点 峰 值 负 荷　　（MVA）

节点	阶段									
	1	2	3	4	5	6	7	8	9	10
1	2.050 0	2.111 5	2.173 0	2.234 5	2.296 0	2.357 5	2.419 0	2.480 5	2.542 0	2.603 5
2	0.780 0	0.803 4	0.826 8	0.850 2	0.873 6	0.897 0	0.920 4	0.943 8	0.967 2	0.990 6
3	1.580 0	1.627 4	1.674 8	1.722 2	1.769 6	1.817 0	1.864 4	1.911 8	1.959 2	2.006 6
4	0.320 0	0.329 6	0.339 2	0.348 8	0.358 4	0.368 0	0.377 6	0.387 2	0.396 8	0.406 4
5	0.280 0	0.288 4	0.296 8	0.305 2	0.313 6	0.322 0	0.330 4	0.338 8	0.347 2	0.355 6
6	1.170 0	1.205 1	1.240 2	1.275 3	1.310 4	1.345 5	1.380 6	1.415 7	1.450 8	1.485 9
7	1.240 0	1.277 2	1.314 4	1.351 6	1.388 8	1.426 0	1.463 2	1.500 4	1.537 6	1.574 8
8	0.720 0	0.741 6	0.763 2	0.784 8	0.806 4	0.828 0	0.849 6	0.871 2	0.892 8	0.914 4
9	1.140 0	1.174 2	1.208 4	1.242 6	1.276 8	1.311 0	1.345 2	1.379 4	1.413 6	1.447 8
10	1.560 0	1.606 8	1.653 6	1.700 4	1.747 2	1.794 0	1.840 8	1.887 6	1.934 4	1.981 2
11	1.910 0	1.967 3	2.024 6	2.081 9	2.139 2	2.196 5	2.253 8	2.311 1	2.368 4	2.425 7
12	0.930 0	0.957 9	0.985 8	1.013 7	1.041 6	1.069 5	1.097 4	1.125 3	1.153 2	1.181 1

续表

节点	阶段									
	1	2	3	4	5	6	7	8	9	10
13	1.150 0	1.184 5	1.219 0	1.253 5	1.288 0	1.322 5	1.357 0	1.391 5	1.426 0	1.460 5
14	1.350 0	1.390 5	1.431 0	1.471 5	1.512 0	1.552 5	1.593 0	1.633 5	1.674 0	1.714 5
15	1.620 0	1.668 6	1.717 2	1.765 8	1.814 4	1.863 0	1.911 6	1.960 2	2.008 8	2.057 4
16	2.160 0	2.224 8	2.289 6	2.354 4	2.419 2	2.484 0	2.548 8	2.613 6	2.678 4	2.743 2
17	1.400 0	1.442 0	1.484 0	1.526 0	1.568 0	1.610 0	1.652 0	1.694 0	1.736 0	1.778 0
18	2.100 0	2.163 0	2.226 0	2.289 0	2.352 0	2.415 0	2.478 0	2.541 0	2.604 0	2.667 0
19	1.810 0	1.864 3	1.918 6	1.972 9	2.027 2	2.081 5	2.135 8	2.190 1	2.244 4	2.298 7
20	0.000 0	1.290 0	1.328 7	1.367 4	1.406 1	1.444 8	1.483 5	1.522 2	1.560 9	1.599 6
21	0.000 0	0.160 0	0.164 8	0.169 6	0.174 4	0.179 2	0.184 0	0.188 8	0.193 6	0.198 4
22	0.000 0	1.630 0	1.678 9	1.727 8	1.776 7	1.825 6	1.874 5	1.923 4	1.972 3	2.021 2
23	0.000 0	0.000 0	0.340 0	0.350 2	0.360 4	0.370 6	0.380 8	0.391 0	0.401 2	0.411 4
24	0.000 0	0.000 0	2.510 0	2.585 3	2.660 6	2.735 9	2.811 2	2.886 5	2.961 8	3.037 1
25	0.000 0	0.000 0	1.720 0	1.771 6	1.823 2	1.874 8	1.926 4	1.978 0	2.029 6	2.081 2
26	0.000 0	0.000 0	0.000 0	1.430 0	1.472 9	1.515 8	1.558 7	1.601 6	1.644 5	1.687 4
27	0.000 0	0.000 0	0.000 0	1.630 0	1.678 9	1.727 8	1.776 7	1.825 6	1.874 5	1.923 4
28	0.000 0	0.000 0	0.000 0	1.220 0	1.256 6	1.293 2	1.329 8	1.366 4	1.403 0	1.439 6
29	0.000 0	0.000 0	0.000 0	0.000 0	0.160 0	0.164 8	0.169 6	0.174 4	0.179 2	0.184 0
30	0.000 0	0.000 0	0.000 0	0.000 0	1.350 0	1.390 5	1.431 0	1.471 5	1.512 0	1.552 5
31	0.000 0	0.000 0	0.000 0	0.000 0	1.790 0	1.843 7	1.897 4	1.951 1	2.004 8	2.058 5
32	0.000 0	0.000 0	0.000 0	0.000 0	0.230 0	0.236 9	0.243 8	0.250 7	0.257 6	0.264 5
33	0.000 0	0.000 0	0.000 0	0.000 0	0.000 0	1.470 0	1.514 1	1.558 2	1.602 3	1.646 4
34	0.000 0	0.000 0	0.000 0	0.000 0	0.000 0	1.670 0	1.720 1	1.770 2	1.820 3	1.870 4
35	0.000 0	0.000 0	0.000 0	0.000 0	0.000 0	2.070 0	2.132 1	2.194 2	2.256 3	2.318 4
36	0.000 0	0.000 0	0.000 0	0.000 0	0.000 0	1.230 0	1.266 9	1.303 8	1.340 7	1.377 6
37	0.000 0	0.000 0	0.000 0	0.000 0	0.000 0	0.000 0	0.820 0	0.844 6	0.869 2	0.893 8
38	0.000 0	0.000 0	0.000 0	0.000 0	0.000 0	0.000 0	1.710 0	1.761 3	1.812 6	1.863 9
39	0.000 0	0.000 0	0.000 0	0.000 0	0.000 0	0.000 0	0.240 0	0.247 2	0.254 4	0.261 6
40	0.000 0	0.000 0	0.000 0	0.000 0	0.000 0	0.000 0	0.000 0	0.940 0	0.968 2	0.996 4
41	0.000 0	0.000 0	0.000 0	0.000 0	0.000 0	0.000 0	0.000 0	1.300 0	1.339 0	1.378 0
42	0.000 0	0.000 0	0.000 0	0.000 0	0.000 0	0.000 0	0.000 0	1.740 0	1.792 2	1.844 4
43	0.000 0	0.000 0	0.000 0	0.000 0	0.000 0	0.000 0	0.000 0	1.090 0	1.122 7	1.155 4
44	0.000 0	0.000 0	0.000 0	0.000 0	0.000 0	0.000 0	0.000 0	0.000 0	0.440 0	0.453 2
45	0.000 0	0.000 0	0.000 0	0.000 0	0.000 0	0.000 0	0.000 0	0.000 0	1.120 0	1.153 6
46	0.000 0	0.000 0	0.000 0	0.000 0	0.000 0	0.000 0	0.000 0	0.000 0	1.300 0	1.339 0

续表

节点	阶段									
	1	2	3	4	5	6	7	8	9	10
47	0.000 0	0.000 0	0.000 0	0.000 0	0.000 0	0.000 0	0.000 0	0.000 0	0.200 0	0.206 0
48	0.000 0	0.000 0	0.000 0	0.000 0	0.000 0	0.000 0	0.000 0	0.000 0	0.000 0	1.030 0
49	0.000 0	0.000 0	0.000 0	0.000 0	0.000 0	0.000 0	0.000 0	0.000 0	0.000 0	1.170 0
50	0.000 0	0.000 0	0.000 0	0.000 0	0.000 0	0.000 0	0.000 0	0.000 0	0.000 0	0.550 0

负荷、风速以及光照强度的不确定性特征基于某实际测量点 2012 年的历史数据，其中风速最大为 17.08m/s，光照强度最大为 1114.21W/m^2。对全部节点采用文献［32］的负荷、风速以及光照强度条件。考虑 4 个时间段，持续时间分别对应 350、2650、3900、1860h/年。对于确定性模型，采用每个时间段内负荷、风速以及光照强度的平均值，如表 1－2 所示。对于随机模型，负荷、风速以及光照强度的累计概率分布被分为三个等概率段。如表 1－3 所示，根据本书 1.3.1 节所述步骤，考虑每个时间段内负荷、风速以及光照强度这 3 类不同条件，进而生成每个时间段下 27 种等概率场景，以及每个阶段总共 108 个场景。

表 1－2　确定性模型的运行条件　（p.u.）

小时间段	平均负荷因数	平均风速因数	平均光照强度因数
1	0.741 8	0.334 5	0.073 4
2	0.524 8	0.327 9	0.244 1
3	0.391 4	0.323 6	0.221 6
4	0.301 1	0.317 7	0.020 7

表 1－3　随机模型的运行条件　（p.u.）

小时间段	平均负荷因数	平均风速因数	平均光照强度因数
1	0.833 4	0.505 4	0.220 3
	0.721 7	0.325 9	0.000 0
	0.670 3	0.172 2	0.000 0
2	0.589 4	0.494 3	0.584 2
	0.515 0	0.316 3	0.148 2
	0.470 1	0.173 1	0.000 0

图 1－6 中，现有的不可替换的线路用实线表示，现有的可以替换的线路用双实线表示，规划建设的线路用虚线表示。线路长度如表 1－4 所示。正常运行方式下的网络重构可通过切改线路 10－31、13－43、23－24、33－39 和 38－44

实现。现有线路的容量和单位长度阻抗分别为 6.28MVA 和 0.557Ω/km。表 1－5 给出了用于可替换线路和规划建设线路的备选导体数据。每条线路都从两种备选导体中选择。根据文献［23］，所有线路维护费为$450/年，使用年限为 25 年。

表 1－4　　线 路 长 度　　(km)

起始节点	终止节点	长度	起始节点	终止节点	长度	起始节点	终止节点	长度
1	2	0.66	12	45	1.33	30	43	1.47
1	9	0.86	13	43	1.07	30	54	1.02
1	51	1.11	14	15	1.81	31	37	0.45
3	4	0.90	14	46	1.31	32	39	1.46
3	51	2.06	14	50	2.25	33	34	0.81
4	5	1.45	14	52	2.21	33	39	1.19
4	7	1.24	15	16	0.91	34	35	0.76
5	6	0.81	16	40	1.29	35	36	0.45
6	28	1.55	17	18	1.83	36	53	1.28
7	8	1.00	18	19	0.68	37	43	1.01
8	25	0.79	18	21	0.98	38	39	1.19
8	27	1.60	19	20	0.96	38	44	1.27
8	33	1.92	21	54	0.58	40	41	1.39
9	17	1.61	22	23	1.85	41	42	1.52
9	22	2.08	22	54	1.89	41	53	1.73
9	23	1.36	23	24	0.82	42	47	1.82
10	23	1.89	24	25	0.89	42	48	1.77
10	31	0.92	26	27	0.68	44	45	1.02
11	12	1.42	27	28	1.15	46	47	1.29
11	52	1.50	28	53	1.64	48	49	1.58
12	13	1.70	29	30	1.17	49	50	0.92

表 1－5　　备 选 导 体 数 据

类型	选择 1			选择 2		
l	容量上限（MVA）	单位长度阻抗（Ω/km）	单位长度投资成本（$/km）	容量上限（MVA）	单位长度阻抗（Ω/km）	单位长度投资成本（$/km）
NRB	9.00	0.478	19 140	12.00	0.423	29 870
NAB	6.28	0.557	15 020	9.00	0.478	25 030

图 1－6 中节点 51 和 52 表示现有的变电站，变压器容量 12MVA，变压器阻

抗 0.16Ω，变压器维护费用 2000$。节点 51 和 52 表示的是规划建设的变电站。变电站节点的电压设为 1.05p.u.。根据文献［33］的成本数据，所有变电站供电的成本 C_b^{SS} 完全一样，对应 4 个时间段，分别为 225.33$/MWh、182.72$/MWh、154.43$/MWh 以及 81.62$/MWh。缺电成本 C^U 为 1000$/MWh。投资策略包括：① 通过新增变压器，扩建现有变电站；② 新建变电站。扩建节点 51～54 的变电站费用分别为 100 000$、100 000$、150 000$以及 150 000$。可选用的变压器数据见表 1－6，不同的变电站可选的两种变压器是一样的。所有可选变压器的使用年限为 15 年。进一步，假设 η^{SS} 明显大于其他配电网资产的使用年限。因此，$RR^{SS}=I$。

为了简化，仅允许对基于可再生能源的分布式电源进行投资，渗透极限 ξ 设为 25%。可以接入风力发电机的备选节点有 3、15、23、35 以及 42。可以接入光伏发电设备的备选节点有 4、12、24、36 以及 43。可选的分布式电源机组技术经济特性参数见表 1－7，每种分布式电源技术都有两种可选方案。分布式电源机组的维护费用设定为 $C_k^{M,p}=0.05C_k^{I,p}pf\overline{G}_k^p$。确定性模型下的风力发电限制 $\hat{C}_{ikb}^W$，随机模型下的风力发电限制 $\hat{C}_{ikb}^W(\omega)$，均与风速水平相关，可参考文献［34］的风力发电机 E44 和 E82，分别对应风力发电机的可选方案 1 和可选方案 2。确定性模型下的光伏发电限制 $\hat{C}_{ikb}^{\Theta}$，随机模型下的光伏发电限制 $\hat{C}_{ikb}^{\Theta}(\omega)$，均与光照强度水平相关，可参考文献［35］中由 5000 块光伏板组成的光伏发电设备，光伏板为 F 系列的 KD100－36 和 KD300－80，分别对应光伏发电设备的可选方案 1 和可选方案 2。所有发电单元的使用年限均按 20 年考虑。

表 1－6　　备选变压器数据

选择 1				选择 2			
额定容量（MVA）	阻抗（Ω）	维护费用（$）	投资成本（$）	额定容量（MVA）	阻抗（Ω）	维护费用（$）	投资成本（$）
12	0.16	2000	750 000	15	0.13	3000	950 000

表 1－7　　备选分布式电源机组数据

可选方案编号 k	风力发电			光伏发电		
	额定容量（MVA）	投资成本（$/MW）	供电成本（$/MWh）	额定容量（MVA）	投资成本（$/MW）	供电成本（$/MWh）
1	0.91	185 000	0	0.70	172 000	0
2	2.05	184 000	0	1.65	171 000	0

两种模型都基于戴尔服务器 R920X64 实现，采用 4 个 2.00GHz 的英特尔至

强处理器 E7－4820 以及 768GB 内存，并使用 CPLEX 12.6[36]和 GAMS 24.8[37]。CPLEX 软件中分支定界法的终止判据采用 1%的最优间隙。在这一终止判据下，确定性模型的计算时间为 3.73min，随机模型的计算时间为 9.88h。

两种模型的求解结果如图 1－7 所示。可以看到，两者的扩展规划方案在投资决策和拓扑方面有所不同。随机模型求解结果为辐射式电网结构。相比之下，确定性模型的求解结果为环网结构，遵循了正常运行方式下对网络重构的考虑。从拓扑上来看，两种模型的求解结果在连接新增负荷节点与配电网的线路方面存在不同。在确定性模型的求解结果中，节点 22 和 24 的负荷由变电站 51 分别通过线路 9－22 和 24－25 供电。在随机模型的求解结果中，这两个节点的负荷分别由变电站 54 通过线路 22－54 供电，变电站 51 通过线路 23－24 供电。在确定性模型的求解结果中，节点 31、37 和 43 的负荷在阶段 5－9 过程中由变电站 52 通过线路 13－43、37－43 和 31－37 供电，在阶段 10 由变电站 51 通过线路 10－31、31－37 和 37－43 供电。但是，在随机模型的求解结果中，这 3 个节点的负荷在阶段 5－10 均由变电站 54 通过线路 30－43、37－43 和 31－37 供电。两种模型求解得到的扩展规划方案还存在其他差异，这些差异与节点 32、38 和 39 的负荷有关。

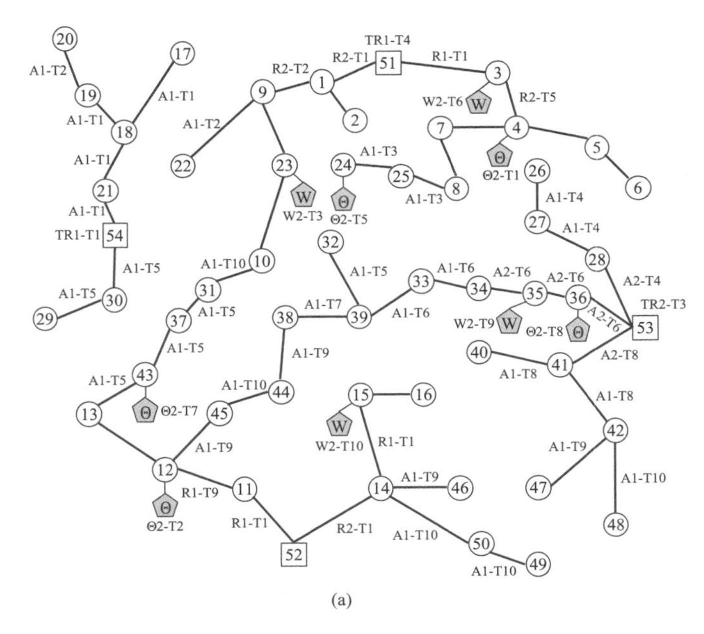

(a)

图 1－7　求解结果（一）

（a）确定性模型

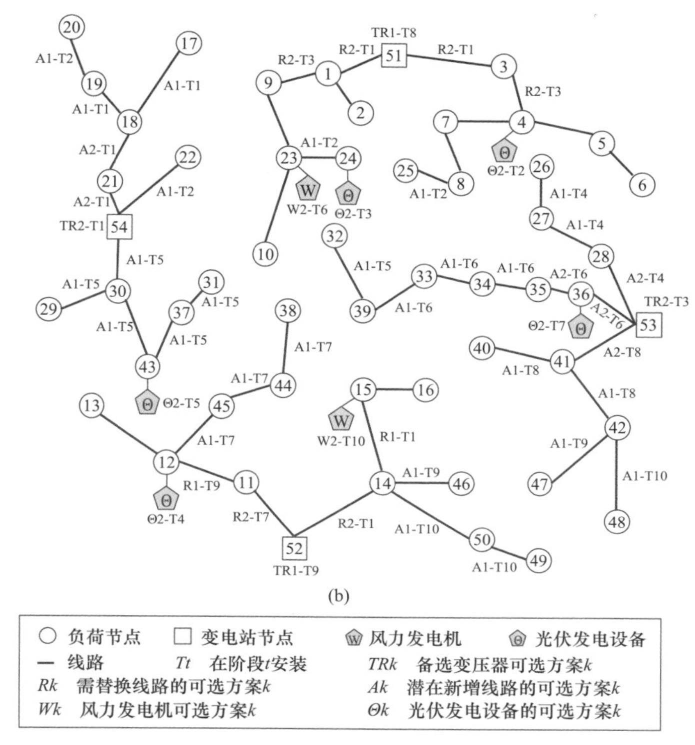

图 1－7 求解结果（二）

（b）随机模型

此外，两种模型的求解结果在变电站节点的变压器安装情况方面也存在不同，主要体现在以下三点：① 在变电站节点 51 处，变压器的安装发生在不同阶段；② 在变电站节点 52 处，随机模型安装了变压器，而确定性模型未安装变压器；③ 在变电站节点 54 处，两种模型所选择的变压器安装方案不同。考虑分布式电源的投资，确定性模型与随机性模型的扩展规划方案在发电机类型、可选方案以及位置方面是相同的，即在节点 3 和 35 处分别增设风力发电机和光伏发电设备。除了在节点 15 安装的发电机，两种模型在其他节点的发电机安装时序是不同的。

确定性模型的求解方案中需要安装的发电机数量比随机模型的要多。与之对应的是，在随机模型的求解方案中，大量变压器选择的容量更大。

两种模型求解方案相关的成本现值如表 1－8 所示。可以看出，相对于确定性模型，考虑不确定性的随机模型的生产成本有所升高。但是，考虑不确定性降低投资成本、维护费用、损失费用以及缺电成本，足以抵消生产成本的升高。

表 1-8　　成 本 现 值　　（百万美元）

模型类别	投资	维护	生产	损失	缺供电量	c^{TPV}
确定性	21.08	8.88	266.87	9.43	1.45	307.72
随机	17.38	6.80	273.46	8.07	1.13	306.84

本算例的研究也有助于验证两种近似网络模型的有效性以及对能量损失二次模型分段线性化近似的有效性。对于最后一个时间段，比较确定性模型与交流潮流模型在高负荷水平下的负荷潮流结果，线路电流、变电站节点注入功率以及节点电压幅值的平均误差分别为 0.72%、-0.26%和 0.49%。这些结果与文献[22]的研究一致，证实了网络模型线性化的适用性。本章通过比较采用了能量损失二次模型的确定性模型与对能量损失进行三分段线性化后混合整数优化问题的求解结果，研究评估能量损失分段线性近似化后的求解质量。结果表明，投资和使用状态这两个二元变量的解是一样的。在这个算例中，总成本仅相差 0.87%，从而证实分段线性近似在考虑求解质量的情况下仍具有适用性。

此外，分析随机求解方法相较于简单一点的确定性求解方法的便利性。为此，采用一个广泛使用的度量标准，即随机解价值（value of the stochastic solution，VSS）[29]。对于一个求最小值的优化问题，VSS 定义为两个成本项之间的差值。第一项 c^{DP} 表示决策变量固定后的随机模型的目标函数值，这些决策变量的值不依赖于对应的确定性模型求解结果所构成的场景；第二项 c^{SP} 表示随机模型的目标函数值。因此，VSS 定量描述了随机解产生的潜在收益。

对此，c^{DP} 等于确定决策变量 x_{ijkt}^{l}、x_{ikt}^{NT}、x_{ijkt}^{p}、x_{it}^{SS}、y_{ijkt}^{l}、y_{ijkt}^{p} 以及 y_{ijkt}^{tr} 后求解随机模型式（1-74）和式（1-75）得到的 c^{TPV} 值。其中，决策变量 x_{ijkt}^{l}，x_{ikt}^{NT}，x_{ijkt}^{p}，x_{it}^{SS}，y_{ijkt}^{l}，y_{ijkt}^{p} 以及 y_{ijkt}^{tr} 的值通过求解确定性模型式（1-53）和式（1-54）得到。对于该算例，c^{DP} 等于 3.114 9 亿美元，而 c^{SP} 等于随机模型式（1-74）和式（1-75）提供的 c^{TPV} 值，为 3.068 4 亿美元，见表 1-8。因此，VSS 为 465 万美元，说明了相对于确定性解存在 1.5%的潜在改进空间。

附录

本章采用的符号及意义如下：

序号

b　时间段序号。

h　用于能量损失分段线性化的分段序号。

i，j　节点序号。

k，K　可选投资方案序号。

l　线路类型序号。

p　发电机类型序号。

s　累计概率分布函数分段序号。

t，τ　时间阶段序号。

tr　变压器类型序号。

ω　场景序号。

集合

$\mathcal{B}$　时间段序号集合。

K^{l}　第 l 类线路的可选方案序号集合。

K^{p}　第 p 类发电机的可选方案序号集合。

K^{tr}　第 tr 类变压器的可选方案序号集合。

$\mathcal{L}$　线路类型集合。$\mathcal{L}=\{EFB, ERB, NRB, NAB\}$，其中 EFB、ERB、NRB、NAB 分别表示现有不可替换线路、现有可替换线路、新替换线路、新增线路。

$\mathcal{P}$　发电机类型集合。$\mathcal{P}=\{C, W, \Theta\}$，其中 C，W，Θ 分别表示传统发电、风力发电、光伏发电。

$\mathcal{T}$　时间阶段集合。

TR　变压器类型集合。$TR=\{ET，NT\}$，其中 ET 和 NT 分别表示现有变压器和新增变压器。

Ξ^{DT}　确定性模型有关的变量集合。

Ξ^{ST}　随机模型有关的变量集合。

Υ^{l}　类型 l 的线路序号集合。

$\Upsilon^{SW,l}$　Υ^{l} 的子集，由正常运行方式下可切改的线路组成。

Ψ_i^l　通过第 l 类线路连接节点 i 的节点序号集合。
Ψ_t^{LN}　阶段 t 的负荷节点序号集合。
Ψ^N　系统节点序号集合。
Ψ^p　第 p 类发电机接入的备选节点序号集合。
Ψ^{SS}　变电站节点序号集合。
Ω_b　时间段 b 的场景集合。

系数

A_{kh}^l　可选方案 k 下，第 l 类线路的能量损失线性分段函数第 h 段的宽度。
A_{kh}^{tr}　可选方案 k 下，第 tr 类变压器的能量损失线性分段函数第 h 段的宽度。
$C_k^{E,p}$　可选方案 k 下，第 p 类发电机的供电成本系数。
$C_k^{I,l}$　可选方案 k 下，第 l 类线路的投资成本系数。
$C_k^{I,NT}$　可选方案 k 下，新增变压器的投资成本系数。
$C_k^{I,p}$　可选方案 k 下，第 p 类发电机的投资成本系数。
$C_i^{I,SS}$　节点 i 的变电站的投资成本系数。
$C_k^{M,l}$　可选方案 k 下，第 l 类线路的维护费用系数。
$C_k^{M,p}$　可选方案 k 下，第 p 类发电机的维护费用系数。
$C_k^{M,tr}$　可选方案 k 下，第 tr 类变压器的维护费用系数。
C_b^{SS}　时间段 b 中，变压器供电的成本系数。
C^U　缺电成本系数。
D_{it}　阶段 t 节点 i 的实际峰值负荷。
$\tilde{D}_{it}$　阶段 t 节点 i 的假想峰值负荷。
$\overline{F}_k^l$　可选方案 k 下，通过类型 l 线路的电流上限。
$\overline{G}_k^p$　可选方案 k 下，第 p 类发电机的额定容量。
$\hat{G}_{ikb}^p$　可选方案 k 下，接入节点 i 的第 p 类发电机在时间段 b 中的最大功率。
$\hat{G}_{ikb}^p(\omega)$　可选方案 k 和场景 ω 下，接入节点 i 的第 p 类发电机在时间段 b 中的最大功率。
$\overline{G}_k^{tr}$　可选方案 k 下，第 tr 类变压器的额定容量。
I　年利率。
IB_t　阶段 t 的投资预算。
J　足够大的正常数。
l_{ij}　连接节点 i 和 j 的线路长度。
M_{kh}^l　可选方案 k 下，第 l 类线路的能量损耗线性分段函数第 h 段的斜率。

M_{kh}^{tr}　可选方案 tr 下，第 l 类线路的能量损耗线性分段函数第 h 段的斜率。
n_B　时间段数量。
n_{DG}　可接入分布式电源的备选节点数量。
n_H　能量损耗分段线性函数的分段数。
n_T　时间阶段数量。
n_Ω　每个时间段场景数量。
n_S^D　每个时间段负荷因数分段数量。
n_S^p　每个时间段第 p 类发电机因数分段数量。
pf　系统功率因数。
RR^l　第 l 类线路的投资回收率。
RR^{NT}　新增变压器的投资回收率。
RR^p　第 p 类发电机的投资回收率。
RR^{SS}　变电站的投资回收率。
$\underline{V}$　节点电压的下限。
$\overline{V}$　节点电压的上限。
Z_k^l　可选方案 k 下，第 l 类线路的统一阻抗模。
Z_k^{tr}　可选方案 k 下，第 tr 类变压器的阻抗模。
Δ_b　时间段 b 的长度。
η^l　第 l 类线路的使用年限。
η^{NT}　新增变压器的使用年限。
η^p　第 p 类发电机的使用年限。
η^{SS}　除变压器外变电站其他资产的使用年限。
μ_b^D　时间段 b 中的平均负荷因数。
μ_{sb}^p　时间段 b 中，第 p 类变电站在第 s 个分段的平均因数。
$\mu_b^D(\omega)$　场景 ω 下，小时段 b 中的平均负荷因数。
ξ　分布式电源的渗透极限。
π_{sb}^D　时间段 b 中，第 s 个分段平均负荷因数的概率。
π_{sb}^p　时间段 b 中，第 p 类发电机在第 s 个分段平均因数的概率。
$\pi_b(\omega)$　时间段 b 中，场景 ω 的概率。

变量

c_t^E　阶段 t 的生产成本。
c_t^I　阶段 t 的摊销投资成本。
c_t^E　阶段 t 的维护费用。

c_t^R　　阶段 t 的能量损失费用。

c_t^U　　阶段 t 的缺电成本。

c^{TPV}　　总成本的现值。

d_{itb}^U　　阶段 t，时间段 b 下，节点 i 的缺供电量。

$d_{itb}^U(\omega)$　　阶段 t，时间段 b 和场景 ω 下，节点 i 的缺供电量。

f_{ijktb}^l　　阶段 t，时间段 b 下，采用可选方案 k 的第 l 类线路上的实际电流。

$f_{ijktb}^l(\omega)$　　阶段 t，时间段 b 和场景 ω 下，采用可选方案 k 的第 l 类线路上的实际电流。

$\tilde{f}_{ijkt}^l$　　阶段 t，时间段 b 和场景 ω 下，采用可选方案 k 的第 l 类线路上的假想电流。

g_{iktb}^p　　阶段 t，时间段 b 下，第 p 类变压器采用可选方案 k，节点 i 的注入电流。

$g_{iktb}^p(\omega)$　　阶段 t，时间段 b 和场景 ω 下，第 p 类变压器采用可选方案 k，节点 i 的注入电流。

g_{iktb}^{tr}　　阶段 t，时间段 b 下，第 p 类变压器采用可选方案 k，变电站节点 i 的实际注入电流。

$g_{iktb}^{tr}(\omega)$　　阶段 t，时间段 b 和场景 ω 下，第 p 类变压器采用可选方案 k，变电站节点 i 的实际注入电流。

$\tilde{g}_{it}^{SS}$　　阶段 t 下，变电站节点 i 的假想注入电流。

v_{itb}　　阶段 t，时间段 b 下，节点 i 的电压幅值。

$v_{itb}(\omega)$　　阶段 t，时间段 b 和场景 ω 下，节点 i 的电压幅值。

x_{ijkt}^l　　阶段 t 下，连接节点 i 和 j，采用可选方案 k 的第 l 类线路投资的二元变量。

x_{ikt}^{NT}　　阶段 t 下，变电站节点 i 采用可选方案 k 的新增变压器投资的二元变量。

x_{ikt}^p　　阶段 t 下，节点 i 采用可选方案 k 的第 p 类发电机投资的二元变量。

x_{it}^{SS}　　阶段 t 下，节点 i 变电站投资的二元变量。

y_{ijkt}^l　　阶段 t 下，连接节点 i 和 j，采用可选方案 k 的第 l 类线路使用状态的二元变量。

y_{ikt}^p　　阶段 t 下，节点 i 采用可选方案 k 的第 p 类发电机使用状态的二元变量。

y_{ikt}^{tr}　　阶段 t 下，变电站节点 i 采用可选方案 k 的第 tr 类变压器使用状态的二元变量。

δ_{ijktbh}^l　　阶段 t，时间段 b 下，连接节点 i 和 j，采用可选方案 k 的第 l 类线

路在能量损失分段线性函数第 h 段的电流。

$\delta^{l}_{ijktbh}(\omega)$ 阶段 t，时间段 b 和场景 ω 下，连接节点 i 和 j，采用可选方案 k 的第 l 类线路在能量损失分段线性函数第 h 段的电流。

δ^{tr}_{iktbh} 阶段 t，时间段 b 下，变电站节点 i 采用可选方案 k 的第 tr 类变压器在能量损失分段线性函数第 h 段的电流。

$\delta^{tr}_{iktbh}(\omega)$ 阶段 t，时间段 b 和场景 ω 下，变电站节点 i 采用可选方案 k 的第 tr 类变压器在能量损失分段线性函数第 h 段的电流。

参 考 文 献

［1］A. Gómez-Expósito, A.J. Conejo, C. Cañizares, *Electric Energy Systems. Analysis and Operation* (CRC Press, Boca Raton, FL, USA, 2009).

［2］W.H. Kersting, *Distribution System Modeling and Analysis,* 3rd edn. (CRC Press, Boca Raton, FL, USA, 2012).

［3］H.L. Willis, *Power Distribution Planning Reference Book*, 2nd edn. (Marcel Dekker Inc, New York, NY, USA, 2004).

［4］P.S. Georgilakis, N.D. Hatziargyriou, A review of power distribution planning in the modern power systems era: models, methods and future research. Electr. Power Syst. Res. **121**, 89– 100 (2015).

［5］N. Jenkins, R. Allan, P. Crossley, D. Kirschen, G. Strbac, *Embedded Generation* (The Institution of Engineering and Technology, London, UK, 2000).

［6］A. Keane, L.F. Ochoa, C.L.T. Borges, G.W. Ault, A.D. Alarcon-Rodriguez, R.A.F. Currie, F. Pilo, C. Dent, G.P. Harrison, State-of-the-art techniques and challenges ahead for distributed generation planning and optimization. IEEE Trans. Power Syst. **28**(2), 1493–1502 (2013).

［7］W. El-Khattam, Y.G. Hegazy, M.M.A. Salama, An integrated distributed generation optimization model for distribution system planning. IEEE Trans. Power Syst. **20**(2), 1158–1165 (2005).

［8］R. Viral, D.K. Khatod, Optimal planning of distributed generation systems in distribution system: a review. Renew. Sust. Energ. Rev. **16**(7), 5146–5165 (2012).

［9］H. Falaghi, C. Singh, M.－R. Haghifam, M. Ramezani, DG integrated multistage distribution system expansion planning. Int. J. Electr. Power Energy Syst. **33**(8), 1489–1497 (2011).

［10］M. Gitizadeh, A.A. Vahed, J. Aghaei, Multistage distribution system expansion planning considering distributed generation using hybrid evolutionary algorithms. Appl. Energy **101**, 655–666 (2013).

［11］M. Sedghi, M. Aliakbar-Golkar, M.－R. Haghifam, Distribution network expansion consid-ering distributed generation and storage units using modified PSO algorithm. Int. J. Electr. Power Energy Syst. **52**, 221–230 (2013).

［12］M. Shivaie, M.T. Ameli, M.S. Sepasian, P.D. Weinsier, V. Vahidinasab, A multistage framework for reliability-based distribution expansion planning considering distributed generations by a self-adaptive global-based harmony search algorithm. Reliab. Eng. Syst. Saf. **139**, 68–81 (2015).

[13] A. Tabares, J.F. Franco, M. Lavorato, M.J. Rider, Multistage long-term expansion planning of electrical distribution systems considering multiple alternatives. IEEE Trans. Power Syst. **31** (3), 1900–1914 (2016).

[14] C.L.T. Borges, V.F. Martins, Multistage expansion planning for active distribution networks under demand and distributed generation uncertainties. Int. J. Electr. Power Energy Syst. **36** (1), 107–116 (2012).

[15] A. Bagheri, H. Monsef, H. Lesani, Renewable power generation employed in an integrated dynamic distribution network expansion planning. Electr. Power Syst. Res. **127**, 280–296 (2015).

[16] R. Hemmati, R. – A. Hooshmand, N. Taheri, Distribution network expansion planning and DG placement in the presence of uncertainties. Int. J. Electr. Power Energy Syst. **73**, 665–673 (2015).

[17] H. Arasteh, M.S. Sepasian, V. Vahidinasab, P. Siano, SoS-based multiobjective distribution system expansion planning. Electr. Power Syst. Res. **141**, 392–406 (2016).

[18] S.F. Santos, D.Z. Fitiwi, M. Shafie-Khah, A.W. Bizuayehu, C.M.P. Cabrita, J.P.S. Catalão, New multistage and stochastic mathematical model for maximizing RES hosting capacity–part I: problem formulation. IEEE Trans. Sustain. Energy **8**(1), 304–319 (2017).

[19] S.F. Santos, D.Z. Fitiwi, M. Shafie-Khah, A.W. Bizuayehu, C.M.P. Cabrita, J.P.S. Catalão, New multi-stage and stochastic mathematical model for maximizing RES hosting capacity–part II: numerical results. IEEE Trans. Sustain. Energy **8**(1), 320–330 (2017).

[20] G. Muñoz-Delgado, J. Contreras, J.M. Arroyo, Joint expansion planning of distributed generation and distribution networks. IEEE Trans. Power Syst. **30**(5), 2579–2590 (2015).

[21] G. Muñoz-Delgado, J. Contreras, J.M. Arroyo, Multistage generation and network expansion planning in distribution systems considering uncertainty and reliability. IEEE Trans. Power Syst. **31**(5), 3715–3728 (2016).

[22] S. Haffner, L.F.A. Pereira, L.A. Pereira, L.S. Barreto, Multistage model for distribution expansion planning with distributed generation–part I: problem formulation. IEEE Trans. Power Deliv. **23**(2), 915–923 (2008).

[23] R.C. Lotero, J. Contreras, Distribution system planning with reliability. IEEE Trans. Power Deliv. **26**(4), 2552–2562 (2011).

[24] L. Blank, A. Tarquin, *Engineering Economy*, 7th edn. (McGraw-Hill, New York, NY, USA, 2012).

[25] P.C. Paiva, H.M. Khodr, J.A. Domínguez-Navarro, J.M. Yusta, A.J. Urdaneta, Integral planning of primary-secondary distribution systems using mixed integer linear programming.

IEEE Trans. Power Syst. **20**(2), 1134–1143 (2005).

[26] M. Lavorato, J.F. Franco, M.J. Rider, R. Romero, Imposing radiality constraints in distribution system optimization problems. IEEE Trans. Power Syst. **27**(1), 172–180 (2012).

[27] S.P. Bradley, A.C. Hax, T.L. Magnanti, *Applied Mathematical Programming* (Addison-Wesley, Reading, MA, USA, 1977).

[28] S. Binato, M.V.F. Pereira, S. Granville, A new Benders decomposition approach to solve power transmission network design problems. IEEE Trans. Power Syst. 16(2), 235–240 (2001).

[29] J.R. Birge, F. Louveaux, *Introduction to Stochastic Programming*, 2nd edn. (Springer, New York, NY, USA, 2011).

[30] L. Baringo, A.J. Conejo, Wind power investment within a market environment. Appl. Energy **88**(9), 3239–3247 (2011).

[31] V. Miranda, J.V. Ranito, L.M. Proença, Genetic algorithms in optimal multistage distribution network planning. IEEE Trans. Power Syst. **9**(4), 1927–1933 (1994).

[32] Y.M. Atwa, E.F. El-Saadany, M.M.A. Salama, R. Seethapathy, Optimal renewable resources mix for distribution system energy loss minimization. IEEE Trans. Power Syst. **25**(1), 360–370 (2010).

[33] Red Eléctrica de España (2017) [Online], Available: https://www.esios.ree.es/en.

[34] ENERCON, ENERCON wind energy converters: products overview (July 2010) [Online], Available: http://www.enercon.de.

[35] KYOCERA SOLAR Europe (2017) [Online], Available: http://www.kyocerasolar.eu.

[36] IBM ILOG CPLEX (2017) [Online], Available: https://www.ibm.com/analytics/data-science/prescriptive-analytics/cplex-optimizer.

[37] GAMS Development Corporation (2017) [Online], Available: http://www.gams.com.

2

配电网静态与动态扩展凸规划模型

胡里奥·洛佩兹，戴维·波佐，哈维尔·孔特雷拉斯

摘　要　本章提出了配电网静态与动态扩展凸规划模型，实现了对配电网内部多方面因素交互特性的精准建模。为求解此模型，提出两种基于分支潮流的混合整数二阶锥方法（mixed-integer conic quadratic programming，MICQP）。模型通过新建或改造线路、新建或扩建变电站、新增电容器组或调压器以及调整网络拓扑等措施，实现电网建设投资和运营成本的最小化。同时，在交流最优潮流中，加入一组混合整数线性方程，实现调压器的离散性挡位建模。提出的 MICQP 模型是凸优化问题，能够保证全局最优性和收敛性。最后，利用 24 节点系统验证了所提算法的有效性。

关键词　电容器组，凸优化，配电网动态扩展规划模型，静态模型，调压器

2.1　引言

随着分布式电源的大规模接入，配电网运行情况日益复杂。为保证配电网安全可靠运行和电能质量，需要新增大量的新型控制设备。这将显著增加投资成本，从而影响配电网的经济效益。在此背景下，配电网扩展规划（electric distribution network expansion planning，EDNEP）的优化方法及求解工具逐渐引起更多的关注，标志着基于可行解的规划方式正在向基于最优解的规划方式转变。而 EDNEP 优化工具的应用，又能为配电网带来巨大的收益或成本节约。为此，必须精准模拟配电网各因素物理原理及其非线性相互作用的复杂性。本

章提出具有全局最优性和收敛性的配电网扩展凸规划方程，可以通过现成求解工具求解。

在最简单的模型中，EDNEP 模型主要为确保经济可靠运行的配电网投资模型。模型考虑了馈线通过的最大电流、变电站变压器的最大功率、节点电压幅值限制和网络辐射式等技术约束[1,2]。EDNEP 问题模型如下：为满足固定数量消费者的用电需求，有必要进行如下配电网扩展规划：新建或改造已有馈线、新建或扩建变电站以及安装电容器组和调压器。模型是在满足一系列物理约束、运行约束和经济约束的基础上，尽可能减少这些设备相关的建设成本和网络运营成本的总费用[3]。

配电网中电容器组主要作用是使电压幅值和能量损失保持在预先设定的范围内。确定它们的最佳容量和安装位置对这些指标十分重要[4]。因此，电容器组配置的优化目标是相关建设成本和能量损失最小化。本章的另一个重要研究内容是确定调压器[5]安装位置。

部分研究已经独立实现 ENDEP 问题建模，如新建馈线或变电站[7~13,17~20]、电容器配置[5,21~23]、调压器配置[24~26]、电容器和调压器的联合配置[27~30]。然而，EDNEP 问题不是单单关注某一方面的技术约束或基于单个设备的规划。本章提出一种综合考虑上述各控制设备的 ENDEP 模型，在提高灵活性和可靠性的同时，降低配电网的运行成本和网络损耗。

上述模型是一个大规模混合整数非线性规划问题（mixed-integer non-linear programming，MINLP）。EDNEP 问题可通过启发式算法、元启发式算法以及经典优化算法求解[6]。启发式算法的计算量相对较低，如分支定界法[7,8]和构造启发式算法[9]。元启发式算法包括进化算法[10]、遗传算法[11,12]、蚁群算法[13]、模拟退火算法[14,15]和粒子群算法[16]等。虽然元启发式算法求解灵活并且取得了良好的效果，但也存在计算量大、需要调整参数、设定终止判据等问题。此外，启发式算法没有提供最优解的距离指标，不能保证收敛到全局最优解，也不能保证解的质量。

2.2 时间框架

规划水平年内的决策过程是 ENDEP 优化模型需要考虑的一个重要因素。根据文献［31］，EDNEP 问题可分为短期规划（1～4 年）和中长期规划（5～20 年）两个阶段，并形成静态和动态两种 EDNEP 优化模型。

在静态模型中，EDNEP 仅在规划初始年制定决策，决策过程所考虑的负荷需求保持不变直到规划水平年的最后一年，这类模型也称为单阶段模型。模型假定整个规划年限为单个时间周期，即目标周期；决策在单个时间点进行。由于EDNEP 主要受配电网负荷需求的约束，并且负荷通常逐年增长，因此基准年通常选择到规划水平年的最后一年。

在动态模型中，EDNEP 在不同的时间点制定决策，这类模型也称为多阶段模型，它表征了配电网的实时特性。在这种方法中，规划年限被划分为不同的时间段，每个时间段都包含特定的年份[32,33]。

对于 EDNEP 问题，静态模型的优点是模型相对简单，缺点是只能得到规划期末的解。如果规划年限较长，长周期的预测负荷很可能远大于短周期负荷需求，从而造成新增元件和建设投资远大于实际需求。

2.3 配电网交流潮流

为计算节点电压幅值、馈线潮流、能量损耗以及其他相关变量的系统状态，需要分析计算配电网潮流。因此，潮流模型是配电网稳态分析中广泛使用的模型。大多数配电网交流潮流模型都是基于极坐标或矩阵形式的功率不平衡或电流不平衡公式，并使用牛顿–拉夫逊算法[35]求解。另外，辐射式网络具有较高的 R/X 比，这使得负荷潮流问题求解环境十分恶劣。现有研究表明，在此类系统中，标准的潮流求解方法不能收敛[36,37]。

文献［38–40］提出了基于分支潮流模型的辐射式网络稳态潮流方程：

$$P_k=\sum_{j\in\alpha(k)}(P_{km}+R_{km}I_{km}^2)-\sum_{j\in\alpha(k)}P_{jk}\quad\forall k\in B \tag{2-1}$$

$$Q_k=\sum_{j\in\alpha(k)}(Q_{km}+X_{km}I_{km}^2)-\sum_{j\in\alpha(k)}Q_{jk}\quad\forall k\in B \tag{2-2}$$

$$V_k^2-V_m^2=2(R_{km}P_{km}+X_{km}Q_{km})-(R_{km}^2+X_{km}^2)I_{km}^2\quad\forall km\in BR \tag{2-3}$$

$$V_m^2I_{km}^2=P_{km}^2+Q_{km}^2\quad\forall km\in BR \tag{2-4}$$

其中式（2–1）和式（2–2）为注入的有功、无功潮流；式（2–3）描述了每条线路的正向电压降；式（2–4）为每条线路首端节点注入的有功潮流；式（2–1）～式（2–4）表示辐射式网络的潮流断面，用于 EDNEP 问题的 MINLP 建模。

为增加通用性，可以利用上述辐射式网络的稳态方程来表示潮流优化问题，该优化问题以有功损耗最小化为目标[27]。非线性交流潮流问题简化如下：

$$\min \sum_{j\in\alpha(k)} R_{km} I_{km}^2 \quad \forall km \in BR$$

约束条件：

$$式(2-1)\sim式(2-4) \tag{2-5}$$

$$P_k = P_k^{SE} - P_k^D \quad \forall km \in B$$

$$Q_k = Q_k^{SE} - Q_k^D \quad \forall km \in B$$

其中最后两个方程分别为节点有功和无功平衡约束。

辐射式网络交流潮流中的约束条件和目标函数存在二次项，方程组式（2－5）表示的优化问题是一个非线性和非凸的问题。然而，可以通过辅助变量表示式（2－1）～式（2－4）、式（2－5）目标函数中的平方项实现降阶 $d_k = V_k^2, l_{km} = I_{km}^2$。通过二阶锥规划理论（SOCP）[41]，式（2－4）可以松弛为不等式约束，模型约束松弛为凸约束。松弛后的辐射式网络模型如下：

$$\min \sum_{j\in\alpha(k)} R_{km} l_{km} \tag{2-6}$$

$$P_k^{SE} - P_k^D = \sum_{j\in\alpha(k)} (P_{km} + R_{km} l_{km}) - \sum_{j\in\alpha(k)} P_{jk} \quad \forall k \in \mathrm{B} \tag{2-7}$$

$$Q_k^{SE} - Q_k^D = \sum_{j\in\alpha(k)} (Q_{km} + X_{km} l_{km}) - \sum_{j\in\alpha(k)} Q_{jk} \quad \forall k \in \mathrm{B} \tag{2-8}$$

$$d_k - d_m = 2(R_{km} P_{km} + X_{km} Q_{km}) - (R_{km}^2 + X_{km}^2) l_{km} \quad \forall km \in \mathrm{BR} \tag{2-9}$$

$$d_m l_{km} \geqslant P_{km}^2 + Q_{km}^2 \quad \forall km \in \mathrm{BR} \tag{2-10}$$

2.4 EDNEP 凸规划模型

本节提出以投资成本和运行成本最小化为目标的优化模型，投资成本包括新建或改造线路、新建或扩建变压器、新增电容器组和调压器；运行成本与网损相对应。在动态（多阶段）规划的情况下，还需要考虑新建设备或扩建现有设备的时间。各个设备的相关方程描述了设备内在的物理特性。同时，提出 MICQP 优化问题的凸方程，并能够应用 MICQP 求解器求解。某些决策变量是整数变量，此时混合整数二次规划问题是非凸的。但通过迭代、固定整数变量取值，非凸规划问题转换为凸规划问题，可以解决此优化问题。MICQP 理论保证优化问题能够获得全局最优解。关于锥规划理论的更多细节，感兴趣的读者可以参考文献［42］。

2.4.1 电容器组模型

在配电网中，有两种类型的电容器组：固定式电容器组（fixed capacitor banks，

FCB）和投切式电容器组（switched capacitor banks，SCB）[43]，如图 2－1 所示。FCB 由电容器单元组成，各电容器单元的电容值在建成后不可调节。FCB 通常在任何负荷水平下均全部接入电网；SCB 的电容值可以调节，各电容单元根据负荷情况全部或部分接入电网。如图 2－1（a）所示，式（2－11）～式（2－13）表示配电网中 FCB 的选址定容模型。

$$q_k^{fcb} = Q^{fc} n_k^{fc} \quad \forall k \in \text{FCB} \tag{2-11}$$

$$0 \leqslant n_k^{fc} \leqslant N_k^{fcb} \quad \forall k \in \text{FCB} \tag{2-12}$$

$$n_k^{fc} \in \mathbb{Z}^+ \quad \forall k \in \text{FCB} \tag{2-13}$$

式（2－11）表示节点 k 处安装的固定式电容器组产生的无功功率。式（2－12）限制了固定电容器组中电容单元的数量，式（2－13）表示电容单元数量的范围。

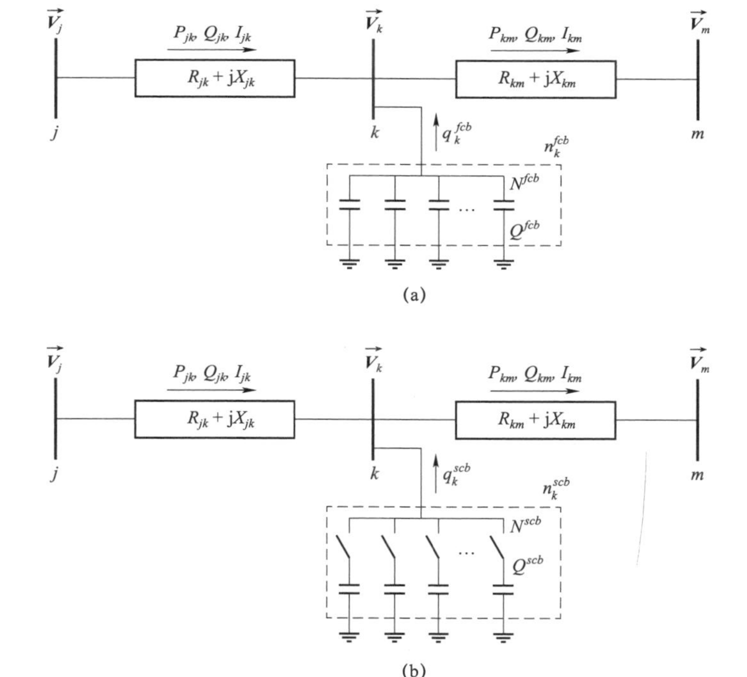

图 2－1　电容器组模型

（a）固定式；（b）投切式

如图 2－1（b）所示的 SCB 模型需要考虑给定时间段内的负荷变化情况。因此，这些方程是根据时间段建模的，并且只能应用在动态模型中。式（2－14）～式（2－16）表示配电网中 SCB 的选址定容模型。

$$q_{k,t}^{scb} = Q^{sc} n_{k,t}^{sc} \quad \forall k \in \text{SCB}, \forall t \in \text{P} \tag{2-14}$$

$$0 \leqslant n_{k,t}^{sc} \leqslant N_k^{scb} \quad \forall k \in \mathrm{SCB}, \forall t \in \mathrm{P} \tag{2-15}$$

$$n_{k,t}^{sc} \in \mathbb{Z}^+ \quad \forall k \in \mathrm{SCB}, \forall t \in \mathrm{P} \tag{2-16}$$

式（2-14）为节点 k 处安装的投切式电容器组产生的无功功率，式（2-15）限制投切式电容器组中电容单元的数量，式（2-16）表示电容单元数量的范围。

2.4.2 调压器模型

调压器建模时，将调压器假设为负荷水平波动时，通过自动改变串联绕组抽头位置（匝数），以维持电压在预定水平不变的自动变压器。如图 2-2 所示，标准调压器包括一个双向调节开关，能够实现从基准电压到最大调节挡位 Ns 范围内的电压调节。双向调节开关决定了每挡调节的电压幅值 Δ（取“+”表示增加的电压幅值，和“-”的电压大小表示减少的电压幅值）。其中，Δ 和 Ns 为已知的参数，如每挡调节 0.006 25 共计 32 挡位。α 和 tp 是配电网规划和运行过程中需考虑的变量，分别代表设置的最大挡位和挡位位置。

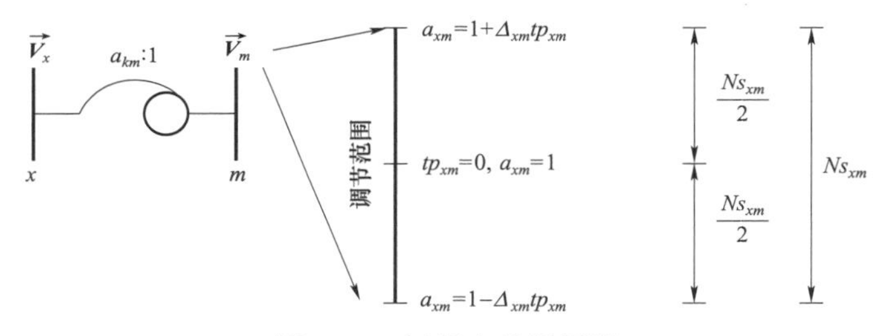

图 2-2　运行中的调压器

假设馈线 k、m 之间在节点 m 处装有调压器，节点 x 处电压不能调节，含调压器的馈线模型如图 2-3 所示。馈线 km 处的调压器可以分为馈线 kx 和馈线 xm，其中馈线 xm 只包含抽头变换器，线路阻抗 kx 与馈线 km 相同。基于此约束，与配电网潮流方程类似[38]，调压器注入的有功和无功功率方程如下：

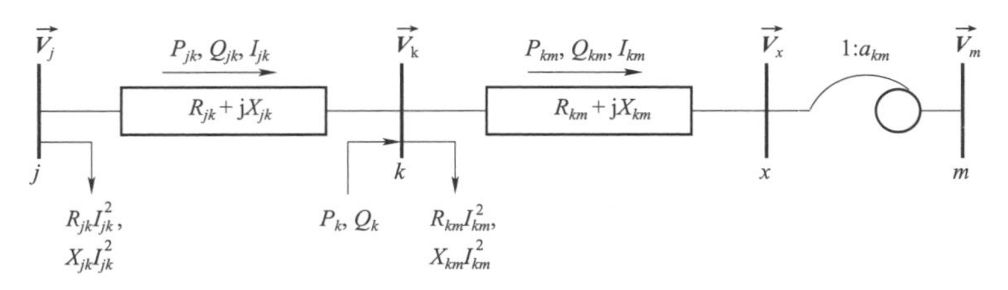

图 2-3　含调压器的馈线模型

$$P_k = \sum_{j \in \alpha(k)} (P_{km} + R_{km} I_{km}^2) - \sum_{j \in \alpha(k)} P_{jk} \quad \forall k \in \mathrm{B} \tag{2-17}$$

$$Q_k = \sum_{j\in\alpha(k)} (Q_{km} + X_{km}I_{km}^2) - \sum_{j\in\alpha(k)} Q_{jk} \quad \forall k \in \mathrm{B} \tag{2-18}$$

$$V_k^2 - V_x^2 = 2(R_{km}P_{km} + X_{km}Q_{km}) - (R_{km}^2 + X_{km}^2)I_{km}^2 \quad \forall km \in \mathrm{VR} \tag{2-19}$$

$$V_m^2 I_{km}^2 = P_{km}^2 + Q_{km}^2 \quad \forall km \in \mathrm{VR} \tag{2-20}$$

$$V_m^2 = a_{km}^2 V_x^2 \quad \forall km \in \mathrm{VR} \tag{2-21}$$

其中式（2－17）、式（2－18）为注入的有功、无功潮流；式（2－19）表示每条线路的正向电压降，式（2－20）表示每条线路首端节点注入的视在功率；式（2－21）为调压器调节的电压幅值。式（2－17）～式（2－20）为2.3节交流潮流类似的潮流方程。

式（2－21）可转化为几个混合整数线性方程。调压器的挡位调节模型如下：

$$a_{km} = 1 + \Delta_{km} tp_{km} \quad \forall km \in \mathrm{VR} \tag{2-22}$$

$$\Delta_{km} = \frac{(a_{km}^{\max} - a_{km}^{\min})}{Ns_{km}} \quad \forall km \in \mathrm{VR} \tag{2-23}$$

$$-\frac{Ns_{km}}{2}\alpha_{km}^{vr} \leqslant tp_{km} \leqslant \frac{Ns_{km}}{2}\alpha_{km}^{vr} \quad \forall km \in \mathrm{VR} \tag{2-24}$$

$$tp_{km} \in \mathbb{Z} \quad \forall km \in \mathrm{VR} \tag{2-25}$$

其中式（2－22）是确定分接头挡位的表达式，式（2－23）用于计算分接头步长，如果需要安装调压器，式（2－24）用于限制分接头位置和状态。式（2－25）用于确定分接头位置的范围。整数变量 tp_{km} 用二元变量表述如下：

$$tp_{km} = \sum_{n=0}^{Ns_{km}} \left[\left(n - \frac{Ns_{km}}{2} \right) \alpha_{kmn} \right] \quad \forall km \in \mathrm{VR} \tag{2-26}$$

$$\sum_{n=0}^{Ns_{km}} \alpha_{kmn} = 1 \quad \forall km \in \mathrm{VR} \tag{2-27}$$

其中 $\alpha_{kmn} \in \{0/1\}$。在式（2－22）中代入式（2－26），得到

$$a_{km} = 1 + \Delta_{km} \sum_{n=0}^{Ns_{km}} \left[\left(n - \frac{Ns_{km}}{2} \alpha_{kmn} \right) \right] \quad km \in \mathrm{VR} \tag{2-28}$$

将辅助变量 $d_k = V_k^2$ 代入式（2－21），可得

$$d_m = a_{km}^2 d_x \quad \forall km \in \mathrm{VR} \tag{2-29}$$

两边同时乘以 d_x，得到

$$a_{km} d_x = d_x + \Delta_{km} \sum_{n=0}^{Ns_{km}} \left[\left(n - \frac{Ns_{km}}{2} \right) \alpha_{kmn} d_x \right] \quad \forall km \in \mathrm{VR} \tag{2-30}$$

定义辅助变量 $z_{km}=a_{km}d_x$ 且 $x_{kmn}=\alpha_{kmn}d_x$，可得

$$z_{km}=d_x+\Delta_{km}\sum_{n=0}^{Ns_{km}}\left[\left(n-\frac{Ns_{km}}{2}\right)x_{kmn}\right]\quad \forall km\in \mathrm{VR} \tag{2-31}$$

根据式（2-29）可得，$d_m=a_{km}z_{km}$，代入式（2-31）可得

$$d_m=z_{km}+\Delta_{km}\sum_{n=0}^{Ns_{km}}\left[\left(n-\frac{Ns_{km}}{2}\right)\alpha_{kmn}z_{km}\right]\quad \forall km\in \mathrm{VR} \tag{2-32}$$

定义辅助变量 $y_{kmn}=\alpha_{kmn}z_{km}$，可得

$$d_m=z_{km}+\Delta_{km}\sum_{n=0}^{Ns_{km}}\left[\left(n-\frac{Ns_{km}}{2}\right)y_{kmn}\right]\quad \forall km\in \mathrm{VR} \tag{2-33}$$

辅助变量 x_{kmn} 和 y_{kmn} 是二元连续变量的乘积，可以用 big-M 方法重新表述成精确的线性约束集，从而得到

$$-M\alpha_{kmn}\leqslant x_{kmn}\leqslant M\alpha_{kmn}\quad \forall km\in \mathrm{VR}, \forall n=0,1,2,\cdots,Ns_{km} \tag{2-34}$$

$$-M(1-\alpha_{kmn})\leqslant d_x-x_{kmn}\leqslant M(1-\alpha_{kmn})\quad \forall km\in \mathrm{VR}, \forall n=0,1,2,\cdots,Ns_{km} \tag{2-35}$$

$$-M\alpha_{kmn}\leqslant y_{kmn}\leqslant M\alpha_{kmn}\quad \forall km\in \mathrm{VR}, \forall n=0,1,2,\cdots,Ns_{km} \tag{2-36}$$

$$-M(1-\alpha_{kmn})\leqslant z_{km}-y_{kmn}\leqslant M(1-\alpha_{kmn})\quad \forall km\in \mathrm{VR}, \forall n=0,1,2,\cdots,Ns_{km} \tag{2-37}$$

2.4.3 配电网静态凸规划模型

静态规划模型将规划年限视作单个目标周期。考虑到稳定运行状态、电容器组和调压器的凸模型，配电网静态凸规划模型如下：

$$\begin{aligned}\min f=&K_L\sum_{km\in \mathrm{BR}}\sum_{c\in \mathrm{C}}C_{km,c}^{C}\alpha_{km,c}^{C}L_{km}+K_S\sum_{k\in \mathrm{SE}}(C_k^{SE}\alpha_k^{SE}+C_k^{SER}\alpha_k^{SER})\\&+K_C\sum_{k\in \mathrm{FCB}}C_k^{FCB}n_k^{fc}+K_{VR}\sum_{km\in \mathrm{VR}}C_k^{VR}\alpha_{km}^{vr}\\&+8760C_{loss}\sum_{k\in \mathrm{B}}(P_k^{SE}-P_k^{D})+8760\sum_{k\in \mathrm{B}}C_k^{OS}[(P_k^{SE})^2+(Q_k^{SE})^2]\end{aligned} \tag{2-38}$$

$$P_k^{SE}-P_k^{D}=\sum_{km\in \mathrm{BR}}\sum_{c\in \mathrm{C}}(P_{km,c}+R_{km,c}l_{km,c})-\sum_{jk\in \mathrm{BR}}\sum_{c\in \mathrm{C}}P_{jk,c}\quad \forall k\in \mathrm{B} \tag{2-39}$$

$$Q_k^{SE}-Q_k^{D}+q_k^{fcb}=\sum_{km\in \mathrm{BR}}\sum_{c\in \mathrm{C}}(Q_{km,c}+X_{km,c}l_{km,c})-\sum_{jk\in \mathrm{BR}}\sum_{c\in \mathrm{C}}Q_{jk,c}\quad \forall k\in \mathrm{B} \tag{2-40}$$

$$d_k\leqslant M(1-\alpha_{km})+d_m-\sum_{c\in \mathrm{C}}[2(R_{km,c}P_{km,c}+X_{km,c}Q_{km,c})-(R_{km,c}^2+X_{km,c}^2)l_{km,c}]\quad \forall km\in \mathrm{BR} \tag{2-41}$$

$$d_k \geqslant -M(1-\alpha_{km})+d_m-\sum_{c\in \mathrm{C}}[2(R_{km,c}P_{km,c}+X_{km,c}Q_{km,c})-(R_{km,c}^2+X_{km,c}^2)l_{km,c}] \quad \forall km\in \mathrm{BR} \tag{2-42}$$

$$d_m l_{km} \geqslant P_{km}^2+Q_{km}^2 \quad \forall km\in \mathrm{BR} \tag{2-43}$$

$$(V_k^2)^{\min} \leqslant d_k \leqslant (V_k^2)^{\max} \quad \forall km\in \mathrm{B} \tag{2-44}$$

$$0\leqslant l_{km,c} \leqslant (I_{km,c}^2)^{\max}\alpha_{km,c}^C \quad \forall km\in \mathrm{BR},\quad \forall c\in \mathrm{C} \tag{2-45}$$

$$\beta_{km}=\sum_{c\in \mathrm{C}}\alpha_{km,c}^C \leqslant 1 \quad \forall km\in \mathrm{BR} \tag{2-46}$$

$$\sum_{km\in \mathrm{BR}}\beta_{km}=|\mathrm{B}|-|\mathrm{SE0}|-\sum_{k\in \mathrm{SE}}\alpha_k^{SE} \tag{2-47}$$

$$(P_k^{SE})^2+(Q_k^{SE})^2 \leqslant (S_k^{SE0})^2+[2S_k^{SE0}S_k^{SE}+(S_k^{SE})^2]\alpha_k^{SE} \quad \forall km\in \mathrm{SE0}\cup \mathrm{SE} \tag{2-48}$$

$$-\frac{Ns_{km}}{2}\alpha_{km}^{vr} \leqslant \sum_{n=0}^{Ns_{km}}\left[\left(n-\frac{Ns_{km}}{2}\right)y_{kmn}\right] \leqslant \frac{Ns_{km}}{2}\alpha_{km}^{vr} \quad \forall km\in \mathrm{VR} \tag{2-49}$$

约束条件：

式 (2－11) ～ 式 (2－13)，式 (2－23)，式 (2－27)，式 (2－31)，式 (2－33)，式 (2－34)～式 (2－37)　　（2－50）

$$\alpha_{km,c}^C \in \{0,1\} \quad \forall km\in \mathrm{BR},\quad \forall c\in \mathrm{C} \tag{2-51}$$

$$\alpha_k^{SE} \in \{0,1\} \quad \forall km\in \mathrm{SE} \tag{2-52}$$

$$\alpha_{km} \in \{0,1\} \quad \forall km\in \mathrm{BR} \tag{2-53}$$

$$\alpha_{km}^{vr} \in \{0,1\} \quad \forall km\in \mathrm{VR} \tag{2-54}$$

其中目标函数式（2－38）表示年均建设投资和运营成本。第 1 项代表新建或改造线路的建设投资；第 2 项表示新建或扩建变电站的建设投资；第 3、4 项分别代表新增固定电容器组和调压器的建设投资；第 5、6 项分别代表网损成本和变电站运行成本。

式(2－39)和式(2－40)表示有功功率和无功功率的节点平衡方程，式(2－41)和式（2－42）表示各支路的正向电压降约束，式（2－43）表示各支路首端节点注入的视在潮流约束，式（2－44）和式（2－45）表示电压和电流波动范围约束。式（2－46）表示新建某型号线路时设置相应二元变量为 1，其中求和式右侧为等号时，表示新建了线路但采用的线路型号不确定。式（2－47）和功率平衡约束式（2－39）和式（2－40）确保模型具有与现有变电站和新建变电站相同的馈线树。式（2－48）表示变电站容量限制，与新建变电站（$S_k^{SE0}=0$ 且 $S_k^{SE}\neq 0$）、扩建变电站（$S_k^{SE0}\neq 0$ 且 $S_k^{SE}\neq 0$）和二元变量 α_k^{SE} 相关。式（2－49）表示配电网是否需要安装调压器，如$\alpha_{km}^{vr}=1$。式（2－51）～式（2－54）表示变量的二元约束。式（2－38）～式（2－54）表示的静态模型是一个针对配电网静态凸规划的混合整数规划模型，它能够保证取得全局最优解。

2.4.4 配电网动态凸规划模型

配电网动态凸规划模型考虑的是不同时间阶段的统筹决策问题。式（2－38）～式（2－54）中所述的静态模型添加周期因子和一些约束，可以扩展为动态（多阶段）模型。

$$\begin{aligned}\min f=&K_L\sum_{t\in \mathrm{P}}\sum_{km\in \mathrm{BR}}\sum_{c\in \mathrm{C}}C_{km,c}^{C}\alpha_{km,c,t}^{C}L_{km}+K_S\sum_{t\in \mathrm{P}}\sum_{k\in \mathrm{SE}}(C_k^{SE}\alpha_{k,t}^{SE}+C_k^{SER}\alpha_{k,t}^{SER})\\&+K_C\sum_{t\in \mathrm{P}}\sum_{k\in \mathrm{FCB}}C_k^{FCB}n_{k,t}^{fc}+K_C\sum_{t\in \mathrm{P}}\sum_{k\in \mathrm{FCB}}C_k^{SCB}n_{k,t}^{sc}+K_{VR}\sum_{t\in \mathrm{P}}\sum_{km\in \mathrm{VR}}C_k^{VR}\alpha_{km,t}^{vr}\\&+C_{loss}\sum_{t\in \mathrm{P}}\sum_{k\in \mathrm{B}}(P_{k,t}^{SE}-P_{k,t}^{D})+\sum_{t\in \mathrm{P}}\sum_{k\in \mathrm{B}}C_k^{OS}[(P_{k,t}^{SE})^2+(Q_{k,t}^{SE})^2]\end{aligned}\tag{2－55}$$

$$P_{k,t}^{SE}-P_{k,t}^{D}=\sum_{km\in \mathrm{BR}}\sum_{c\in \mathrm{C}}(P_{km,c,t}+R_{km,c}l_{km,c,t})-\sum_{jk\in \mathrm{BR}}\sum_{c\in \mathrm{C}}P_{jk,c,t}\quad \forall k\in \mathrm{B},\forall t\in \mathrm{P}\tag{2－56}$$

$$Q_{k,t}^{SE}-Q_{k,t}^{D}+q_{k,t}^{scb}+q_{k,t}^{scb}=\sum_{km\in \mathrm{BR}}\sum_{c\in \mathrm{C}}(Q_{km,c,t}+X_{km,c}l_{km,c,t})-\sum_{jk\in \mathrm{BR}}\sum_{c\in \mathrm{C}}Q_{jk,c,t}\quad \forall k\in \mathrm{B},\forall t\in \mathrm{P}\tag{2－57}$$

$$d_{k,t}\leqslant M(1-\alpha_{km,t})+d_{m,t}-\sum_{c\in \mathrm{C}}[2(R_{km,c}P_{km,c,t}+X_{km,c}Q_{km,c,t})-(R_{km,c}^2+X_{km,c}^2)l_{km,c,t}]\quad \forall km\in \mathrm{BR},\forall t\in \mathrm{P}\tag{2－58}$$

$$d_{k,t}\geqslant -M(1-\alpha_{km,t})+d_{m,t}-\sum_{c\in \mathrm{C}}[2(R_{km,c}P_{km,c,t}+X_{km,c}Q_{km,c,t})-(R_{km,c}^2+X_{km,c}^2)l_{km,c,t}]\quad \forall km\in \mathrm{BR},\forall t\in \mathrm{P}\tag{2－59}$$

$$d_{m,t}l_{km,t}\geqslant P_{km,t}^2+Q_{km,t}^2\quad \forall km\in \mathrm{BR},\forall t\in \mathrm{P}\tag{2－60}$$

$$(V_k^{\min})^2\leqslant d_{k,t}\leqslant (V_k^{\max})^2\quad \forall km\in \mathrm{B},\forall t\in \mathrm{P}\tag{2－61}$$

$$0\leqslant l_{km,c,t}\leqslant (I_{km,c}^{\max})^2\alpha_{km,c,t}^{C}\quad \forall km\in \mathrm{BR},\forall c\in \mathrm{C},\forall t\in \mathrm{P}\tag{2－62}$$

$$\beta_{km,t}=\sum_{c\in \mathrm{C}}\alpha_{km,c,t}^{C}\leqslant 1\quad \forall km\in \mathrm{BR},\forall t\in \mathrm{P}\tag{2－63}$$

$$\sum_{km\in \mathrm{BR}}\beta_{km,t}=|\mathrm{B}|-|\mathrm{SE0}|-\sum_{k\in \mathrm{SE}}\alpha_{k,t}^{SE}\quad \forall t\in \mathrm{P}\tag{2－64}$$

$$(P_{k,t}^{SE})^2+(Q_{k,t}^{SE})^2 \leqslant (S_k^{SE0})^2+[2S_k^{SE0}S_k^{SE}+(S_k^{SE})^2]\alpha_{k,t}^{SE} \quad \forall km\in \mathrm{SE0}\cup \mathrm{SE}, \forall t\in \mathrm{P} \tag{2-65}$$

$$q_{k,t}^{fcb}=Q^{fc}n_{k,t}^{fc} \quad \forall k\in \mathrm{FCB}, \forall t\in \mathrm{P} \tag{2-66}$$

$$0\leqslant n_{k,t}^{fc}\leqslant N_k^{fcb} \quad \forall k\in \mathrm{FCB}, \forall t\in \mathrm{P} \tag{2-67}$$

$$q_{k,t}^{scb}=Q^{sc}n_{k,t}^{sc} \quad \forall k\in \mathrm{SCB}, \forall t\in \mathrm{P} \tag{2-68}$$

$$0\leqslant n_{k,t}^{sc}\leqslant N_k^{scb} \quad \forall k\in \mathrm{SCB}, \forall t\in \mathrm{P} \tag{2-69}$$

$$\Delta_{km}=\frac{(a_{km}^{\max}-a_{km}^{\min})}{Ns_{km}} \quad \forall km\in \mathrm{VR} \tag{2-70}$$

$$z_{km,t}=d_{x,t}+\Delta_{km}\sum_{n=0}^{Ns_{km}}\left[\left(n-\frac{Ns_{km}}{2}\right)x_{kmn,t}\right] \quad \forall km\in \mathrm{VR}, \forall t\in \mathrm{P} \tag{2-71}$$

$$d_{m,t}=z_{km,t}+\Delta_{km}\sum_{n=0}^{Ns_{km}}\left[\left(n-\frac{Ns_{km}}{2}\right)y_{kmn,t}\right] \quad \forall km\in \mathrm{VR}, \forall t\in \mathrm{P} \tag{2-72}$$

$$-M\alpha_{kmn,t}\leqslant x_{kmn,t}\leqslant M\alpha_{kmn,t} \quad \forall km\in \mathrm{VR}, \forall t\in \mathrm{P},\ \forall n=0,1,2,\cdots,Ns_{km} \tag{2-73}$$

$$\begin{gathered}-M(1-\alpha_{kmn,t})\leqslant d_{x,t}-x_{kmn,t}\leqslant M(1-\alpha_{kmn,t})\\ \forall km\in \mathrm{VR}, \forall t\in \mathrm{P},\ \forall n=0,1,2,\cdots,Ns_{km}\end{gathered} \tag{2-74}$$

$$-M\alpha_{kmn,t}\leqslant y_{kmn,t}\leqslant M\alpha_{kmn,t} \quad \forall km\in \mathrm{VR}, \forall t\in \mathrm{P},\ \forall n=0,1,2,\cdots,Ns_{km} \tag{2-75}$$

$$\begin{gathered}-M(1-\alpha_{kmn,t})\leqslant z_{km,t}-y_{kmn,t}\leqslant M(1-\alpha_{kmn,t})\\ \forall km\in \mathrm{VR}, \forall t\in \mathrm{P},\ \forall n=0,1,2,\cdots,Ns_{km}\end{gathered} \tag{2-76}$$

$$\sum_{n=0}^{Ns_{km}}\alpha_{kmn,t}=1 \quad \forall km\in \mathrm{VR}, \forall t\in \mathrm{P} \tag{2-77}$$

$$-\frac{Ns_{km}}{2}\alpha_{km,t}^{vr}\leqslant \sum_{n=0}^{Ns_{km}}\left[\left(n-\frac{Ns_{km}}{2}\right)y_{kmn,t}\right]\leqslant \frac{Ns_{km}}{2}\alpha_{km,t}^{vr} \quad \forall km\in \mathrm{VR}, \forall t\in \mathrm{P} \tag{2-78}$$

$$\sum_{t\in \mathrm{P}}\alpha_{km,c,t}^{C}=1 \quad \forall t\in \mathrm{P} \tag{2-79}$$

$$\sum_{t\in \mathrm{P}}\alpha_{k,t}^{SE}=1 \quad \forall t\in \mathrm{P} \tag{2-80}$$

$$\sum_{t\in \mathrm{P}}\alpha_{km,t}^{vr}=1 \quad \forall t\in \mathrm{P} \tag{2-81}$$

$$n_{k,t}^{sc} \in \mathbb{Z}^{+} \quad \forall k \in \mathrm{SCB}, \forall t \in \mathrm{P} \tag{2-82}$$

$$n_{k,t}^{fc} \in \mathbb{Z}^{+} \quad \forall k \in \mathrm{FCB}, \forall t \in \mathrm{P} \tag{2-83}$$

$$\alpha_{km,c,t}^{C} \in \{0,1\} \quad \forall km \in \mathrm{BR}, \forall c \in \mathrm{C}, \forall t \in \mathrm{P} \tag{2-84}$$

$$\alpha_{k,t}^{SE} \in \{0,1\} \quad \forall km \in \mathrm{SE}, \forall t \in \mathrm{P} \tag{2-85}$$

$$\alpha_{km,t} \in \{0,1\} \quad \forall km \in \mathrm{BR}, \forall t \in \mathrm{P} \tag{2-86}$$

$$\alpha_{km,t}^{vr} \in \{0,1\} \quad \forall km \in \mathrm{VR}, \forall t \in \mathrm{P} \tag{2-87}$$

其中，式（2－55）～式（2－87）表示从配电网静态凸规划问题扩展到所有时间段后的动态（多阶段）凸规划问题，动态凸规划模型增加了设备（如馈线、变电站和调压器）安装在规划范围内特定馈线或节点上的约束条件，如式（2－79）～式（2－81）。

2.5 计算结果

2.5.1 数据指标

本节应用两种 24 节点算例分析配电网规划问题[45]，分别为静态测试算例和动态测试算例。算例系统含有 24 个节点、4 个变电站、20 个负荷节点和 34 条馈线，电压等级为 13.8kV。对于静态模型，规划年限为 20 年，一个规划周期内完成；对于动态模型，规划年限为 20 年，分 4 个规划周期完成，每个周期 5 年。模型通过基于 AMPL 语言的 CPLEX 优化求解器求解[46,47]。服务器主存 256GB、主频 2.27GHz。

24 节点算例的网络拓扑如图 2－4 所示，变电站和线路的投资成本取自文献［20］，如表 2－1 和表 2－2 所示。各时段的负荷数据如表 2－3 所示。电容器组和调压器的成本等数据取自文献［27］。电容器组的定位成本是 1500$，每个电容器单元容量为 300kvar、成本 1000$。调压器的定位成本为 8400$，32 挡。资金利率为 13%。能源价格为 0.25$/kWh，系统允许的最小、最大电压波动幅值分别为 0.95p.u.和 1.05p.u.。

2.5.2 静态测试算例

静态算例求解时间为 6 分 45 秒，目标函数值为 118 321 152 美元。配电网规划模型考虑规划水平年的最后一年（第 20 年）的负荷增长需求，但规划方案在

第一年完成。具体如下：新建变电站23号站和24号站；新建馈线4－15、15–17、1–14、5–24、7–23、10–23、11–23、17–22、18–24和13–20并采用型号2导线；改造馈线1－21和6－22为型号1导线。此外，节点1、3、7、9、13、14配置1800kvar的固定电容器组；线路4－15配置调压器，并且抽头位置为6；优化过程所得的网络拓扑如图2－5所示。

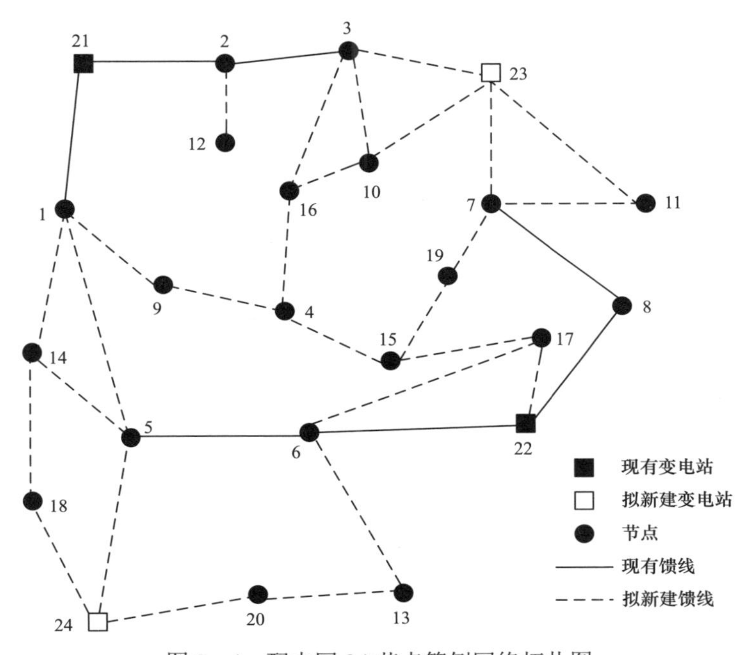

图2－4　配电网24节点算例网络拓扑图

表2－1　　导线数据

C	$R_{km,c}$（Ω/km）	$X_{km,c}$（Ω/km）	$C^{C}_{km,c}$（$/km）
1	0.365 5	0.252 0	20×10^{3}
2	0.292 1	0.246 6	30×10^{3}
3	0.235 9	0.240 2	40×10^{3}

表2－2　　变电站数据

SE	S^{SE}_{k}（kVA）	S^{SER}_{k}（kVA）	S^{SE}_{k}（$）	S^{SER}_{k}（$）
21	10 000	8000	0.00	1×10^{6}
22	15 000	12 000	0.00	1×10^{6}

续表

SE	S_k^{SE}（kVA）	S_k^{SER}（kVA）	S_k^{SE}（$）	S_k^{SER}（$）
23	20 000	0.00	5×10^6	0.00
24	25 000	0.00	8×10^6	0.00

表 2－3　　负 荷 数 据　　（kVA）

节点	$t=1$	$t=2$	$t=3$	$t=4$	节点	$t=1$	$t=2$	$t=3$	$t=4$
1	4050	4658	5356	6160	13	0	1350	1553	1785
2	780	897	1032	1186	14	0	3280	3772	4338
3	2580	2967	3412	3924	15	0	1460	1679	1931
4	320	368	423	487	16	0	0	1530	1760
5	280	322	370	426	17	0	2330	2680	3081
6	1170	1346	1547	1779	18	0	0	2310	2657
7	4040	4646	5343	6144	19	0	0	1750	2013
8	720	828	952	1095	20	0	0	4020	4623
9	1140	1311	1508	1734	21	0	0	0	0
10	1560	1794	2063	2373	22	0	0	0	0
11	0	2000	2300	2645	23	0	0	0	0
12	0	850	978	1124	24	0	0	0	0

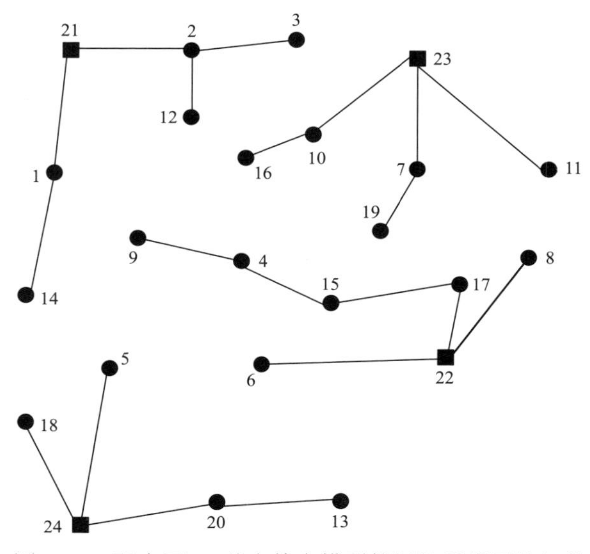

图 2－5　配电网 24 节点静态模型算例的所得网络拓扑

2.5.3 动态测试算例

动态算例求解时间为 18 分 23 秒，目标函数值为 55 654 205 美元。第 1 阶段规划周期中，新建馈线 4–9、17–22、4–16 并采用型号 1 导线；新建馈线 10–16、4–15 和 17–22 并采用型号 2 导线；改造馈线 8 – 22 为型号 1 导线；节点 1 配置 1200kvar 的固定电容器；节点 3、7、9 和 5 配置 900kvar 的固定电容器。

第 2 阶段规划周期中，新建变电站 23 号站；新建馈线 2–12、1–14 和 11–23 并采用型号 1 导线；新建馈线 6 – 13、7 – 23 并采用型号 2 导线；改造馈线 1 – 21 为型号 1 导线；节点 14 配置 1200kvar 的固定电容器；线路 4 – 15 配置调压器，并且抽头位置为 5。

第 3 阶段规划周期中，新建馈线 10–23 并采用型号 1 导线；新建馈线 7 – 19、14 – 18 和 13 – 20 并采用型号 2 导线；第 2 阶段中线路 4 – 15 配置的调压器抽头位置调整为 2。

第 4 阶段规划周期中，新建变电站 24 号站；新建馈线 24–18、24–5 和 24–20 并采用型号 1 导线；新建馈线 1 – 9 并采用型号 2 导线；第 2 阶段中线路 4 – 15 配置的调压器抽头位置调整为 1。各时段优化过程所得的网络拓扑如图 2 – 6 所示。

静态和动态测试算例结果表明，使用动态模型得到的规划方案成本低于静态模型的规划方案成本。这主要由于动态模型中采用了分阶段投资方式。静态模型与动态模型投资相差 62 666 947.87 美元，相当于动态模型减少总投资的 47.03%。

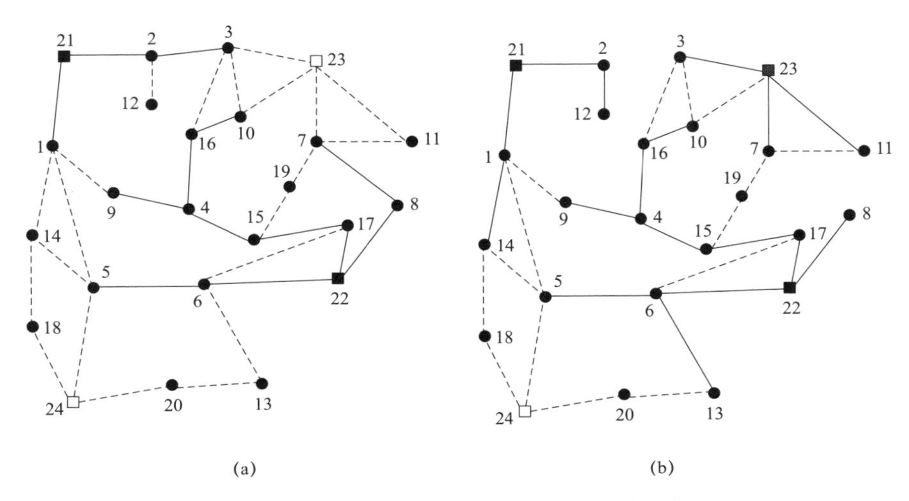

图 2 – 6　动态模型各时段优化过程所得的网络拓扑（一）
（a）阶段 1；（b）阶段 2

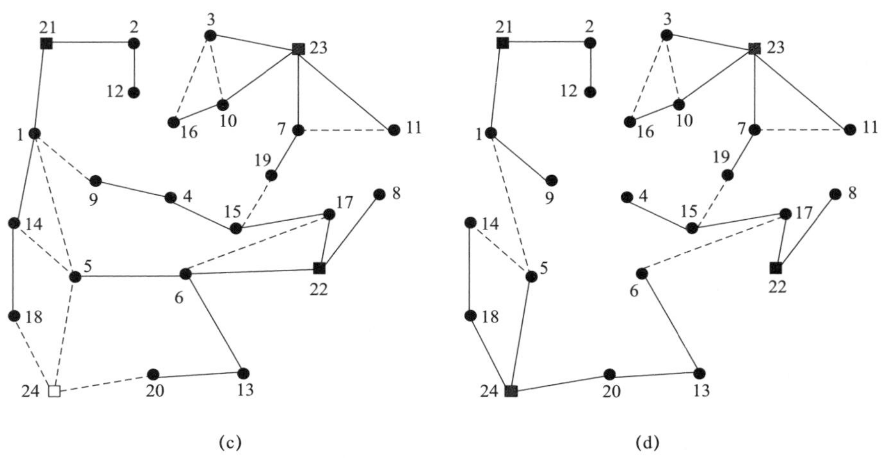

图 2-6　动态模型各时段优化过程所得的网络拓扑（二）

（c）阶段 3；（d）阶段 4

附录

本章所用的符号如下：

集合

B	节点集合。
BR	线路馈线集合。
C	线路型号集合。
FCB	固定电容器组集合。
P	各个时段集合。
SE0	现有变电站集合。
SE	新建变电站集合。
SCB	投切电容器组集合。
VR	调压器集合。
$\mathbb{Z}^+$	正整数集合。

参数

$a_{km}^{\max}$，$a_{km}^{\min}$	馈线 km 处调压器的最大、最小挡位。
$C_{km,c}^{C}$	馈线 km 处新建型号 C 导体的建设成本（美元）。
C_k^{SE}	新建变电站 k 的建设成本（美元）。
C_k^{SER}	扩建变电站 k 的建设成本（美元）。
C_k^{FCB}	节点 k 处安装固定式电容器组的建设成本（美元）。
C_k^{SCB}	节点 k 处安装投切式电容器组的建设成本（美元）。
C_{km}^{VR}	馈线 km 处安装调压器的建设成本（美元）。
C_{loss}	有功网损成本（美元）。
C_k^{OS}	变电站 k 的运行成本（美元）。
$I_{km,c}^{\max}$	馈线 km 型号 c 线路的最大允许传输电流（p.u.）。
K_L	线路投资利率。
K_S	变电站投资利率。
K_C	电容器组投资利率。
K_{VR}	调压器投资利率。
L_{km}	馈线 km 的线路长度。
M	大的正整数。

N_k^{fcb}　　固定式电容器组容量为 k 时的最大组数（p.u.）。

N_k^{scb}　　投切式电容器组容量为 k 时的最大组数（p.u.）。

Ns_{km}　　馈线 km 处调压器的最大挡位。

$P_{k,t}^D$　　节点 k 规划阶段 t 时的有功需求（p.u.）。

$Q_{k,t}^D$　　节点 k 规划阶段 t 时的无功需求（p.u.）。

Q^{fc}　　固定式电容器的标幺值（p.u.）。

Q^{sc}　　投切式电容器的标幺值（p.u.）。

$R_{km,c}$　　馈线 km 型号 c 线路单位长度电阻（p.u.）。

S_k^{SE0}　　现有变电站最大视在功率容量（p.u.）。

S_k^{SE}　　新建变电站 k 的最大视在功率容量（p.u.）。

$V_k^{\min}$，$V_k^{\max}$　　变电站 k 的最小、最大电压幅值约束（p.u.）。

$X_{km,c}$　　馈线 km 型号 c 线路单位长度电抗（p.u.）。

Δ_{km}　　km 处调压器的步长。

决策变量

$d_{k,t}$　　辅助决策变量，表示 $V_{k,t}^2$。

$l_{km,c,t}$　　辅助决策变量，表示 $I_{km,c,t}^2$。

$n_{k,t}^{fc}$　　整数变量，节点 k 规划阶段 t 安装的单组固定式电容器单元的数量。

$n_{k,t}^{sc}$　　整数变量，节点 k 规划阶段 t 安装的单组投切式电容器单元的数量。

$P_{k,t}^{SE}$　　变电站 k 在规划阶段 t 发出的有功功率（p.u.）。

$P_{km,c,t}$　　馈线 km 型号 c 规划阶段 t 的有功潮流（p.u.）。

$Q_{k,t}^{SE}$　　变电站 k 在规划阶段 t 发出的无功功率（p.u.）。

$Q_{km,c,t}$　　馈线 km 型号 c 规划阶段 t 的无功潮流（p.u.）。

$q_{k.t}^{fcb}$　　节点 k 在规划阶段 t 固定式电容器注入的无功功率（p.u.）。

$q_{k.t}^{scb}$　　节点 k 在规划阶段 t 投切式电容器注入的无功功率（p.u.）。

$\alpha_{km,c,t}^C$　　二元变量，在规划阶段 t 新建或改造馈线 km 为型号 c 线路。

$\alpha_{k,t}^{SE}$　　二元变量，在规划阶段 t 新建变电站 k。

$\alpha_{k,t}^{SER}$　　二元变量，在规划阶段 t 改造变电站 k。

$\alpha_{km,t}^{vr}$　　二元变量，在规划阶段 t 馈线 km 处新建调压器。

$\alpha_{km,t}$　　馈线 km 在规划阶段 t 电压降计算变量。

$\beta_{km,t}$　　二元变量，在规划阶段 t 馈线 km 处的回数。

参 考 文 献

[1] I.J. Ramirez-Rosado, J.A. Dominguez-Navarro, Possibilistic model based on fuzzy sets for the multiobjective optimal planning of electric power distribution networks. IEEE Trans. Power Syst. **19**(4), 1801–1810 (2004).

[2] I.J. Ramirez-Rosado, J.A. Dominguez-Navarro, New multiobjective tabu search algorithm for fuzzy optimal planning of power distribution systems. IEEE Trans. Power Syst. **21**(1), 224– 233 (2006).

[3] T. Gönen, *Electric Power Distribution Systems Engineering* (McGraw-Hill, New York, 1986).

[4] S.F. Mekhamer, M.E. El-Hawary, S.A. Soliman, M.A. Moustafa, M.M. Mansour, New heuristic strategies for reactive power compensation of radial distribution feeders. IEEE Trans. Power Delivery **17**(4), 1128–1135 (2002).

[5] J.Y. Park, J.M. Sohn, J.K. Park, Optimal capacitor allocation in a distribution system considering operation costs. IEEE Trans. Power Syst. **24**(1), 462–468 (2009).

[6] N.C. Sahoo, S. Ganguly, D. Das, Recent advances on power distribution system planning: a stage-of-the-art survey. Energy Syst. **4**(2), 165–193 (2013).

[7] K. Nara, T. Satoh, H. Kuwabara, K. Aoki, M. Kitagawa, T. Ishihara, Distribution systems expansion planning by multi-stage branch exchange. IEEE Trans. Power Syst. **7**(1), 208–214 (1992).

[8] E. Míguez, J. Cidrás, E. Díaz-Dorado, J. García-Dornelas, An improved branch-exchange algorithm for large-scale distribution network planning. IEEE Trans. Power Syst. **17**(4), 931–936 (2002).

[9] M. Lavorato, M. Rider, A.V. Garcia, R. Romero, A constructive heuristic algorithm for distribution system planning. IEEE Trans. Power Syst. **25**(3), 1734–1742 (2010).

[10] G. Yang, Z. Dong, K. Wong, A modified differential evolution algorithm with fitness sharing for power system planning. IEEE Trans. Power Syst. **23**(2), 514–522 (2008).

[11] V. Miranda, J.V. Ranito, L.M. Proença, Genetic algorithm in optimal multistage distribution network planning. IEEE Trans. Power Syst. **9**(4), 1927–1933 (1994).

[12] I. Ramirez-Rosado, J. Bernal-Agustín, Genetic algorithms applied to the design of large power distribution systems. IEEE Trans. Power Syst. **13**(2), 696–703 (1998).

[13] J. Gómez, H. Khodr, P. Oliveira, L. Ocque, J. Yusta, R. Villasana, A. Urdaneta, Ant colony system algorithm for the planning of primary distribution circuits. IEEE Trans. Power Syst. **19** (2), 996–1004 (2004).

[14] V. Parada, J. Ferland, M. Arias, K. Daniels, Optimization of electrical distribution feeders using simulated annealing. IEEE Trans. Power Del. **19**(3), 1135–1141 (2004).

[15] J.M. Nahman, D.M. Peric, Optimal planning of radial distribution networks by simulated annealing technique. IEEE Trans. Power Syst. **23**(2), 790–795 (2008).

[16] S. Ganguly, N. Sahoo, D. Das, Mono-and multi-objective planning of electrical distribution networks using particle swarm optimization. Appl. Soft Comput. **11**(2), 2391–2405 (2011).

[17] R. Lotero, J. Contreras, Distribution system planning with reliability. IEEE Trans. Power Del. **26**(4), 2552–2562 (2011).

[18] S. Ganguly, N. Sahoo, D. Das, Multi-objective planning of electrical distribution systems using dynamic programming. Int. J. Electr. Power Energy Syst. **46**, 65–78 (2013).

[19] S.N. Ravadanegh, R.G. Roshanagh, On optimal multistage electric power distribution networks expansion planning. Electr. Power Energy Syst. **54**, 487–497 (2014).

[20] R.A. Jabr, Polyhedral formulations and loop elimination constraints for distribution network expansion planning. IEEE Trans. Power Syst. **28**, 1888–1897 (2013).

[21] R. Gallego, J. Monticelli, R. Romero, Optimal capacitor placement in radial distribution networks. IEEE Trans. Power Syst. **16**(4), 630–637 (2001).

[22] D.F. Pires, A.G. Martins, C.H. Antunes, A multiobjective model for VAR planning in radial distribution networks based on tabu search. IEEE Trans. Power Syst. **20**(2), 1089–1094 (2005).

[23] I.C. Silva Junior, S. Carneiro Junior, E.J. Oliveira, J.S. Costa, J.L.R. Pereira, P.A.N. Garcia, A heuristic constructive algorithm for capacitor placement on distribution system. IEEE Trans. Power Syst. **23**(4), 1619–1626 (2008).

[24] C.A.N. Pereira, C.A. Castro, Optimal placement of voltage regulators in distribution systems, in *Proceedings of IEEE Bucharest Power Tech* (Bucharest, Romania, 2009), pp. 1–5.

[25] A.S. Safigianni, G.J. Salis, Optimum voltage regulator placement in a radial power distribution network. IEEE Trans. Power Syst. **15**(2), 879–886 (2000).

[26] J. Mendoza, D. Morales, R. López, J. Vannier, C. Coello, Multiobjetive location of automatic voltage regulators in radial distribution network using a micro genetic algorithm. IEEE Trans. Power Syst. **22**(1), 404–412 (2007).

[27] J.F. Franco, M.J. Rider, M. Lavorato, R.A. Romero, A mixed integer LP model for the optimal allocation of voltage regulators and capacitors in radial distribution systems. Electr. Power Energy Syst. **48**, 123–130 (2013).

[28] E.P. Madruga, L.N. Canha, Allocation and integrated configuration of capacitor banks and voltage regulators considering multi-objective variables in smart grid distribution system, in

Proceedings of International Conference on Industry Applications (São Paulo, Brazil, Nov. 2010), pp. 1–6.

[29] B.A. de Souza, A.M.F. de Almeida, Multiobjective optimization and fuzzy logic applied to planning of the volt/var problem in distributions systems. IEEE Trans. Power Syst. **25**(3), 1274–1281 (2010).

[30] J. Sugimoto, R. Yokoyama, Y. Fukuyama, V.V.R. Silva, H. Sasaki, Coordinated allocation and control of voltage regulators based on reactive tabu search, in IEEE *Russian Power Tech* (St. Petersburg, Russia, 27–30 June 2005), pp. 1–6.

[31] H. Fletcher, K. Strunz, Optimal distribution system horizon planning-part I: formulation. IEEE Trans. Power Syst. **22**(2), 791–799 (2007).

[32] S. Haffner, L.F.A. Pereira, L.A. Pereira, L.S. Barreto, Multistage model for distribution expansion planning with distributed generation-part I: problem formulation. IEEE Trans. Power Delivery **23**(2), 915–923 (2008).

[33] S. Haffner, L.F.A. Pereira, L.A. Pereira, L.S. Barreto, Multistage model for distribution expansion planning with distributed generation-part II: numerical results. IEEE Trans. Power Delivery **23**(2), 924–929 (2008).

[34] A. Sorokin, S. Rebennack, P. Pardalos, N. Iliadis, M. Pereira, *Handbook of Networks in Power Systems I. Energy Systems* (Springer, Berlin, 2012).

[35] J. Tate, T. Overbye, A comparison of the optimal multiplier in polar and rectangular coordinates. IEEE Trans. Power Syst. **20**(4), 1667–1674 (2005).

[36] S.C. Tripathy, G.D. Prasad, O.P. Malik, G. S. Hope, Load-flow solutions for ill-conditioned power systems by a Newton-like method. IEEE Trans. Power App. Syst. **PAS – 101**(10), 3648–3657 (1982).

[37] R.A. Jabr, Radial distribution load flow using conic programming. IEEE Trans. Power Syst. **21**, 1458–1459 (2006).

[38] M.E. Baran, F.F. Wu, Network reconfiguration in distribution systems for loss reduction and load balancing. IEEE Trans. Power Delivery **4**, 1401–1407 (1989).

[39] M.E. Baran, F.F. Wu, Optimal capacitor placement on radial distribution systems. IEEE Trans. Power Delivery **4**, 725–734 (1989).

[40] M.E. Baran, F.F. Wu, Optimal sizing of capacitors placed on a radial distribution system. IEEE Trans. Power Delivery **4**, 735–743 (1989).

[41] M. Farivar, S.H. Low, Branch flow model: relaxations and convexification—part I. IEEE Trans. Power Syst. **28**(3), 2554–2564 (2013).

[42] D. Luenberger, Y. Ye, *Linear and Nonlinear Programming* (Springer, 2008).

[43] R.A. Jabr, Optimal placement of capacitors in a radial network using conic and mixed integer linear programming. Electr. Power Syst. Res. **78**, 941–948 (2008).

[44] J. López, D. Pozo, J. Contreras, J.R.S. Mantovani, A multiobjective minimax regret robust VAr planning model. IEEE Trans. Power Syst. **32**, 1761–1771 (2017).

[45] I. Gönen, I. Ramirez-Rosado, Review of distribution system planning models: a model for optimal multi-stage planning. IEE Proc. Gen. Trans. Dist. **133**(7), 397–408 (1986).

[46] IBM, IBM ILOG CPLEX V12.1. User's Manual for CPLEX (2009).

[47] R. Fourer, D.M. Gay, B.W. Kernighan, *AMPL: A Modeling Language for Mathematical Programming* (Duxbury Press, 2002).

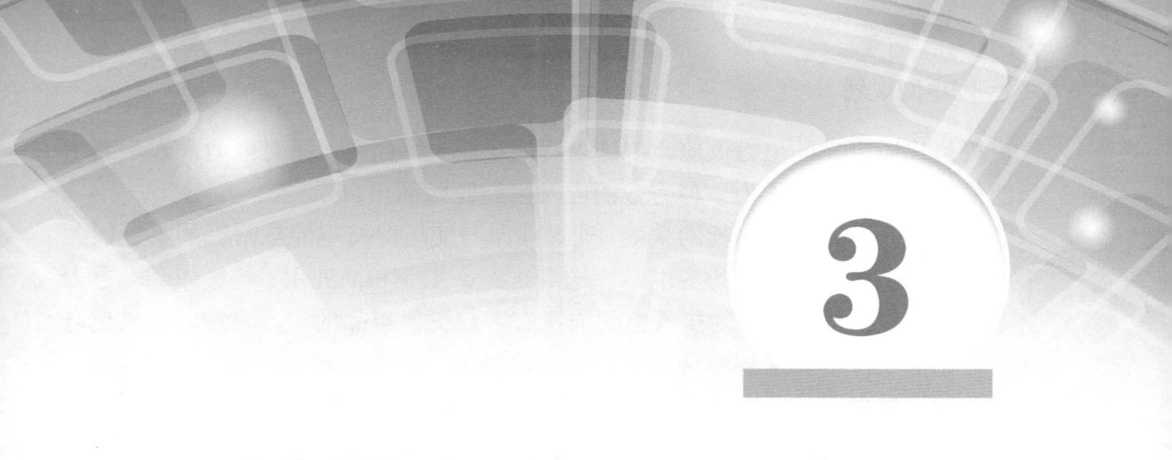

3 含智能电网设备不平衡网络的数学优化

卡洛斯 F · 萨比隆，约翰 F · 佛朗哥，
马科斯 J · 莱德，鲁本罗梅罗

摘　要　配电网为所有用户提供经济可靠的服务，并具有接纳分布式发电、储能及电动汽车的能力。分析配电网运行方式的关键是考虑当前已有智能电网技术。本章介绍了三相不平衡配电网稳态运行的数学公式，讨论了电网中智能设备的数学模型（例如，无功补偿装置，储能系统以及电动汽车）。同时还考虑了电压—负载特性、分布式电源以及电压和耐热极限相关的特征。以系统技术性或经济性为目标函数，给出了考虑配电网决策过程的运行优化分析数学模型。此外，还讨论了多周期和多场景优化问题。为避免使用传统混合整数非线性模型，本章提出基于混合整数线性规划方法来搭建优化模型，并在系统电压稳定与电动汽车充电协调控制策略的算例中阐述了本算法的应用。

关键词　配电网运行，数学优化，混合整数线性规划，智能电网设备，稳态运行点

3.1　引言

随着工业、通信、照明、供暖以及娱乐等行业对电力系统的依赖不断提升，电力系统供电可靠性变得越来越重要。早期，电力公司尝试利用电力电子技术为

客户提供优质可靠的电力供应，智能电网应运而生。如今，面对电力需求不断增长的挑战，智能电网作为一种有效的应对措施脱颖而出。

配电网是电力输送网架的末端。通过线路与变压器将电能从附近的小型能源生产端或由输电线路供电的变电站输送到居民、工业和商业用户[1]。如今，电力公司负责配电网的运行，为接入电网的所有客户提供可靠的电力供应。传统配电网中，电能从源端输送到消费者，但最近这种单向电能输送模式已经发生变化。

随着智能电网、分布式发电（distributed generation，DG）、可再生能源和储能系统（energy storage system，ESS）的引入，传统配电网络模型正在不断发展。所有这些因素都直接影响到配电网的规划、设计、建设、运行和维护。随着智能电网技术的不断更新，目前的配电网将成为一个更加智能、实时优化的电网；随着更加高效、可持续和低成本的新技术和调度策略的出现，网络的规划、运营和维护的复杂性将会增加。因此，配电网的发展必须让所有电网设备和相关方（包括用电侧、发电侧）共同参与进来，以便在主动管理中实现技术、经济和环境目标[2]。

自 20 世纪 60 年代中期以来，优化理念与技术已成为电力系统规划和运行的一部分。在智能电网背景下，对配电网运行的合理描述是先进优化算法在电力系统中应用的基础。因此，数学建模对于优化智能电网至关重要。

在模型正确搭建的基础上，可以由规划/运行人员选择最合适的方法来解决问题。启发式、元启发式技术以及数学优化方法是解决配电网问题最常用的方法。近年来，随着基于数学优化的高效商业求解软件的加速出现，研究人员对在优化问题中开发复杂而逼真的数学模型的兴趣不断提高。因此，只要正确定义数学模型，商业求解软件就会找到最佳解决方案，规划/运行人员不需要对内部算法进行研发。

根据所采用的优化问题公式的性质，相应的数学模型可以归类为：

（1）线性规划（linear programming，LP），其中术语“线性”表示所有约束以及目标函数都不是非线性的。

（2）非线性规划（nonlinear programming，NLP），旨在处理涉及非线性约束和/或目标函数的问题。

（3）混合整数线性规划（mixed integer linear programming，MILP），是一种特殊类型的 LP，其中所有或部分决策变量仅限于整数值。

（4）混合整数非线性规划（mixed integer nonlinear programming，MINLP），一种特殊类型的 NLP（类似于 MILP）。

对于每种类型的数学模型，存在几种众所周知的优化技术。例如，LP 问题可以通过使用单纯形或内点法来解决。对于 NLP 问题，可以使用几种传统的优

化技术（基于梯度的技术、拉格朗日松弛、牛顿法、连续线性规划等）或内点算法。为了解决 MILP 问题，可以使用分支定界算法、改进的分支定界算法（例如分支－价格法或分支－切割法）、Benders 分解法、Gomory 割平面法等。解决 MINLP 问题是一项非常复杂的任务，在这方面很少有与经典优化相关的理论。因此，这类问题可以用基于分支定界算法、灵敏度法、屏障法以及内点法的商业求解软件来近似解决。

近十年来，基于经典优化技术的商业求解软件极其高效。针对 LP 和 MILP 问题的求解软件，如 CPLEX[3]、MOSEK[4]、GUROBI[5]等，比之前版本更加高效，而关于 NLP 和 MINLP 问题的专业求解软件仍在开发中。

由于上述原因，研究人员对配电网运行和规划的数学模型开发的关注度日益增长。因此，诸如 CPLEX 的商业求解软件已经被应用于解决由 LP 或 MILP 数学模型表示的问题中。另外，对于用 NLP 或 MINLP 公式表述的问题，有的已被转化为等效或近似的 LP 问题，有的已用相关软件（如 KNITRO[6]或者 BONMIN[7]）解决了，但是 NLP 专用软件效率还不高（它们不能保证问题的全局最优且计算量较大）。

在配电网中，数学建模已成为一种重要的工具，广泛用于运行和扩展规划问题，特别是那些包括混合整数规划的问题。这是因为配电网的规划和运行人员必须通过有限的资源来满足特定的目标。因此，优化问题的很大一部分可以被分类为“是”或“否”问题，可以由二元变量表示。例如以下几点能够采用数学模型进行优化[1]：

（1）安排/不安排，例如电动汽车充电。

（2）建造/不建造，例如新建的配电线路。

（3）N 取 K，例如，在电容器组 N 中运行的电容器数量 K。

（4）N 个可能的值，例如电压调节器的抽头位置。

此外，配电网中智能电网设备和技术的应用，促进了电网建模数学公式的改进。智能电网设备的高可控性要求在模型公式中具有更高水平的颗粒度，从而产生更接近实际但更复杂的模型。在这方面，三相表达式对于解决与网络运行有关的问题变得至关重要。尽管我们经常采用单相表达式，但三相表达式考虑了网络中的不平衡性并包含互耦效应，从而更准确地确定稳态运行点。

本章介绍了两种表示不平衡配电网稳态运行的数学公式。该网络最初由 NLP 模型表示，为避免解决 NLP 问题时涉及的复杂性，研究开发了 LP 模型。这些模型构成可供规划和运行人员实现优化算法的工具，保证优化方案的可行性。此外，两种模型中还包括与负载条件、DG 特性以及电压和耐热极限相关的约束。

3.2 不平衡配电网的数学表达式

对配电网状态的评估通常是通过求解潮流来确定的。求解潮流的目标是在给定一组特定值的情况下确定网络的稳态运行点，即获得所有节点的电压幅值、相角和其他相关量（例如有功和无功功率，电流和功率损失）。潮流计算是用于分析稳态网络的工具，被广泛用于实时控制以及扩展规划和运行。这个问题通常被建模为非线性方程组，通过迭代解决。

在本节中，提出了两种方法模拟不平衡配电网的运行。与常用潮流方法的迭代特性不同，这些表达式可以使用数学优化来求解；并且它们可以被扩展以便用于优化分析，从而形成与技术和经济约束相关的不同目标的决策。因此，为了利用数学优化来确定网络的稳态运行点，需要将电网运行的问题建立为一个传统的数学规划模型式（3－1）。这些模型均涉及优化问题。定义目标函数 f，该目标函数必须通过设置一组控制变量 x 来达到最大化或最小化，并受一组约束条件的限制。

$$\begin{aligned} &\max/\min\ \ f(x) \\ &\text{约束条件}: g(x) \leqslant 0; \\ &\qquad\qquad h(x) = 0 \end{aligned} \tag{3-1}$$

虽然配电网的运行遵循一组非线性约束，但是我们希望得到 LP 表达式，而避免求解 NLP 问题带来的复杂性。为此，首先给出非线性方程组，然后在每个方法中应用线性化和近似的手段来得到 LP 模型。此外，在本节中，所有负载都被认为是恒功率负载。

3.2.1 基于电流的数学表达式

基于电流的数学表达式包含电路中电流的实部和虚部以及网络中的节点电压。不平衡网络的单个分支如图 3－1 所示。每个电压和电流的矢量代表它们相应的实部和虚部之和，例如 $\vec{I} = \mathrm{Re}(I) + \mathrm{j}I_m(I)$。因此，不平衡网络稳态运行的一组非线性数学表达式中，包括电流和电压的实部和虚部、负载所需的有功和无功功率以及电路阻抗。

在下面的公式中，F、L 和 N 分别表示所有相、支路和节点的集合。此外，$V_{n,f}^{re/im}$ 是第 n 个节点 f 相的电压的实部和虚部，$I_{n,f}^{Gre,im}$ 和 $I_{n,f}^{Dre/im}$ 分别是注入和流出该节点的电流的实部/虚部。$P_{n,f}^{G/D}$ 和 $Q_{n,f}^{G/D}$ 是注入和流出该节点的有功、无功功率。此外，$V_{mn,f}^{re/im}$ 代表节点 m 和节点 n 所连支路的 f 相电流的实部和虚部，$B_{mn,f}$ 代表该支路

f 相的并联电纳。$R_{mn,f,h}$ 和 $X_{mn,f,h}$ 是 mn 支路的 f 相和 h 相之间的电阻和电抗。

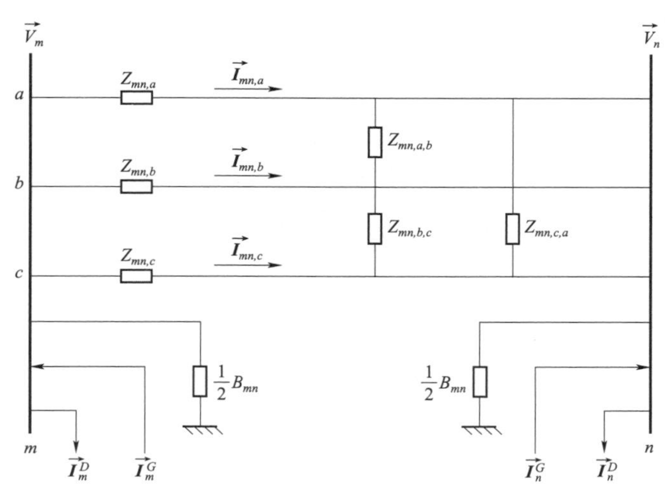

图 3-1　支路不平衡电流示意图

从图 3-1 可知，从节点 m 到节点 n 的电压降落可由下面公式导出：

$$\begin{bmatrix}\Delta\vec{V}_{mn,a}\\ \Delta\vec{V}_{mn,b}\\ \Delta\vec{V}_{mn,c}\end{bmatrix}=\begin{bmatrix}Z_{mn,a} & Z_{mn,a,b} & Z_{mn,a,c}\\ Z_{mn,a,b} & Z_{mn,b} & Z_{mn,b,c}\\ Z_{mn,a,c} & Z_{mn,b,c} & Z_{mn,c}\end{bmatrix}\begin{bmatrix}\vec{I}_{mn,a}\\ \vec{I}_{mn,b}\\ \vec{I}_{mn,c}\end{bmatrix}=\begin{bmatrix}Z_{mn,a}\vec{I}_{mn,a}+Z_{mn,a,b}\vec{I}_{mn,b}+Z_{mn,a,c}\vec{I}_{mn,c}\\ Z_{mn,a,b}\vec{I}_{mn,a}+Z_{mn,b}\vec{I}_{mn,b}+Z_{mn,b,c}\vec{I}_{mn,c}\\ Z_{mn,a,c}\vec{I}_{mn,a}+Z_{mn,b,c}\vec{I}_{mn,b}+Z_{mn,c}\vec{I}_{mn,c}\end{bmatrix} \tag{3-2}$$

分析 A 相，式（3-3）可以写为：

$$\Delta\vec{V}_{mn,a}=Z_{mn,a}\vec{I}_{mn,a}+Z_{mn,a,b}\vec{I}_{mn,b}+Z_{mn,a,c}\vec{I}_{mn,c} \tag{3-3}$$

将式（3-3）展开，考虑到 $Z_{mn,f,h}=R_{mn,f,h}+\mathrm{j}X_{mn,f,h}$，并将电流的实部和虚部分开，得到式（3-4）和式（3-5）。

$$V_{m,a}^{re}-V_{n,a}^{re}=R_{mn,a}I_{mn,a}^{re}+R_{mn,a,b}I_{mn,b}^{re}+R_{mn,a,c}I_{mn,c}^{re}-X_{mn,a}I_{mn,a}^{im}-X_{mn,a,b}I_{mn,b}^{im}-X_{mn,a,c}I_{mn,c}^{im} \tag{3-4}$$

$$V_{m,a}^{im}-V_{n,a}^{im}=R_{mn,a}I_{mn,a}^{im}+R_{mn,a,b}I_{mn,b}^{im}+R_{mn,a,c}I_{mn,c}^{im}+X_{mn,a}I_{mn,a}^{im}+X_{mn,a,b}I_{mn,b}^{re}+X_{mn,a,c}I_{mn,c}^{re} \tag{3-5}$$

综合上述表达式，用电压和电流实部和虚部表示的不平衡网络的电压降落可以用式（3-6）和式（3-7）表示。

$$V_{m,f}^{re} - V_{n,f}^{re} = \sum_{h\in F}(R_{mn,f,h}I_{mn,h}^{re} - X_{mn,f,h}I_{mn,h}^{im}) \quad \forall mn \in \mathrm{L}, f \in \mathrm{F} \tag{3-6}$$

$$V_{m,f}^{im} - V_{n,f}^{im} = \sum_{h\in F}(X_{mn,f,h}I_{mn,h}^{re} + R_{mn,f,h}I_{mn,h}^{im}) \quad \forall mn \in \mathrm{L}, f \in \mathrm{F} \tag{3-7}$$

此外，为了模拟不平衡网络的完整稳态运行，对每个节点应用基尔霍夫电流定律。如式（3－8）和式（3－9）所示。因此，式（3－10）和式（3－11）建立了负载的功率、电压和电流之间的关系。

$$I_{m,f}^{Gre} + \sum_{km\in L} I_{km,f}^{re} - \sum_{mn\in L} I_{mn}^{re} - \left(\sum_{km\in L} B_{km,f} + \sum_{mn\in L} B_{mn,f}\right)\frac{V_{m,f}^{im}}{2} = I_{m,f}^{Dre} \quad \forall m \in \mathrm{N}, f \in \mathrm{F} \tag{3-8}$$

$$I_{m,f}^{Gim} + \sum_{km\in L} I_{km,f}^{im} - \sum_{mn\in L} I_{mn}^{im} - \left(\sum_{km\in L} B_{km,f} + \sum_{mn\in L} B_{mn,f}\right)\frac{V_{m,f}^{im}}{2} = I_{m,f}^{Dim} \quad \forall m \in \mathrm{N}, f \in \mathrm{F} \tag{3-9}$$

$$P_{n,f}^{D} = V_{n,f}^{re}I_{n,f}^{Dre} + V_{n,f}^{im}I_{n,f}^{Dim} \quad \forall n \in \mathrm{N}, f \in \mathrm{F} \tag{3-10}$$

$$Q_{n,f}^{D} = -V_{n,f}^{re}I_{n,f}^{Dim} + V_{n,f}^{im}I_{n,f}^{Dre} \quad \forall n \in \mathrm{N}, f \in \mathrm{F} \tag{3-11}$$

公式（3－12）给出了完整的非线性规划的数学公式，用于确定不平衡网络的稳态运行点。

$$\begin{gathered}\min \alpha \\ \text{约束条件：式 }(3-6)\sim\text{式}(3-11)\end{gathered} \tag{3-12}$$

其中 α 是非线性规划模型的目标函数，并可通过设定使电网运营商关注的指标（例如功率损耗、电压偏差或可靠性）最小化或最大化。

为了得到基于式（3－12）的线性模型，需要将线性化技术和近似手段应用于式（3－10）和式（3－11）所示的非线性方程中。关于这方面，文献［10］提出了将泰勒近似应用在估计点（$V_{n,f}^{re*}, V_{n,f}^{im*}$）附近的方法。因此，改写式（3－10）和式（3－11），用功率和电压来表示其电流实部和虚部，如式（3－13）和式（3－14）所示。这些方程将负荷电流的实部和虚部的非线性表达式用 g（$P_{n,f}^{D}, Q_{n,f}^{D}, V_{n,f}^{re}, V_{n,f}^{im}$）和 h（$P_{n,f}^{D}, Q_{n,f}^{D}, V_{n,f}^{re}, V_{n,f}^{im}$）函数来表达。

$$I_{n,f}^{Dre} = \frac{P_{n,f}^{D}V_{n,f}^{re} + Q_{n,f}^{D}V_{n,f}^{im}}{V_{n,f}^{re2} + V_{n,f}^{im2}} = g\left(P_{n,f}^{D}, Q_{n,f}^{D}, V_{n,f}^{re}, V_{n,f}^{im}\right) \quad \forall n \in \mathrm{N}, f \in \mathrm{F} \tag{3-13}$$

$$I_{n,f}^{Dim} = \frac{P_{n,f}^{D}V_{n,f}^{im} - Q_{n,f}^{D}V_{n,f}^{re}}{V_{n,f}^{re2} + V_{n,f}^{im2}} = h\left(P_{n,f,t}^{D}, Q_{n,f,t}^{D}, V_{n,f,t}^{re}, V_{n,f,t}^{im}\right) \quad \forall n \in \mathrm{N}, f \in \mathrm{F} \tag{3-14}$$

因此，利用配电网中电压幅度的相对小和有限的变化范围，式（3－15）和式（3－16）给出了用于线性化式（3－13）和式（3－14）的泰勒近似。

$$I_{n,f}^{Dre} = g^* + \frac{\partial g}{\partial V^{re}}\bigg|^* (V_{n,f}^{re} - V_{n,f}^{re^*}) + \frac{\partial g}{\partial V^{im}}\bigg|^* (V_{n,f}^{im} - V_{n,f}^{im^*}) \quad \forall n \in \mathrm{N}, f \in \mathrm{F} \qquad (3-15)$$

$$I_{n,f}^{Dim} = h^* + \frac{\partial h}{\partial V^{re}}\bigg|^* (V_{n,f}^{re} - V_{n,f}^{re^*}) + \frac{\partial h}{\partial V^{im}}\bigg|^* (V_{n,f}^{im} - V_{n,f}^{im^*}) \quad \forall n \in \mathrm{N}, f \in \mathrm{F} \qquad (3-16)$$

因此，代表不平衡网络的稳态运行的线性化模型可表示为

$$\min \alpha$$

约束条件：式(3－6)～式(3－9)，式(3－15)，式(3－16)　　　(3－17)

3.2.2　基于功率的数学表达式

本节提出了一种确定不平衡网络稳态运行点的数学优化新方法。该方法利用网络中的有功功率和无功功率及节点电压幅值来实现。如图3－1和图3－2所示是一个不平衡网络的独立分支，图中显示了电路中的潮流情况。因此，每个复功率矢量可以表示为有功功率和无功功率的和，即$\vec{S} = P + \mathrm{j}Q$。

在下面的公式中，F、L以及N分别表示所有相、支路以及节点的集合。例如，$\vec{V}_{n,f}$表示节点n处f相的电压矢量，即该处电压幅值为$V_{n,f}$、相位为$\theta_{n,f}$。同时$V_{n,f}^{qdr}$代表节点n处f相电压幅值的平方。此外，$I_{mn,f}$和$I_{mn,f}^{qdr}$分别代表支路mn上f相的电流幅值及电流幅值的平方值。同时$P_{mn,f}$和$Q_{mn,f}$分别代表流入节点n处的有功功率和无功功率。$S_{n,f}^{G/D}$、$P_{n,f}^{G/D}$及$Q_{n,f}^{G/D}$分别代表该处注入或流出的视在、有功及无功功率。最后，$Z_{mn,f,h}$、$R_{mn,f,h}$和$X_{mn,f,h}$分别代表支路mn上f相与h相之间的阻抗、电阻及电抗。

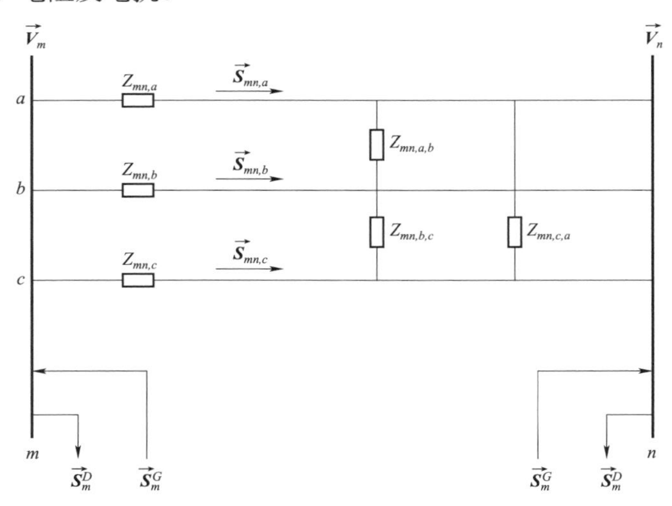

图3－2　支路不平衡功率示意图

将$\vec{I}_{mn}$以有功功率和无功功率来表示，如式（3－18）所示。

$$\vec{I}_{f,mn}=\left(\frac{\vec{S}_{f,mn}}{\vec{V}_{f,n}}\right)^{*}=\left(\frac{P_{f,mn}+\mathrm{j}Q_{f,mn}}{\vec{V}_{f,n}}\right)^{*} \tag{3-18}$$

为了便于分析图3－2中的A相电压降，图3－3给出了两个虚拟节点M′和N′来对电路进行等效。图3－3给出了考虑两个虚拟节点M′和N′来划分电压降，由此对电路进行简化等效。

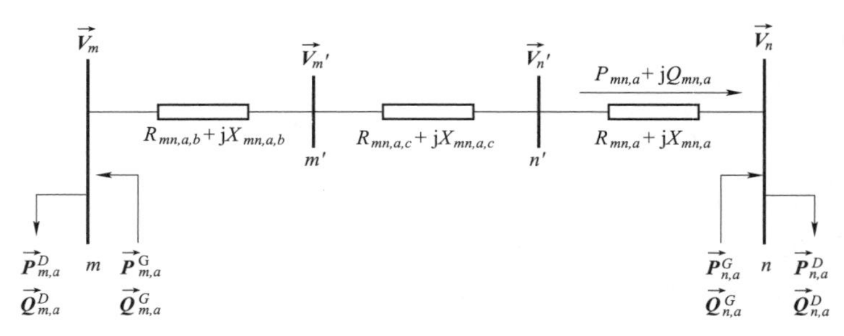

图3－3　单一支路A相等效电路图

图3－3中每一段电路电压降的数学关系如式（3－19）所示。

$$\begin{aligned}\vec{V}_{m,a}-\vec{V}_{m',a}&=Z_{mn,a,b}\vec{I}_{mn,b}\\ \vec{V}_{m',a}-\vec{V}_{n',a}&=Z_{mn,a,c}\vec{I}_{mn,c}\\ \vec{V}_{n',a}-\vec{V}_{n,a}&=Z_{mn,a}\vec{I}_{mn,a}\end{aligned} \tag{3-19}$$

为了得到电压降的表达通式，对式（3－19）中的各项分别进行分析。首先，第一项可以改写为式(3－20)。为了得到电压降的近似线性表达式，在式(3－20)中增加了$\vec{V}^{*}_{m',a}/\vec{V}^{*}_{m',a}$以便实现一些代数运算。

$$(\vec{V}_{m,a}-\vec{V}_{m',a})=(R_{mn,a,b}+\mathrm{j}X_{mn,a,b})\frac{P_{mn,b}-\mathrm{j}Q_{mn,b}}{\vec{V}^{*}_{n,b}}\left(\frac{\vec{V}^{*}_{m',a}}{\vec{V}^{*}_{m',a}}\right) \tag{3-20}$$

运用式(3－21)所示的近似简化关系，同时利用式(3－22)对$R_{mn,a,b}$和$X_{mn,a,b}$进行替代，可以将式（3－20）推导为式（3－23）。

$$\frac{\vec{V}^{*}_{m',a}}{\vec{V}^{*}_{n,a}}\approx\frac{V_{m',a}}{V_{n,b}}\angle(\theta_{m,b}-\theta_{m,a})\approx\frac{V_{m',a}}{V_{n,b}}\angle-120^{\circ} \tag{3-21}$$

$$(\tilde{R}_{mn,a,b}+\mathrm{j}\tilde{X}_{mn,a,b})=(R_{mn,a,b}+\mathrm{j}X_{mn,a,b})(1\angle-120^{\circ}) \tag{3-22}$$

$$\vec{V}_{m,a}\vec{V}^{*}_{m',a}-V^{2}_{m',a}=\frac{V_{m',a}}{V_{n,b}}(\tilde{R}_{mn,a,b}+\mathrm{j}\tilde{X}_{mn,a,b})(P_{mn,b}-\mathrm{j}Q_{mn,b}) \tag{3-23}$$

将式(3－23)的实部和虚部分别进行表示，可以得到式(3－24)和式(3－25)。

$$V_{m,a}V_{m',a}\cos(\theta_{m,a}-\theta_{m',a})=\frac{V_{m',a}}{V_{n,b}}(\tilde{R}_{mn,a,b}P_{mn,b}+\tilde{X}_{mn,a,b}Q_{mn,b})+V_{m',a}^{2} \tag{3-24}$$

$$V_{m,a}V_{m',a}\sin(\theta_{m,a}-\theta_{m',a})=\frac{V_{m',a}}{V_{n,b}}(\tilde{X}_{mn,a,b}P_{mn,b}-Q_{mn,b}\tilde{R}_{mn,a,b}) \tag{3-25}$$

通过对式（3－24）和式（3－25）进行平方处理，可以得到图3－3中第一部分的电压降表达式（3－26）。

$$V_{m,a}^{2}-V_{m',a}^{2}=2\frac{V_{m',a}}{V_{n,b}}(\tilde{R}_{mn,a,b}P_{mn,b}+\tilde{X}_{mn,a,b}Q_{mn,b})+\tilde{Z}_{mn,a,b}^{2}I_{mn,b}^{2} \tag{3-26}$$

为了消除式（3－26）中的非线性，假设$V_{m',a}/V_{n,a}\approx 1$。同时，分别用$V^{sqr}$和$I^{sqr}$来代替公式中的$V^2$和$I^2$。由此可得：

$$V_{m,a}^{sqr}-V_{m',a}^{sqr}=2(\tilde{R}_{mn,a,b}P_{mn,b}+\tilde{X}_{mn,a,b}Q_{mn,b})+\tilde{Z}_{mn.a.b}^{2}I_{mn,b}^{sqr} \tag{3-27}$$

针对式（3－19）中的第二部分，可以得到类似的等效表达式：

$$V_{m',a}^{sqr}-V_{m',a}^{sqr}=2(\tilde{R}_{mn,a,c}P_{mn,c}+\tilde{X}_{mn,a,c}Q_{mn,c})+\tilde{Z}_{mn.a.c}^{2}I_{mn,c}^{sqr} \tag{3-28}$$

对于式（3－19）中的最后一部分，它的电压降可以表示为：

$$(\vec{V}_{n',a}-\vec{V}_{n,a})=(R_{mn,a}+\mathrm{j}X_{mn,a})\frac{P_{mn,a}-\mathrm{j}Q_{mn,a}}{\vec{V}_{n,a}^{*}} \tag{3-29}$$

对这一部分，考虑$R_{mn,a}+\mathrm{j}X_{mn,a}=\tilde{R}_{mn,a}+\mathrm{j}\tilde{X}_{mn,a}$，可以得到表达式（3－30）。

$$V_{n',a}^{sqr}-V_{n,a}^{sqr}=2(\tilde{R}_{mn,a}P_{mn,a}+\tilde{X}_{mn,a}Q_{mn,a})+\tilde{Z}_{mn.a}^{2}I_{mn,a}^{sqr} \tag{3-30}$$

综上可知，节点m、n间的整体电压降可以用式（3－31）来描述。该表达式考虑了各相电路间的耦合效应。

$$V_{m,f}^{sqr}-V_{n,f}^{sqr}=\sum_{h\in F}\left\{2(\tilde{R}_{mn,fh}P_{mn,f}+\tilde{X}_{mn,fh}Q_{mn,f})+\tilde{Z}_{mn,fh}^{2}I_{mn,f}^{sqr}\right\}\quad \forall mn\in \mathrm{L}, f\in \mathrm{F} \tag{3-31}$$

此外，每个节点处的有功功率平衡和无功功率平衡的表达式分别为式（3－32）和式（3－33）。线路中电流可以根据式（3－34）来进行计算。

$$\sum_{km\in L}P_{km,f}-\sum_{mn\in L}(P_{mn,f}+P_{mn,f}^{L})+P_{m,f}^{G}=P_{m,f}^{D}\quad \forall m\in \mathrm{N}, f\in \mathrm{F} \tag{3-32}$$

$$\sum_{km\in L}Q_{km,f}-\sum_{mn\in L}(Q_{mn,f}+Q_{mn,f}^{L})+Q_{m,f}^{G}=Q_{m,f}^{D}\quad \forall m\in \mathrm{N}, f\in \mathrm{F} \tag{3-33}$$

$$V_{n,f}^{sqr}I_{mn,f}^{sqr}=P_{mn,f}^{2}+Q_{mn,f}^{2}\quad \forall mn\in \mathrm{L}, f\in \mathrm{F} \tag{3-34}$$

为了确定线路中的功率损耗P_{L}和Q_{L}，复功率损耗的表达式可以写作

$$S_{mn,f}^{L}=\sum_{h\in\Omega_f}Z_{mn,f,h}\left(\frac{P_{mn,h}+\mathrm{j}Q_{mn,h}}{\vec{V}_{m,h}}\right)^{*}\left(\frac{P_{mn,f}+\mathrm{j}Q_{mn,f}}{\vec{V}_{m,f}}\right) \tag{3-35}$$

式（3－35）同样可以写作

$$S_{mn,f}^{L}=\sum_{h\in\Omega_f}Z_{mn,f,h}\frac{(P_{mn,h}+\mathrm{j}Q_{mn,h})^{*}(P_{mn,f}+\mathrm{j}Q_{mn,f})}{\vec{V}_{m,f}\vec{V}_{m,h}\angle(\theta_{m,f}-\theta_{m,h})} \quad (3-36)$$

将式（3－22）代入式（3－36）可得：

$$S_{mn,f}^{L}\approx\sum_{h\in\Omega_f}\tilde{Z}_{mn,f,h}\frac{(P_{mn,h}+\mathrm{j}Q_{mn,h})^{*}(P_{mn,f}+\mathrm{j}Q_{mn,f})}{\vec{V}_{n,f}\vec{V}_{n,h}} \quad (3-37)$$

将式（3－37）的实部和虚部分离可得式（3－38）和式（3－39）。这些表达式描述了一个不平衡网络中的功率损耗。

$$\begin{aligned}P_{mn,f}^{L}=&\sum_{h\in\Omega_f}\tilde{R}_{mn,f,h}\frac{(P_{mn,f}P_{mn,h}+Q_{mn,f}Q_{mn,h})}{V_{n,f}V_{n,h}}\\&+\tilde{X}_{mn,f,h}\frac{(-Q_{mn,f}P_{mn,h}+P_{mn,f}Q_{mn,h})}{V_{n,f}V_{n,h}}\end{aligned}\quad \forall mn\in \mathrm{L}, f\in \mathrm{F} \quad (3-38)$$

$$\begin{aligned}Q_{mn,f}^{L}=&\sum_{h\in\Omega_f}\tilde{X}_{mn,f,h}\frac{(P_{mn,f}P_{mn,h}+Q_{mn,f}Q_{mn,h})}{V_{n,f}V_{n,h}}\\&+\tilde{R}_{mn,f,h}\frac{(Q_{mn,f}P_{mn,h}-P_{mn,f}Q_{mn,h})}{V_{n,f}V_{n,h}}\end{aligned}\quad \forall mn\in \mathrm{L}, f\in \mathrm{F} \quad (3-39)$$

式（3－40）描述了一个不平衡网络在稳态运行时的完整 NLP 模型。

$$\min \alpha$$
约束条件：式(3－31)～式(3－34)，式（3－38)，式（3－39)　（3－40）

NLP 模型式(3－40)中包含了一些非线性关系[在约束式(3－34)、式(3－38)和式(3－39)中]，这些非线性关系必须进行处理以得到一个 LP 模型。式(3－34)的左边是变量 $V_{n,f}^{sqr}$ 和 $I_{mn,f}^{sqr}$ 的乘积，右边是变量 $P_{mn,f}$ 和 $Q_{mn,f}$ 的平方和。将变量 $V_{n,f}^{sqr}$ 用它的估计值 $\tilde{V}_{n,f}^{2}$ 来替代，可以将式（3－34）的左边线性化。另外，可以采用分段线性化的方法将式（3－34）的右边进行线性化处理（详见附录 1）。因此，经过上述线性化处理可以得到式（3－34）的完整线性化表达式（3－41）。

$$\tilde{V}_{n,f}^{2}I_{mn,f}^{sqr}=f(P_{mn,f}\overline{P_{mn,f}},\Lambda)+f(Q_{mn,f}\overline{Q_{mn,f}},\Lambda)\quad \forall mn\in \mathrm{L}, f\in \mathrm{F} \quad (3-41)$$

同时，式（3－38）和式（3－39）中的功率损耗可以采用下述任何一种方法来进行近似计算。

方法 A：忽略式（3－38）和式（3－39），用电压和潮流的实际、历史或估计值作为式（3－32）和式（3－33）中 PL 和 QL 的近似值，可以得到式（3－42）和式（3－43）。

$$\sum_{km\in L} P_{km,f} - \sum_{mn\in L}(P_{mn,f} + \tilde{P}^L_{mn,f}) + P^G_{m,f} = P^D_{m,f} \quad \forall m\in \mathrm{N}, f\in \mathrm{F} \tag{3-42}$$

$$\sum_{km\in L} Q_{km,f} - \sum_{mn\in L}(Q_{mn,f} + \tilde{Q}^L_{mn,f}) + Q^G_{m,f} = Q^D_{m,f} \quad \forall m\in \mathrm{N}, f\in \mathrm{F} \tag{3-43}$$

在一个不完全可观测的配电网系统中，推荐采用一个二阶近似方法来估计功率损耗 $\tilde{P}^L_{km,f}$ 和 $\tilde{Q}^L_{km,f}$。在第一阶段，为了求解线性规划模型忽略功率损失，即令 $\tilde{P}^L_{km,f}$ 和 $\tilde{Q}^L_{km,f}$ 等于 0。然后采用第一阶段的方法来初始化第二阶段，线性规划模型将再次被求解。

如果采用方法 A 来进行计算，线性规划模型的完整表达式如下所示：

$$\min \alpha$$

约束条件：式（3－31），式（3－41）～式（3－43）　（3－44）

方法 B：在功率和电压（包括 $P^*_{mn,f}$， $P^*_{mn,h}$， $V^*_{m,f}$ 和 $V^*_{m,h}$）的近似点附近采用泰勒级数来进行近似替代。令函数 $g(P^*_{mn,f}, P^*_{mn,h}, Q^*_{mn,f}, Q^*_{mn,h}, V^*_{m,f}, V^*_{m,h})$ 和 $h(P^*_{mn,f}, P^*_{mn,h}, Q^*_{mn,f}, Q^*_{mn,h}, V^*_{m,f}, V^*_{m,h})$ 分别等于式（3－38）和式（3－39）的右边。式（3－45）和式（3－46）给出了功率损耗的泰勒近似表达式。

$$\begin{aligned} P^L_{mn,f} = g^* &+ \left.\frac{\partial g}{\partial P_{mn,f}}\right|^* (P_{mn,f} - P^*_{mn,f}) + \left.\frac{\partial g}{\partial P_{mn,h}}\right|^* (P_{mn,h} - P^*_{mn,h}) \\ &+ \left.\frac{\partial g}{\partial Q_{mn,f}}\right|^* (Q_{mn,f} - Q^*_{mn,f}) + \left.\frac{\partial g}{\partial P_{mn,h}}\right|^* (Q_{mn,h} - Q^*_{mn,h}) \quad \forall mn\in \mathrm{L}, f\in \mathrm{F} \\ &+ \left.\frac{\partial g}{\partial V_{m,f}}\right|^* (V_{m,f} - V^*_{m,f}) + \left.\frac{\partial g}{\partial V_{m,h}}\right|^* (V_{m,h} - V^*_{m,h}) \end{aligned} \tag{3-45}$$

$$\begin{aligned} Q^L_{mn,f} = h^* &+ \left.\frac{\partial h}{\partial P_{mn,f}}\right|^* (P_{mn,f} - P^*_{mn,f}) + \left.\frac{\partial h}{\partial P_{mn,h}}\right|^* (P_{mn,h} - P^*_{mn,h}) \\ &+ \left.\frac{\partial h}{\partial Q_{mn,f}}\right|^* (Q_{mn,f} - Q^*_{mn,f}) + \left.\frac{\partial h}{\partial Q_{mn,h}}\right|^* (Q_{mn,h} - Q^*_{mn,h}) \quad \forall mn\in \mathrm{L}, f\in \mathrm{F} \\ &+ \left.\frac{\partial g}{\partial V_{m,f}}\right|^* (V_{m,f} - V^*_{m,f}) + \left.\frac{\partial g}{\partial V_{m,h}}\right|^* (V_{m,h} - V^*_{m,h}) \end{aligned} \tag{3-46}$$

因此，可以得到线性规划模型的完整表达式（3－47）：

$$\min \alpha$$

约束条件：式（3－31）～式（3－33），式（3－41），式（3－45），式（3－46）
（3－47）

3.2.3 效果和准确性

前文给出了两种通过数学优化方法求解不平衡网络稳态运行点的线性优化

表达式，作为配电网运行的完整数学优化框架的基础。可以在多周期与多场景优化中求取与技术/经济约束相关的不同目标（见附录 2），其准确性将影响下文所述的研究结果。

两种优化方案的效果和准确度在 IEEE123 节点测试系统[11]中进行了评估。所有线性优化模型都是用数学语言 AMPL[12]编写的，并使用 CPLEX[3]求解。案例研究具有以下特点：

（1）假设配电网的 A、B、C 三相负荷需求分别为 1.62MVA（40.61%），1.05MVA（26.36%）和 1.32MVA（33.03%）。

（2）所有负载均以 Y 形连接。

（3）所有负载均被视为恒功率负载。

为了使总有功发电量最小，并考虑变电站各个节点的额定电压，式（3－17）和式（3－44）所描述的线性化表达式可写成式（3－48）和式（3－49）。此外，由于两种不平衡模型表达式的准确度取决于假定运行点的精确度（即 V^{re*},V^{im*} 对应电流公式，P^L,Q^L 对应功率公式），两种公式都使用了二阶近似方法以获得更好的运行点近似值（见附录 3）。

$$\min\sum_{f\in F}(V_{S,f}^{re}I_{S,f}^{Gre}+V_{S,f}^{im}I_{S,f}^{Gim}) \tag{3-48}$$

约束条件：式(3－6)～式（3－9），式（3－15），式（3－16）

$$\min\sum_{f\in F}P_{S,f}^{G} \tag{3-49}$$

约束条件：式（3－31），式（3－41）～式（3－43）

对两种方法（基于电流和基于功率的潮流法）进行比较，分析比较了两种方法与传统潮流解法所得到的电压幅值分布。本文选择了专业软件 OpenDSS[13]求解传统的潮流。对于两个公式，表 3－1 显示了与 OpenDSS 相比每相电压幅值的最大误差百分比，以及系统中的最小电压幅值。虽然与 OpenDSS 结果相比，两种模型都显示出高精度，但从表 3－1 可以看出，基于电流的线性优化公式优于基于功率的公式，这是配电网优化程序在选择用于配电网优化算法的线性规划表达式时需要考虑的。另外，由于运行限制相关的诸多约束以及由不同技术和设备而导致的复杂性也应考虑。

表 3－1　利用 LP 公式与 OpenDSS 计算结果对比

对应相	A		B		C	
LP 表达式	基于电流的	基于功率的	基于电流的	基于功率的	基于电流的	基于功率的
误差（%）	0.01	0.02	0.01	0.05	0.11	0.3
最小电压（p.u.）	0.899 6	0.899 7	0.959 9	0.959 5	0.924 1	0.922 3

3.3 运行约束

式（3－17）和式（3－44）表示的线性规划公式给出了多目标决策过程的数学表达式，是优化分析的核心。因此，保障供电服务质量是所有与配电网相关的优化策略或算法的重要组成部分。虽然可以通过测量和限制部分电量的方式来保证供电服务质量，但在电网稳态运行研究中，最常用的是通过限制导线和变压器的电压幅值和发热温度，来确保配电网正常运行。这些限制条件的数学表达公式及其在线性规划公式中的表达如下文所述。

3.3.1 电压幅值

为保证配电网的优质服务，电压幅值需在监管政策规定的范围内。用电压幅值最小值和最大值（分别为$\underline{V}$和$\bar{V}$）表示电压幅值范围如式（3－50）所示。

$$\underline{V} \leqslant |\vec{V}| \leqslant \bar{V} \tag{3-50}$$

（1）基于电流的表达式——电压幅值限制：基于电流的表达式是用电流和电压的实部和虚部来表达的。因此，式（3－50）改写为式（3－51），对电压幅值的平方进行限制。然而，为在线性规划模型中考虑电压幅值限制，必须对式（3－51）进行线性化处理。

$$\underline{V}^2 \leqslant V_{n,f}^{re2} + V_{n,f}^{un2} \leqslant \bar{V}^2 \quad \forall n \in \mathrm{N}, f \in \mathrm{F} \tag{3-51}$$

为得到式（3－51）的线性近似，本节建立了一组线性约束条件，来限制电压实部和虚部分量的可行域。图 3－4 描绘了用于近似电压上、下限的线路集合（分别用红线和蓝线表示）。每相电压的上限被替换为 $2l$ 条线段，其中，l 条线从预估的运行相角 θ^* 开始顺时针转动，另外 l 条线逆时针转动，每相电压的下限也用相角 θ^* 附近的线来表示。式（3－52）和式（3－53）分别是电压上、下限线性近似的数学表达式。

$$V_{n,f}^{im} \leqslant \frac{\sin(\varphi_{n,f,i}^{+}) - \sin(\varphi_{n,f,i}^{-})}{\cos(\varphi_{n,f,i}^{+}) - \cos(\varphi_{n,f,i}^{-})}[V_{n,f}^{re} - \bar{V}\cos(\varphi_{n,f,i}^{-})] + \bar{V}\sin(\varphi_{n,f,i}^{-}) \\ \forall i \in -\ell,\dots,\ell, n \in N, f \in F \tag{3-52}$$

$$V_{n,f}^{im} \leqslant \frac{\sin(\varphi_{n,f}^{o+}) - \sin(\varphi_{n,f}^{o-})}{\cos(\varphi_{n,f}^{o+}) - \cos(\varphi_{n,f}^{o-})}[V_{n,f}^{re} - \underline{V}\cos(\varphi_{n,f}^{o-})] + \underline{V}\sin(\varphi_{n,f}^{o-}) \quad \forall n \in \mathrm{N}, f \in \mathrm{F} \tag{3-53}$$

其中，$\varphi_{n,f,i}^{+} = \theta_{n,f}^{*} + \ell_i\phi$; $\varphi_{n,f,i}^{-} = \theta_{n,f}^{*} + (\ell_i - 1)\phi$; $\theta_{n,f}^{*}$ 是母线 n 在 f 相的运行相角；ℓ_i 是线段组的第 i 条线；ϕ 是每条线段的弧角。$\varphi_{n,f,i}^{o+} = \theta_{n,f}^{*} + \phi$；$\varphi_{n,f,i}^{o-} = \theta_{n,f}^{*} - \phi$。

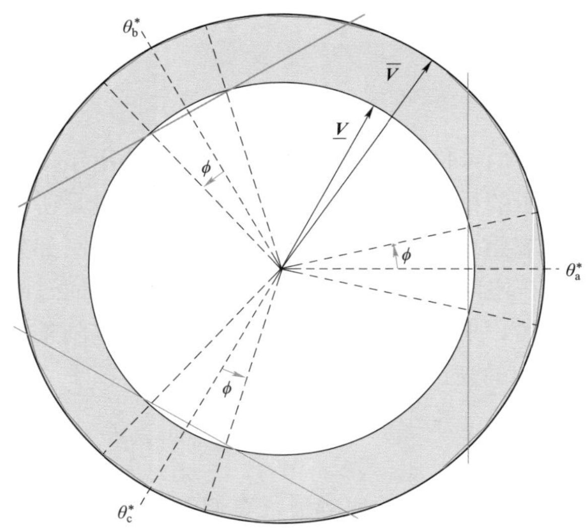

图 3－4　基于电流的公式中的电压极限

（2）基于功率的表达式——电压幅值限制：为在基于功率的表示式中包含电压幅值限制，式（3－50）改写为式（3－54），以对电压幅值的平方进行限制。

$$\underline{V}^2 \leqslant V_{n,f}^{sqr} \leqslant \overline{V}^2 \quad \forall n \in \mathrm{N}, f \in \mathrm{F} \tag{3-54}$$

3.3.2　线路电流

耐热极限是配电网中的主要约束条件。因此，在配电网的正常运行状态下，必须保持所有线路中的电流不超过导体的耐热极限，即所有线路的电流幅值不得超过线路的载流量。约束条件式（3－55）给出了代入线性规划公式的电流限制的一般数学表达式。

$$|\vec{I}| \leqslant \overline{I} \tag{3-55}$$

（1）基于电流的表达式——线路电流限制：和电压幅值限制类似，式（3－55）的平方式用线路电流的实部和虚部表示，如式（3－56）所示。随后，通过分段线性化技术避免了式（3－56）的非线性特点，用电流的实部和虚部表示线路电流限制的线性表达式（3－57）。

$$I_{mn,f}^{re2} + I_{mn,f}^{im2} \leqslant \overline{I}_{mn}^2 \quad \forall mn \in \mathrm{L}, f \in \mathrm{F} \tag{3-56}$$

$$f(I_{mn,f}^{re}, \overline{I}, \Lambda) + f(I_{mn,f}^{im}, \overline{I}, \Lambda) \leqslant \overline{I}_{mn}^2 \quad \forall mn \in \mathrm{L}, f \in \mathrm{F} \tag{3-57}$$

（2）基于功率的表达式——线路电流限制：与式（3－50）类似，式（3－58）须加入到基于功率的线性规划公式中，以限制各线路中的电流。

$$I_{mn,f}^{sqr} \leqslant \overline{I}_{mn}^{2} \quad \forall mn \in \mathrm{L}, f \in \mathrm{F} \tag{3-58}$$

3.3.3 变压器容量

在考虑不同电压等级的配电网稳态问题研究中，变压器的耐热极限十分关键。为此，下文将变压器容量纳入配电网运行的数学优化框架中。因此，每台变压器视在功率的限制条件如式（3－59）。

$$|\vec{S}| \leqslant \overline{S} \tag{3-59}$$

据此，设 $\mathrm{TR} \subseteq \mathrm{N}$ 为装有变压器的节点集合；$P_{\wp}^{TR}$ 和 $Q_{\wp}^{TR}$ 分别表示变压器 $\wp$ 的有功和无功功率。由此，每个变压器的一般表达式如式（3－60），并通过分段线性化技术得到其线性化表达式（3－61）。

$$P_{\wp}^{TR2} + Q_{\wp}^{TR2} \leqslant \overline{S_{\wp}^{TR}}^{2} \quad \forall_{\wp} \in \mathrm{TR} \tag{3-60}$$

$$f(P_{\wp}^{TR}, \overline{S_{\wp}^{TR}}, \Lambda) + f(Q_{\wp}^{TR}, \overline{S_{\wp}^{TR}}, \Lambda) \leqslant \overline{S_{\wp}^{TR}}^{2} \quad \forall_{\wp} \in \mathrm{TR} \tag{3-61}$$

（1）基于电流的表达式——变压器容量：除式（3－61）外，对于基于电流的公式，还必须计算 $P_{\wp}^{TR}$ 和 $Q_{\wp}^{TR}$。式（3－62）和式（3－63）计算了变压器 $\wp$ 的有功功率和无功功率，用电网运行点的电压和流经二次绕组的电流的实部和虚部表示。

$$P_{\wp}^{TR} = \sum_{f \in F} V_{\wp,f}^{re*} I_{\wp,f}^{re} + V_{\wp,f}^{im*} I_{\wp,f}^{im} \quad \forall_{\wp} \in \mathrm{TR} \tag{3-62}$$

$$Q_{\wp}^{TR} = \sum_{f \in F} -V_{\wp,f}^{re*} I_{\wp,f}^{im} + V_{\wp,f}^{im*} I_{\wp,f}^{re} \quad \forall_{\wp} \in \mathrm{TR} \tag{3-63}$$

（2）基于功率的表达式——变压器容量：同样，对于基于功率的公式，式（3－64）和式（3－65）分别用变压器各相有功功率和无功功率（分别为 $P_{\wp,f}$、$Q_{\wp,f}$）给出了 $P_{\wp}^{TR}$ 和 $Q_{\wp}^{TR}$ 的数学表达式。

$$P_{\wp}^{TR} = \sum_{f \in F} P_{\wp,f} \quad \forall_{\wp} \in \mathrm{TR} \tag{3-64}$$

$$Q_{\wp}^{TR} = \sum_{f \in F} Q_{\wp,f} \quad \forall_{\wp} \in \mathrm{TR} \tag{3-65}$$

考虑运行限值的完整的线性规划公式见式（3－66）和式（3－67），分别为基于电流和基于电压的表达式。

$$\min \alpha$$

约束条件：式（3－6）～式（3－9），式（3－15），式（3－16），式（3－52），式（3－53），式（3－57），式（3－61）～式（3－63）　（3－66）

$$\min \alpha$$

约束条件：式（3－31），式（3－41）～式（3－43），式（3－54），式（3－58），式（3－61），式（3－64），式（3－65）　（3－67）

3.4　负荷表达式

目前，为了满足当今用户的需求，配电网必须应对来自社会、技术和环境方面的挑战。预计到2040年，全球电能消耗量年增长率将达2.2%左右，这将对未来电网的运行产生重大影响。为此，电网运营商在满足客户需求、优化能源资源、保证可靠服务的同时，也不断面临着挑战。由此，电网运营商在预测系统运行情况的工作中，需要不断改进电网负荷模型。

除了需要满足传统用电需求的快速增长外，配电网还面临着新技术逐步融合的问题。在传统分类中无法归类的新型负荷（例如电动汽车）增长需要特别注意。本节介绍了负荷建模和在数学优化框架中引入特殊负荷的方法。

3.4.1　负荷类型：电压敏感型负荷模型

在配电网中，负荷传统上被分为居民、工业和商业用电负荷。这种粗略的分类是为了将用电模式特点相同的负荷进行分组。这些经过充分研究的用电模式通常受到地理方位、天气、文化习惯以及人们工作形式的影响。然而，对于大型集中负荷，需要对其进行具体分类并给出特有的表达式，才能确定其运行特性，为此，已开展相关研究，来获得针对不同负荷类型的更为精确的分类方法[15]。据此，随着电网和单个负荷的联系越来越紧密，基于实际负荷电压敏感性的新的负荷分类方法在数学表达式中变得更为重要。配电网的用电负荷可以划分为恒功率负荷、恒阻抗负荷、恒电流负荷或综合以上特性的负荷。

尽管目前对配电网负荷建模这个课题中的电压和相角系统稳定性进行了充分研究，但在与电网稳定运行相关的决策算法中还须考虑到这一课题。正如文献［16－18］讨论的，几种配电网数学模型的有效性主要取决于负荷表达式的准确性。本文负荷模型考虑了负荷对电压幅值和频率的敏感度，这种敏感性可以由以传统的ZIP模型描述的静态和动态负荷模型来表示。在这方面，通常用两种静态模型来分别表示负荷的有功功率和无功功率（分别为P^D和Q^D）：多项式负荷模型和指数负荷模型，分别为式（3－68）、式（3－69）[19]。

$$\begin{aligned} P^D &= P^o\left(P^{Z_o}\frac{V^2}{V^{o2}} + P^{I_o}\frac{V}{V^o} + P^{P_o}\right) \\ Q^D &= Q^o\left(Q^{Z_o}\frac{V^2}{V^{o2}} + Q^{I_o}\frac{V}{V^o} + Q^{P_o}\right) \end{aligned} \tag{3-68}$$

$$P^D = P^o\left(\frac{V}{V^o}\right)^{\alpha}\frac{1+K_{pf}(f_r - f_r^o)}{f_r^o}$$
$$Q^D = Q^o\left(\frac{V}{V^o}\right)^{\beta}\frac{1+K_{qf}(f_r - f_r^o)}{f_r^o} \tag{3-69}$$

其中，P^o、Q^o 和 V^o 分别是标称有功功率、无功功率和母线电压。P^{Z_o}、P^{I_o} 和 P^{P_o} 分别是恒阻抗负荷、恒电流负荷和恒功率负荷的总负荷有功功率百分比。同样，Q^{Z_o}、Q^{I_o} 和 Q^{P_o} 分别是恒阻抗负荷、恒电流负荷和恒功率负荷的总负荷无功功率百分比。在多项式负荷模型式（3－68）中，负荷被视为恒阻抗恒电流及/或恒功率负荷的组合。因此，这些系数之和即代表总负荷，如式（3－70）所示。在指数负荷模型式（3－70）中，负荷的电压敏感特性是广义的，负荷的有功功率和无功功率随电压指数 a 和 b 的变化而变化。这些指数由负荷的类型和组成决定。

$$P^{Z_o} + P^{I_o} + P^{P_o} = 1$$
$$Q^{Z_o} + Q^{I_o} + Q^{P_o} = 1 \tag{3-70}$$

此外，f_r 表示母线电压的频率，f_r^o 表示标称频率。系数 K_{pf} 和 K_{qf} 分别是负荷有功功率和无功功率的频率灵敏度。然而，对于指数模型，与频率相关的影响可以忽略不计，如式（3－71）所示。因此，通过对常数 a 和 b 的适当调整，实现对模型的稳态分析（即模型直接依赖于电压幅值）。这些常量的适当取值范围在早先的著作中可以找到，例如文献［20］。

$$P^D = P^o\left(\frac{V}{V^o}\right)^{\alpha}$$
$$Q^D = Q^o\left(\frac{V}{V^o}\right)^{\beta} \tag{3-71}$$

在配电网的一些决策过程中，负荷的电压敏感性是对电网运行状态进行恰当表达的关键，例如电压—无功控制。因此，这些特性必须被包含在式（3－17）和式（3－44）提出的线性规划公式中，其中，负荷的有功功率和无功功率被认为是常量。

（1）基于电流的表达式——多项式负荷模型：为在式（3－17）提出的线性规划问题中包含负荷对电压的敏感性，式（3－13）和式（3－14）的负荷功率值须替换为式（3－68）。因此，函数 g 和 h 的表达式如式（3－72）和式（3－73）所示。

$$g=\frac{P_{n,f}^{o}V_{n,f}^{re}}{V_{n,f}^{re2}+V_{n,f}^{im2}}\left(\frac{P_{n,f}^{Z_o}}{V_{n}^{o^2}}(V_{n,f}^{re2}+V_{n,f}^{im2})+\frac{P_{n,f}^{I_o}}{V_{n}^{o}}\sqrt{(V_{n,f}^{re2}+V_{n,f}^{im2})}+P_{n,f}^{P_o}\right)$$
$$+\frac{Q_{n,f}^{o}V_{n,f}^{im}}{V_{n,f}^{re2}+V_{n,f}^{im2}}\left(\frac{Q_{n,f}^{Z_o}}{V_{n}^{o^2}}(V_{n,f}^{re2}+V_{n,f}^{im2})+\frac{Q_{n,f}^{I_o}}{V_{n}^{o}}\sqrt{(V_{n,f}^{re2}+V_{n,f}^{im2})}+Q_{n,f}^{P_o}\right) \quad (3-72)$$
$$\forall n\in \mathrm{N}, f\in \mathrm{F}$$

$$h=\frac{P_{n,f}^{o}V_{n,f}^{im}}{V_{n,f}^{re2}+V_{n,f}^{im2}}\left(\frac{P_{n,f}^{Z_o}}{V_{n}^{o^2}}(V_{n,f}^{re2}+V_{n,f}^{im2})+\frac{P_{n,f}^{I_o}}{V_{n}^{o}}\sqrt{(V_{n,f}^{re2}+V_{n,f}^{im2})}+P_{n,f}^{P_o}\right)$$
$$-\frac{Q_{n,f}^{o}V_{n,f}^{re}}{V_{n,f}^{re2}+V_{n,f}^{im2}}\left(\frac{Q_{n,f}^{Z_o}}{V_{n}^{o^2}}(V_{n,f}^{re2}+V_{n,f}^{im2})+\frac{Q_{n,f}^{I_o}}{V_{n}^{o}}\sqrt{(V_{n,f}^{re2}+V_{n,f}^{im2})}+Q_{n,f}^{P_o}\right) \quad (3-73)$$
$$\forall n\in \mathrm{N}, f\in \mathrm{F}$$

（2）基于电流的表达式——指数负荷模型：同样，为在式（3－17）中包含指数负荷模型，式（3－13）和式（3－14）须被改写为式（3－74）和式（3－75）。

$$g=P_{n,f}^{o}\frac{V_{n,f}^{re}}{V_{o}^{\alpha_{n,f}}}(V_{n,f}^{re^2}+V_{n,f}^{im^2})^{\frac{\alpha_{n,f}}{2}-1}+Q_{n,f,t}^{o}\frac{V_{n,f}^{im}}{V_{o}^{\beta_{n,f}}}(V_{n,f}^{re^2}+V_{n,f}^{im^2})^{\frac{\beta_{n,f}}{2}-1} \quad \forall n\in \mathrm{N}, f\in \mathrm{F} \quad (3-74)$$

$$h=P_{n,f}^{o}\frac{V_{n,f}^{im}}{V_{o}^{\alpha_{n,f}}}(V_{n,f}^{re^2}+V_{n,f}^{im^2})^{\frac{\alpha_{n,f}}{2}-1}-Q_{n,f,t}^{o}\frac{V_{n,f}^{re}}{V_{o}^{\beta_{n,f}}}(V_{n,f}^{re^2}+V_{n,f}^{im^2})^{\frac{\beta_{n,f}}{2}-1} \quad \forall n\in \mathrm{N}, f\in \mathrm{F} \quad (3-75)$$

（3）基于功率的表达式——多项式负荷模型：对于式（3－44）所示的基于功率的线性表达式，可直接将负荷功率式（3－68）代入到公式中；这些方程的非线性特性须进行处理，如式（3－76）和式（3－77）所示。

$$P_{n,f}^{D}=P_{n,f}^{o}\left(P_{n}^{Z_o}\frac{V_{n,f}^{sqr}}{V_{n}^{o^2}}+P_{n}^{I_o}\frac{V_{n,t}^{sqr}}{V_{n,t}^{*}V_{n}^{o}}+P_{n}^{P_o}\right) \quad \forall n\in \mathrm{N}, f\in \mathrm{F} \quad (3-76)$$

$$Q_{n,f}^{D}=Q_{n,f}^{o}\left(Q_{n}^{Z_o}\frac{V_{n,f}^{sqr}}{V_{n}^{o^2}}+Q_{n}^{I_o}\frac{V_{n,t}^{sqr}}{V_{n,t}^{*}V_{n}^{o}}+Q_{n}^{P_o}\right) \quad \forall n\in \mathrm{N}, f\in \mathrm{F} \quad (3-77)$$

因此，考虑了电压敏感多项式负荷模型的完整的线性规划公式由式（3－78）给出。

$$\min \alpha$$

约束条件：式（3－31）～式（3－33），式（3－41），式（3－45），式（3－46），
式（3－74），式（3－75） （3－78）

（4）基于功率的表达式——指数负荷模型：为了在基于功率的线性规划公式中包含指数负荷模型，补充了表达式（3－71）。为避免这些表达式带有非线性特

点，式（3－71）改写为式（3－79）和式（3－80）。

$$P_{n,f}^{D}=P_{n,f}^{o}\left(\frac{V_{n,f}^{sqr}}{V_{n}^{o^2}}\right)^{\frac{\alpha_{n,f}}{2}} \quad \forall n\in \mathrm{N}, f\in \mathrm{F} \tag{3－79}$$

$$Q_{n,f}^{D}=Q_{n,f}^{o}\left(\frac{V_{n,f}^{sqr}}{V_{n}^{o^2}}\right)^{\frac{\beta_{n,f}}{2}} \quad \forall n\in \mathrm{N}, f\in \mathrm{F} \tag{3－80}$$

用泰勒近似法对式（3－79）和式（3－80）进行线性化。

$$P_{n,f}^{D}=P_{n,f}^{o}\left(\frac{V_{n,f}^{sqr*}}{V_{n}^{o^2}}\right)^{\frac{\alpha_{n,f}}{2}}+\frac{\alpha_{n,f}}{2}\frac{P_{n,f}^{o}}{(V_{n}^{o})^{\frac{\alpha_{n,f}}{2}}}V_{n,f}^{sqr*\left(\frac{\alpha_{n,f}}{2}-1\right)}(V_{n,f}^{sqr}-V_{n,f}^{sqr*}) \quad \forall n\in \mathrm{N}, f\in \mathrm{F} \tag{3－81}$$

$$Q_{n,f}^{D}=Q_{n,f}^{o}\left(\frac{V_{n,f}^{sqr*}}{V_{n}^{o^2}}\right)^{\frac{\beta_{n,f}}{2}}+\frac{\beta_{n,f}}{2}\frac{Q_{n,f}^{o}}{(V_{n}^{o})^{\frac{\beta_{n,f}}{2}}}V_{n,f}^{sqr*\left(\frac{\beta_{n,f}}{2}-1\right)}(V_{n,f}^{sqr}-V_{n,f}^{sqr*}) \quad \forall n\in \mathrm{N}, f\in \mathrm{F} \tag{3－82}$$

因此，考虑了电压敏感指数负荷模型的完整的线性规划公式由式（3－83）给出。

$$\min \alpha$$

约束条件：式（3－31）～式（3－33），式（3－41），式（3－45），式（3－46），式（3－81），式（3－82）（3－83）

3.4.2 特殊负荷：插电式电动汽车

预计在未来几年里，大量的电动汽车将进入交通领域，以解决温室气体排放相关的环境问题[21]。从消费者的角度出发，电动汽车意味着应对高价燃油的一种经济选择。另一方面，对于配电网而言，电动汽车是需要被关注的新增负荷，根据充电地点，以不同的方式提升了传统的用电需求[22]。因此，作为电网新增负荷，须在电网优化研究中考虑电动汽车的影响。

电动汽车从配电网给电池充电，大规模车辆的无序充电可能会导致线路过载、电压越限及线损过大[23]。因此，作为配电网运行环节的一部分，电动汽车的协调充电问题必须得到解决，近年来也备受关注[24,25]。此外，电动汽车向电网注入电能（也称为车到电网的 V2G 技术）、辅助电网提供供电服务的能力，也是一项得到充分研究的课题[25,26]。

为将电动汽车的协调充电问题纳入配电网优化框架中，则设 EV 为一组接入

电网的电动汽车。P_e^{EV} 是EV e 注入或吸收的功率，它等于最大充电和最大放电功率（分别是 $\overline{P}_e^{EV+}$ 和 $\overline{P}_e^{EV-}$ ）之和乘以二元变量 y_e 和 z_e，二元变量代表电动汽车处于荷电或放电状态，如式（3－84）所示。此外，式（3－85）确保电动汽车只处于一个状态（例如荷电、放电或空闲）。由于这些变量具有二元性，因此包含这些变量的公式就是一个混合整数线性规划模型。

$$P_e^{EV} = \overline{P}_e^{EV+} y_e - \overline{P}_e^{EV-} z_e \quad \forall e \in \text{EV} \tag{3-84}$$

$$y_e + z_e \leqslant 1 \quad \forall e \in \text{EV} \tag{3-85}$$

电动汽车的存储容量也需纳入考虑范畴，即必须始终满足最大能量极限（ $\overline{E}_e^{EV}$ ）和 V2G 应用中涉及的最大放电深度（DoD）。因此，如果一段时间 Δt 内，电动汽车以功率 P_e^{EV} 不断荷电/放电，式（3－86）则可始终保证其荷电状态在预先设定的限制范围内。

$$\min(E_e^{\text{EV}i}, \overline{E}_e^{\text{EV}} DoD) \leqslant E_e^{\text{EV}i} + \Delta t(\overline{P}_e^{\text{EV+}} y_e \eta_e^{\text{EV+}} - \overline{P}_e^{\text{EV-}} z_e \eta_e^{\text{EV}}) \leqslant \overline{E}_E^{\text{EV}} \quad \forall e \in \text{EV} \tag{3-86}$$

其中，$E_e^{\text{EV}i}$ 是电动汽车EV e 的初始荷电状态SOC；$\eta_e^{\text{EV+}}$ 和 $\eta_e^{\text{EV-}}$ 分别是电动汽车荷电和放电效率。

配电网稳态运行状态下，电动汽车和电网的相互作用总体如下：

（1）基于电流的表达式——电动汽车：式（3－87）和式（3－88）依据电动汽车接网处的电压运行点（ V_e^* ）和电动汽车的电流表示电动汽车的有功功率和无功功率，此处认为电动汽车仅与电网交换有功功率。此外，考虑到电动汽车对每个节点的注入电流，将式（3－8）和式（3－9）扩展为式（3－89）和式（3－90）。

$$P_e^{\text{EV}} = V_e^{re*} I_e^{\text{EV}re} + V_e^{im*} I_e^{\text{EV}im} \quad \forall e \in \text{EV} \tag{3-87}$$

$$0 = -V_e^{re*} I_e^{\text{EV}im} + V_e^{im*} I_e^{\text{EV}re} \quad \forall e \in \text{EV} \tag{3-88}$$

$$I_{m,f}^{Gre} + \sum_{km \in L} I_{km,f}^{re} - \sum_{mn \in L} I_{mn}^{re} - \left(\sum_{km \in L} B_{km,f} + \sum_{mn \in L} B_{mn,f} \right)^{\frac{V_{m,f}^{im}}{2}} \quad \forall m \in N, f \in F$$
$$= I_{m,f}^{Dre} + \sum_{e \in \text{EV}} I_e^{\text{EV}re} \gamma_{e,m,f} \tag{3-89}$$

$$I_{m,f}^{Gim} + \sum_{km \in L} I_{km,f}^{im} - \sum_{mn \in L} I_{mn}^{im} - \left(\sum_{km \in L} B_{km,f} + \sum_{mn \in L} B_{mn,f} \right)^{\frac{V_{m,f}^{re}}{2}} \quad \forall m \in N, f \in F$$
$$= I_{m,f}^{Dim} + \sum_{e \in \text{EV}} I_e^{\text{EV}im} \gamma_{e,m,f} \tag{3-90}$$

其中，$\gamma_{x,m,f}$ 为二进制参数，当设备x接入节点m、f相时，该参数取值为1。

（2）基于功率的表达式——电动汽车：式（3－91）表示考虑电动汽车有功功率注入/消耗情况下电网各节点的有功功率平衡情况。

$$\sum_{km\in L} P_{km,f} - \sum_{mn\in L} (P_{mn,f} + P^{L}_{mn,f}) + P^{G}_{m,f} = P^{D}_{m,f} + \sum_{e\in \mathrm{EV}} P^{\mathrm{EV}}_{e} \gamma_{e,m,f} \quad \forall m \in \mathrm{N}, f \in \mathrm{F} \tag{3-91}$$

因此，在考虑了电动汽车运行的前提下，基于电流和基于功率的不平衡电网完整的混合整数线性规划公式分别如式（3－92）和式（3－93）所示。

$$\min \alpha$$

约束条件：式（3－6）～式（3－9），式（3－15），式（3－16），式（3－84）～式（3－90）　（3－92）

$$\min \alpha$$

约束条件：式（3－31），式（3－41）～式（3－43），式（3－84）～式（3－86），式（3－91）　（3－93）

3.5 分布式电源

近十年来，受到经济、环境、技术和市场相关行情的刺激，配电网中分布式电源规模持续增长[27,28]。由于分布式电源供电的灵活性，配电网由被动的网络变成主动的网络。如今，分布式电源在电网运行、建设和设计中起着重要的作用，为此，针对分布式发电单元并网运行建模，已开展了一些研究[29~31]。

分布式发电单元在原本不适合的连接点并入配电网，尤其当大量的分布式发电单元接入高阻抗网络，会影响配电网的稳定性和电能质量。此外，分布式可再生能源并入电网，例如风电和光伏发电并网，对配电网运行提出全新挑战。根据分布式发电单元的容量，配电网可能成为一个主动的网络，无需从主网购电也可以兼顾负荷的需求。因此，在电网运行的研究中引入分布式电源的影响是必要的[2]。

另外，分布式电源也为配电网提供了几点利处，即提供系统稳定性、减少能量损耗、降低输配电线路建设成本、缓解电网“拥堵”现象。并且，在靠近负荷的位置安装小规模的分布式发电单元，可能延后或避免投资建设额外的输配电基础设施。此外，某些类型的分布式电源也能辅助供电服务，如无功功率支持、电压控制和频率控制。

通常，在分布式发电单元的数学表达式中，忽略不计同步发电机（SiGs）、异步发电机（IGs）及双馈异步发电机（DFIGs）的模型。分布式发电单元通常由一个简单的模型表示，其耦合元件无需详细表达。式（3－94）～式（3－97）给出了分布式发电单元发电量限制条件。

$$(P^{\mathrm{DG}}_{n})^2 + (Q^{\mathrm{DG}}_{n})^2 \leqslant (\overline{S}^{\mathrm{DG}}_{n})^2 \quad \forall n \in \mathrm{DG} \tag{3-94}$$

$$Q^{\mathrm{DG}}_{n} \leqslant P^{\mathrm{DG}}_{n} \tan[\arccos(pf^{\mathrm{DG}}_{n})] \quad \forall n \in \mathrm{DG} \tag{3-95}$$

$$\underline{Q_n^{\mathrm{DG}}} \leqslant Q_n^{\mathrm{DG}} \leqslant \overline{Q_n^{\mathrm{DG}}} \quad \forall n \in \mathrm{DG} \tag{3-96}$$

$$P_n^{\mathrm{DG}} \geqslant 0 \quad \forall n \in \mathrm{DG} \tag{3-97}$$

其中，$\mathrm{DG} \subseteq \mathrm{N}$ 表示各接入一个分布式发电单元的节点集合。P_n^{DG} 和 Q_n^{DG} 是第 n 个分布式发电单元的有功功率和无功功率；pf_n^{DG} 是功率因数的最小值，$\underline{Q}_n^{\mathrm{DG}}$ 和 $\overline{Q}_n^{\mathrm{DG}}$ 无功功率的最小极限和最大极限，S_n^{DG} 是视在功率的最大值。因此，式（3－94）为视在功率限制的非线性表达式，通过分段线性化技术将其近似表示为式（3－98）。约束条件式（3－95）和式（3－96）分别限制了无功功率的功率因数和最小、最大极限。式（3－97）确保了分布式发电单元无功功率的非负性。

$$f(P_n^{\mathrm{DG}}, \overline{P_n^{\mathrm{DG}}}, \Lambda) + f\left(Q_n^{\mathrm{DG}}, \overline{Q_n^{\mathrm{DG}}}, \Lambda\right) \leqslant (\overline{S}_n^{\mathrm{DG}})^2 \quad \forall n \in \mathrm{DG} \tag{3-98}$$

另外，考虑了同步发电机和双馈异步发电机输出效能曲线（如图 3－5 所示）的改进且真实的分布式发电单元模型[29]。这种发电机在分布式电源应用中广泛使用，如风机、生物质热电联产发电系统和小型水电站。

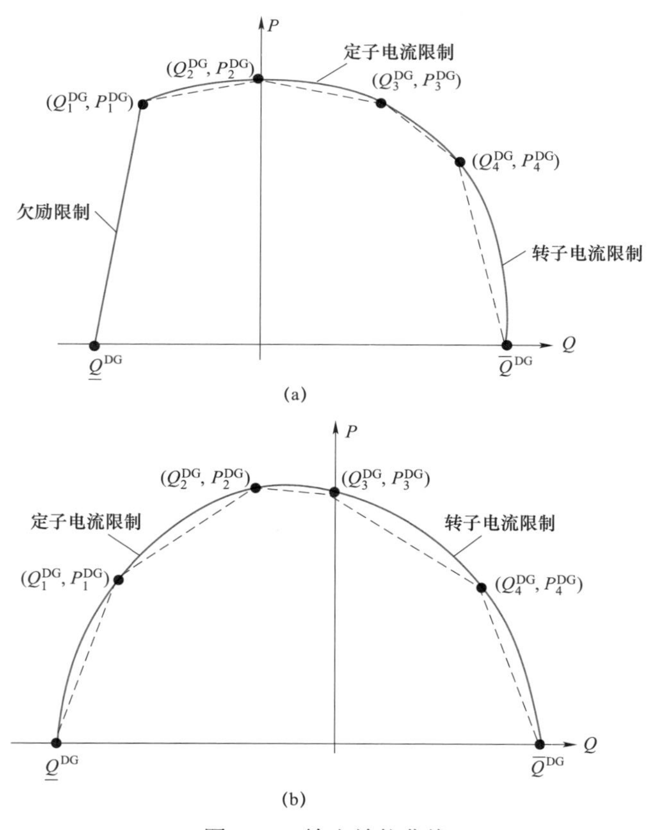

图 3－5　输出效能曲线

（a）双馈异步发电机；（b）同步发电机

图 3-5 给出了点$(Q_{1,n}^{DG},P_{1,n}^{DG})$、$(Q_{2,n}^{DG},P_{2,n}^{DG})$、$(Q_{3,n}^{DG},P_{3,n}^{DG})$和$(Q_{4,n}^{DG},P_{4,n}^{DG})$的定义，它们给出了分布式电源运行约束的线性表达式。

$$P_n^{DG} \leqslant \frac{P_{1,n}^{DG}}{Q_{1,n}^{DG}-\underline{Q}_n^{DG}}(Q_n^{DG}-\underline{Q}_n^{DG}) \quad \forall n \in DG \tag{3-99}$$

$$P_n^{DG} \leqslant \frac{P_{2,n}^{DG}-P_{1,n}^{DG}}{Q_{2,n}^{DG}-Q_{1,n}^{DG}}(Q_n^{DG}-Q_{2,n}^{DG})+P_{2,n}^{DG} \quad \forall n \in DG \tag{3-100}$$

$$P_n^{DG} \leqslant \frac{P_{3,n}^{DG}-P_{2,n}^{DG}}{Q_{3,n}^{DG}-Q_{2,n}^{DG}}(Q_n^{DG}-Q_{3,n}^{DG})+P_{3,n}^{DG} \quad \forall n \in DG \tag{3-101}$$

$$P_n^{DG} \leqslant \frac{P_{4,n}^{DG}}{Q_{4,n}^{DG}-Q_n^{DG}}(Q_n^{DG}-\overline{Q}_n^{DG}) \quad \forall n \in DG \tag{3-102}$$

表 3-2 展示了不同类型的发电机的线性化点是如何取得的。

表 3-2　　分布式电源输出效能曲线线性化点

	同步发电机	双馈异步发电机
$(Q_{1,n}^{DG},P_{1,n}^{DG})$	欠励和电枢电流限制曲线的交点	电枢电流限制曲线在点$(\underline{Q}_n^{DG},0)$和点$(\underline{Q}_{2,n}^{DG},P_{2,n}^{DG})$连接弧线的 1/2 处
$(Q_{2,n}^{DG},P_{2,n}^{DG})$	电枢电流限制曲线和 P 轴的交点	电枢电流限制曲线和励磁电流限制曲线的交点
$(Q_{3,n}^{DG},P_{3,n}^{DG})$	电枢电流限制曲线在$(Q_{2,n}^{DG},P_{2,n}^{DG})$点和$(Q_{4,n}^{DG},P_{4,n}^{DG})$点连接弧线的 1/2 处	励磁电流限制曲线和 P 轴的交点
$(Q_{4,n}^{DG},P_{4,n}^{DG})$	电枢电流限制曲线和励磁电流限制曲线的交点	励磁电流限制曲线在点$(Q_{3,n}^{DG},P_{3,n}^{DG})$和点$(\overline{Q}_n^{DG},0)$连接弧线的 1/2 处

此外，将注入并网分布式发电单元的功率代入配电网稳态公式，得到如下表达式：

（1）基于电流的表达式——分布式发电单元：假设分布式发电单元为三相电源，式（3-103）和式（3-104）用电压运行点和电源电流$I_{n,f}^{DG}$表示分布式发电单元的有功功率和无功功率。将分布式发电单元的注入电流包含在各节点的电流平衡方程中，为：

$$P_n^{DG}/3=-V_{n,f}^{re*}I_{n,f}^{DGre}+V_{n,f}^{im*}I_{n,f}^{DGim} \quad \forall n \in DG, f \in F \tag{3-103}$$

$$Q_n^{DG}/3=-V_{n,f}^{re*}I_{n,f}^{DGim}+V_{n,f}^{im*}I_{n,f}^{DGre} \quad \forall n \in DG, f \in F \tag{3-104}$$

$$I_{m,f}^{Gre} + I_{m,f}^{\mathrm{DG}re} + \sum_{km\in L} I_{km,f}^{re} - \sum_{mn\in L} I_{mn}^{re} - \left(\sum_{km\in L} B_{km,f} + \sum_{mn\in L} B_{mn,f}\right)\frac{V_{m,f}^{im}}{2} = I_{m,f}^{Dre} \quad \forall m\in N, f\in F \tag{3-105}$$

$$I_{m,f}^{Gim} + I_{m,f}^{\mathrm{DG}im} + \sum_{km\in L} I_{km,f}^{m} - \sum_{mn\in L} I_{mn}^{im} - \left(\sum_{km\in L} B_{km,f} + \sum_{mn\in L} B_{mn,f}\right)\frac{V_{m,f}^{re}}{2} = I_{m,f}^{Dim} \quad \forall m\in N, f\in F \tag{3-106}$$

（2）基于功率的表达式——分布式发电单元：将有功功率和无功功率引入到该功率平衡公式中，为：

$$\sum_{km\in L} P_{km,f} - \sum_{mn\in L}(P_{mn,f} + P_{mn,f}^{L}) + P_{m,f}^{G} + P_{m}^{\mathrm{DG}}/3 = P_{m,f}^{D} \quad \forall m\in N, f\in F \tag{3-107}$$

$$\sum_{km\in L} Q_{km,f} - \sum_{mn\in L}(Q_{mn,f} + Q_{mn,f}^{L}) + Q_{m,f}^{G} + Q_{m}^{\mathrm{DG}}/3 = Q_{m,f}^{D} \quad \forall m\in N, f\in F \tag{3-108}$$

考虑了分布式发电单元的不平衡网络完整的线性规划公式表示为

$$\min \alpha$$

约束条件：式（3－6）～式（3－9），式（3－15），式（3－16），式（3－95）～式（3－98），式（3－103）～式（3－106） （3－109）

$$\min \alpha$$

约束条件：式（3－31），式（3－34）～式（3－43），式（3－95）～式（3－98），式（3－107），式（3－108） （3－110）

上述两组公式分别为基于电流和基于功率的表达式。

对于可调度的分布式电源，配电网运行人员控制着每个分布式发电单元注入电网的有功功率和无功功率，与之不同的是，可再生分布式电源发电则依赖于可再生能源的可利用度（例如风速和光照强度）。在产能分散的今天，可再生分布式电源扮演着重要的角色[32]。由于可再生能源的间歇性给分布式电源出力预测带来的困难，为了将这种类型的分布式电源合适地引入配电网优化框架，必须额外考虑其他相关因素。此外，随着这些技术的不断深入，必须解决电压分布、能量损耗、电网恢复操作和网络增强相关的问题。

式（3－111）表示对可再生分布式电源的附加约束，并对有功功率削减进行模拟。这项约束防止可再生能源注入过大功率，避免了电压升高及高能量损耗[33,34]。

$$\hat{P}_{n}^{\mathrm{DG}} = P_{n}^{\mathrm{DG}} + \tilde{P}_{n}^{\mathrm{DG}} \quad \forall n\in \mathrm{DG} \tag{3-111}$$

其中，$\hat{P}_{n}^{\mathrm{DG}}$ 和 $\tilde{P}_{n}^{\mathrm{DG}}$ 分别是从第 n 个分布式发电单元可获得的最大功率和功率削减量。在这个优化方案下，$\hat{P}_{n}^{\mathrm{DG}}$ 将取决于可再生能源的可利用度（例如风速和光照强度），因此，主要利用多场景方法来解决这个问题。

3.6 储能装置

储能系统已经成为解决过剩的发电能力与用电需求高峰不同步的有效手段。近年来，储能装置价格下降促进了储能技术在配电网中的应用。在配电网中，电池储能系统（BESS）是最常见的存储类型，其他诸如超级电容器和飞轮的存储技术因其能量损耗较高，主要应用于短时高功率的应用场景。随着电池储能装置、可再生能源分布式电源、电动汽车等多元负荷渗透率的持续增长，包含分布式电源和多元负荷的配电网的稳定运行已成为受大家关注的课题[18,35,36]。

3.6.1 电池储能系统的运行

储能系统从电网吸收或注入电网的功率已成为影响电力系统的稳态运行不可忽视的因素。用 SD 表示电网中的电池储能装置。P_u^{SD} 为电池储能装置的输入/输出功率，它等于储能装置充电功率和放电功率两个非负变量之和，如式（3－112）所示。其中，变量 $P_u^{\mathrm{SD+}}$ 和 $P_u^{\mathrm{SD-}}$ 的取值范围由电池储能系统的最大充电/放电功率（$\overline{P}_u^{\mathrm{SD}}$）与二元变量 w_u 和 x_u 确定，如式（3－113）和式（3－114）所示。

式（3－115）可以保证 BESS 仅处于单一状态（例如充电、放电或空闲状态）。由于 w_u 和 x_u 的整数性质，如果将它们纳入配电网的优化框架中，就成为混合整数线性规划问题。

$$P_u^{\mathrm{SD}} = P_u^{\mathrm{SD+}} - P_u^{\mathrm{SD-}} \quad \forall u \in \mathrm{SD} \tag{3－112}$$

$$0 \leqslant P_u^{\mathrm{SD+}} \leqslant \overline{P}_u^{\mathrm{SD}} w_u \quad \forall u \in \mathrm{SD} \tag{3－113}$$

$$0 \leqslant P_u^{\mathrm{SD-}} \leqslant \overline{P}_u^{\mathrm{SD}} x_u \quad \forall u \in \mathrm{SD} \tag{3－114}$$

$$w_u + x_u \leqslant 1 \quad \forall u \in \mathrm{SD} \tag{3－115}$$

BESS 对其存储容量（$\overline{E}_u^{\mathrm{SD}}$）存在物理限制，且必须始终满足涉及的最大放电深度（DoD）。因此，如果在一段时间间隔 Δt 期间保持电池储能系统定功率输出 P_u^{SD}，则式（3－116）可以将 BESS 功率大小保持在预先设定的限制值之间。

$$\overline{E}_u^{\mathrm{SD}}\mathrm{DoD} \leqslant E_u^{\mathrm{SD}i} + \Delta t(P_u^{\mathrm{SD+}}\eta_u^+ - P_u^{\mathrm{SD-}}\eta_u^-) \leqslant \overline{E}_u^{\mathrm{SD}} \quad \forall u \in \mathrm{SD} \tag{3－116}$$

其中，$E_u^{\mathrm{SD}i}$ 是 BESS 的初始值，η_u^+ 和 η_u^- 分别表示电池储能系统的充电和放电效率。

在稳定运行状态下 BESS 与电网之间的相互作用，如下所示：

（1）基于电流的表达式——电池储能系统：考虑到 BESS 只会输出或者吸收

有功功率，其输出或吸收的有功和无功功率采用运行时的电压 (V_u^*) 和与之对应的电流 (I_u^{SDre}) 可以表示为式（3－117）与式（3－118）。考虑到 BESS 注入到每个节点中的电流，将式（3－8）和式（3－9）扩展为式（3－119）和式（3－120）。

$$P_u^{SD}=V_u^{re*}I_u^{SDre}+V_u^{im*}I_u^{SDim}\quad \forall u\in SD \tag{3-117}$$

$$0=-V_u^{re*}I_u^{SDim}+V_u^{im*}I_u^{SDre}\quad \forall u\in SD \tag{3-118}$$

$$\begin{aligned}&I_{m,f}^{Gre}+\sum_{km\in L}I_{km,f}^{re}-\sum_{mn\in L}I_{mn}^{re}-\left(\sum_{km\in L}B_{km,f}+\sum_{mn\in L}B_{mn,f}\right)^{\frac{V_{m,f}^{im}}{2}}\quad \forall m\in N,f\in F\\&=I_{m,f}^{Dre}+\sum_{u\in SD}I_u^{SDre}\gamma_{u,m,f}\end{aligned} \tag{3-119}$$

$$\begin{aligned}&I_{m,f}^{Gim}+\sum_{km\in L}I_{km,f}^{im}-\sum_{mn\in L}I_{mn}^{im}-\left(\sum_{km\in L}B_{km,f}+\sum_{mn\in L}B_{mn,f}\right)^{\frac{V_{m,f}^{re}}{2}}\quad \forall m\in N,f\in F\\&=I_{m,f}^{Dim}+\sum_{u\in SD}I_u^{SDim}\gamma_{u,m,f}\end{aligned} \tag{3-120}$$

其中，$\gamma_{x,m,f}$ 是二元参数，当设备 x 接入 m 节点 f 相时，则该参数取值为 1。

（2）基于功率的表达式——电池储能系统：式（3－121）表示考虑 BESS 有功功率注入/消耗的节点有功功率平衡。

$$\sum_{km\in L}P_{km,f}-\sum_{mn\in L}(P_{mn,f}+P_{mn,f}^L)+P_{m,f}^G=P_{m,f}^D+\sum_{u\in SD}P_u^{SD}\gamma_{u,m,f}\quad \forall m\in N,f\in F \tag{3-121}$$

BESS 基于电流和功率的完整混合整数线性规划方程可分别表示为式（3－122）和式（3－123）。

$$\min\alpha$$

约束条件：式（3－6）～式（3－9），式（3－15），式（3－16），式（3－112）～式（3－121）（3－122）

$$\min\alpha$$

约束条件：式（3－31），式（3－41）～式（3－43），式（3－112）～式（3－116），式（3－121）（3－123）

3.7 电压和无功控制设备

作为提高能源利用效率和质量的工具，电压优化和无功控制已广泛用于电力系统[16,17]。在配电网中，与无功潮流相关的电压控制被称为无功—电压控制（volt-var control，VVC）。VVC 的目的是实现对电压管理和无功潮流管理相关设备的控制。典型的无功—电压控制设备有有载分接开关（on-load tap changer，OLTC）、电压调节器（voltage regulator，VR）和投切式电容器组（switched capacitor bank，SCB）。因此，VVC 的优化目的是实现配电网正常运行，并将配电网运行人员提出的目标最大化或最小化，例如配电网网损的降低、电压偏差的最小化、能量利用效率的最大化。

在该框架中，提出了用于优化 VVC 问题的数学模型。针对 VVC 问题的解决方案，将明确每个投切式电容器组中启用或退出的模块数量以及 OLTC 和 VR 的抽头位置。SCB、OLTC 和 VR 的数学模型可以通过线性规划模型表示出来。由于模拟 VVC 设备运行变量具有整数性，因此得到的公式属于混合整数线性规划（MILP）问题。

3.7.1 电容器组

在配电网运行中 SCB 注入电网无功功率的大小，取决于启用的模块数量。因此，采用 $CB \subseteq N$ 表示安装三相投切式电容器组的节点集合。B_n 是一个整数变量，表示 SCB 接在节点 n 所投入的模块数；$\bar{B}_n$ 是 SCB 模块数的最大值；Q_n^{cb} 是传输的无功功率；Q_n^{esp} 是每个模块的无功功率容量。式（3－124）表示 SCB 模块注入的无功功率，每个节点的最大投切模块数由式（3－125）来表示。

$$Q_n^{cb} = B_n Q_n^{esp} \quad \forall n \in \mathrm{CB} \tag{3－124}$$

$$0 \leqslant B_n \leqslant \bar{B}_n \quad \forall n \in \mathrm{CB} \tag{3－125}$$

此外，在多周期优化中，整个时间段内允许的 SCB 运行时间必须是有限的，因此必须将式（3－126）考虑进去。

$$\sum_{t \in T} | B_{n,t} - B_{n,t-1} | \leqslant \Delta^{cb} \quad \forall n \in \mathrm{CB} \tag{3－126}$$

式中，T 为时间间隔；$B_{n,t}$ 为在 t 时刻节点 n 所投入的 SCB 模块数量；Δ^{cb} 为时间段内允许的最大动作次数。

配电网稳态运行中各节点所注入的无功功率 Q_n^{cb} 如下：

（1）基于电流的表示——电容组：考虑到每个 SCB 的有功功率值恒为零，投切式 SCB 的有功功率和无功功率表示为式（3－127）和式（3－128）。

此外，包括 SCB 无功功率的注入，每个节点的电流守恒，如式（3－129）和式（3－130）所示。

$$0 = V_{n,f}^{re*} I_{n,f}^{cbre} + V_{n,f}^{im*} I_{n,f}^{cbim} \quad \forall n \in \mathrm{CB}, f \in F \tag{3－127}$$

$$\frac{Q_n^{cb}}{3} = -V_{n,f}^{re*} I_{n,f}^{cbim} + V_{n,f}^{im*} I_{n,f}^{cbre} \quad \forall n \in \mathrm{CB}, f \in F \tag{3－128}$$

$$I_{m,f}^{Gre} + \sum_{km \in L} I_{km,f}^{re} - \sum_{mn \in L} I_{mn}^{re} - \left(\sum_{km \in L} B_{km,f} + \sum_{mn \in L} B_{mn,f} \right) \frac{V_{m,f}^{im}}{2} = I_{m,f}^{Dre} - I_{n,f}^{cbre} \tag{3－129}$$

$\forall n \in N, f \in F$

$$I_{m,f}^{Gim}+\sum_{km\in L}I_{km,f}^{im}-\sum_{mn\in L}I_{mn}^{im}-\left(\sum_{km\in L}B_{km,f}+\sum_{mn\in L}B_{mn,f}\right)\frac{V_{m,f}^{re}}{2}=I_{m,f}^{Dim}-I_{n,f}^{cbim} \quad (3-130)$$

$$\forall n\in N,f\in F$$

式中，$I_{n,f}^{cbre}$、$I_{n,f}^{cbim}$ 为接入 m 节点 f 相时，由 SCB 所注入电流的实部和虚部。

（2）基于功率的表达式——电容器组：包含 Q^{cb} 的无功功率平衡等式，如（3－131）所示。

$$\sum_{km\in L}Q_{km,f}-\sum_{mn\in L}(Q_{mn,f}+Q_{mn,f}^{L})+Q_{m,f}^{G}=Q_{m,f}^{D}-Q_{m}^{cb} \quad \forall m\in N,f\in F \quad (3-131)$$

3.7.2 有载分接开关和调压器

有载分接开关（OLTC）和调压器（VR）是在 VVC 场景中负责控制配电网电压幅值的设备。这些设备通过调整分接头位置来调节它们的输入电压，它们的运行过程可以用相同的数学公式表示。设 $RT\subseteq L$ 为有安装调压器的线路集合，$tp_{mn,f}$ 是整数变量，表示安装在线路 mn，f 相的调压器的抽头位置；$Tp_{mn,f}$ 是最大抽头数；$\%R_{mn}$ 是调压比例。

与稳态方程无关，式（3－132）表示分接头位置的最低挡和最高挡的限制。与 CB 类似，在多周期优化中，在整个时间段应限制允许的抽头调整次数，并必须考虑式（3－133）。

$$-Tp_{mn}\leqslant tp_{mn,f}\leqslant Tp_{mn} \quad \forall mn\in \mathrm{RT},f\in F \quad (3-132)$$

$$\sum_{t\in T}|tp_{mn,f,t}-tp_{mn,f,t-1}|\leqslant \Delta^{vr} \quad \forall mn\in \mathrm{RT},f\in F \quad (3-133)$$

（1）基于电流的表达式——有载分接开关和调压器：在该公式中，式（3－134）和式（3－135）表示调节电压的实部和虚部；式（3－136）和式（3－137）表示每个 VR 上调节电流的实部和虚部。

$$V_{n,f}^{re}=(1+\%R_{mn}tp_{mn,f}/Tp_{mn})V_{m,f}^{re} \quad \forall mn\in \mathrm{RT},f\in F \quad (3-134)$$

$$V_{n,f}^{im}=(1+\%R_{mn}tp_{mn,f}/Tp_{mn})V_{m,f}^{im} \quad \forall mn\in \mathrm{RT},f\in F \quad (3-135)$$

$$V_{km,f}^{re}=(1+\%R_{mn}tp_{mn,f}/Tp_{mn})I_{mn,f}^{re} \quad \forall mn\in \mathrm{RT},f\in F \quad (3-136)$$

$$I_{km,f}^{im}=(1+\%R_{mn}tp_{mn,f}/Tp_{mn})I_{mn,f}^{im} \quad \forall mn\in \mathrm{RT},f\in F \quad (3-137)$$

式（3－134）～式（3－137）以电压和电流的实部和虚部表示配电网中 VR 和 OLTC 的运行状态。需要解决分接头的位置变量 $tp_{mn,f}$、$V_{m,f}$ 和 $I_{m,f}$ 实部和虚部分量的非线性特性。因此，将线性化过程中的不同挡位调整用一组二元变量 $bt_{mn,f}$ 来表示，$tp_{mm,f}V_{m,f}$、$tp_{mm,f}I_{m,f}$ 使用辅助变量 $V_{mn,f,k}^{c}$、$I_{mn,f,k}^{c}$ 分别代替。

式（3－138）～式（3－151）给出了式（3－134）～式（3－137）的线性扩展，其中式（3－138）和式（3－139）表示调节电压的计算，式（3－140）和式（3－141）表示调节电流的计算。约束条件式（3－142）将二元变量集与分接头位置的整数变量关联起来。式（3－143）和式（3－144）以及式（3－145）和式（3－146）分别表示辅助变量$V^{c}_{mn,f,k}$和$I^{c}_{mn,f,k}$，式（3－147）和式（3－148）以及式（3－149）和式（3－150）分别表示它们的限值。式（3－151）表示二元变量$bt_{mn,f}$的序列。

$$V^{re}_{n,f}=(1-\%R_{mn})V^{re}_{m,f}+\sum_{k=1}^{2Tp_{mn}}\frac{\%R_{mn}}{Tp_{mn}}V^{c(re)}_{mn,f,k}\quad \forall mn\in RT,f\in F \tag{3-138}$$

$$V^{im}_{n,f}=(1-\%R_{mn})V^{im}_{m,f}+\sum_{k=1}^{2Tp_{mn}}\frac{\%R_{mn}}{Tp_{mn}}V^{c(im)}_{mn,f,k}\quad \forall mn\in RT,f\in F \tag{3-139}$$

$$I^{re}_{km,f}=(1-\%R_{mn})I^{re}_{mn,f}+\sum_{k=1}^{2Tp_{mn}}\frac{\%R_{mn}}{Tp_{mn}}I^{c(re)}_{mn,f,k}\quad \forall mn\in RT,f\in F \tag{3-140}$$

$$I^{im}_{km,f}=(1-\%R_{mn})I^{im}_{mn,f}+\sum_{k=1}^{2Tp_{mn}}\frac{\%R_{mn}}{Tp_{mn}}I^{c(im)}_{mn,f,k}\quad \forall mn\in RT,f\in F \tag{3-141}$$

$$\sum_{k=1}^{2Tp_{mn}}bt_{mn,f,k}-Tp_{mn}=tp_{mn,f}\quad \forall mn\in RT,f\in F \tag{3-142}$$

$$\left|V^{re}_{m,f}-V^{c(re)}_{mn,f,k}\right|\leqslant\bar{V}(1-bt_{mn,f,k})\quad \forall mn\in RT,f\in F,k=1,\cdots,2Tp_{mn} \tag{3-143}$$

$$\left|V^{im}_{m,f}-V^{c(im)}_{mn,f,k}\right|\leqslant\bar{V}(1-bt_{mn,f,k})\quad \forall mn\in RT,f\in F,k=1,\cdots,2Tp_{mn} \tag{3-144}$$

$$\left|V^{c(re)}_{mn,f,k}\right|\leqslant\bar{V}bt_{mn,f,k}\quad \forall mn\in RT,f\in F,k=1,\cdots,2Tp_{mn} \tag{3-145}$$

$$\left|V^{c(im)}_{mn,f,k}\right|\leqslant\bar{V}bt_{mn,f,k}\quad \forall mn\in RT,f\in F,k=1,\cdots,2Tp_{mn} \tag{3-146}$$

$$\left|I^{re}_{m,f}-I^{c(re)}_{mn,f,k}\right|\leqslant\bar{I}_{mn}(1-bt_{mn,f,k})\quad \forall mn\in RT,f\in F,k=1,\cdots,2Tp_{mn} \tag{3-147}$$

$$\left|I^{im}_{mn,f}-I^{c(im)}_{mn,f,k}\right|\leqslant\bar{I}_{mn}(1-bt_{mn,f,k})\quad \forall mn\in RT,f\in F,k=1,\cdots,2Tp_{mn} \tag{3-148}$$

$$\left|V^{c(re)}_{mn,f,k}\right|\leqslant\bar{I}_{mn}bt_{mn,f,k}\quad \forall mn\in RT,f\in F,k=1,\cdots,2Tp_{mn} \tag{3-149}$$

$$\left|V^{c(im)}_{mn,f,k}\right|\leqslant\bar{I}_{mn}bt_{mn,f,k}\quad \forall mn\in RT,f\in F,k=1,\cdots,2Tp_{mn} \tag{3-150}$$

$$bt_{mn,f,k}\leqslant bt_{mn,f,k-1}\quad \forall mn\in RT,f\in F,k=1,\cdots,2Tp_{mn} \tag{3-151}$$

（2）基于功率的表达式——有载分接开关和调压器：对于基于功率的公式，$V^{sqr}_{m,f}$随调节比的平方变化，用调节百分比、抽头整数值和最大抽头表示，见式（3－152）。

$$V_{n,f}^{sqr}=\left(1+\%R_{mn}\frac{tp_{mn,f}}{Tp_{mn}}\right)^2 V_{m,f}^{sqr} \quad \forall mn\in \mathrm{RT}, f\in F \tag{3-152}$$

为了解决式（3－152）的非线性，$tp_{mn,f}^2$ 表示为一组二元变量 $bt_{mn,f}$，$tp_{n,f}^2 V_{m,f}^{sqr}$ 表示为辅助变量 $V_{mn,f}^c$，如式（3－153）～式（3－157）所示。

$$V_{n,f}^{sqr}=\sum_{k=1}^{2Tp_{mn}}\left[\frac{\%R_{mn}}{Tp_{mn}}\left(\frac{(2k-1)\%R_{mn}}{Tp_{mn}}+2(1-\%R_{mn})\right)V_{mn,f,k}^c\right] \quad \forall mn\in \mathrm{RT}, f\in F$$
$$+V_{m,f}^{sqr}(1-\%R_{mn})^2 \tag{3-153}$$

$$\underline{V}^2(1-bt_{mn,f,k})\leqslant V_{m,f}^{sqr}-V_{mn,f,k}^c \quad \forall mn\in \mathrm{RT}, f\in F, k=1,\cdots,2Tp_{mn} \tag{3-154}$$

$$V_{m,f}^{sqr}-V_{mn,f,k}^c\leqslant \bar{V}^2(1-bt_{mn,f,k}) \quad \forall mn\in \mathrm{RT}, f\in F, k=1,\cdots,2Tp_{mn} \tag{3-155}$$

$$\underline{V}^2 bt_{mn,f,k}\leqslant V_{mn,f,k}^c\leqslant \bar{V}^2 bt_{mn,f,k} \quad \forall mn\in \mathrm{RT}, f\in F, k=1,\cdots,2Tp_{mn} \tag{3-156}$$

$$bt_{mn,f,k}\leqslant bt_{mn,f,k-1} \quad \forall mn\in \mathrm{RT}, f\in F, k=2,\cdots,2Tp_{mn} \tag{3-157}$$

综上所述，考虑到运行限制的 VVC 优化问题，其基于电流和基于功率的完整 MILP 方程分别表示为式（3－158）和式（3－159）。

$$\min\alpha$$

约束条件：式（3–6）～式（3–9），式（3–15），式（3–16），式（3–52），式（3–53），式（3–57），式（3–61）～式（3–63），式（3–124），式（3–125），式（3–127）～式（3–130），式（3–132），式（3–138）～式（3–151）（3–158）

$$\min\alpha$$

约束条件：式（3–31）～式（3–41）～式（3–43），式（3–54），式（3–58），式（3–61），式（3–64），式（3–65）～式（3–124），式（3–125），式（3–131），式（3–132），式（3–153）～式（3–157）（3－159）

3.8 数学框架在控制方法中的应用

本节将采用两种控制场景评估所提出的数学优化框架。一种是基于电流的方程解决 EVCC 问题[25]；另一种是采用基于功率的 LP 方程进行电压控制，提出减小电压偏差并保证配电网的正常运行的 VVC 方案。

3.8.1 电动汽车有序充电问题

电动汽车有序充电问题在于确定 EV 电池充电的最佳时间表，以便在实现配电网经济运行的同时确保系统高效运行。文献［25］中提出了一个多周期 MILP 方程，用于实现建立在电流方程基础上的不平衡配电网中的电动汽车最佳有序充电。将 MILP 方程嵌入到考虑电动汽车到达、离开和初始 SOC 随机性的分步控制法中。

多周期方法研究被分成几个时间间隔的特定时间段。该控制方法为电动汽车电池和电网之间的能量交换找到最佳时间表。该方法在每个时间间隔开始时求解设定的 MILP 模型，在整个时间段内构建分步解决方案。该解决方案为每辆电动汽车提供充电时间表，该充电时间表涵盖到达和离开之间的时段，实现蓄电池的快速充满。

式（3－160）中提出的 EVCC 问题的目标函数旨在最大限度地降低变电站和 DG 设备引起的能源损耗，并减少电动汽车的弃电行为（如果电动汽车未充满电，则未利用的那部分电能被视为弃电）。

$$\min \sum_{f\in F}\sum_{t\in T}\alpha_{S,t}^{G}\Delta_t(V_{s,f,t}^{re}I_{S,f,t}^{Gre}+V_{S,f,t}^{im}I_{S,f,t}^{Gim})+\sum_{n\in N}\sum_{t\in T}\alpha_{n,t}^{DG}\Delta_t P_{n,t}^{DG}+\sum_{e\in EV}\beta E_e^{SH} \tag{3-160}$$

此外，应用式（3－6）、式（3－7）、式（3－15）、式（3－16）、式（3－161）和式（3－162）建立配电网的稳态运行模型，并以式（3－52）、式（3－53）和式（3－57）为运行约束条件。应用式（3－95）、式（3－96）、式（3－97）、式（3－103）和式（3－104）建立 DG 单元模型；引入有功功率作为附加限制条件。用式（3－84）～式（3－88）和式（3－163）模拟电动汽车的接入运行。

$$\begin{aligned}&I_{m,f}^{Gre}+I_{m,f}^{DGre}+\sum_{km\in L}I_{km,f}^{re}-\sum_{mn\in L}I_{mn}^{re}-\left(\sum_{km\in L}B_{km,f}+\sum_{mn\in L}B_{mn,f}\right)\frac{v_{m,f}^{im}}{2}\\&=I_{m,f}^{Dre}+\sum_{e\in EV}I_e^{EVre}\gamma_{e,m,f}\\&\forall m\in N,f\in F\end{aligned} \tag{3-161}$$

$$\begin{aligned}&I_{m,f}^{Gim}+I_{m,f}^{DGim}+\sum_{km\in L}I_{km,f}^{im}-\sum_{mn\in L}I_{mn}^{im}-\left(\sum_{km\in L}B_{km,f}+\sum_{mn\in L}B_{mn,f}\right)\frac{v_{m,f}^{re}}{2}\\&=I_{m,f}^{Dim}+\sum_{e\in EV}I_e^{EVim}\gamma_{e,m,f}\\&\forall m\in N,f\in F\end{aligned} \tag{3-162}$$

$$\overline{E}_e^{EV}=E_e^{EVi}+\sum_{t\in T}\Delta t(\overline{P}_e^{EV+}y_{e,t}\eta_e^{EV+}-\overline{P}_e^{EV-}z_{e,t}\eta_e^{EV-})+E_e^{SH}\quad \forall e\in EV \tag{3-163}$$

该模型在 IEEE 123 节点测试系统[11]中进行了测试，并考虑了以下因素：

（1）时间段设置为 18：00～08：00，每半小时设置为一个时间间隔。

（2）考虑两种类型的电动汽车电池：50kWh Tesla 和 20kWh Nissan 聆风电动汽车。最大充电功率分别为 10kW 和 4kW，对于 EV－V2G，最大放电功率分别为 5kW 和 2kW。

（3）考虑每小时能源成本和负载变化。

（4）基于具有 8 和 4 自由度的双卡方概率函数生成到达和离开时间间隔。

（5）EV 的初始 SOC 由正态函数生成，其平均值和标准差分别为 15kWh 和 10kWh。

（6）最小电压限制设定为 0.90p.u.。

（7）所有馈线的最大电流为 500A。

（8）400 辆电动汽车接入电网。

（9）40%的电动汽车具有 V2G 技术。

该模型在数学编程语言 AMPL[12]中实现，并使用商业求解软件 CPLEX[3]求解。首先提出了无序充电情况，EV 二次充电可以在没有任何充电协调的情况下完成，即 EV 电池一插入配电网就开始不间断充电过程。随后分析了几种控制方案，图 3－6 显示了电动汽车和电网之间的能量交换，用于无序充电和有序充电场景，其中所有电动汽车都被视为“特斯拉电动汽车”。对于有序充电案例，与无序充电案件相比，目标函数减少了 25%，并且保证电能全消纳。

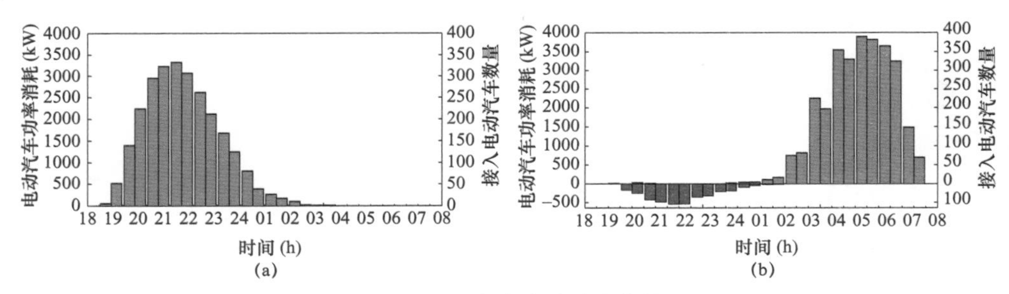

图 3－6　电动汽车有功功率交换[25]

（a）无序充电；（b）有序充电

EV 的充电和放电功率分别以红色和蓝色显示。按照惯例，EV 充电功率和 EV－V2G 放电功率分别以正值和负值表示。可以看出，无序充电时，EV 电池在到达时即开始连续充电，峰值负荷在 21:00～22:00。在有序充电场景下，该峰值转移到谷时电价的时间间隔。这使得系统有功需求峰值减少了近 1MW。

图 3－7 显示了有序充电与无序充电场景下的电压和温度限制。对于无序充电，出现了电压和电流越限。启用 EV 充电控制后，可以避免这些漏洞。因此，配电网中的 EVCC 不仅有利于削峰，而且有利于维持电网的正常运行。

结果表明，在考虑 V2G 技术的不平衡电网中，基于电流的 MILP 方程的分步解法能有效地找到 EV 最佳充电时间表。

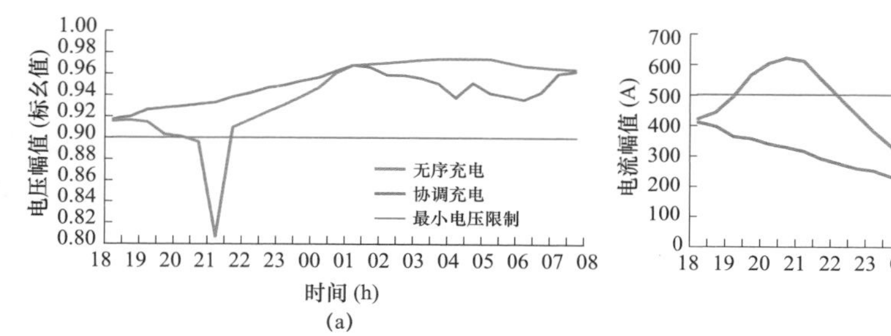

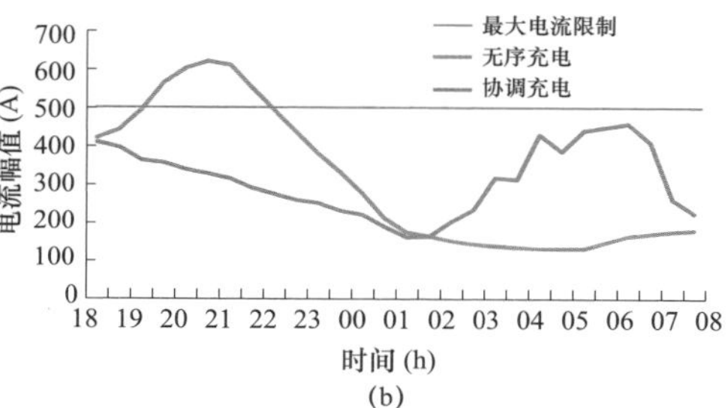

图 3－7 运行限制曲线[25]

（a）电压幅值限制；（b）电流幅值限制

3.8.2 电压控制问题

辐射式馈线的较大压降将导致能量损失的增加，因此电压优化的控制方法在日常配电网运行中至关重要。因此通过利用 IEEE13 节点测试系统[11]来评估基于功率方程在电压控制方法中的应用效果。

图 3－8 显示了 IEEE 13 节点测试系统的拓扑图，A 相、B 相和 C 相固定的标称需求分别为 1.31MVA（34.2%）、1.16MVA（30.3%）和 1.36MVA（35.5%）。该测试中假设所有负载均以星形配置连接并且功率为恒定值。此外，标称电压为 4.16kV，变电站的电压幅度保持额定电压（1.0p.u.）。在标称需求条件下，该测试系统电压曲线如表 3－3 所示。

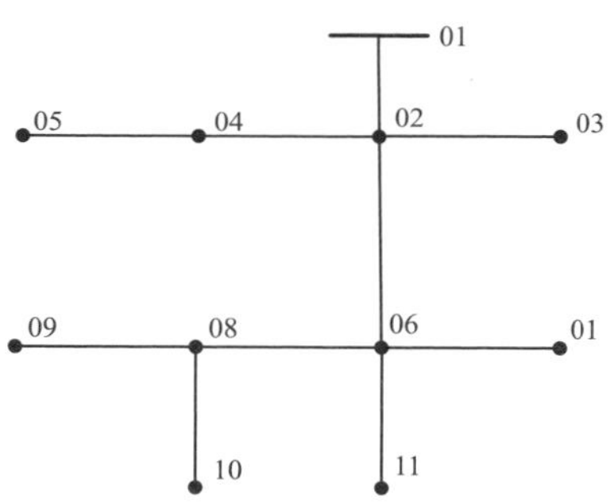

图 3－8 IEEE 13 节点测试系统

表 3－3 电压控制实现的 IEEE 13 节点测试系统的电压信息 （p.u.）

节点＼相别	A	B	C
1	1.000 0	1.000 0	1.000 0
2	0.955 5	0.969 5	0.934 7
3	0.952 3	0.967 5	0.931 9
4	—	0.959 1	0.937 8
5	—	0.955 7	0.938 9
6	0.922 1	0.972 3	0.858 5
7	0.913 8	0.973 4	0.854 5
8	0.920 0	—	0.854 6
9	—	—	0.850 8
10	0.913 8	—	—
11	0.922 1	0.972 3	0.858 5

为了改善配电网络的电压分布，最小和最大电压限制分别设定为 0.93p.u.和 1.05p.u.，一组 OLTC 和两组 SCB 添加到电网中以满足电压限制要求。通过使用这些器件要求将电压保持在设定的限值之间，同时要求在额定需求的 100%、70%、50%和 30%共 4 个负载水平条件下，每段母线上的电压偏差最小化（即要求保持所有母线的电压尽可能接近标称值）。

因此，需要确定每个设备的控制策略，以便实现与电压限制相关的操作约束，同时满足电压偏差最小化。为解决这一问题，需考虑以下几个方面：

（1）OLTC 安装在变电站，控制节点 1 的电压幅度。

（2）OLTC 的 8 个抽头位置（±4），以 5%的调节比改变输入电压幅度。

（3）SCB 安装在节点 7 和 9 上。

（4）每个 SCB 具有 6×500kvar 模块。

利用基于功率的线性方程来确定有载调压开关和电容器组的控制策略。电压偏差（ψ）表示为标称电压与母线电压平方差的绝对值，如式（3－164）所示。通过对目标函数中偏差的最小化，将式（3－164）可线性化为式（3－165）和式（3－166）。

$$|V_{nom}^2 - V_{n,f}^{sqr}| = \psi_{n,f} \quad \forall n \in N, f \in F \tag{3-164}$$

$$V_{nom}^2 - V_{n,f}^{sqr} \leqslant \psi_{n,f} \quad \forall n \in N, f \in F \tag{3-165}$$

$$-(V_{nom}^2 - V_{n,f}^{sqr}) \leqslant \psi_{n,f} \quad \forall n \in N, f \in F \tag{3-166}$$

此处根据第 3.7 节提出的线性方程，得到完整的混合整数线性方程如下所示：

$$\min \sum_{n \in N} \sum_{f \in F} \psi_{n,f}$$

约束条件：式（3－31），式（3－41）～式（3－43），式（3－54），式（3－58），式（3－61），式（3－64），式（3－65），式（3－124），式（3－125），式（3－131），式（3－132），式（3－153）～式（3－157），式（3－165），式（3－166）
（3－167）

方程用数学语言 AMPL[12]编写，并使用 CPLEX[3]求解。该模型针对 4 个负载水平进行求解，为每种情况找到最佳配置。表 3－4 列出了每种情况下有载调压开关 OLTC 的分接头位置，SCB 的已投入模块数以及电压总偏差。可以看出在每种情况下，涉及的设备都要满足电压限制。

表 3－4　　电压控制问题的结果总结

情况	负载率 %	分接开关 抽头位置	SCB－7 投入 模块/总数	SCB－9 投入 模块/总数	电压偏差 p.u.	电压限制
w/o 设备	100	—	—	—	4.017 7	不满足
1	100	+3	6/6	6/6	1.294 3	满足

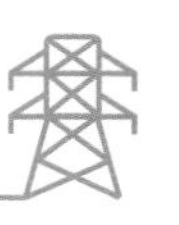

续表

情况	负载率 %	分接开关抽头位置	SCB－7 投入模块/总数	SCB－9 投入模块/总数	电压偏差 p.u.	电压限制
2	70	+2	6/6	6/6	0.712 2	满足
3	50	+1	6/6	5/6	0.493 7	满足
4	30	+1	1/6	3/6	0.278 3	满足

为了更好地说明通过数学优化找到的解决方案，表 3－5 中给出了 MILP 方程在额定负载下确定的解决方案的电压值。可以看出，利用 MILP 方程得到的解决方案可以保证满足电压限制。

表 3－5　　电压控制实现的 IEEE 13 节点测试系统的电压信息

相序	A		B		C	
情况	w/o 设备	电流 p.u.	w/o 设备	电流 p.u.	w/o 设备	电流 p.u.
1	1.000 0	1.037 5	1.000 0	1.037 5	1.000 0	1.037 5
2	0.999 9	0.998 0	0.969 5	1.006 7	0.934 7	1.001 7
3	0.952 3	0.994 9	0.967 5	1.004 8	0.931 9	0.999 1
4	—	—	0.959 1	0.996 7	0.937 8	1.004 6
5	—	—	0.955 7	0.993 4	0.938 9	1.005 6
6	0.922 1	0.994 9	0.972 3	1.007 6	0.858 5	0.959 4
7	0.913 8	0.962 2	0.973 4	1.009 2	0.854 5	0.956 6
8	0.920 0	0.967 2	—	—	0.854 6	0.960 1
9	—	—	—	—	0.850 8	0.960 8
10	0.913 8	0.961 3	—	—	—	—
11	0.922 1	0.961 3	0.972 3	1.007 6	0.858 5	0.959 4

所有情况下的解决方案都可以改善电压曲线，并控制电压幅度保持在限值内，同时实现电压偏差最小化，这些都证明了基于功率的 MILP 方程的有效性。

3.9　本章小结

本文提出的方程有效地模拟了不平衡网络的稳态运行。构建了一个数学框架，可作为规划人员和运行人员优化特定目标使用的计算工具。虽然两种方程目标一致，规划人员或运行人员可以根据需要解决的问题情况选择其中的一个方

案，但必须充分考虑以下因素：

（1）虽然两种方程都在确定稳态运行点方面体现了高精度，但根据本章3.2.3内容分析，基于电流的模型略优于基于功率的模型。

（2）由于电压和电流均用实部和虚部表述，在基于电流的方程中，运行限制建模需要大量约束条件。这一情况，尤其是在大规模系统测试过程中，会导致较高的计算负担，这可能会减慢计算过程。

（3）应用于非受迫测试系统的优化方法或算法，其优化过程不受运行限制（例如需求响应或基于市场的优化），推荐采用基于电流的方程。

（4）如上所述，两种方程都可以用于处理考虑接入智能电网设备的网络优化计算。但智能电网设备的数学表达可以影响方程选择，例如在无功—电压控制方法中，推荐基于功率的公式，因为无功电压控制器件直接影响电压幅度和无功潮流。

（5）负载情况也是一个需要考虑的重要特征，因为它直接影响到运行点估计。两种LP方程都取决于估算的运行点的准确性。在不可观的配电网中，对于规划人员或运行人员来说电压估算比潮流估算更容易。因此，基于电流的方程将更适合这种情况。值得注意的是，在配电网的每个优化问题都应根据需要分析考虑的特定要求，做出最佳选择。

附录

1 分段线性化技术

分段线性化是一种利用一组分段线性函数近似非线性函数的方法。该方法在工程中得到了广泛的应用，常用于求解二次非线性问题，有助于建立 LP 模型。通常定义函数 f 是为了计算变量σ的平方值，其表示为$\sigma^{+}+\sigma^{-}$，且位于$[0,\overline{\sigma}]$区间之内，这种函数的一般结构为：

$$f(\sigma,\overline{\sigma},\Lambda)=\sum_{\lambda=1}^{\Lambda}\phi_{\sigma,\lambda}\Delta_{\sigma,\lambda} \tag{3-168}$$

$$\sigma=\sigma^{+}-\sigma^{-} \tag{3-169}$$

$$\sigma^{+}+\sigma^{-}=\sum_{\lambda=1}^{\Lambda}\Delta_{\sigma,\lambda} \tag{3-170}$$

$$0\leqslant\Delta_{\sigma,\lambda}\leqslant\overline{\sigma}/\Lambda\quad\forall\lambda\in\Lambda \tag{3-171}$$

$$\phi_{\sigma,\lambda}=(2\lambda-1)\overline{\sigma}/\Lambda\quad\forall\lambda\in\Lambda \tag{3-172}$$

通过计算参数$\phi_{\sigma,\lambda}$来量化离散过程每一步中$\Delta_{\sigma,\lambda}$的作用。参数$\overline{\sigma}$表示σ的最大值，而Λ表示线性离散化的次数。

需要注意的是，这种方法仅限于最大化严格凹函数或最小化凸函数。如果需要在不同条件下应用这种技术，则必须包含二元变量和附加约束条件。

2 多周期和多场景扩展

一般情况下，配电网运行的优化分析是在某个时间窗口内进行的，在这个窗口内，多个控制过程可能相互依赖，这就是所谓的多周期优化。例如，日前运营计划通常在一个小时的时间窗口中进行划分，一个小时的决策可能会影响下一个时间间隔的决策。表示配电网运行的数学公式应能够处理多周期优化分析，同时所提出的 LP 公式可以很容易地用于处理多个时间间隔。因此，在表示配电网运行的参数变量（例如电压、电流和功率潮流）中添加了一个与时间间隔相关的新索引。

此外，配电网优化框架还需要考虑对多场景优化的适应性，以及模拟电网中的不确定性。多场景优化是解决随机规划问题的一种常用方法，其中一些变量或参数具有不确定性（如电动汽车性能、可再生 DG 可用性和需求变化）。不确定性通过一组场景来表示，每一个场景都有一个相关的概率，即一个多场景模型平

均会提供一个最优的解决方案，同时考虑所有的场景。与多周期情况类似，为与每个场景相关的不确定变量添加一个新索引。由于包含了与每个场景相关的概率，问题的目标函数被计算为期望值。

3 稳态运行点的估算

3.2.3 节所提出的三相方程的准确性取决于估算运行点的精度。高质量的估算将使电压幅值的一些近似和一些线性化技术（如泰勒线性化）所对应的误差降到最低。为了获得合适的估算运行点，可采用以下技术：

（1）二阶法，在第一阶段采用平启动解决 LP 模型（例如假设名义电压和不考虑功率）。然后使用第一阶段的解决方案初始化第二阶段，在第二阶段中，LP 模型再次从已计算的运行点进行求解。

（2）使用历史数据来确定估计值。通常情况下，运行人员的知识和经验对于选择相似的负荷和电源场景下的历史运行点至关重要。

（3）使用前一个时间间隔工作点是估算运行点的另一种方法。这种方法通常用于较短的时间间隔优化，在这种方法中，负荷的突变是不可预计的（例如 EVCC 问题）。

需要注意的是，在应用所提的公式时，运行点的估算是需要考虑的一个重要问题。此外，决定估算运行点的方法将取决于现有的资料和正在处理的问题的特点。

参 考 文 献

[1] J.A. Momoh., *Electric Power System Applications of Optimization*, 2nd edn. (CRC Press, Boca Raton, 2009).

[2] L. Aleixo et al., A general framework for active distribution network planning, in *CIGRE Symposium 2013*, no. April 2013 (2013), pp. 1–8.

[3] "IBM ILOG CPLEX V12.1 User's Manual for CPLEX." CPLEX Division, Incline Village, NV (2009).

[4] MOSEK ApS, *The MOSEK optimization tools manual—version 6.0*. Copenhagen, 2009.

[5] G. O. Inc., Gurobi Optimizer reference manual, www.Gurobi.com, vol. 6 (2014), p. 572.

[6] R.H. Byrd, J. Nocedal, R.A. Waltz, Knitro: an integrated package for nonlinear optimization, in *Large-Scale Nonlinear Optimization*, ed. by G. Di Pillo, M. Roma (Springer US, Boston, MA, 2006), pp. 35–59.

[7] P. Bonami, J. Lee, BONMIN Users' Manual, (2007).

[8] D. Shirmohammadi, H.W. Hong, A. Semlyen, G.X. Luo, A compensation-based power flow method for weakly meshed distribution and transmission networks. IEEE Trans. Power Syst. 3(2), 753–762 (1988).

[9] R.G. Cespedes, New method for the analysis of distribution networks. IEEE Trans. Power Deliver. 5(1), 391–396 (1990).

[10] J.F. Franco, M.J. Rider, R. Romero, A mixed-integer linear programming model for the electric vehicle charging coordination problem in unbalanced electrical distribution systems. IEEE Trans. Smart Grid **6**(5), 2200–2210 (2015).

[11] IEEE/PES, Distribution Test Feeders, 123 – bus Feeder.

[12] R. Fourer, D.M. Gay, B.W. Kernighan, *AMPL: a modeling language for mathematical programming*, 2nd edn. (Brooks/Cole-Thomson Learning, Pacific Grove, CA, 2003).

[13] EPRI, Open Distribution System , (2012).

[14] International energy outlook 2013. (2013).

[15] P.L. Dandeno et al., System load dynamics-simulation effects and determination of load constants. IEEE Trans. Power Appar. Syst. **PAS – 92** (1973).

[16] A. Padilha-Feltrin, D. Quijano, J.R. Mantovani, Volt-VAR multiobjective optimization to peak-load relief and energy efficiency in distribution networks. IEEE Trans. Power Deliver. 30(2), 618–626 (2015).

[17] H. Ahmadi, J.R. Martí, H.W. Dommel, A framework for volt-VAR optimization in distribution systems. IEEE Trans. Smart Grid **6**(3), 1473–1483 (2015).

[18] C. Sabillon, O. Melgar Dominguez, J. Franco, M. Lavorato, M.J. Rider, Volt-VAR control and energy storage device operation to improve the electric vehicle charging coordination in unbalanced distribution networks. IEEE Trans. Sustain. Energy (2017).

[19] L.M. Korunovic, S. Sterpu, S. Djokic, K. Yamashita, S. M. Villanueva, J.V. Milanovic, Processing of load parameters based on Existing Load Models, in *2012 3rd IEEE PES Innovative Smart Grid Technologies Europe (ISGT Europe)* (2012), pp. 1–6.

[20] Task force on load representation for dynamic performance IEEE, Bibliography on load models for power flow and dynamic performance simulation. IEEE Trans. Power Syst. **10**(1), 523–538 (1995).

[21] N. Anglani, F. Fattori, G. Muliere, Electric vehicles penetration and grid impact for local energy models, in *2012 IEEE International Energy Conference and Exhibition (ENERGYCON)* (2012), pp. 1009–1014.

[22] K. Clement-Nyns, E. Haesen, J. Driesen, The impact of charging plug-in hybrid electric vehicles on a residential distribution grid. IEEE Trans. Power Syst. **25**(1), 371–380 (2010).

[23] D. Wu, D.C. Aliprantis, K. Gkritza, Electric energy and power consumption by light-duty plug-in electric vehicles. IEEE Trans. Power Syst. **26**(2), 738–746 (2011).

[24] A. O'Connell, A. Keane, D. Flynn, Rolling multi-period optimization to control electric vehicle charging in distribution networks, in *2014 IEEE PES General Meeting|Conference Exposition* (2014), p. 1.

[25] C. Sabillon Antunez, J.F. Franco, M.J. Rider, R. Romero, A new methodology for the optimal charging coordination of electric vehicles considering vehicle-to-grid technology. IEEE Trans. Sustain. Energy **7**(2), 596–607 (2016).

[26] A.T. Al-Awami, E. Sortomme, Coordinating vehicle-to-grid services with energy trading. IEEE Trans. Smart Grid **3**(1), 453–462 (2012).

[27] T. Ackermann, G. Andersson, L. Söder, Distributed generation: a definition. Electr. Power Syst. Res. **57**(3), 195–204 (2001).

[28] K. Qian, C. Zhou, Y. Yuan, X. Shi, M. Allan, Analysis of the environmental benefits of Distributed Generation, in *IEEE Power and Energy Society 2008 General Meeting: Conversion and Delivery of Electrical Energy in the 21st Century, PES* (2008).

[29] A.C. Rueda-Medina, J.F. Franco, M.J. Rider, A. Padilha-Feltrin, R. Romero, A mixed-integer linear programming approach for optimal type, size and allocation of distributed generation in radial distribution systems. Electr. Power Syst. Res. **97**, 133–143 (2013).

[30] J.A.P. Lopes, N. Hatziargyriou, J. Mutale, P. Djapic, N. Jenkins, Integrating distributed generation into electric power systems: a review of drivers, challenges and opportunities. Electr.

Power Syst. Res. **77**(9), 1189–1203 (2007).

[31] M. Bollen, F. Hassan, *Integration of Distributed Generation in the Power System* (2011).

[32] Y.M. Atwa, E.F. El-Saadany, MMa. Salama, R. Seethapathy, Optimal renewable resources mix for distribution system energy loss minimization. IEEE Trans. Power Syst. **25**(1), 360–370 (2010).

[33] S. Weckx, C. Gonzalez, J. Driesen, Combined central and local active and reactive power control of PV inverters. IEEE Trans. Sustain. Energy **5**(3), 776–784 (2014).

[34] R. Tonkoski, L.A.C. Lopes, T.H.M. El-Fouly, Coordinated active power curtailment of grid connected PV inverters for overvoltage prevention. IEEE Trans. Sustain. Energy **2**(2), 139–147 (2011).

[35] M. Ross, R. Hidalgo, C. Abbey, G. Joos, Analysis of energy storage sizing and technologies, in *EPEC 2010—IEEE Electrical Power and Energy Conference: "Sustainable Energy for an Intelligent Grid"* (2010).

[36] M.S. ElNozahy, T.K. Abdel-Galil, M.M.A. Salama, Probabilistic ESS sizing and scheduling for improved integration of PHEVs and PV systems in residential distribution systems. Electr. Power Syst. Res. **125**, 55–66 (2015).

[37] J.F. Franco, M.J. Rider, M. Lavorato, R. Romero, A mixed-integer LP model for the reconfiguration of radial electric distribution systems considering distributed generation. Electr. Power Syst. Res. **97**, 51–60 (2013).

4

考虑电力批发零售市场的多阶段中低压配电网规划

梅尔达德·塞塔什·纳扎尔，阿里雷扎·海达里，
马哈茂德·雷扎·哈吉法姆

摘　要　本章提出了一种电力批发零售市场条件下含分布式电源的中低压配电网综合扩展规划（integrated distributed generation and primary-secondary network expansion planning，IDGNEP）方法。该方法采用统一模型探索电力零售市场参与者对 IDGNEP 过程的影响。随着 IDGNEP 理论与实践的不断发展，自用零售市场参与者（non-utility retail market participants，NURMPs）与用户主动微电网（customers' active microgrids，CAMGs）带来了可包含在配电网规划范畴的其他资源。配电网可以与电力批发/零售市场参与者以及下层 CAMGs 间进行电能交易。当配电网与 NURMPs/CAMGs 间交易的电量与向终端用户输送的电量相当时，规划结果可能出现显著不同。本章所提出的 IDGNEP 模型属于混合整数非线性规划（mixed integer non linear programming，MINLP）问题。基于遗传优化算法将 IDGNEP 问题分解成多个子问题，实现投资、运营成本最小化与供电可靠性最大化的配电网最优扩展规划。在 IDGNEP 的制定过程中考虑了需求侧管理（demand side management，DSM）方案、配电自动化（distribution automation，DA）投资以及可能对配电网资源带来显著改变的 NURMPs 与 CAMGs 的作用场景。城市配电网算例验证了该算法的有效性。

关键词　配电网扩展规划，遗传优化算法，主动微电网

4.1 引言

通常情况下电力负荷由公用配电网供电，每个用户通过公共连接点与主要公用电网（称为主电网）相连，如图 4－1 所示[1]。然而，许多用户可能包含分布式电源（distributed generation，DG）并向能源密集型工业提供电能。上述用户负荷可通过减少配电网受电量并增加自身发电系统的出力，因此可将这类用户视为可调负荷。此外，主电网可以与上级电力批发市场和下级 CAMGs 进行电力交易[1]。

根据终端负荷的群体特征、土地所有权和运行约束，主电网可划分为不同的供电分区。此外，对于开放接入的配电网，不同供电分区的 CAMGs 与用户间可进行电力交易并存在多种交易模式。然而，任何终端用户间的零售市场交易都需要事先得到配电系统运营商（distribution system operator，DSO）的研究与批准。电网、电力批发市场与电力零售市场之间的电力交易可能改变电网资源、成本与可靠性。因此，能量双向交互电网的电力资源优化规划与运行可能和普通电网有所不同[2~5]。

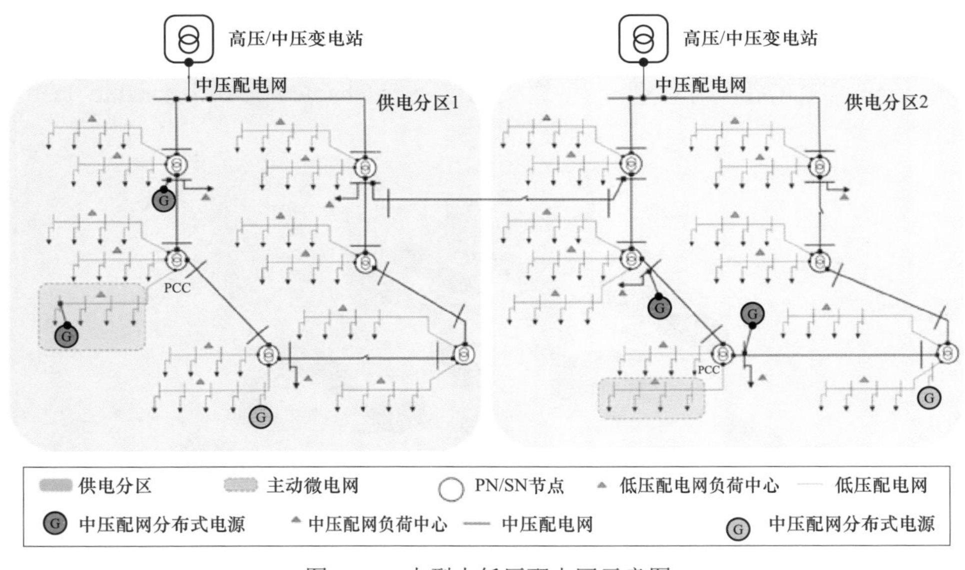

图 4－1 大型中低压配电网示意图

分布式电源与中低压配电网扩展规划（DG and primary-secondary network expansion planning，DGNEP）问题包括确定发电设备与电网设施的站址、容量和投运时间。规划结果取决于负荷增长情况、可靠性标准、DSM 计划、DA 投资方

案选择以及 NURMPs/CAMGs 的作用场景。

从满足配电网优化运行需求的角度出发，DGNEP 是合理的。然而，考虑到网络约束条件下 DSO 与 NURMPs/CAMGs 之间相互影响的先后顺序，这对核心规划决策非常关键。

本章介绍的 IDGNEP 算法是对 DGNEP 算法的改进。该算法综合考虑了电力批发市场价格的不确定性和 NURMPs/CAMGs 的竞价/报价情况，之后采用最优重构程序对正常与故障状态下的电网充裕性进行检验。

4.2 问题建模与公式

电力批发市场可视为一个强制性的电力联营机构。DSO 作为电力批发市场参与者向市场提交购电标书。在这个双边竞价模型中，由独立的系统管理者运营竞价市场、进行市场结算并将结算结果返回给电力批发市场参与者[4,6,7]。

电力零售市场可视为一个自愿的电力市场。NURMPs 间可以在这个市场上进行双向签约。剩余负荷由 DSO 供电。DSO 可以通过公用分布式电源（utility distributed generation，UDG）、NURMPs/CAMGs 和批发市场等多种渠道向剩余负荷供电。

如图 4－2 所示，NURMPs 可分为两类：分布式自用电源（non-utility distributed generation，NUDG）与可调/不可调负荷（dispatchable/non-dispatchable load，DL/NDL）。

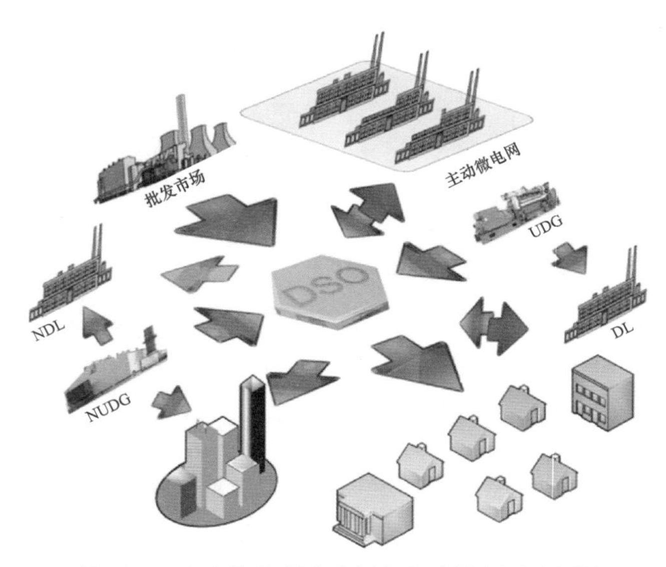

图 4－2　电力批发/零售市场与主动微电网示意图

NUDG 与 DL/NDL 可归类为[4]：

（1）可以通过支付适当的容量费用和电量费用来进行调度的 NUDG 称为可调度自有分布式电源（dispatchable non-utility distributed generation，DNUDG）。DNUDG 可以参与电力零售市场，这种类型 NURMPs 的发电成本如式（4－1）所示。

$$C_{DNUDG} = \left(\alpha \cdot Cap_{DNUDG} + \sum_{i=1}^{N_p} \beta_i \cdot P_{gi}^{DNUDG} \cdot \tau_i \right) \cdot \sigma \tag{4-1}$$

（2）在技术上或经济上不可调度的 NUDG 被称为不可调分布式自用电源（NDNUDG）。NDNUDG 可以参与零售市场，该类型 DG 的成本如式（4－2）所示。

$$C_{NDNUDG} = \left(\sum_{i=1}^{N_p} \eta_i \cdot P_{gi}^{DNUDG} \cdot \tau_i \right) \cdot \sigma \tag{4-2}$$

（3）可根据技术和经济参数降低自身电力需求的 NURMPs 表示为 DL 或 NDL。DL/NDL 可以参与电力零售市场，DL 和 NDL 的切负荷成本如式（4－3）和式（4－4）所示。

$$C_{DL} = \left(\gamma \cdot Cap_{DL} + \sum_{i=1}^{N_p} \chi_i \cdot P_{di}^{DL} \cdot \tau_i \right) \cdot \sigma \tag{4-3}$$

$$C_{NDL} = \left(\sum_{i=1}^{N_p} \varsigma_i \cdot P_{di}^{NDL} \cdot \tau_i \right) \cdot \sigma \tag{4-4}$$

CAMGs 可分为用户参与调度的微电网（customer's dispatchable microgrid，CDMG）和用户不参与调度的微电网（customer's non-dispatchable microgrid，CNDMG）。

CDMG 和 CNDMG 可被归类为：

（1）可以调度的 CAMGs 称为 CDMG。CDMG 通过公共连接点向 DSO 售电，不能参与电力零售市场。这种类型 CAMGs 的发电/切负荷成本如式（4－5）所示：

$$C_{CDMG} = \left(\sum_{i=1}^{N_p} \varpi_i \cdot P_{gi}^{CDMG} \cdot \tau_i \right) \cdot \sigma \tag{4-5}$$

（2）不可调度的 CAMGs 称为 CNDMG。CNDMG 可能存在间歇性发电机组，并且不能向 DSO 售电或参与电力零售市场。通过负荷节点中加入发电机组的方式对这种类型的 CAMGs 进行建模。

DSO 基于不完备的信息，在 IDGNEP 的范围内进行最优决策，确定规划问

题中决策变量的最优值。上述决策变量包括 UDG 和电网设施的位置、容量和投运时间。DSO 根据 NURMPs/CDMG 的位置、类型和容量等估算数据来制定发电机组的最优发电计划、电力批发市场和 NURMPs/CDMG 的电力交易以及基于故障状态的切负荷备选方案。

IDGNEP 问题受三个不确定性因素的影响：电力批发市场价格、NURMPs/CDMG 的作用场景和电网故障。

对上述不确定性因素进行建模，形成基于场景驱动算法的多阶段决策问题。在第一阶段，基于电力批发市场价格场景提出使电网总成本最小的四阶段迭代优化流程；在第二阶段，对电网设施配置和容量选择进行最优决策；在第三阶段，寻找 NURMPs/CDMG 的最优作用场景以保障供电可靠性；在第四阶段，基于最优恢复问题对故障状态下的电网充裕性进行检验。

4.2.1 第一阶段优化问题建模

在第一阶段，DSO 确定每半年度的电力批发市场场景数量，并对电力负荷、上级电力批发市场价格以及与上级电网和 NURMPs/CDMG 作用场景进行的电力交易进行估算。基于电力批发市场价格场景，第一阶段以成本最小化为目标对成本分摊问题求解。该问题的目标函数由规划期内每半年的总投资、运行成本和用户停电损失组成，如式（4－6）所示。

$$
\begin{aligned}
\min C_1 = \sum_{i=1}^{Nyear}\sum_{j=1}^{Nzone}\Bigg[& \sum_{\Omega} C_{ij\Omega}\cdot\varphi_{ij\Omega} \\
& + W_{WM\ Purchased\_energy}\cdot\sum_{k=1}^{WM\_Sc}\varphi_{WM\ ijk}^{Purchased\_Scenario}\cdot MCP_{ijk}\cdot E_{ijk}^{WM} \\
& + W_{NURMP\ Purchased\_energy}\cdot\sum_{k=1}^{NURMP\_Sc}\varphi_{NURMP\ ijk}^{Purchased\_Scenario}\cdot price_{ijk}^{NURMP}\cdot E_{ijk}^{NURMP} \\
& + W_{CDMG\ Purchased\_energy}\cdot\sum_{k=1}^{CDMG\_Sc}\varphi_{CDMG\ ijk}^{Purchased\_Scenario}\cdot price_{ijk}^{CDMG}\cdot E_{ijk}^{CDMG} \\
& + W_{CIC}\cdot\sum_{k=1}^{N\_Critical\_Outage} CIC_{ijk}\Bigg]
\end{aligned}
\tag{4-6}
$$

$$\Omega=\{Sub, Feed, RPS, UDG, DSM, DA\}$$

第一阶段目标函数由三部分组成：① 变电站、馈线、可再生能源配额制（renewable portfolio standard，RPS）、UDG、DSM 以及 DA 的投资加上总运营成本；② 面向上级电网、NURMPs 以及 CDMG 的购电成本，上述成本在第三阶段计算得出；③ 用户停电损失。该决策问题的第二阶段对式（4－6）的第一项（投资项）进行了描述。该决策问题的第四阶段确定了用户停电损失项。第一阶段优

化问题的决策变量集（DVS）如式（4–7）所示。

$$DVS^1 = \left[\varphi_\Omega, \varphi_{WM}^{Purchased\_Scenario}, \varphi_{NURMP}^{Purchased\_Scenario}, \varphi_{CDMG}^{Purchased\_Scenario} \right]$$
$$\Omega = \{Sub, Feed, RPS, UDG, DSM, DA\} \tag{4-7}$$

技术上的约束条件分为设备负载约束、负荷中心供电约束和直流潮流约束。电网直流潮流约束可以表示为式（4–8）。

$$f_1(x,u,z) = 0 \tag{4-8}$$

式中，x，u，z 分别为问题变量、控制量和网络拓扑。技术约束条件可统一表示为

$$g_1(x,u,z) \leqslant 0 \tag{4-9}$$

第一阶段的求解结果可应用于第二阶段以确定所需投资的时间和地点。针对第一阶段的每个场景，决策问题的第二阶段对规划年度每一阶段的电网设备特性及其技术参数进行优化。

4.2.2 第二阶段优化问题建模

在第二阶段，DSO 对电网负荷、上级电力批发市场价格以及与上级电网和 NURMPs/CDMG 之间每年 4 次的电力交易进行估算。在这一阶段，DSO 对电网设施选择与配置参数进行最优决策。第二阶段的目标函数如式（4–10）所示。

$$\min C_2^a = \sum_{i=1}^{Nyear} \sum_{j=1}^{Nzone} \left[\sum_{\Gamma} C_{ij\Gamma} \cdot \psi_{ij\Gamma} + \sum_{\Delta} C_{ij\Delta} \cdot \psi_{ij\Delta} \right]$$
$$\Gamma = \{Nsub, N\_Fr, N\_UDG, N\_DSM, N\_DA, N\_RPS\} \tag{4-10}$$
$$\Delta = \{N\_NURMP, N\_CDMG\}$$
$$a \in \text{第一阶段优化问题的状态空间}$$

第二阶段的目标函数可分解为两部分：第一部分是变电站、馈线、UDG、DSM、DA 以及 RPS 的配置与容量选择；第二部分是第三阶段计算的 NURMPs 和 CDMG 的作用场景。

第二阶段优化问题的决策变量集如式（4–11）所示。

$$DVS^2 = [\psi_\Gamma, \psi_\Delta]$$
$$\Gamma = \{Nsub, N\_Fr, N\_UDG, N\_DSM, N\_DA, N\_RPS\} \tag{4-11}$$
$$\Delta = \{N\_NURMP, N\_CDMG\}$$

约束条件包括电压约束、设备负载约束、正常与故障状态下的电网节点功率平衡约束、负荷中心供电约束、唯一性参数选择约束、正常和故障条件下的辐射式电网运行约束以及可靠性约束。

技术约束与唯一性参数选择约束如下：

$$g_2(x,u,z)\leqslant 0 \tag{4-12}$$

潮流约束如下：

$$f_2(x,u,z)=0 \tag{4-13}$$

4.2.3 第三阶段优化问题建模

基于第二阶段的计算结果，以成本最小化为目标对 NURMPs/CDMG 的作用场景进行研究。第三阶段优化问题在 NURMPs 的月度竞价/报价状态空间上寻找 NURMPs/CDMG 的最优作用场景[2]。由 DSO 向电力零售市场的剩余负荷供电。第三阶段目标函数如式（4－14）所示。

$$\begin{aligned}
\min C_3^b = &\sum_{i=1}^{Nyear}\sum_{j=1}^{Nzone}\sum_{k=1}^{Np}\Bigg[\sum_{\Lambda} C_{ijk\Lambda}\bullet\psi_{ijk\Lambda}\\
&+W_{Purchased_energy_k}\bullet(MCP_{ijk}+Trans._serevice_price_{ijk})\bullet E_{ijk}^{WM}\\
&\Lambda=\begin{Bmatrix}N_UDG, N_NDNUDG, N_DNUDG, N_DL,\\ N_NDL, N_CDMG\end{Bmatrix}\\
&b\in \text{第二阶段优化问题的状态空间}
\end{aligned} \tag{4-14}$$

第三阶段的目标函数由 UDG、NURMPs 以及 CDMG 的作用场景组成。DSO 利用场景驱动信息对 DNUDG、NDNUDG、DL、NDL 以及 CDMG 的作用场景进行刻画。通过选取 NURMPs/CDMG 的最优作用场景，DSO 对式（4－14）中的决策变量进行优化。

第三阶段优化问题的决策变量集如式（4－15）所示。

$$\begin{aligned}
&DVS^3=\psi_\Lambda\\
&\quad\Gamma=\{Nsub, N_Fr, N_UDG, N_DSM, N_DA, N_RPS\}\\
&\quad\Lambda=\{N_UDG, N_NDNUDG, N_DNUDG, N_DL, N_NDL, N_CDMG\}
\end{aligned} \tag{4-15}$$

第三阶段的技术选择约束如下：

$$g_3(x,u,z)\leqslant 0 \tag{4-16}$$

潮流约束如下：

$$f_3(x,u,z)=0 \tag{4-17}$$

如果 NURMPs/CDMG 的作用场景是固定的，则可对电网恢复的可行性进行研究。该问题作为第三阶段的附属问题，对故障状态下的电网资源整合进行优化。

4.2.4 第四阶段优化问题建模

第四阶段优化问题尝试寻找故障状态下的月度最优资源整合。电网的控制变量归类如下[2,8]。

（1）电网资源的离散控制变量，如联络开关和电容器投切。

（2）电网资源的连续控制变量，如 UDG、DNUDG、CDMG 以及 DL。

第四阶段的目标函数如式（4－18）所示。

$$\min C_4^c = \sum_{i=1}^{Nyear}\sum_{j=1}^{Nzone}\sum_{k=1}^{Noutage}\left[CIC_{ijk} + \sum_{\Xi}\Delta C_{OP(\Xi)ijk}\right]$$

$$\Lambda = \{UDG, DNUDG, CDMG, DL\} \tag{4-18}$$

$$c \in \text{第三阶段优化问题的状态空间}$$

第四阶段的优化流程对保障最重要负荷恢复的电网资源充裕性进行了分析。通过改变联络开关与电容器投切状态来实现电网资源的优化整合。对于新的网络拓扑关系而言，资源整合的优化问题可以通过自定义最优潮流方法解决。优化问题的约束条件包括节点压降、线路负荷以及潮流约束。第四阶段的决策变量集如式（4－19）所示：

$$DVS^4 = \left[Cb^1, TS^1, \cdots, Cb^{N\_RPS}, TS^{N\_TS}\right] \tag{4-19}$$

$$Cb_i = 1 \quad \text{（如果第 } i \text{ 个并联电容器已经使用，否则为 0）} \tag{4-20}$$

$$TS_i = 1 \quad \text{（如果第 } i \text{ 个联络开关已经使用，否则为 0）} \tag{4-21}$$

技术与辐射运行约束可统一表示如下：

$$y_5'^n(x,u,z) \leqslant 0 \forall n \in \{0,1,\cdots,Noutage\} \tag{4-22}$$

潮流约束如下：

$$f_5'^n(x,u,z) = 0 \forall n \in \{0,1,\cdots,Noutage\} \tag{4-23}$$

4.3 求解算法

上述 IDGNEP 模型是一个场景驱动的混合整数非线性规划问题。若固定第一阶段问题的参数，IDGNEP 的子问题是非线性和非凸的。第四阶段问题中包含电容器投切状态和线路开关状态等离散控制变量，并且会在求解电网最优恢复策略时生成新的状态空间。每一个有效的开关状态切换都会生成一个基于负荷变化的状态空间。因此，第四阶段问题的状态空间规模巨大，其求解算法必须能够对该状态空间进行有效搜索。本章采用一种基于可变适应度函数的遗传算法（genetic algorithm，GA）对该优化问题进行求解，并以一种确定的、强化的方式对遗传算子的作用概率进行调整。通过改变算子的参数值，对算子的行为（即该算子具体的作用方式）进行调整。图 4－3 展示了多阶段优化算法的流程图。首先基于电力批发市场的价格场景，以每半年为一个周期对规划期内的第一阶段问题进行优化，之后对第二阶段问题进行优化求解。在第三阶段，对 NURMP/CDMG 作用场景进行优化。在第四阶段寻找可行且最优的电网恢复问题求解方法。

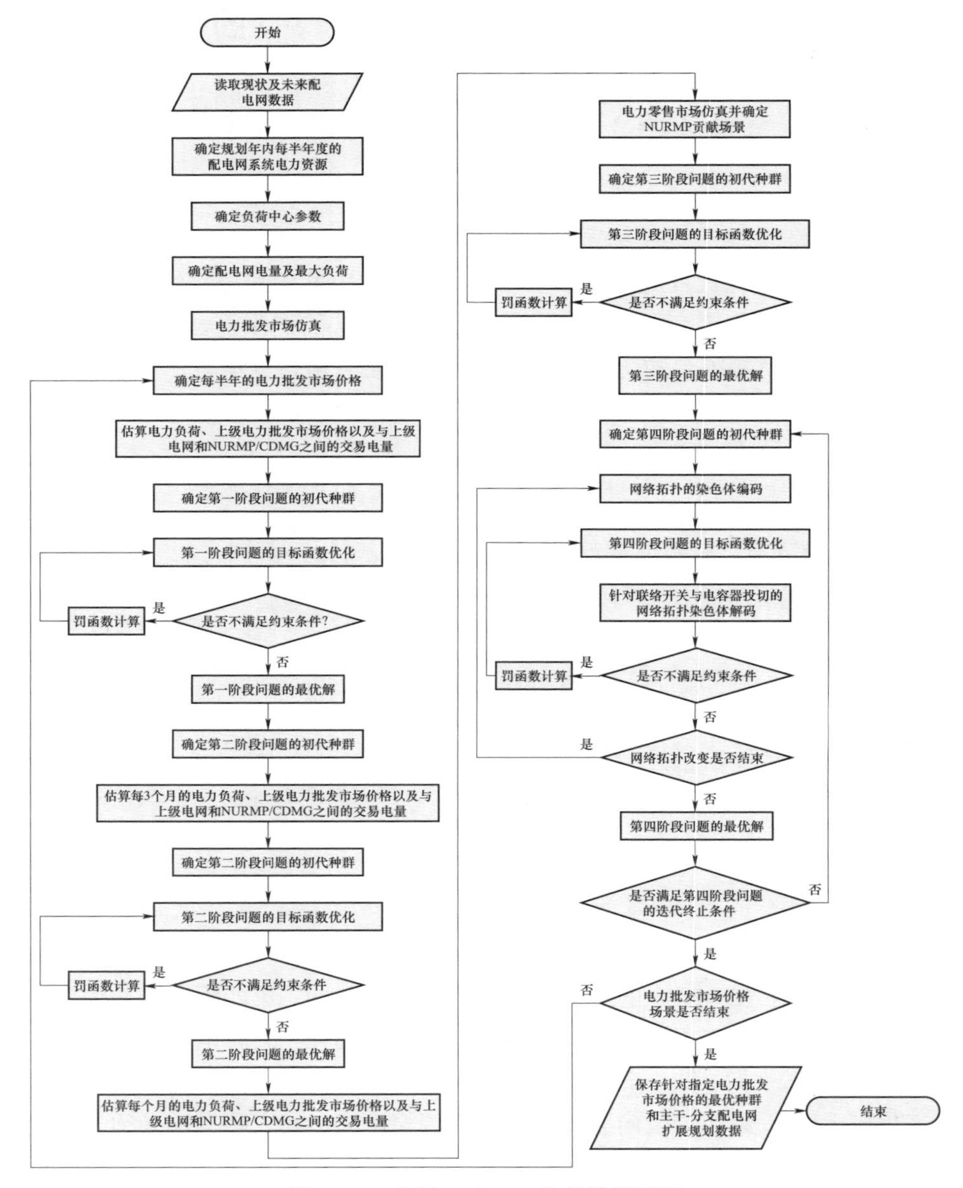

图 4－3　求解 IDGNEP 的算法流程图

本章采用二进制编码来寻找问题可能的求解方法。第一、二、三、四阶段决策变量的遗传算法种群（GA population，GAP）如式（4–24）所示。

$$GAP^{i}=DVS^{i}\quad \forall i=\{1,2,3,4\} \tag{4–24}$$

为提升该遗传算法的运算性能和速度，挑选合适的候选者作为初代染色体。该种群可以根据工程经验规则来生成。

将交叉算子和变异算子作用于初代染色体并得到新一代染色体。图 4–4 展示了第一阶段问题的交叉过程。交叉算子作用于每个决策变量集。图 4–5 展示了第一阶段问题的变异过程。

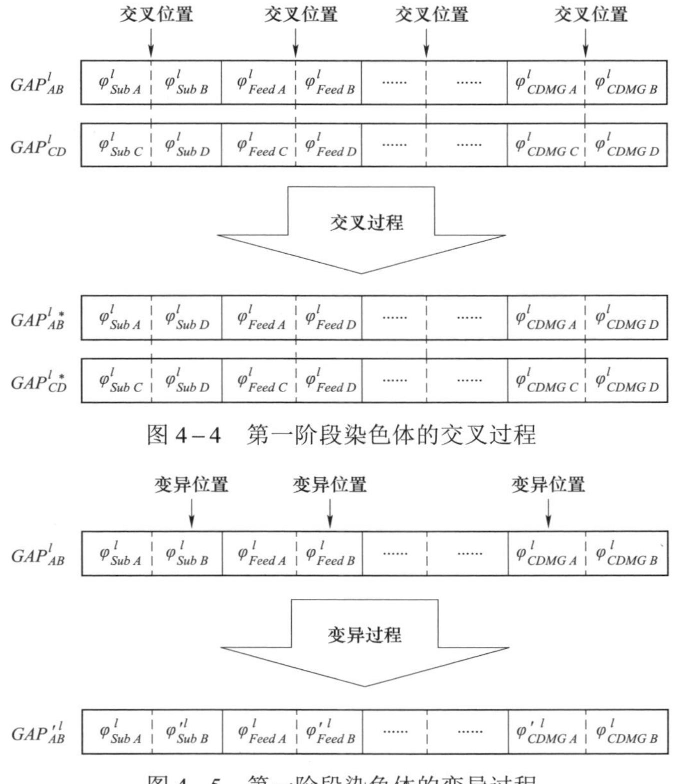

图 4–4　第一阶段染色体的交叉过程

图 4–5　第一阶段染色体的变异过程

采用惩罚因子来实现优化过程中的运行约束。多阶段问题最终的优化适应度函数可以写成：

$$\max \mathbb{Z}=M-C-W\bullet g(u,x,z)-W'\bullet f(u,x,z) \tag{4–25}$$

式中，$\mathbb{Z}$ 和 M 分别为目标函数和一个数值很大的向量。W 和 W' 是权重因子向量，该向量可以在迭代过程中从零线性增大到一个很大的数值。

采用加权可靠性指数（weighted reliability index，WRI）作为算法的终止判据。该指数的定义如下：

$$WRI = wf_1' \cdot SAIDI + wf_2' \cdot SAIFI \tag{4-26}$$

式中

$$SAIFI = 用户停电总次数/总用户数 \tag{4-27}$$

$$SAIDI = 用户停电总时长/总用户数 \tag{4-28}$$

4.4 计算结果

将上述算法应用于某城市配电网。该配网是一个在规划水平年拥有 45 000 个用户的城市电网的一部分。所选择的区域在规划水平年将会有 7000 个住宅用户和商业用户。该配网中压等级为 20kV，低压等级为 400V。规划期为未来 7 年。永久性故障的平均修复时间设为 2h，其权重因子为 1.0。

基于 $wf_1' = wf_2' = 1/2$ 的公用事业可靠性标准，所有节点的算法终止判据设定为 $WRI < 8$ 或迭代次数大于 2000。

通过电力批发和零售市场仿真，确定不同阶段中最重要 NURMP 的作用场景和电网剩余负荷，并对 NURMP/CAMGs 的群组进行识别。DSO 寻找正常和故障状态下 NURMP/CAMGs 向剩余负荷供电的最优场景。通过电力批发市场仿真计算得到了不同的批发市场价格分类，并在表 4－1 中以货币单位（monetary units，MUs）表示。表 4－2 为 NURMPs/CAMGs 作用的总成本。考虑 NURMPs/CAMGs 作用情况下的最终负荷预测结果如表 4－3 所示。

表 4－1　上级批发市场价格和电能消耗估算结果

年份	第一年	第二年	第三年	第四年	第五年	第六年	第七年
批发市场价格的估算场景一（MU/MWh）	7.50×10^1	7.80×10^1	8.25×10^1	8.53×10^1	8.81×10^1	9.24×10^1	9.63×10^1
电能消耗的估算场景一（kWh）	7.83×10^7	8.22×10^7	8.63×10^7	9.07×10^7	9.52×10^7	1.00×10^8	1.05×10^8
批发市场价格的估算场景二（MU/MWh）	9.23×10^1	9.59×10^1	1.01×10^2	1.05×10^2	1.08×10^2	1.14×10^2	1.18×10^2
电能消耗的估算场景二（kWh）	7.46×10^7	7.91×10^7	8.31×10^7	8.72×10^7	9.16×10^7	9.62×10^7	1.01×10^8

表 4-2 NURMPs/CAMGs 的总成本

NURMP 类型	第一年（GMUs）	第二年（GMUs）	第三年（GMUs）	第四年（GMUs）	第五年（GMUs）	第六年（GMUs）	第七年（GMUs）
DNUDG	225 520.84	261 668.25	310 848.66	384 383.45	476 444.07	502 622.19	547 858.19
NDNUDG	31 083.62	36 070.26	42 561.34	50 540.28	62 851.62	65 716.39	69 093.95
DL	204 208.75	238 021.64	284 517.78	327 717.37	378 447.80	393 343.51	429 672.72
NDL	54 581.72	62 166.38	70 874.21	80 873.68	92 346.59	97 118.30	105 858.94
CDMG	226 408.10	263 589.40	311 137.70	368 826.70	438 987.60	460 783.10	503 111.60
CNDMG	33 464.28	37 967.61	43 095.52	48 942.75	55 592.55	57 299.47	62 456.42

表 4-3 考虑 NURMPs/CAMGs 影响的负荷预测最终结果

负荷中心	第一年负荷（kVA）	第二年负荷（kVA）	第三年负荷（kVA）	第四年负荷（kVA）	第五年负荷（kVA）	第六年负荷（kVA）	第七年负荷（kVA）
1	130.8	126.9	145.1	148.3	162	167.6	177.7
2	305.2	326.5	345.2	375.4	394.7	410.9	437.1
3	135.6	134.7	141.7	155.6	157.5	176.4	171.5
4	253.2	266.3	284.8	306.6	321.2	332	360.1
5	190.1	215	218	225.8	240.4	259.8	273.7
6	317.7	325.6	356.2	367.1	387.3	421.5	438
7	294.7	319	343.4	354.1	370.6	392.4	419.3
8	53.6	57	60.2	75.7	66.9	72.1	83.7
9	221.3	237.6	241.8	263.9	275.7	295.9	310.5
10	82.6	86	99.1	100.4	100.2	105.6	116.3
11	278.1	297.2	312.4	329.4	356.1	367.3	384.4
12	217.3	239.1	252	251.6	276.6	289.5	307.4
13	312.6	330.2	358.9	375.1	399.5	410.1	434.8
14	158.2	162.1	180.8	188.5	199	212	226.4
15	343.2	357.2	387.6	399.4	429.9	455.6	473.9
16	784.5	835.1	884.3	935	997.2	1046.3	1109.5
17	569.7	606	646.2	675.6	721.2	762.8	797.8
18	618.9	695.8	748.4	786.8	825.7	879.6	918
19	61.4	74.1	71.9	72.6	85.9	78.5	92.6
20	288.4	303.7	324.9	342.8	348.5	376.6	388.7
21	40.8	54.1	52.8	44.5	51.8	51.2	62.7
22	366.7	383.4	406.5	434.6	461.8	479.9	509.6
23	40.3	45.9	43.2	44.9	43	52.3	48.4
24	271	274.1	303.8	315.1	329.8	357.4	368.3

续表

负荷中心	第一年负荷（kVA）	第二年负荷（kVA）	第三年负荷（kVA）	第四年负荷（kVA）	第五年负荷（kVA）	第六年负荷（kVA）	第七年负荷（kVA）
25	38.2	36.5	31.8	40.3	34.1	41.6	50.9
26	212.4	232.7	239.6	258	275.5	280.5	297.8
27	73.4	76.3	92.2	83	88.4	101.1	103
28	167.1	182.9	184.9	202.3	205.2	225.4	225.6
29	493.4	529.4	558.5	580.1	628	656.5	690
30	318	336.3	356.6	367	391.7	420.4	433
31	825.6	870.9	928.5	968.4	1032.3	1083.3	1154.4
32	886.1	942	995.1	1055.6	1112.3	1166.9	1234.2
33	371.4	394.5	414.3	437.3	472.8	492.6	520.1
34	213.3	218.5	228.5	249.8	255.7	275.6	290.9
35	131.9	140.8	153.5	162.1	169.5	176.9	190.8
36	145.5	155.8	164.2	174.4	174.7	188.8	196.5
37	165	181.4	193.4	202.1	212.8	222	236.5
38	496.6	522.2	559.9	580.8	619.5	650.1	686.3
39	320.4	329.8	353	375	396.9	411.7	435.3
40	489.1	519.5	544.3	575.1	604.5	638.9	670.3
41	616	646.5	678.9	724.2	764.8	803	854.5
42	162.7	183.8	193.4	192.2	214.5	213	233.9
43	496.5	520.9	556.7	588.2	615.1	657.8	688.3
44	306.1	336.3	343.4	373.2	384.9	409.9	438.6
45	214.5	225.4	238.5	255.5	255.6	271.9	293.1
46	168.3	172.5	186.6	195.7	210.6	211.4	236.2
47	81.7	80	78	82.8	95.5	95.5	104.8
48	83.7	78.9	90.7	82.4	88.1	99.6	110.1
49	152.7	156	160.6	174.1	186.4	197.3	200.7
50	494.7	530	552	592	623.8	649.4	690.5
51	877.6	931.6	986.9	1052.1	1104.5	1179	1237.9
52	64.7	72.4	68.1	72.3	72.1	77	83.1
53	162.3	181.5	182.2	203.4	202.3	224.1	237.4
54	141.9	152.3	165.5	172.4	186.3	196.2	201.4
55	133.3	142.6	145.1	166.9	162.8	184.4	183.9
56	489.9	526.5	552.7	581	618	650.8	691.6
57	214.3	225.8	232.2	244.1	259	277.2	295.4
58	170.5	180	192.1	200.8	201.8	217.6	229.4

续表

负荷中心	第一年负荷（kVA）	第二年负荷（kVA）	第三年负荷（kVA）	第四年负荷（kVA）	第五年负荷（kVA）	第六年负荷（kVA）	第七年负荷（kVA）
59	64.7	71.4	70.2	81	84.1	77.6	82
60	133.5	142	155.6	164.3	172	179.2	193
61	81.3	79.3	86.3	86	97.5	100.4	105.2
62	496.8	532.4	560.4	582.2	624.3	652	690.8
63	217.5	223.9	229.6	253.9	263.1	277.5	288
64	152.1	159.8	170.5	176.5	179.2	199.1	197.7
65	42.7	43.7	54.7	48.3	56.9	56.9	60.2
66	167.5	178.2	179.5	192.4	202	222	229.8
67	882.9	938.9	992.2	1046.4	1105.7	1171.5	1241.8
68	137.8	150.7	149.1	165	161.7	171	181.1
69	80.8	74.1	86.7	94.1	101.1	95.7	109.2
70	170.5	176.3	182.2	197.6	215	223.6	233.6
71	39.1	47.4	50.7	52.9	48.7	54.7	54.3
72	151.1	148.3	164.8	168.9	181.4	185.3	207.4
73	128.7	149.8	153.3	163	171.4	178.2	183
74	494.7	531.3	555.3	592	618.8	654.3	694.3
75	214.1	221.8	228.4	247.7	266.8	280.8	292.9
76	889.5	941.9	993	1048.3	1111.9	1173.2	1232.9
77	494	520.1	554.7	587	620.9	661	685.2
78	149.9	156.3	157.2	168.8	178.3	196.5	206.1
79	82.3	76.8	84.1	91.8	97.9	94.1	108
80	162.8	175.5	185.6	202.7	213.9	213.3	229.6

第二阶段优化问题确定了变电站和馈线的优化配置。表 4–4 为第二阶段变压器容量选择的最终结果。该问题涉及一些尚未超出寿命周期但需要扩容的现状电网设备。例如若某现状变压器的容量不足以满足负荷需求，则需要更换更大容量的变压器。更换下来的变压器可以在其他负荷相当的变电站继续服役。

表 4–4 变压器容量选择最终结果

负荷中心	第一年容量（kVA）	第二年容量（kVA）	第三年容量（kVA）	第四年容量（kVA）	第五年容量（kVA）	第六年容量（kVA）	第七年容量（kVA）
1	200	200	200	200	200	200	250
2	400	400	500	500	500	500	630
3	200	200	200	200	200	250	250

续表

负荷中心	第一年容量（kVA）	第二年容量（kVA）	第三年容量（kVA）	第四年容量（kVA）	第五年容量（kVA）	第六年容量（kVA）	第七年容量（kVA）
4	315	315	400	400	400	400	500
5	250	315	315	315	315	315	400
6	400	400	500	500	500	500	630
7	400	400	500	500	500	500	500
8	100	100	100	100	100	100	100
9	315	315	315	315	400	400	400
10	100	200	200	200	200	200	200
11	400	400	400	400	500	500	500
12	315	315	315	315	400	400	400
13	400	400	500	500	500	500	630
14	200	200	250	250	250	250	315
15	500	500	500	500	630	630	630
16	1000	1000	1250	1250	1250	1250	1600
17	800	800	800	800	1000	1000	1000
18	800	1000	1000	1000	1000	1250	1250
19	100	100	100	100	200	100	200
20	400	400	400	500	500	500	500
21	50	100	100	100	100	100	100
22	500	500	500	630	630	630	630
23	50	100	100	100	100	100	100
24	400	400	400	400	400	500	500
25	50	50	50	50	50	50	100
26	250	315	315	315	400	400	400
27	100	100	200	100	200	200	200
28	200	250	250	250	250	315	315
29	630	630	800	800	800	800	1000
30	400	400	500	500	500	500	630
31	1000	1250	1250	1250	1250	1600	1600
32	1250	1250	1250	1250	1600	1600	1600
33	500	500	500	630	630	630	630
34	315	315	315	315	315	400	400
35	200	200	200	200	200	250	250
36	200	200	200	250	250	250	250
37	200	250	250	250	315	315	315

续表

负荷中心	第一年容量（kVA）	第二年容量（kVA）	第三年容量（kVA）	第四年容量（kVA）	第五年容量（kVA）	第六年容量（kVA）	第七年容量（kVA）
38	630	630	800	800	800	800	1000
39	400	400	500	500	500	500	630
40	630	630	800	800	800	800	800
41	800	800	800	1000	1000	1000	1250
42	200	250	250	250	315	315	315
43	630	630	800	800	800	800	1000
44	400	400	500	500	500	500	630
45	315	315	315	315	315	400	400
46	200	250	250	250	250	250	315
47	100	100	100	100	200	200	200
48	100	100	200	100	200	200	200
49	200	200	200	250	250	250	250
50	630	630	800	800	800	800	1000
51	1250	1250	1250	1250	1600	1600	1600
52	100	100	100	100	100	100	100
53	200	250	250	250	250	315	315
54	200	200	200	250	250	250	250
55	200	200	200	200	200	250	250
56	630	630	800	800	800	800	1000
57	315	315	315	315	315	400	400
58	250	250	250	250	250	315	315
59	100	100	100	100	100	100	100
60	200	200	200	200	250	250	250
61	100	100	200	200	200	200	200
62	630	630	800	800	800	800	1000
63	315	315	315	315	315	400	400
64	200	200	250	250	250	250	250
65	100	100	100	100	100	100	100
66	200	250	250	250	250	315	315
67	1250	1250	1250	1250	1600	1600	1600
68	200	200	200	200	200	250	250
69	100	100	200	200	200	200	200
70	250	250	250	250	315	315	315
71	50	100	100	100	100	100	100

续表

负荷中心	第一年容量（kVA）	第二年容量（kVA）	第三年容量（kVA）	第四年容量（kVA）	第五年容量（kVA）	第六年容量（kVA）	第七年容量（kVA）
72	200	200	200	200	250	250	250
73	200	200	200	200	250	250	250
74	630	630	800	800	800	800	1000
75	315	315	315	315	315	400	400
76	1250	1250	1250	1250	1600	1600	1600
77	630	630	800	800	800	800	1000
78	200	200	200	200	250	250	250
79	100	100	100	200	200	200	200
80	200	250	250	250	315	315	315

表 4-5 展示了 IDGNEP 的最终优化结果。变电站和馈线的投资成本为1921GMUs，其中第 1、2、3、4、5、6、7 年的成本分别为 159.1、138.0、129.2、135.6、107.8、571.6GMUs。DA、DSM 和 RPS 的投资成本为 4.792GMUs，其中第 1、2、3、4、5、6、7 年的成本分别为 1.085 9、1.729 4、0.518 5、0.559 4、0.242 5、0.298 3、0.358 5GMUs。NURMP 和 CAMG 作用的成本为 8798GMUs，其中第 1、2、3、4、5、6、7 年的成本分别为 775.267、899.48、1063、1261.2、1504.6、1576.8、1718GMUs。第 1、2、3、4、5、6、7 年的 UDG 作用因子分别为 0.25、0.28、0.32、0.35、0.38、0.41、0.43。

表 4-5　　IDGNEP 最终结果

成本	第一年成本	第二年成本	第三年成本	第四年成本	第五年成本	第六年成本	第七年成本
变压器和馈线总投资成本（1000MUs）	1.60×10^8	1.40×10^8	1.30×10^8	1.40×10^8	1.10×10^8	5.70×10^8	6.80×10^8
DA、DSM 和 RPS 总投资成本（1000MUs）	1.1×10^6	1.7×10^6	5.2×10^5	5.6×10^5	3.6×10^5	3.0×10^5	2.4×10^5
DNUDG 和 NDNUDGs 总成本（1000MUs）	2.57×10^8	2.98×10^8	3.53×10^8	4.35×10^8	5.39×10^8	5.68×10^8	6.17×10^8
DLs 和 NDLs 总成本（1000MUs）	2.59×10^8	3.00×10^8	3.56×10^8	4.09×10^8	4.71×10^8	4.90×10^8	5.36×10^8
CAMGs 总成本（1000MUs）	2.61×10^8	3.03×10^8	3.54×10^8	4.18×10^8	4.95×10^8	5.18×10^8	5.66×10^8
UDG 总发电量（kWh）	4.31×10^7	5.08×10^7	6.39×10^7	7.21×10^7	8.52×10^7	9.58×10^7	1.10×10^8
向批发市场购买电量（kWh）	1.03×10^8	9.99×10^7	9.78×10^7	9.07×10^7	8.74×10^7	8.41×10^7	8.71×10^7

第四阶段对保障最重要负荷恢复的电网资源充裕性进行了检验。该算法通过改变联络开关和电容器投切状态来寻找新的电网资源集合。最终的优化网络拓扑结构有 2463 个独立的永久/瞬时故障。第四阶段过程选择 WRI 作为终止判据。图 4-6 展示了第 7 个规划年的最优网络拓扑结构以及联络开关配置情况。在正

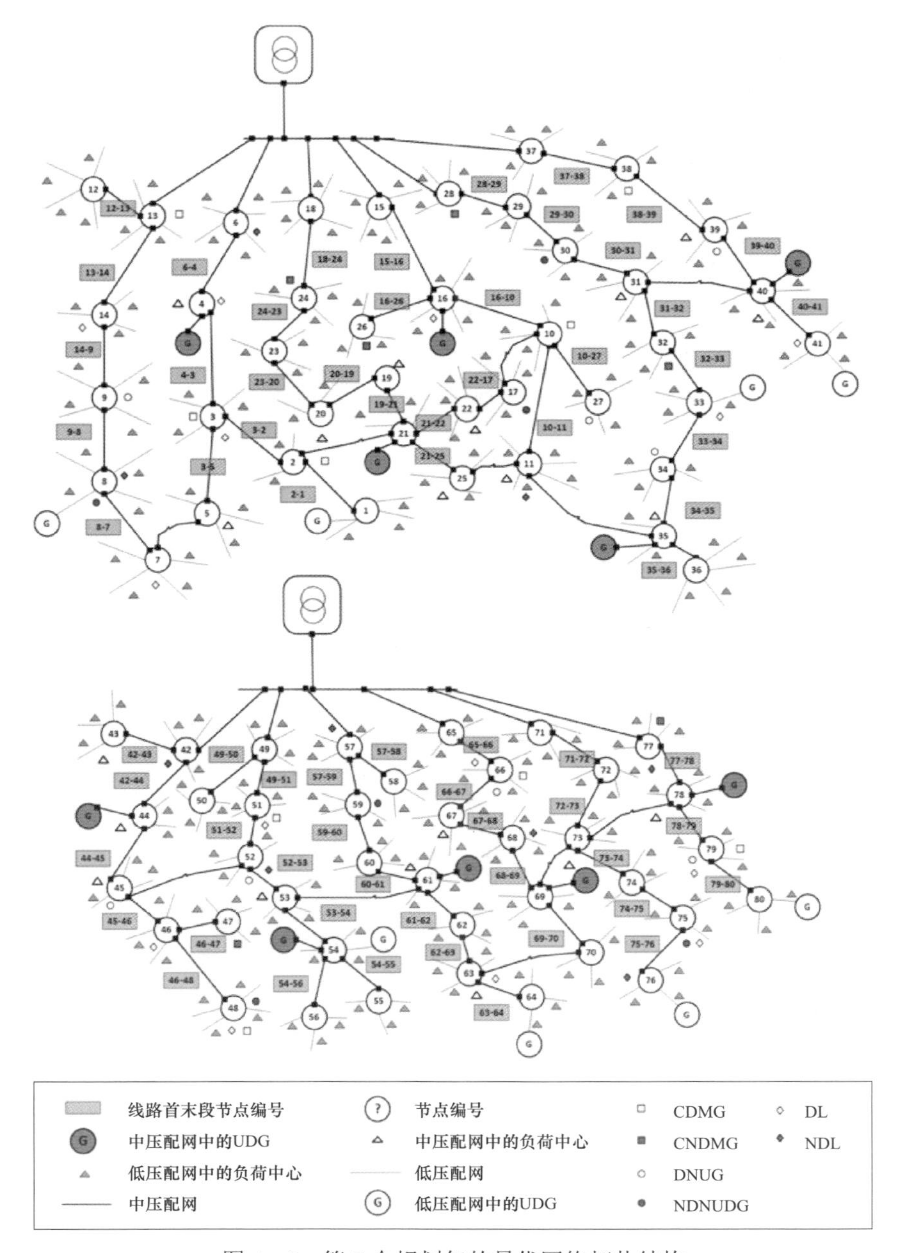

图 4-6 第 7 个规划年的最优网络拓扑结构

常状态下分区之间的联络开关一般为断开状态，并可应用于最优电网恢复策略。相应的 WRI 指数如图 4－7 所示，WRI 最大值为节点 5 的 8.72。

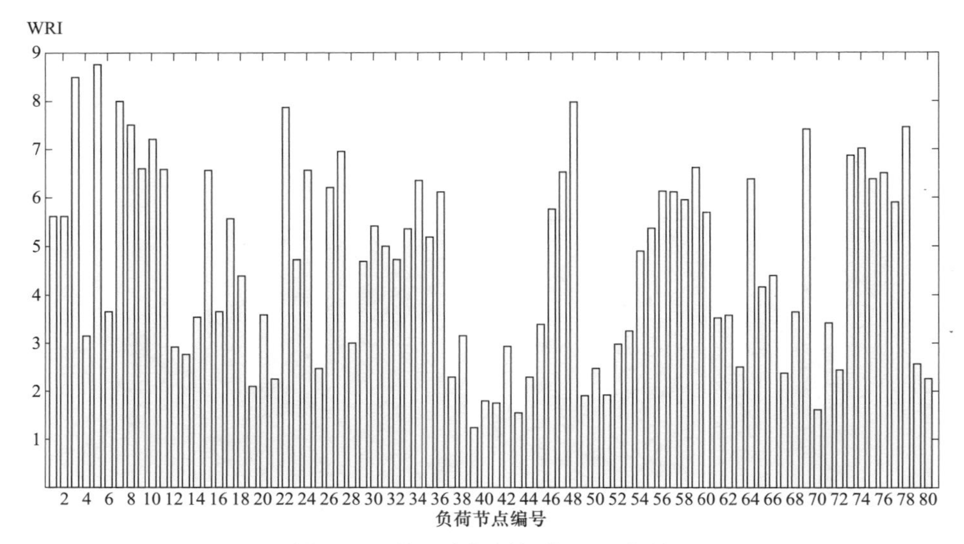

图 4－7　第 7 个规划年的 WRI 指数

附录

本章所用符号如下：

符号	含义
E^{WM}	从电力批发市场购买并向剩余负荷供电的电量总和
E^{NURMP}	从 NURMPs 购买并向剩余负荷供电的电量总和
E^{CAMG}	从 CAMGs 购买并向剩余负荷供电的电量总和
Cap_{DNUDG}	DNUDG 预备的发电容量
Cap_{DL}	DL 预备的切负荷容量
C_{Ω}	Ω 集的成本分摊现值
C_{Γ}	Γ 集的设备安装成本现值
C_{Δ}	Δ 集中 NURMPs/CDMG 作用的成本现值
C_{Λ}	Λ 集的作用成本现值
$C_{OP(\Xi)}$	Ξ 集的运行成本现值
N_Fr	可选择的中低压配电网馈线型号数量
MCP	电力批发市场的边际清算价格
$Nyear$	规划年
$N\_Critical\_Ou$	电网重大停电次数
Np	负荷曲线时段数
$Nzone$	配电网供电分区数
N_RPS	RPS 安装的候选数量
N_DSM	DSM 安装的候选数量
N_DA	DA 安装的候选数量
N_UDG	UDG 安装的方案数量
N_NURMP	第二阶段 NURMP 的安装场景数量
N_CDMG	CDMG 的可选择场景数量
N_NDNUDG	NDNUDG 的可选择场景数量
N_DL	DL 的可选择场景数量
N_NDL	NDL 的可选择场景数量
$Nsub$	中低压配电网中的变电站候选数量
$price^{NURMP}$	从 NURMPs 购买并向剩余负荷供电的电价
$price^{CDMG}$	从 CDMG 购买并向剩余负荷供电的电价
$Trans\_Service\_price$	由上级电网向 DSO 供电的输电服务价格
W	权重系数

WM_Sc	电力批发市场价格场景数量
$NURMP\_Sc$	NURMP 作用的场景数量
$CDMG\_Sc$	CDMG 作用的场景数量
α	DNUDG 的容量费用
β	DNUDG 的电量费用
χ	DL 的切负荷电量费用
$\varphi_{WM}^{Purchase\_Scenario}$	向电力批发市场购电的决策变量
$\varphi_{NURMP}^{Purchase\_Scenario}$	向 NURMP 购电的决策变量
$\varphi_{CDMG}^{Purchase\_Scenario}$	向 CDMG 购电的决策变量
γ	DL 的切负荷选择费用
η	NDL 的切负荷电量费用
σ	现值因子
ς	DL 的切负荷费用
τ	NURMP 作用的时长
ϖ	CDMG 出力
ψ	电力设备安装或 UDG/DNUDG/CDMG/DL 作用的决策变量
ϕ	UDG/DNUDG/CDMG/DL 作用协调的决策变量

参 考 文 献

[1] S. Chowdhury, S.P. Chowdhury, P. Crossley, Microgrids and active distribution networks, in *IET Renewable Energy Series* (2009).

[2] M.S. Nazar, M.R. Haghifam, M. Nazar, A scenario driven multiobjective Primary-Secondary Distribution System Expansion Planning algorithm in the presence of wholesale-retail market. Int. J. Electr. Power Energy Syst. **40**, 29–45 (2012).

[3] C.L.T. Borges, V.F. Martins, Multistage expansion planning for active distribution networks under demand and distributed generation uncertainties. Int. J. Electr. Power Energy Syst. **36**, 107–116 (2012).

[4] M.S Nazar, M.R. Haghifam, Multiobjective electric distribution system expansion planning using hybrid energy hub concept. Electr. Power Syst. Res. **79**, 899–911, (2009).

[5] P.S. Georgilakis, N.D. Hatziargyriou, A review of power distribution planning in the modern power systems era: Models, methods and future research. Electr. Power Syst. Res. **121**, 89–100 (2015).

[6] A. Satchwell, R. Hledik, Analytical frameworks to incorporate demand response in long-term resource planning. Utilities Policy **28**, 73–81 (2014).

[7] S. Sekizaki, I. Nishizaki, T. Hayashida, Electricity retail market model with flexible price settings and elastic price-based demand responses by consumers in distribution network. Int. J. Electr. Power Energy Syst. **81**, 371–386 (2016).

[8] M.M. Aman, G.B. Jasmon, A.H.A. Bakar, H. Mokhlis, M. Karimi, Optimum shunt capacitor placement in distribution system: a review and comparative study. Renew. Sustain. Energy Rev. **30**, 429–439 (2014).

5

计及个人用户行为的多代理规划

简·凯斯

摘　要　随着基于可再生能源的分布式电源、新型智能负荷和储能接入电网的数量不断增多，其动态特性对电网的影响越来越大，在配电网规划过程中必须对此加以考虑。传统的规划方法一般基于极端场景进行分析，考虑的内容极为有限。因此，基于多代理系统（multi-agent system，MAS）的新规划方法显得极为重要。在该系统中，每个系统用户被定义为一个代理，每个代理作为一个独立个体保留其自我特性。同时，它还能反映可再生能源的动态特性，以及与其他用户的环境依存关系。本章将着重介绍该系统的整体框架，并通过居民负荷代理与储能代理构成的典型示例来说明整个代理系统的设计、协商过程。所提的多代理系统将所有关联变量生成时间序列，并用此来表征配电网规划过程中的详细输入参数。依照概率从时间序列中采样，生成各种负荷状态。本章首次提出了如何解决目前中低压配电网的相关状态难以被详细量测的问题。通过上述方法，可以构造出以需求和目标电网为导向的电网规划方法，解决配电网规划中的维数灾问题。

关键词　配电网规划，多代理系统，时间序列，储能系统，分布式能源

5.1　引言

近年来，配电网规划的要求变得日益苛刻。过去 40 多年内，输电系统已实现了精确规划和计算机辅助规划，相比之下，由于从上级电网到用户的潮流方向单一，所需的电网结构相对简单，配电网规划相较容易。配电系统运营商

（distribution system operators，DSO）往往需要面对大量拥有诸多客户和资产的电网区域。从经济角度来看，监控每个设备或安装复杂保护系统均不合理。此外，过去电子数据处理手段不够成熟，无法收集大量量测数据。因此，大多数低压电网及其用户的用电量均未被测量[1]。

除了以上原因，在分布式发电（distributed generation，DG）单元布点较少和用电需求固定的情况下，通常采用确定的规划方法，这类方法就是“即插即用”[2]。根据详尽的规划指南和规划人员的经验，电网性能往往基于最大负荷、最小出力和最大出力、最小负荷的极端场景进行评估。传统规划[3]没有考虑各种可能的负荷水平的发生概率，因此难以找到有效的解决方案来应对配电网当前的挑战。

随着配电网从被动式到主动式的演变，配电网规划和优化的新方法已成为内在需求[4]。过去的研究提出了多种不同方法来促进配电网的规划。文献［3，5－7］对不同发展趋势进行了概述，表明这些方法通常是用于解决 DG 布点和容量的优化问题。考虑到电网自身的规划，提出了多种改善电网的方法，例如蒙特卡罗模拟[8]或粒子群优化（particle swarm optimization，PSO）算法[9]等，其他如文献［2，10，11］等采用概率方法来解决负荷状态的不确定性。文献［12］考虑了未来供电需求的不确定性，使 DSO 能够根据电网测量的数据确定供电的优先级。虽然时间序列的利用可以支撑规划向主动配电网[4]演变，也能将智能电网的应用和财务分析整合到规划当中[13]，但大多数优化方法所基于的输入数据都来自传统的极端场景分析。

文献［14，15］里提到的一些方法，可以利用最少智能电表的测量值来推导负荷情况。文献［16］根据运行特性分析了储能系统的位置。文献［17］提出了一个以需求响应为目的的电池管理系统。文献［18，19］分析了智能负荷及其对系统的影响，文献［20］则概述了插电式电动车负荷的优化。文献［21］将基于代理的模型与 PSO 算法相结合，根据时间序列确定必要的电网测量。文献［22］概述了一种代理系统，该系统可用于分析在测试馈线上的智能电网应用。文献［23］发布了一个针对高渗透率光伏及价格敏感型负荷的电力市场仿真平台。文献［24］概述了电动汽车与 DSO 的相互作用，并开发了一个多代理系统。文献［25］提出了一种针对智能电网与市场的多代理系统，用以分析每日的市场谈判和能量的协同优化。文献［26］也提出了一种基于代理的系统，通过结合电动汽车、光伏发电单元和居民负荷，生成负荷曲线以及社会人口统计信息。文献［27］中提出了一个侧重于操作方面的基于市场紧急情况控制的配电网仿真框架。上述已存在于智能电网应用中的各种方法，要么只考虑了极端场景来解决优化问题，要么使用不包含电网用户间相互依赖的时间序列。因此，智能电网和智能市场应用的影响在配电网的中长期规划中很难被计及。

本章提出一种基于多代理系统的新仿真环境，该环境是新规划流程中的关键部分，更为重视事件发生的概率。此仿真环境中结合了电网用户的功能和时序的相互依赖性，进而生成详细的时间序列。这些时间序列隐含了仿真期间这些依赖所带来的后果，生成下次规划的输入数据。尤其是可推导出负荷事件发生概率和持续时间，来支持强化措施的决策过程。生成的时间序列包括了所有相关信息，可以取代传统的极端场景，从而支持适应性的配电网规划。

本章基于一个测试电网，展示应用了所开发的仿真环境。该测试电网包含了给定供电需求的各种场景。本章概述了多代理系统在配电网规划中的适用性，介绍了开发的多代理仿真环境，并简要介绍了最重要的方面，演示了用于居民负荷以及储能系统的代理设计示例，并对测试系统进行仿真，最后给出结论和展望。

5.2 多代理系统在配电网规划中的应用

电网仿真的难题在于电网用户个体行为间相互影响。在电网中，存在许多相似的电网用户，例如负荷或 DG 单元和储能，它们具有复杂的相互依赖性。由于电网用户会对不同的输入参数（如市场价格或其他用户行为）做出响应，系统会产生新的特征。基于代理的系统通过将复杂问题分解为多个描述系统元件的小部分，来应对这些挑战。

多代理系统是由两个或更多（智能）代理构成的系统，且没有整体的系统目标[28]。这些代理是仿真环境中的硬件或软件实体。与 PSO 相比，MAS 使用多个具有个体特征和自我目标的代理。因此，MAS 可以对复杂情况进行非常逼真的建模，其整体结构基于个体的交互。对多代理系统中的其他代理来说，某代理的内部行为是一个黑盒子。它们仅依赖于某些输入数据 x 和内部参数集 u 来产生输出向量 y。因此，代理行为的函数定义如式（5－1）。[29]

$$y = f(x,u) \tag{5-1}$$

电力系统是 MAS 的一个很好的应用领域，因为它们通常是大面积区域，并且拥有许多不同的和独立运行的组成部分和元件。特别是建立具有不同操作原理和决策方式的分布式发电单元自身结构，要求对这些单元进行单独建模。代理中的本地数据访问和管理的理念避免了海量数据的处理。应用在配电网络中的实用性取决于需要面对的具体挑战。聚焦以下网络，可以进一步说明实现 MAS 的意义[28]：

（1）实体之间的相互作用至关重要，如在控制系统或发电厂中。

（2）大量实体交互，且无法对系统行为进行完备的显式建模。

（3）有足够的本地数据供分析和决策。

（4）新功能需要集成到现有系统中。

（5）新功能将随着时间的推移而整合。

配电网中 MAS 主要应用于模拟或者协调不同任务。在文献［21］中，多代理系统与智能电网测试馈线相协同。此外，MAS 可用于控制智能电网和微电网[30,31]以及控制配电网电压[32]，家用储能系统集成也可通过 MAS 实现[33]。文献［34］分析了价格对电网的影响，文献［22］生成了忽略相互依赖性的时间序列，文献［35］概述了智能电网中的其他 MAS 应用。

详细的输入参数通常是配电网规划方法改进的薄弱环节。此外，由于大型系统的复杂性，通常不考虑电网用户和外部参数之间的相互依赖性。因此，基于多代理的系统可以较好地解决规划仿真系统中的上述缺点。使用多代理系统模型来分解复杂的配电网络，考虑到所有电网用户之间的相互依赖性后，可以再对电网用户单独建模。

代理代表单个电网用户，用来表征他们自身的目标和现实行为。基于可用的环境参数和内部期望，每个代理可推导出所代表的电网用户最可能的行为。在设计代理的行为时，可以考虑电网用户之间现有的相互依赖性和对环境参数的依赖性。除了代理的相关输出参数相互交互外，还存在更复杂的相互依赖性，包括合作的必要性以及代理之间的协商。因此，该系统能够仿真电网用户、电网和电力市场之间的多方面相互作用。

此外，多代理系统的模块化设计概念使得在仿真环境中添加或删除电网用户较为便捷，有助于分析不同的未来供电需求。

5.3 仿真环境

配电网用户的类型多样，使得分析当前电网负荷状态下的用户详细真实的行为变得复杂。概率网络规划能够计及不同负荷情况对应的可能性。这种方式下，通过应用和评估测量得到的时间序列，能够推导得出相应的频率分布函数。但是，在低压和中压电压等级上，测量值往往难以取得，因此无法提供概率建模的必要输入。此外，不管是配电网规划过程中的输入数据还是可用的规划方法，都无法考虑电网用户之间的相互依赖性。随着传统的配电网不断发展至具有用户智能交互的智能电网，这一部分在未来变得尤为重要，但是现有方法无法满足。

能够有效分解复杂问题是上文描述的基于代理系统的主要优点之一。因此，设置基于代理的仿真环境可以较好地解决配电网的复杂建模问题，包括电网用户间的相互依赖。基于代理系统的模块化特征考虑了用户的真实行为、需求以及目标，使得对现有电网用户进行单独的且接近实际的建模成为可能。对代理行为的仿真可得到配电网中所有相关信息的时间序列。随后对这些时间序列进行分析，可以得出对电网扩建的建议。

5.3.1 仿真环境的结构

为了得出配电网中负载水平和节点电压的真实时间序列，仿真环境需要有代表性的典型电网用户代理。因此，每个参与者都用一个独立的代理进行建模，该代理储存了所表示用户的特征属性。通过直接建立这些代理，将复杂的建模问题分解成多个小问题。

表 5－1 给出了代理的任务、从属关系和得到的参数。图 5－1 着重描绘了在仿真低压（low voltage，LV）电网中的相关电网用户和仿真所需的外部数据来源。但是，模型代理的因素太多以至于无法全部概括。至于这些因素的细节，可参考文献［36］。下节将简要介绍负荷代理、分布式电源（DG）代理和储能代理。

表 5－1　　模 型 问 题 概 述

代理类型	任务	依赖变量	得出变量
电网代理（1）	进行电力潮流计算，确定设备负荷，开始电压控制	节点功率向量值 $P_{n,\text{load}}(t)$和$P_{n,\text{gen}}(t)$	节点电压 $U(t)$，设备负荷（输电线路、变压器）
节点代理（2）	收集节点数据（消耗/馈入电能），支持节点协商	代理(6)、(7)、(8)、(9)提供的用户电能消耗 $P_{\text{load}}(t)$和电能馈入 $P_{\text{gen}}(t)$	节点电能平衡，合计消耗$P_{n,\text{load}}(t)$和馈入 $P_{n,\text{gen}}(t)$
时间代理（3）	保持与仿真环境同步	代理（1）的确认	仿真步长 t
天气代理（4）	提供天气数据	代理（3）	天气数据（温度、光照强度、风速、风向）
市场代理（5）	代表外部市场行为，提供市场价格	代理（3）	市场价格 $p(t)$
负荷代理（6）	代表居民负荷，以负荷曲线或概率模型的方式表示	代理（3）、天气（4）	消耗功率 $P_{\text{load}}(t)$
电动汽车代理（7）	代表电动汽车，包括其驾驶行为和不同的充电目标函数	代理（3）、节点电量平衡$P_{n,\text{load}}(t)$和 $P_{n,\text{get}}(t)$（2）	消耗功率 $P_{\text{load,EV}}(t)$
DG 单元代理（8）	代表低电压电网中的 DG 单元（主要是 PV 单元）	代理（3）、天气（4）	馈入功率 $P_{\text{gen}}(t)$
储能代理（9）	代表小型储能系统，有不同的目标函数	节点电量平衡 $P_{n,\text{load}}(t)$和馈入$P_{n,\text{gen}}(t)$、市场价格 $p(t)$	消耗功率或者馈入功率$p_{\text{storage}}(t)$

图 5－2 描画了系统的顶层设计，下文将作出解释。综合考虑时间、天气和市场价格等整体因素，以及连接到节点上的其他因素，便能决定代理的行为。如果节点层面有谈判请求，代理就会发起谈判并确定解决方案。若当代理寻求目标时产生矛盾，谈判是必要的。接下来，电网代理就会进行复杂的潮流计算来得到当前电网的负荷状况。假如 DG 单元或储能系统采用了电压控制算法或潮流控制机制，那么其代理商对电网代理商的计算结果做出反应。因此，协商和控制算法

也可适用于电网层面。从广义上来说，分析的电网达到电力平衡之后，在市场代理中，电价也会受到影响。这种影响也会导致节点因素的行为发生变化等。因此，基于该实施机制，反馈至市场代理会引起宏观层面的市场代理和节点层面的用户和生产商之间关于市场价格的协商。

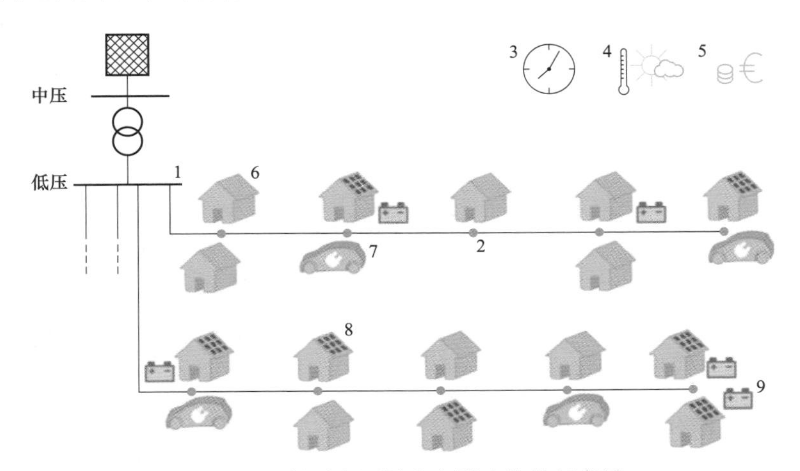

图 5－1　低压电网用户和影响的外部变量

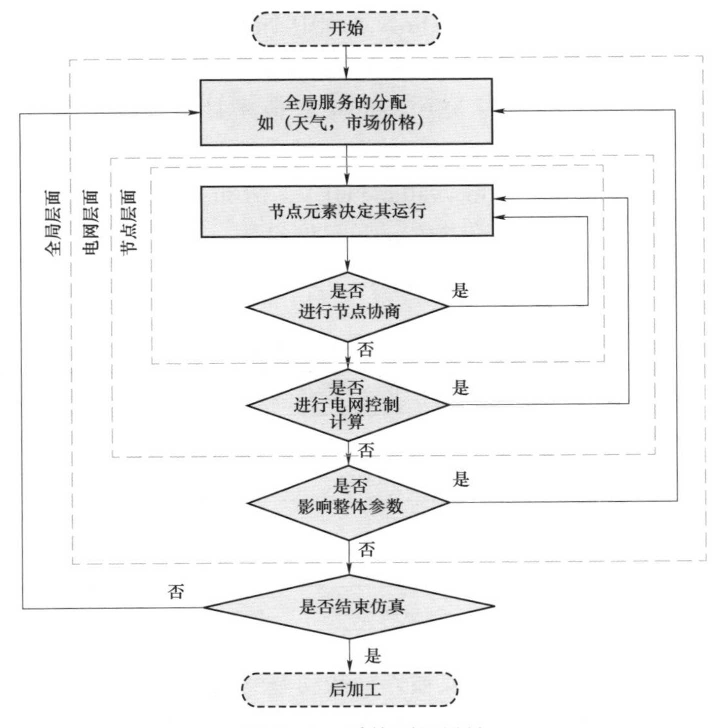

图 5－2　系统顶层设计

所选择的配电网多代理系统允许在本层面内部及层面间最大化地灵活应用谈判、控制算法以及电网用户间的依赖性。如果假定了电网用户之间相互影响，那么规划过程中该系统的应用就可以测定相关负荷的状况。此外，仿真结果能应用于高电压等级的分析。因此，假如这些相关数据是有效的，那么居民负荷可分解为多个单一居民负荷（例如洗衣机），从而使市场代理可以在全局层面上协商电价。

5.4 电网用户代理

本节描述了仿真环境中相关代理的典型模型。电网用户的表示方式允许用户保持其各自的特征。首先分析代理的必要信息，然后描述逻辑行为中的既定目标及其实施情况。文献［36，37］完整而详尽地描述了仿真环境中所有的代理，附加概述了热泵的代理模型。

5.4.1 居民负荷代理

5.4.1.1 定义相关的输入和输出参数

在处理的数据中，一些参数在仿真过程中不会改变，因此是静态的，而动态参数将会改变。静态参数存储在 MAS 设置的数据库中。表 5－2 给出了居民代理的相关静态参数概况。一个家庭所需的电量概率计算需要用到概率密度函数（probability density function，PDF）。使用文献［38］中对智能电表数据分析后，用广义极值（generalized extreme value，GEV）分布来计算。广义极值分布函数的所需参数是形状参数 ζ，位置参数 μ 和尺度参数 σ。工作日、周六、周日的每一刻间隔的 PDF 储存在数据库的表 ζ、μ 和 σ 中。

表 5－2　　静态居民负荷输入参数

参　数	变　量	单　位
年度能源消费	E_a	kWh
功率因数	$\cos(\varphi)$	—
连接节点	节点名	—
市场敏感度	s_mp	—
概率密度函数数据表	ζ，μ，σ	—

在仿真过程中，居民代理需要输入一些动态变量，使得其行为能够适应现状仿真。时间步长 t 由时间代理得出，能源市场价格 $p(t)$由市场代理及家用行为对

市场价格的相关敏感度得出。

根据静态和动态的输入参数，居民代理算出输出参数，输出参数为有功功率$P_{\text{Load,res}}(t)$和无功功率 $Q_{\text{Load,res}}(t)$。下文考虑到目标的不同，这些参数值可能与内部变量 $P_{\text{Load}}(t)$与 $Q_{\text{Load}}(t)$不同。代理将这些输出参数发送至已认定的代理商们，并将它们存储在用于长期分析的结论数据库中。在仿真环境中，如果居民代理对不断变化的市场价格很敏感，居民代理可以只与其节点代理以及市场代理联系。

这种所需电能的算法能适用于电网代理中个体负荷的其他分布函数、负荷曲线或特定属性。因此，区域负荷多样性得以满足。

5.4.1.2 居民代理的目标和运行

当从节点代理接收到一个新的时间步长信息时，居民代理会基于概率计算其用电量。记 $\psi(t)$为一个随机正实数［如式（5－2）］，用式（5－4）和式（5－5）得出有功功率 $P_{\text{Load}}(t)$和无功功率 $Q_{\text{Load}}(t)$。

$$F[\psi(t)]=\int_{-\infty}^{\psi(t)} f(x)\mathrm{d}x \tag{5-2}$$

其中
$$f(x)=G[x\mid\xi(t),\mu(t),\sigma(t)]$$

$$f(x)=\exp\left\{-\left\{1+\xi(t)\left[\frac{x-\mu(t)}{\sigma(t)}\right]\right\}^{-\frac{1}{\xi(t)}}\right\} \tag{5-3}$$

$$P_{\text{Load}}(t)=\psi\cdot\frac{E_a}{1000\text{h}} \tag{5-4}$$

$$Q_{\text{Load}}(t)=P_{\text{Load}}(t)\cdot\tan(\varphi) \tag{5-5}$$

因为居民用电量有限，随机产生的数值再高，$P_{\text{Load}}(t)$也不会超过 20kW。否则，由于 PDF 的特性，不切实际的电网最大负荷出现会影响仿真结果的准确性。

居民代理反映了居民负荷的行为。因此该代理的最低目标是要满足任意情况下的概率计算的用电量 $P_{\text{Load}}(t)$。市场价格敏感度 s_{mp} 设置在每个手动或随机的负荷代理数据库中，反映了参与需求侧管理状态，它可以是 true 也可以是 false。若 s_{mp} 为 true，该代理则在每个时间步长内尝试再现家庭最小用电量的情景。之后可得出 $P_{\text{Load,res}}(t)$为计算电力需量 $P_{\text{Load}}(t)$和市场价格 $p(t)$的函数。鉴于上述因素，居民代理实现了一个结果行为，其总流程图如图 5－3 所示。

5.4.2 储能代理

从系统运行者的角度来看，储能代理就代表储能设备。因此，实施的电池模型相对简单，不需考虑特定技术（例如 DSO）、生命周期保存算法或储能系统运营者的费用。尽管如此，更详细的模型也可以集成在仿真系统中。

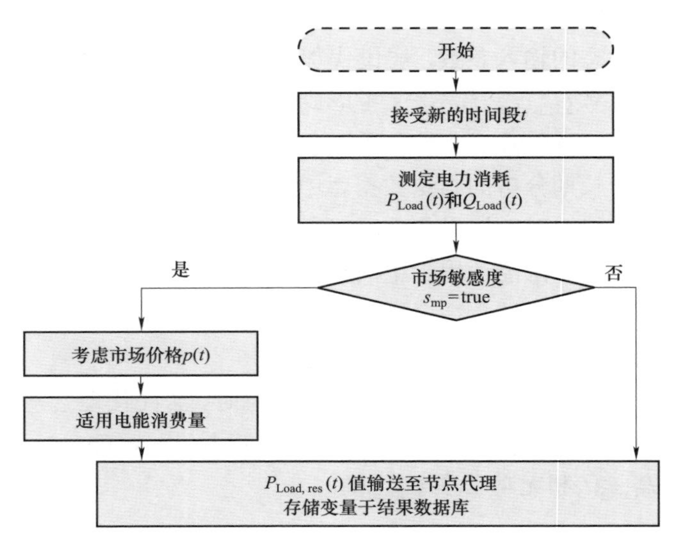

图 5－3　居民代理的行为

5.4.2.1　定义相关的输入和输出参数

储能代理的一些参数在仿真期间将不会改变。因为这些参数是静态的，且存储在数据库内部，在初始化阶段就读取了。这些参数列于表 5－3 中。此外，相关的内部变量在仿真的每个时段都会发生变化，详见表 5－4。所需的外部参数取决于充电策略、节点功耗 $P_{Load}(t)$、功率馈入 $P_{PV}(t)$以及市场价格 $p(t)$（见表 5－1）。得出的消耗或馈入的 $P_{BSS,res}(t)$和 $Q_{BSS,res}(t)$为存储代理的输出变量。存储在设置数据库中的静态输入参数仅在初始化阶段被检索。

表 5－3　　储能代理的静态参数

	变　量	单　位
额定峰值比率	$P_{r,BSS}$	kW
存储容量	E_{BSS}	kWh
最大充电功率	$P_{charge,max}$	kW
最大放电功率	$P_{discharge,max}$	kW
效率	η_{BBS}	—
最大放电值	DoD_{max}	—
连接节点	节点名	—
时间间隔长度	τ	h
功率因数	$\cos(\varphi)$	

表 5-4　　存储代理的动态参数

	变　量	单　位
充/放电	$P_{BBS}(t)$	kW
充电状态	SoC(t)	%
充电量	$E_{SoC}(t)$	kWh
可用容量	$E_{cap,av}(t)$	kWh

5.4.2.2 储能代理的目标

为呈现真实境况，储能系统运行人员可能会采取不同运行策略。储能系统的三个不同的主要目标函数分别为：以电网为目标导向减少网供负荷，配套的可再生能源 DG 单元自发自用比例最大化，最大化设备产权所有人利益的市场驱动行为。

当采用以电网收益为目标导向时，储能系统将用于减少本地电网发电（即 PV 单元）的峰值。它意味着在本地对负荷和电量进行平衡。中午时段 PV 单元出力较高，本地负荷较低，对电网产生影响，使电压水平升高。如果给定阈值 $P_{th,PV}$ 小于接受的 $P_{PV}(t)$，储能系统就充电。

$$P_{PV}(t) > P_{th,PV} \rightarrow P_{BSS}(t) > 0 \tag{5-6}$$

若本地负荷上升，超过功率馈入的总和，储能系统将电池放电以供应负荷用电。

$$|P_{Load}(t)| > |P_{PV}(t)| \rightarrow P_{BSS}(t) < 0 \tag{5-7}$$

第二种策略目标在于最大限度的促进 DG 单元就地消纳。对于一个节点，在某一个时间段若发电占主要地位，则系统充电；若负荷更高则储能系统放电。若 DG 单元出力全部上网，储能系统可以平衡这些差异，尽量减少下网电量。

$$P_{\Delta}(t) + P_{BSS}(t) = 0 \tag{5-8}$$

$$P_{\Delta}(t) + P_{G}(t) - P_{Load}(t) \tag{5-9}$$

这个目标函数最终定义为：

$$P_{BSS}(t) = \begin{cases} 0 < P_{BSS} < P_{charge,max}, & P_{\Delta}(t) > 0 \\ P_{discharge,max} < P_{BSS} < 0, & P_{\Delta}(t) < 0 \\ 0, & \text{其他} \end{cases} \tag{5-10}$$

储能系统的第三个目标函数运用了电价 $p(t)$的波动来实现收益最大化。根据给定电价范围最大值 P_{upper_limit} 和最小值 P_{lower_limit}，储能系统在低价时间段充电，在高价时间段放电。

$$P_{BSS}(t) = \begin{cases} P_{charge,max}, & p(t) < p_{lower\_limit} \\ 0, & \text{其他} \\ P_{discharge,max}, & p(t) < p_{upper\_limit} \end{cases} \tag{5-11}$$

5.4.2.3 实施的行为

有了三个不同的目标函数，存储代理就类似有限状态机，能实现高级的行为结构。仿真期间代理性能的一般构造如图 5-4 所示。

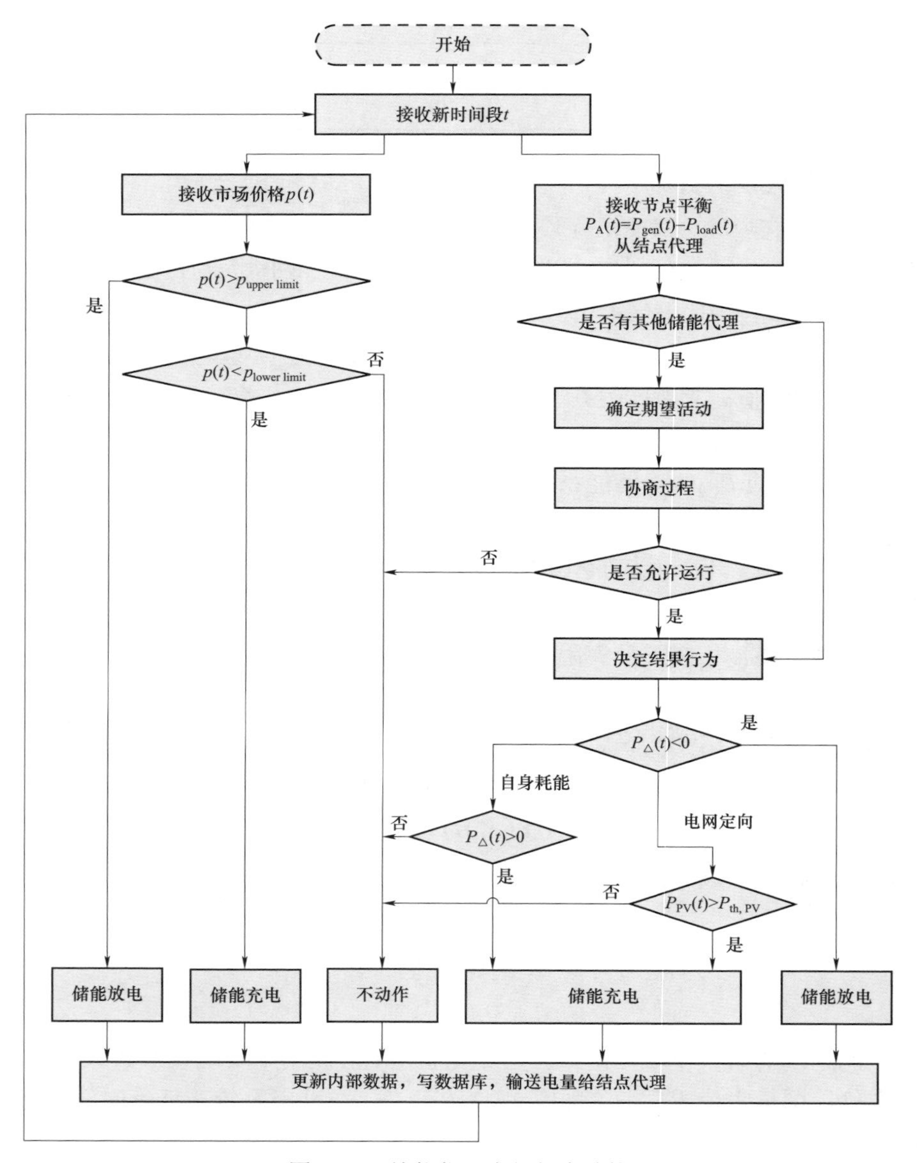

图 5-4 储能代理内部行为结构

在代理创建的初始阶段，可以从数据库中获得有关其目标函数的信息，例如市场价格驱动力、就地消纳最大或者电网目标导向驱动。从节点代理接收到新的

时间步长 t 后，上述信息都应该被考虑。如果储能代理的行为是市场价格驱动的，它将调节收到的市场价格。根据给出的限价 P_{upper_limit} 和 P_{lower_limit}，储能系统将会由式（5－11）得出放电还是充电。如果充（放）电的可用容量不足，功率将会降低［参考式（5－12）］。

$$P_{BSS}(t)=\frac{E_{cap,av}(t)}{\tau} \tag{5-12}$$

依据电网目标导向或者以就地消纳最大化为的目标，代理都要求本地的功率输入 $P_{Gen}(t)$和消耗 $P_{Load}(t)$，从而算出节点平衡功率 $P_{\triangle}(t)$。另外，更多形式的储能或 EV（电动汽车）的代理将会出现。若出现更多的储能代理商，那么需要在充电之前确认其运营方式，然后他们之间需要谈判来协商各自的行为。谈判获胜的代理商或节点上唯一的储能代理商能参考目标函数式（5－6）～式（5－10）来决定是否充电。在更新完内部数据之后，时间步长的结果会存储进数据库，并得到节点代理消耗或接受的功率。

5.4.2.4 在同一节点上两个储能代理间的协商

如果一个以上的具有电网导向行为的存储代理连接到一个节点，这些代理之间的协商过程是必不可少的。否则，所有的存储代理都采取同样的不受控的方式运行，电网状况将不会改善，甚至可能恶化。如果所有存储系统都在充电以降低 PV 单元的接入峰值，则在没有充电的存储系统的情况下，电压只可能超过电压区间的下限而不是上限。这个问题需要连接在同一节点的所有储能代理协商来解决。因为储能代理采取相同的电网导向运行，他们在谈判期间会协调合作而不是自我反应，这也暗示其具有社交能力。信息交换如图 5－5 所示。该图描画了信息传递给节点上的其他代理，其中强调储能代理间的相互影响。然而，代理（包括电动车辆或其他电网用户在内）数量是无限的。

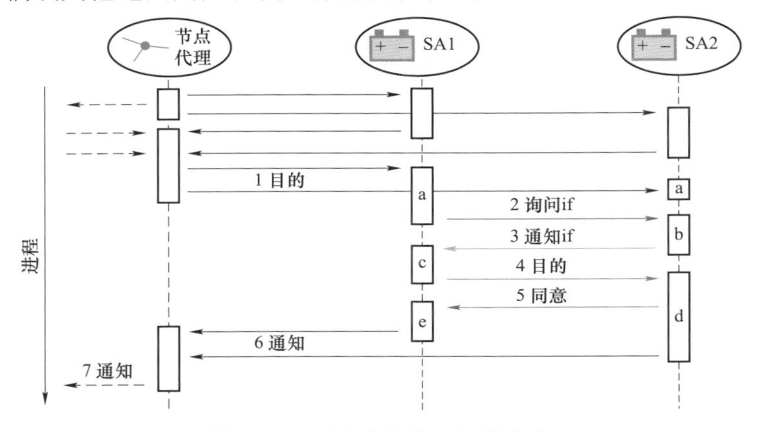

图 5－5 两个储能代理间的协商

在通知储能系统新的时间步长且接受到请求信息后，节点代理将节点的电力平衡发送到储能系统（1）。在不知道目前是否存在其他的储能代理之前，他们会检查接受到请求信息的接受者清单（a）。如果清单包含一个以上的收件人，则开始协商。否则，将自动开始仅有一个储能代理的进程。在协商过程中，其中一个储能代理成为首席谈判来协调整个协商（图 5－5 中的储能代理 SA1），他询问其他储能代理（SA2），在当前的时间步长是否需要充电或放电（2）。基于内部参数和当前节点电力平衡，SA2 决定其期望的行为（b）且将意图通知给 SA1（3）。另外，SA2 增加了充电优先级信息，它是根据当前的 SoC(t)来导出的。SA1 自身也决定要实施充电行为，它以公平的方式（c）评估所有收到的需要优先充电行为（c）。首席谈判代表向所有储能代理发送提出的行为消息（4）。优先级排序之后，储能代理被允许执行其期望行为，直到达到共同目标。在此基础上，储能代理就会检查他们的意愿是否被采纳（d）。尽管代理们可以完全自私地运行，但是他们没有这样做，而是采取了积极有效的行动。这种行为隐含在追求的目标中，支持了电网建设，确保了谈判的融洽。尽管如此，首席谈判代表还是会等待（e）其他代理商同意确定的最终方案（5）。然后，所有的储能代理告知节点代理关于其电量功耗或接收电量（6）。最后节点代理收集所有的电量数据，并将所有数据转发到电网代理（7）。

5.5 仿真示例

采用一个低压测试电网来演示多代理仿真环境，目的是基于内部电网研究的真实电网数据，展现德国一个小型农村居民点或村庄的现状。随着电网的演化发展，它为一片广阔区域内的独立房屋供电。这导致带有长馈线的电网设备（包括具有不同截面的电缆和架空线）的不均匀应用。该电网的示意图如图 5－6 所示。

通过 400kVA 本地变压器从 20kV 中压电网供电，该低压电网由 4 种具有不同特性的馈线组成（线路参数见表 5－5）。馈线 F1 的总长度约为 850m，有一个分支的长度为 380m。第一部分是一段截面积为 150mm^2 的电缆，最后一部分是较旧的截面积仅为 95mm^2 的电缆。除了个别一些较长的线路，连接这 38 个私人用户之间线路的平均距离约 30m。F2 的总长度为 700m，连接 28 个住宅负荷，它们之间的平均距离为 25m。F2 是截面积为 95mm^2 的电缆。连接到馈线 F3 的 32 个家庭使用的是截面积为 150mm^2 的电缆，它们之间的平均距离也为 25m。馈线 F4 为更加分散的 17 个客户供电。它们之间的平均距离约为 60m，最长的分支线长 100m。与其他馈线不同，F4 是截面积为 70mm^2 的架空线。安装的光伏组件的额定容量为 10kW 或 30kW，功率因数为 1。它们的总装机容量为 330kW。这组输

入参数定义了初始场景。

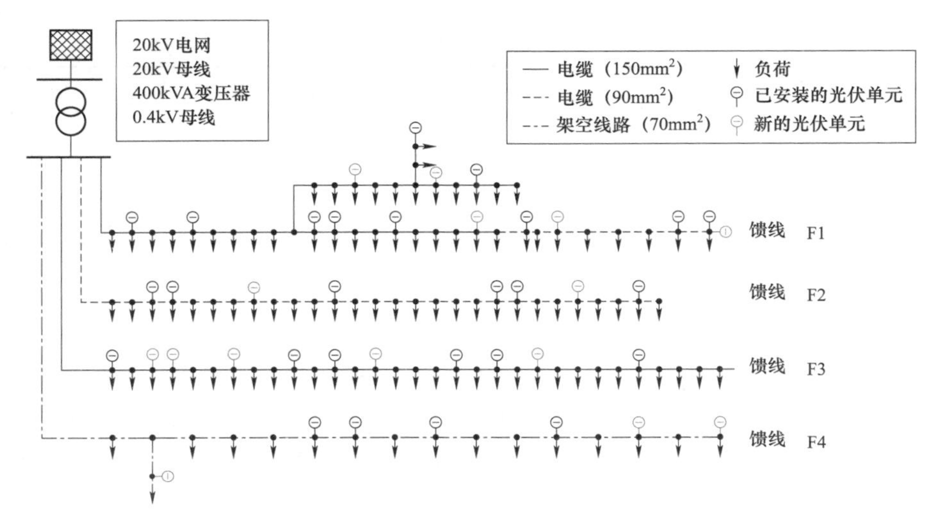

图 5－6　初始和未来场景的低压测试电网图

表 5－5　　测试电网中的导线参数

	R［Ω/km］	X［Ω/km］	B［uS/km］	I_{max}［A］
电缆（150mm²）	0.32	0.069	185.4	235
电缆（90mm²）	0.207	0.069	216.8	300
架空线路（70mm²）	0.443	0.072	163.4	195

以初始场景为起始，未来场景假设了电网供电需求的发展。考虑到光伏装置的进一步安装，新增光伏单元的参数设置如下，功率分别为 10kW 和 30kW，功率因数为 0.95，该区域部分家庭功率因数设为 0.9。

5.5.1　常规电网分析

首先，使用传统的电网规划方法检查和评估测试电网在两种情况下的表现。使用商业电网计算软件（DIgSILENT PowerFactory），在每种供电方案中分析两种极端情况下的电网。其中最大负荷场景假设接入全部负荷而不接入光伏。另一种场景假设只接入 10%的负荷和 85%的光伏。居民负荷在峰值负荷下的额定功耗为 2kW，功率因数为 0.97。基于上述场景可以设置光伏单元的无功出力特性。

电网能够满足初始场景的供电任务，但在未来场景中安装额外的光伏装置会导致严重的问题。除本地变压器过载（负载率将达 115%）外，所有馈线都会出现过电压（最高达 1.09p.u.）。因此，必须加强设备，例如变压器和馈线的增容改造（见表 5－6）。

表 5－6　　电网的必要投资

项　　目	投　　资	总额（欧元）
升级变压器一台	10 000 欧元/台	10 000
改造截面积为 150mm^2 的电缆 1450m	60 000 欧元/km	87 000
总计	—	97 000

5.5.2　基于时间序列的分析

现借助时间序列在各场景中分析测试电网的性能，这些时间序列是使用已开发的多代理系统生成的。虽然仿真中某些信息（如电网拓扑和光伏单元标称功率）可根据测试电网获取，但有些代理还需要其他信息。在本算例中，家庭代理需将每年的能源消耗统一设为 4000kWh 并以此作为概率时耗的基础。所有的家庭代理对现货市场价格都不敏感。表 5－7 列出了光伏代理的其他参数。由于 DSO 无法访问，因此必须对其进行估算。

表 5－7　　光伏代理所需参数的假设

参数	符号	假　　设
模块方位角	α_E	基于高斯分布的随机值，期望 0°S，区间［−90°，90°］
模块提升	γ_E	基于高斯分布的随机值，期望 38.5°S，区间［0°，60°］
逆变器效率	η_{INV}	基于均匀分布在区间［0.95，0.99］中的随机值
反照率	A	设定为 0.2

仿真的时间段为 2011 年。将得到的时间序列处理为持续时间曲线有助于推导最大和最小负荷以及分析负荷情况的发生频率。两种场景的最终持续时间曲线如图 5－7 所示。

与考虑极端情况的传统分析方法得到的负载情况相比，在使用多代理系统的测试电网仿真中，变压器的最大负载率会显著减小。由于变压器的最大负载在未来情况下低于额定功率的 95%，因此无需更换成更大容量的变压器。如果考虑 6h 平均，最大负载率甚至降低至 81%。

除变压器过载外，在传统电网分析中馈线末端的节点电压也会在接入未来场景下越界。但时间序列分析显示只有馈线 F4 有电压问题。馈线 F4 末端节点上出现的节点电压的直方图和分布函数如图 5－8 所示。

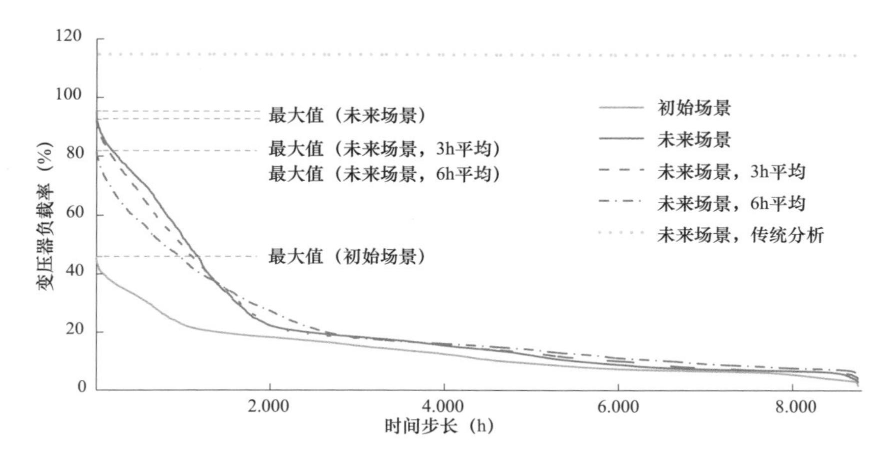

图 5－7　各场景下的变压器负荷持续时间曲线

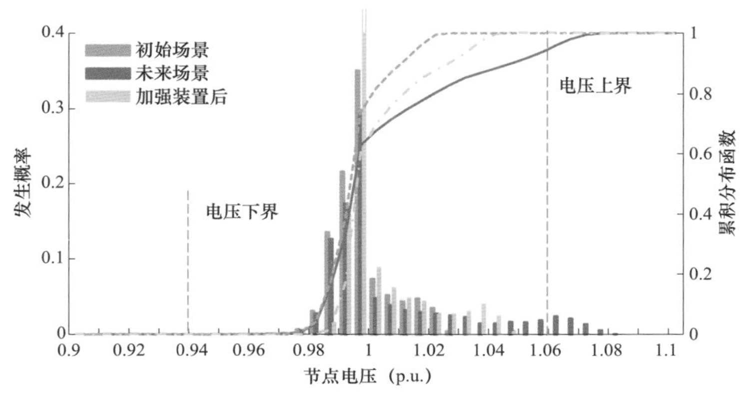

图 5－8　馈线 F4 末端节点电压的直方图和分布函数

使用多代理仿真对测试电网进行分析，确定需要增加新的 360m 截面积为 $150mm^2$ 的电缆。假设投资成本为 60 000 欧元/km，测试电网需要的投资为 21 600 欧元。这比通过基于极端场景的传统方法得到投资少 75 400 欧元（减少了 77%）。

5.5.3　新电网用户对网络的影响分析

为了显示目标函数对储能系统的影响，测试电网中的每个光伏发电机组都配备了一个储能系统。每个 10kW 光伏发电机组安装 4kW 电池，30kW 光伏发电机组安装 12kW 电池。目标函数包括最大化就地消纳、最小化对电网的影响以及最大化由市场价格波动导致的收入。得到的电压直方图如图 5－9 所示，展示了所分析的目标函数对电网的影响。这个示例表明，市场驱动的行为是一个阶段性问题，只会在一年中出现几小时，可以对此给出对策。

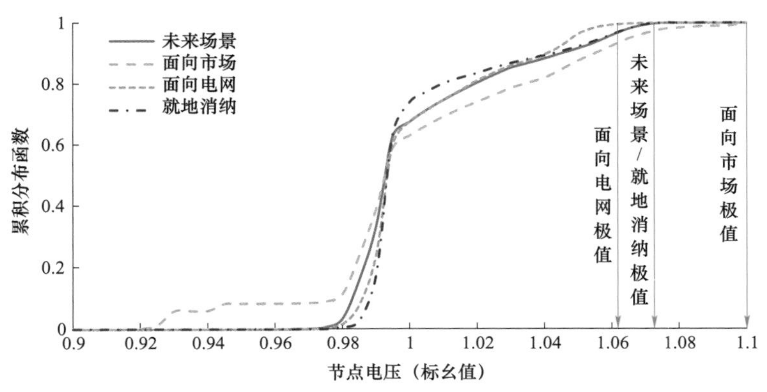

图 5-9　不同储能目标函数的节点电压累积分布函数

所有具有不同相互依赖性和目标函数的新型电网用户都可以进行该分析。因此，本方法首次针对创新和函数相关的电网元件和用户对配电网的影响进行了整体分析。

参 考 文 献

[1] C. Baudot, G. Roupioz, A. Billet, Modernizing distribution network management with linky smart meters—lessons learned in greenlys project, in *Proceedings Of CIRED 2015* (Lyon, France, 15 – 18 June, 2015).

[2] G. Celli et al., A Comparison of distribution network planning solutions: traditional reinforcement versus integration of distributed energy storage, in *IEEE PowerTech 2013* (Grenoble, France, 16 – 20 June 2013).

[3] S. You et al., An overview of trends in distribution network planning: A movement towards smart planning, in *T&D Conference and Exposition, 2014 IEEE PES* (Chicago, USA, 14 – 17 April, 2014).

[4] Cigré Task Force C6.19, *Planning and Optimization Methods for Active Distribution Systems* (2014).

[5] A. Keane et al., State-of-the-art techniques and challenges ahead for distributed generation planning and optimization. IEEE Trans. Power Syst. **28**(2), 1493 – 1502 (2013).

[6] P.S. Georgilakis, N.D. Hatziargyriou, Optimal distributed generation placement in power distribution networks: models, methods, and future research. IEEE Trans. Power Syst. **28**(3), 3420 – 3428 (2013).

[7] S. Prabhakar Karthikeyan et al., A review on soft computing techniques for location and sizing of distributed generation systems, in *2012 International Conference on, Computing, Electronics and Electrical Technologies (ICCEET)* (21 – 22 March, 2012).

[8] P. Wiest et al., New Hybrid planning approach for distributions grids with a high penetration of RES, in *Proceedings of CIRED 2015* (Lyon, France, 15 – 18 June, 2015.

[9] I. Ziari et al., Optimal distribution network reinforcement considering load growth, line loss, and reliability. IEEE Tran. Power Syst. **28**(2), 587 – 597 (2013).

[10] V. Klonari etal., Probabilistic analysis tool of the voltage profile in low voltage grids, in *Proceedings of CIRED 2015* (Lyon, France, 15 – 18 June, 2015).

[11] D.F. Frame, G.W. Ault, S. Huang, The uncertainties of probabilistic LV network analysis, in *IEEE Power and Energy Society General Meeting 2012* (San Diego, USA, 22 – 26 July, 2012).

[12] C. Engels, L. Jendernalik, M. Osthues, H. Spitzer, 'Smart planning'—an integrated approach for distribution system planning to cope with its future requirements, in *Proceedinds of CIRED* (Stockholm, Sweden, 10 – 13 June, 2013).

[13] R.F. Arritt, R.C. Dugan, Value of sequential-time simulations in distribution planning. IEEE Trans. Ind. Appl. **50**(6), 4216 – 4220 (2014).

[14] E.Tønne, J.A. Foosnæs, T.Pynten, Power system planning in distribution networks today and in the future with Smart Grids, in *Proceedings of CIRED* (Stockholm, Sweden, 10 – 13 June, 2013).

[15] G. Roupioz, X. Robe, F. Gorgette, First use of smart grid data in distribution network planning, in *Proceedings of CIRED* (Stockholm, Sweden, 10 – 13 June, 2013).

[16] M. Nick et al., On the optimal placement of distributed storage systems for voltage control in active distribution networks, in *IEEE PES Innovative Smart Grid Technologies (ISGT Europe)* (Berlin, Germany, 14 – 17 Oct, 2012).

[17] N. Siebert et al., Scheduling demand response and Smart Battery flexibility in a market environment: results from the Reflexe demonstrator project, in *IEEE PowerTech 2015* (Eindhoven, Netherlands, June 29–July 2, 2015).

[18] R. Roche et al., A multi-agent model and strategy for residential demand response coordination, in *IEEE PowerTech 2015* (Eindhoven, Netherlands, June 29–July 2, 2015).

[19] N.G. Paterakis et al., Distribution system operation enhancement through household consumption coordination in a dynamic pricing environment, in *IEEE PowerTech 2015* (Eindhoven, Netherlands, June 29–July 2, 2015).

[20] S. Bashash, H.K. Fathy, Cost-optimal charging of plug-in hybrid electric vehicles under time-varying electricity price signals. IEEE Trans. Intell. Transp. Syst. **15**(5), 1958 – 1968 (2014).

[21] F. Boulaire et al., A hybrid simulation framework to assess the impact of renewable generators on a distribution network, in *Proceedings of the 2012 Winter Simulation Conference (WSC)* (Berlin, Germany, 9 – 12 Dec, 2012).

[22] P. Jahangiri et al., Development of an agent-based distribution test feeder with smart-grid functionality, in *IEEE Power and Energy Society General Meeting 2012* (San Diego, USA, 22 – 26 July, 2012).

[23] C. Chengrui et al., Agent-based simulation of distribution systems with high penetration of photovoltaic generation, in *Power and Energy Society General Meeting, 2011 IEEE* (24 – 29 July, 2011).

[24] J. Hu et al., Multi-agent based modeling for electric vehicle integration in a distribution network operation. Electr. Power Syst. Res. **136**, 341 – 351 (2016).

[25] T. Pinto et al., Smart grid and electricity market joint simulation using complementary multi-agent platforms, in *IEEE PowerTech 2015* (Eindhoven, Netherlands, June 29–July 2, 2015).

[26] L. Hattam, D.V. Greetham, Green neighbourhoods in low voltage networks: measuring impact of electric vehicles and photovoltaics on load profiles. J. Mod. Power Syst. Clean Energy **5**(1), 105 – 116 (2017).

[27] E.F. Bompard, B. Han, Market-based control in emerging distribution system operation. IEEE Trans. Power Delivery **28**(4), 2373 – 2382 (2013).

[28] S.D.J McArthur et al., Multi-agent systems for power engineering applications—part I: concepts, approaches, and technical challenges. IEEE Trans. Power Syst. **22**(4), 1743 – 1752 (2007).

[29] C. Rehtanz, *Autonomous Systems and Intelligent Agents in Power System Control and Operation* (Springer, Berlin, New York, 2003). ISBN 3540402020.

[30] A. Prostejovsky et al., Demonstration of a multi-agent-based control system for active electric power distribution grids, in *IEEE International Workshop on Intelligent Energy Systems (IWIES) 2013* (Vienna, Austria, 14 Nov, 2013).

[31] F.I. Hernandez et al., Active power management in multiple microgrids using a multi-agent system with JADE, in *International Conference on Industry Applications (INDUSCON), 2014 11th IEEE/IAS* (Juiz de Fora, Brazil, 7 – 10 Dec, 2014).

[32] E. Polymeneas, M. Benosman, Multi-agent coordination of DG inverters for improving the voltage profile of the distribution grid, in *IEEE PES General Meeting 2014* (National Harbor, USA, 27 – 31 July, 2014).

[33] E.A.M. Klaassen et al., Integration of in-home electricity storage systems in a multi-agent active distribution network, in *IEEE PES General Meeting 2014* (National Harbor, USA, 27–31 July, 2014).

[34] I. Pisica et al., A multi-agent model for assessing electricity tariffs, in *Innovative Smart Grid Technologies Conference Europe (ISGT-Europe), 2014 IEEE PES* (Istanbul, Turkey, 12 – 15 Oct, 2014).

[35] G.H. Merabet et al., Applications of multi-agent systems in smart grids: a survey, in *International Conference on Multimedia Computing and Systems (ICMCS) 2014* (Marrakech, Marocco, 14 – 16 April, 2014).

[36] J. Kays, *Agent-based Simulation Environment for Improving the Planning of Distribution Grids*, Ph.D. thesis, TU Dortmund University, Dortmund, Germany, 2014, ISBN 9783868446623.

[37] A. Seack, *Time-series Based Distribution Grid Planning Considering Interaction of Network Participants with A Multi-agent System*, Ph.D. thesis, TU Dortmund University, Dortmund, Germany, 2016.

[38] J.Kays, A. Seack, C. Rehtanz, Consideration of smart-meter measurements in a multi-agent simulation environment for improving distribution grid planning, in *Innovative Smart Grid Technologies Conference (ISGT), 2016 IEEE PES* (Minneapolis, USA, 6 – 9 Sept, 2016).

6

分布式电源的优化选址和定容

卡拉·穆罕默德，餘利野·直人

摘　要　近年来，世界各地配电网中分布式电源（distributed generations，DG）的渗透率呈显著增长趋势。分布式电源一般以小规模电源的形式接入负荷中心，由此减少了输配电过程中的电能损耗并节省系统容量。一般可将分布式电源分为风力发电、太阳能发电、燃料电池发电、生物质发电、微型涡轮机和柴油发电机等类型。由于其能有效改善配电网运行性能，如何优化配置分布式电源是分布式电源规划的关键问题。本章详细阐述了 DG 优化配置问题并提出相应的优化模型和方法。该方法将解析表达式与最优潮流（optimal power flow，OPF）算法相结合，精确求取配电网功率损耗最小目标下不同 DG 类型的选址和容量。其中，解析表达式通常用于求解多类型分布式电源不同组合情况下的最优容量。优化不同机组的功率因数，可以有效减少功率损耗。通过对 69 节点测试系统仿真，证明了该方法可有效求解不同 DG 类型的各种组合的最优解。

关键词　配电网，DG 选址，DG 容量，功率损耗，优化配置

6.1　引言

随着对高效、可靠配电网的需求的提升，可再生能源（renewable energy sources，RES）研究不断深入。可再生能源是指低投资成本的清洁能源，例如风力涡轮机、光伏（photovoltaic，PV）和生物质系统[1]。配电网中，分布式电源的渗透率随其优势突出而平稳增长。越来越多的分布式电源机组被接入负荷中心，

可以有效减少对输电网供电的依赖，并节省成本[2~5]。

随着配电网中分布式电源的大量接入，必将对系统运行、稳定和保护产生较大影响，其程度与 DG 机组的类型、容量和安装位置密切相关[6~8]。在电力系统运行损耗中，配电网的损耗占了绝大部分，因此，在 DG 优化配置中应重点关注其降损作用。总的有功损耗可随 DG 配置的变化而明显增加或减少[9~10]，但 DG 接入配电网所带来的电压波动和潮流倒送等影响，制约了 DG 渗透率的上限。因此，需要提出一种考虑全网络和 DG 约束条件下的 DG 优化配置模型和方法。

中压配网的 DG 优化配置是系统规划人员的重要课题。DG 优化配置目的为确定 DG 的安装位置和容量，从而优化电网运行。现有文献已提出多种 DG 优化配置方法，包括数值法、启发式方法和解析法。其中，数值法又可分为梯度搜索法[11]、线性规划法[12]、最优潮流法[13]和穷举法[14,15]。这些方法可以确定指定位置下 DG 的最优容量。数值法通常用于求解在不同接入位置下 DG 容量。启发式方法则是基于人工智能算法，包括遗传算法[16,17]、粒子群算法[18]、和声搜索法[19]和禁忌搜索法[20]等。它们求取不同 DG 位置和容量条件下的近似最优解，但计算量巨大。相对而言，解析法简单、便于应用且速度较快，仅考虑均匀分布的负荷模型和单一 DG 选址来简化 DG 的优化规划问题[21,22]。文献［23］利用解析法确定 DG 最优安装位置，并使用卡尔曼滤波法来确定容量。文献［24，25］则提出一种基于负荷质心概念的多类型分布式电源并网优化配置方法。在单个 DG 机组优化配置解析法[26]的基础上，文献［27，28］提出考虑无功出力的多个 DG 机组改进解析法。

本章将详细阐述配电网中多类型 DG 机组安装位置和容量的优化问题，提出了两种以网损最小为目标的多类型 DG 优化配置方法。一种是以解析法为基础，优化计算不同 DG 机组容量，并得到 DG 对网络改善性能的评估值；另一种混合优化方法则将最优潮流法与前者相结合。这两种方法不仅适用于不同类型的 DG，也同样适用于辐射形和环形电网。通过对 69 节点测试系统仿真来验证该方法的可行性。

6.2 DG 模型

根据分布式电源的电能输出形式，DG 模型一般可分为三类：A 类、B 类和 C 类。对于 A 类，其有功功率为未知量，需要通过优化计算求得；B 类 DG 的待优化变量是无功功率而非有功功率；C 类的有功和无功功率均为可调变量，其优化计算方法也更为复杂。不同 DG 技术的稳态模型如图 6－1 所示，各类可再生能源通过设备接入电网。对于上述 DG，当有功、无功电源等状态变量发生变化时，其接入设备以及DG技术配置方式均会相应地调整[29,30]。在模拟通过DG发出或吸收无功功率来调整电压值的实际情况时，考虑DG无功容量是十分重要的。光伏逆变器的出力特性如图6-2所示，其中红色曲线表示接入电网的逆变器额定功率变化范围。

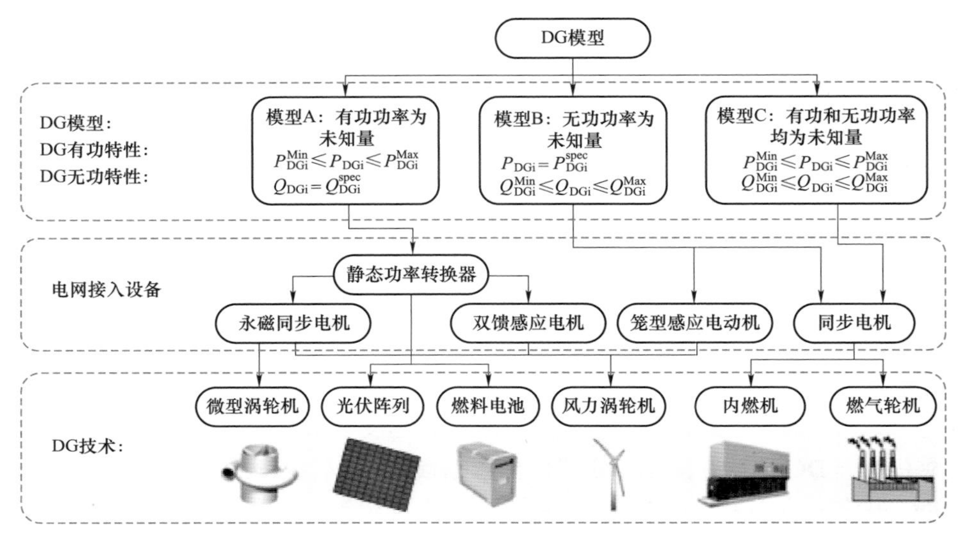

图6-1 不同DG技术的稳态模型

6.3 DG对配电网的影响

随着DG接入位置、容量和类型的变化，对配电网的影响呈多样化。当DG接入传统配电网时（如图6-3所示），电网有功损耗随DG有功、无功出力变化的动态曲线如图6-4所示。在功率因数确定情况下，随着DG有功出力的增加，电网损耗下降至最小值，而当超过某一特定DG渗透率（又被称为考虑网损最小的最优渗透率）时，电网损耗又随之变大。因此，需要准确优化各DG机组的功率因数，以实现整个系统损耗最小化。

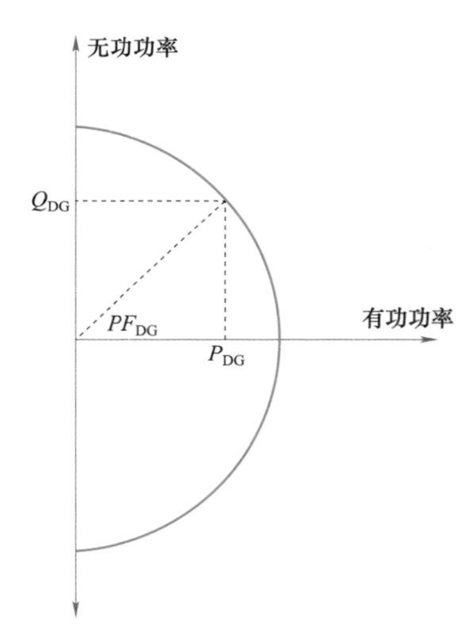

图6-2 光伏逆变器的出力特性曲线

图6-5展示了在不同DG渗透率下，系统中电压幅值分布。其中，DG渗透水平可被定义为系统中DG总容量与负荷总容量的比值。配电馈线的电压值一般

随着与变电站的距离的增加而下降。然而，随着配电网中 DG 渗透率的提高，馈线上的电压值反而随距离的增加而上升。例如，PV 渗透率可通过增加光伏阵列数量来改变。同时，需要优化 DG 渗透率以确保配网馈线上电压幅值在允许偏差范围内。在 DG 优化配置问题上，除系统网损和节点电压上下限，还应考虑配网中的各项约束条件。

图 6-3　含 DG 接入的配电系统

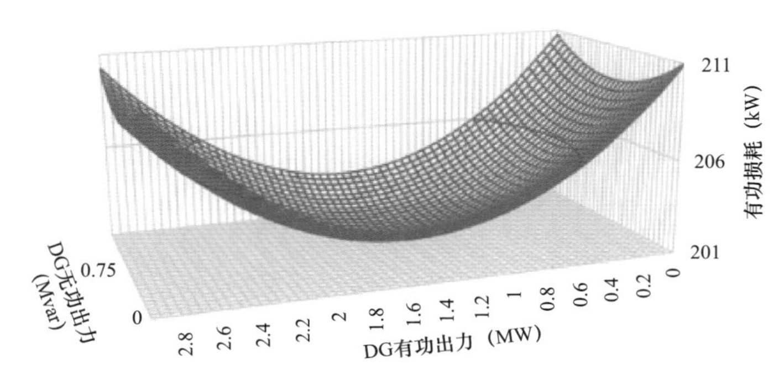

图 6-4　系统网损随 DG 有功和无功出力的变化情况

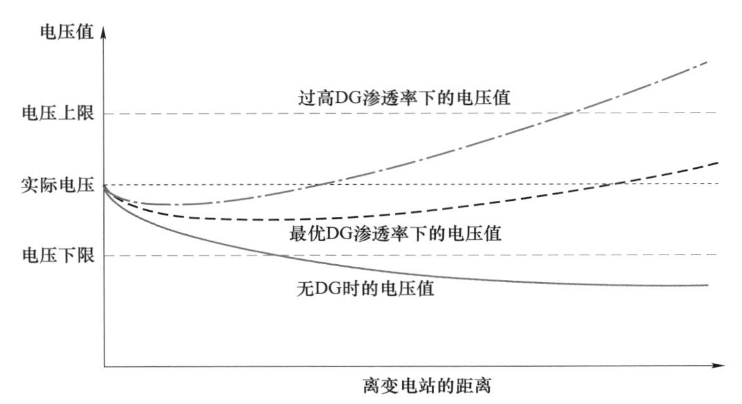

图 6-5　不同 DG 渗透率下节点电压分布值

6.4 DG 配置问题

由于配电网元件的非线性化以及可选安装位置和机组容量等参数的多样化，DG 的优化配置问题是一个复杂优化问题。图 6－6 给出了一个配电网示例，其中各种元件需要接入到某些节点上。根据能源分布、投资策略和与再生能源相关的气候条件等因素，可以得到给定节点待接入机组的类型。图 6－7 给出了一个光伏系统模型，通过 PV 阵列模型的数量确定其优化容量。因此，根据待选节点，确定优化配置目标中不同机组的最佳安装位置。

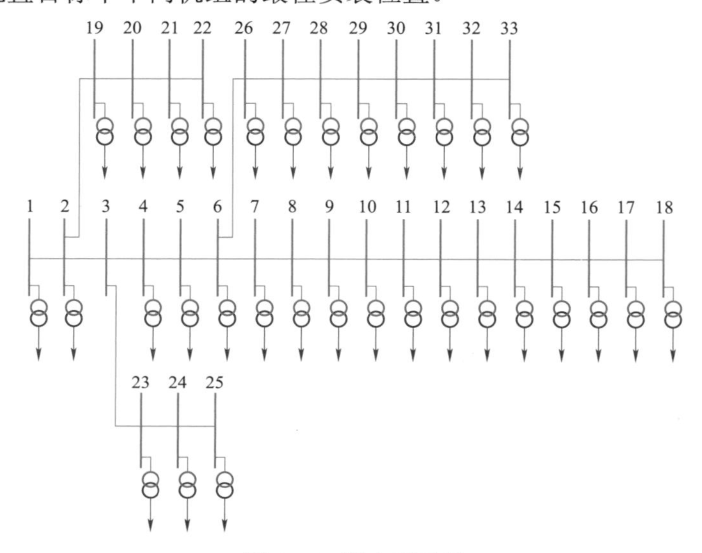

图 6－6　配电网示例

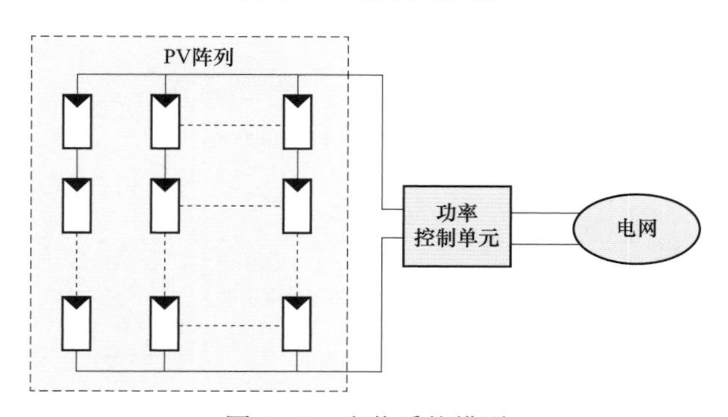

图 6－7　光伏系统模型

将 N_{B} 个 DG 机组配置到 N_{DG} 个备选安装位置时，当第 i 个 DG 机组存在唯一合适的接入节点 $N_{\mathrm{B}i}$ 时，应满足下式：

$$N_{\mathrm{DG}}=\sum_{i=1}^{N_{\mathrm{DG}T}}N_{\mathrm{DG}i},\quad N_{\mathrm{B}}=\sum_{i=1}^{N_{\mathrm{DG}T}}N_{\mathrm{B}i} \tag{6-1}$$

式中，$N_{\mathrm{DG}T}$ 为需接入 DG 机组的总数。DG 机组接入位置的组合总数可用下式计算：

$$N_{Com}=\left(\prod_{i=1}^{N_{\mathrm{DG}T}}C_{N_{\mathrm{DG}i}}^{N_{\mathrm{B}i}}\right)(N_{\mathrm{DG}}!) \tag{6-2}$$

为确定最佳 DG 安装位置，需要评估所有可能组合。对于大规模配电网而言，不同类型 DG 的安装位置组合数相当庞大。这种过多的组合不仅加大优化问题的复杂性，而且降低计算性能。因此，需要一种确定最优化组合的快速计算方法，DG 优化配置问题的关键技术如下：

（1）精准度（确定合理的安装位置与最优容量）。

（2）通用性（适用于不同类型 DG 优化配置的通用模型）。

（3）高速性（针对大规模系统多类型 DG）。

6.5 组合最优潮流解析法

6.5.1 DG 网损

有功总网损 P_{loss} 的基本求解方程如式（6－3）所示：

$$P_{\mathrm{loss}}=\sum_{j\in\phi}\varphi_j(P_j^2+Q_j^2) \tag{6-3}$$

式中：

$$\varphi_j=\frac{R_j}{V_j^2}$$

其中 P_j 和 Q_j 分别为流经配电线路 j 的有功和无功潮流，Φ 为系统线路集，V_j 为线路流入节点的电压幅值，R_j 为线路阻抗。考虑接入了 DG 或电容器，即在网络中某节点注入 P_g 和/或 Q_g，有功网损的变化可进行线性估算，且通过下式计算。

$$P_{\mathrm{loss,DG}}=\sum_{j\in\alpha}\varphi_j(P_j^2+Q_j^2)+\sum_{j\in\beta}\varphi_j[(P_j-P_g)^2+(Q_j-Q_g)^2],\alpha\cup\beta=\phi \tag{6-4}$$

其中，潮流不受到和受到接入 DG 影响的线路集分别为 α 和 β。式（6－4）可修正为通用形式，表示多个 DG 机组和电容器组合在一组位置集 Ψ 中的有功网损，如式（6－5）所示。

$$P_{\mathrm{loss,DG}}=\sum_{j\in\alpha}\varphi_j(P_j^2+Q_j^2)+\sum_{j\in\beta}\varphi_j\left[\left(P_j-\sum_{i\in\psi}\Omega_{ij}P_{gi}\right)^2+\left(Q_j-\sum_{i\in\psi}\Omega_{ij}Q_{gi}\right)^2\right] \tag{6-5}$$

基于配电网络的辐射式结构，构建 Ω 矩阵。图 6－8 为某小规模系统，当节点 11 和 7 分别接入光伏和风电机组时，其二进制 Ω 矩阵可表示为：

$$
\begin{array}{c}
\text{母线} \\
\begin{matrix} 1 & 2 & 3 & 4 & 5 & 6 & 7 & 8 & 9 & 10 & 11 & 12 \end{matrix} \\
\Omega=\begin{bmatrix} 1 & 1 & 1 & 0 & 1 & 1 & 1 & 0 & 0 & 0 & 0 & 0 \\ 1 & 1 & 1 & 0 & 0 & 0 & 0 & 1 & 1 & 1 & 0 \end{bmatrix}\begin{matrix} 7 & \text{风电母线} \\ 11 & \text{光伏母线} \end{matrix}
\end{array} \tag{6-6}
$$

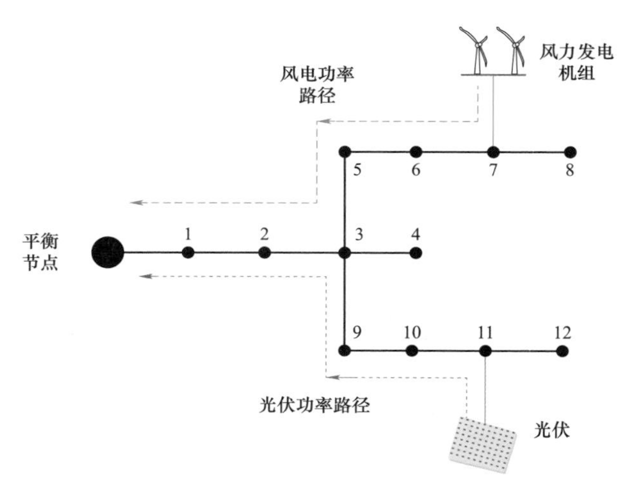

图 6－8　配电网增加光伏和风电机组后的潮流

DG 在不同功率因数 PF_g［式（6－8）］下注入的有功或无功功率如式（6－7），式（6－5）可表达为不同形式。

$$Q_{gi}=M_{gi}P_{gi} \tag{6-7}$$

其中，

$$M_{gi}=\frac{\sqrt{1-PF_{gi}^2}}{PF_{gi}} \tag{6-8}$$

6.5.2　最优 DG 容量解析表达式

配电网络中接入 DG 机组的选址目标是优化各机组最佳位置和容量实现总网损最小化。网损计算如式（6－5），目标函数为 $P_{\text{loss,DG}}$ 的最小化，变量为机组的有功功率 P_g 和无功功率 Q_g。当处于最优点时，$P_{\text{loss,DG}}$ 对 P_g 和 Q_g 的偏导数相等且为零。

$$\frac{\partial P_{\text{loss,DG}}}{\partial P_{gm}}=0,\qquad \forall m\in\Psi \tag{6-9}$$

$$\frac{\partial P_{\text{loss,DG}}}{\partial Q_{gm}} = \frac{\partial P_{\text{loss,DG}}}{\partial P_{gm}}, \quad \forall m \in \Psi \tag{6-10}$$

上述两式适用于每台机组，为此方程式数量为待选址的机组个数的 2 倍。式（6－9）和式（6－10）的集合可组成矩阵分别表示成式（6－11）和式（6－12）。当形成新的式（6－11）和式（6－12）时，各机组的 P_g 和 Q_g 优化解（如最优功率因数）会随之更新。一旦 DG 和电容器位置组合确定，最优机组容量可随之确定，图 6－9 为其计算流程。式（6－11）和式（6－12）中 X、Y、W 和 U 矩阵参数可通过基础算例中潮流计算直接求得，无需迭代操作。前文提到的方法是基于配电网络的辐射式结构，为将本文方法应用于环网结构，将所有环状结构打开，对打开后的辐射式结构电网求解其 DG 配置。

$$\begin{bmatrix} P_{g\Psi_1} \\ P_{g\Psi_2} \\ \vdots \\ P_{g\Psi_N} \end{bmatrix} = \begin{bmatrix} X_{\Psi_1,\Psi_1} & X_{\Psi_1,\Psi_2} & \cdots & X_{\Psi_1,\Psi_3} \\ X_{\Psi_2,\Psi_1} & X_{\Psi_2,\Psi_2} & \cdots & X_{\Psi_2,\Psi_N} \\ \vdots & \vdots & \vdots & \vdots \\ X_{\Psi_N,\Psi_1} & X_{\Psi_N,\Psi_2} & \cdots & X_{\Psi_N,\Psi_N} \end{bmatrix}^{-1} \begin{bmatrix} Y_{\Psi_1} \\ Y_{\Psi_2} \\ \vdots \\ Y_{\Psi_N} \end{bmatrix} \tag{6-11}$$

$$\begin{bmatrix} Q_{g\Psi_1} \\ Q_{g\Psi_2} \\ \vdots \\ Q_{g\Psi_N} \end{bmatrix} = \begin{bmatrix} P_{g\Psi_1} \\ P_{g\Psi_2} \\ \vdots \\ P_{g\Psi_N} \end{bmatrix} - \begin{bmatrix} U_{\Psi_1,\Psi_1} & U_{\Psi_1,\Psi_2} & \cdots & U_{\Psi_1,\Psi_3} \\ U_{\Psi_2,\Psi_1} & U_{\Psi_2,\Psi_2} & \cdots & U_{\Psi_2,\Psi_N} \\ \vdots & \vdots & \vdots & \vdots \\ U_{\Psi_N,\Psi_1} & U_{\Psi_N,\Psi_2} & \cdots & U_{\Psi_N,\Psi_N} \end{bmatrix}^{-1} \begin{bmatrix} W_{\Psi_1} \\ W_{\Psi_2} \\ \vdots \\ W_{\Psi_N} \end{bmatrix} \tag{6-12}$$

$$X_{n,m} = \sum_{j\in\beta} \Omega_{nj}\varphi_j\Omega_{mj}(1 + M_{DGm}M_{DGn}), \quad Y_m = \sum_{j\in\beta}\Omega_{mj}\varphi_j(P_j + M_{DGm}Q_j)$$

$$U_{n,m} = \sum_{j\in\beta}\Omega_{nj}\varphi_j\Omega_{mj}, \quad W_m = \sum_{j\in\beta}\Omega_{mj}\varphi_j(P_j - Q_j)$$

6.6 求解过程

结合本文所提出的解析法和文献［31－34］的 OPF 法来确定最优 DG 组合，OPF 的目标函数为考虑式（6－13）～式（6－17）等式和不等式约束下的最小网损。由于该解析表达式通用于求解含有各类机组的选址组合，可评估出所有可能选址组合解。该评估过程对选取最优的机组选址组合至关重要（即最优组合），此外采用本文的解析法可大大减少评估过程的计算量，最优解可由式（6－11）和式（6－12）直接求得。采用 OPF 法的优势在于通过设置系统约束可求得最优组合，即通过该解析法和对各机组规模的较少修正即可达到准确的优

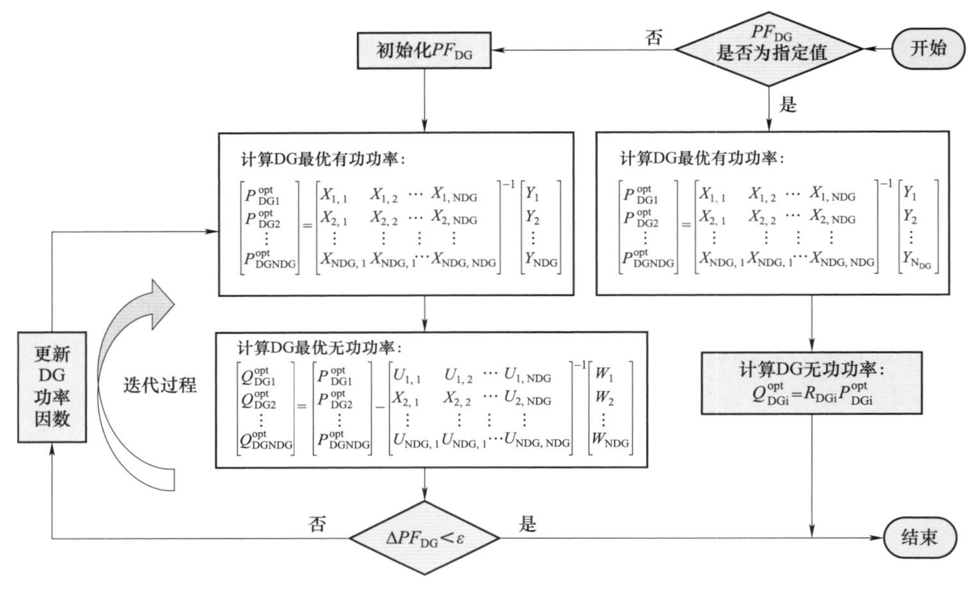

图 6－9　最优 DG 规模的计算流程

化解。图 6－10 给出了本文方法求解流程图，采用文献［35］的前推回代法求解潮流。从图中可以看出，所提出的解析表达式需要求解最优点集，而考虑系统约束下的最优潮流法只需应用一次。将二者结合是比较有效的，因为最合理的优化组合可通过解析表达式获得，而利用 OPF 法可精确求得包括各类约束下的最优解。

$$\min \quad F=\sum_{j=1}^{N_{\text{Line}}}P_L^i \tag{6-13}$$

（1）等式约束条件：

$$P_S-P_D-\sum_{i=1}^{N}|V_j||V_i|(G_{ij}\cos\theta_{ij}+B_{ij}\sin\theta_{ij})=0 \tag{6-14}$$

$$Q_S-Q_D-\sum_{i=1}^{N}|V_j||V_i|(G_{ij}\sin\theta_{ij}-B_{ij}\cos\theta_{ij})=0 \tag{6-15}$$

（2）不等式约束条件：

$$P_{\text{DG}i}^{\min}\leqslant P_{\text{DG}i}\leqslant P_{\text{DG}i}^{\max}\quad i=1,2,\cdots,N_{\text{DG}} \tag{6-16}$$

$$V_i^{\min}\leqslant V_i\leqslant P_i^{\max}\quad i=1,2,\cdots,N \tag{6-17}$$

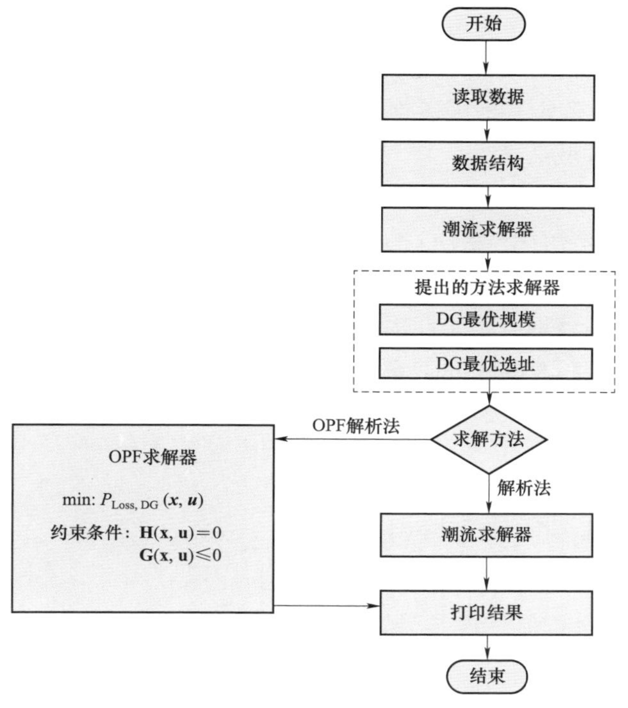

图 6－10　所提 DG 配置方法的流程图

6.7　结果与分析

6.7.1　假设条件

假设条件如下：

（1）单个 DG 机组可接入测试系统任一节点。

（2）最大可接入 DG 数量为三台机组。

（3）A 类 DG 和 B 类 DG 的指定出力值可视为 0。

（4）对于 C 类 DG，其功率因数为 0.9（滞后）。

（5）DG 最大渗透率为 100%。

（6）电压的上下限分别为 1.05 和 0.9。

6.7.2　测试系统

选用 69 节点测试系统检验本文 DG 选址方法的有效性，如图 6－11 所示，该系统为多数配置方法的首选测试系统，文献［36］给出了其参数。该系统包含

68 个负荷节点和 1 个平衡节点，基础算例中有功和无功损耗分别为 225kW 和 102kvar。利用 C++编程实现本文算法，旨在阐述本文所提方法在多类 DG 选址问题求解的有效性。假定某地区适宜各类 DG。因此，将 69 节点配网测试系统划分为下面 4 个不同区域：

（1）A 区域：含有 A 类 DG 的区域。

（2）B 区域：含有 B 类 DG 的区域。

（3）C 区域：含有 C 类 DG 的区域。

（4）D 区域：该地区不允许接入 DG。

表 6－1 为不同 DG 组合的算例研究，第一算例（算例 0）为基础算例，无 DG 接入，而其他 7 个算例（算例 1～7）则安装了不同类型 DG 机组，如表中所示。

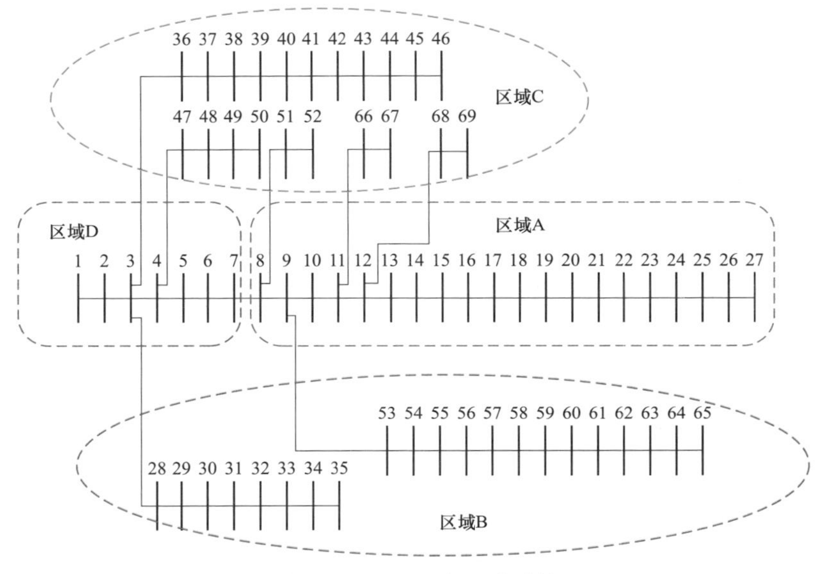

图 6－11　69 节点测试系统

表 6－1　不同算例的 DG 数量

算例	DG－类型 A	DG－类型 B	DG－类型 C
算例 0	—	—	—
算例 1	2	1	—
算例 2	2	—	1
算例 3	1	2	—
算例 4	—	2	1
算例 5	—	1	2
算例 6	1	—	2
算例 7	1	1	1

6.7.3 分析

本小节探讨了测试系统中配置 DG 的优点，表 6－2 为采用最优潮流解析法求解得到的 DG 容量和对应接入节点。对于 DG 数量近似相等的算例中，当含有不同 DG 组合时，所求得的 DG 选址和容量大不相同。该结果表明 DG 的类型对于 DG 配置有显著影响，8 种算例的主要不同点如下所述：

总网损：图 6－12 为 69 节点测试系统配置 DG 后的网损（单位为 kW 和 kVA），可明显看出，与基础算例相比，DG 配置的各算例总网损明显下降，但各算例间下降幅度不同。相比其他类型 DG，C 类 DG 接入后网损更小。例如，由于算例 5 含有两个 C 类 DG，网损下降较大。该类 DG 会注入有功和无功功率，有助于网损的显著下降。此外，算例 7 含有 3 类 DG，网损下降幅度最大。

表 6－2　　69 节点测试系统结果

算例	DG－类型 A		DG－类型 B		DG－类型 C		DG 总规模（kVA）
	母线	规模（kVA）	母线	规模（kVA）	母线	规模（kVA）	
算例 0	—	—	—	—	—	—	—
算例 1	9 18	2388.12 451.373	61	1314.6	—	—	4154.0
算例 2	12 21	370.6 312.8	—	—	51	2535.9	3219.2
算例 3	9	2839.5	53 61	652.6 1193.5	—	—	4685.6
算例 4	—	—	61 64	938.9 206.5	51	2640.3	3785.7
算例 5	—	—	61	1138.2	51 68	2007.7 704.3	3850.3
算例 6	21	302.1	—	—	51 66	2129 793.8	3225.2
算例 7	9	2249.6	61	1270.1	68	655.4	4175.2

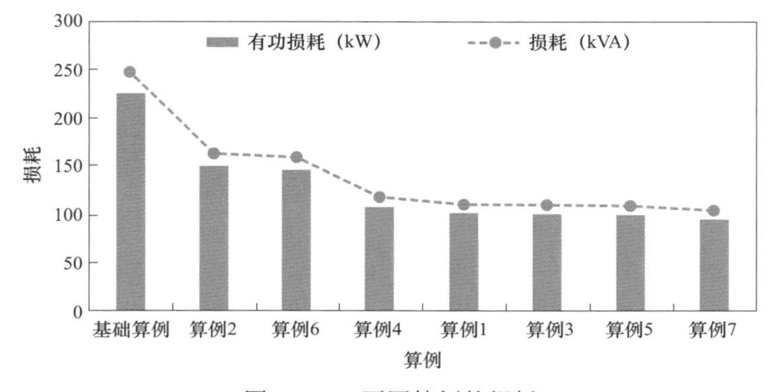

图 6－12　不同算例的损耗

DG 总规模：DG 总规模是 DG 配置的一个重要因素，可用于估算 DG 的安装成本（成本与容量成正比）。表 6－2 为各算例的 DG 机组容量，从表中可知，算例 1 和算例 3 都不包含 C 类 DG，其拥有最大的机组容量，意味着这两种算例的安装成本会相对较高。当需要最大的 DG 渗透率时，就能显现出其有利特征。

电压分布：图 6－13 为不同算例中电压幅值分布，表 6－3 中对比了各算例的最低、最高电压和电压偏差值。从中可以明显看出，相比基础算例，含 DG 的算例电压分布有了显著提升。

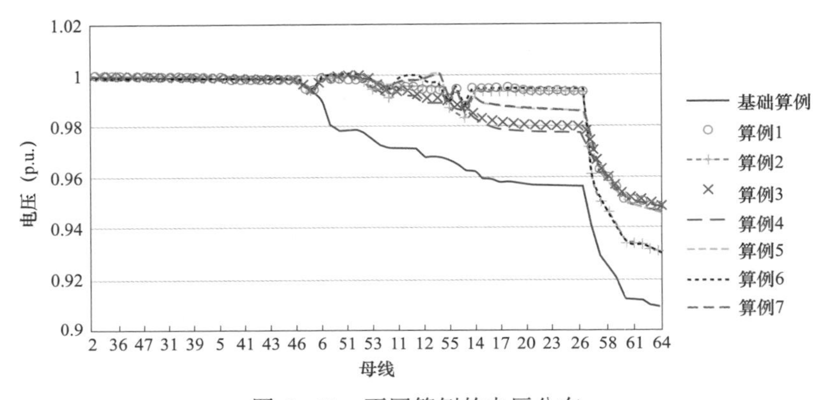

图 6－13 不同算例的电压分布

表 6－3 不同算例的电压值

项目	基础算例	算例 1	算例 2	算例 3	算例 4	算例 5	算例 6	算例 7
最小电压	0.909 2	0.948 1	0.930 7	0.948 8	0.946 1	0.946 1	0.931 3	0.948 4
最大电压	1.000 0	1.000 0	1.000 0	1.000 2	1.000 5	1.000 6	1.000 1	1.000 5
电压偏差	0.099 3	0.019 3	0.034 5	0.023 6	0.027 8	0.022 4	0.033 6	0.020 7

本章所提方法可以最优地解决 DG 配置问题，并且可以降低各种算例中的总网损。该方法具有普适性，可应用于其他算例和不同的配电网。本文方法有助于 DG 优化，选择可行的各类 DG 组合，实现经济效益最大化。相比现有各解析方法，本文方法能够有效解决多类 DG 配置问题，并以较快计算速度求得高精度解，可直接求得 DG 的最优功率因数，体现了该方法的优越性。

参 考 文 献

[1] L. Willis, W.G. Scott, *Distributed Power Generation: Planning and Evaluation*, vol.10 (Marcel Dekker, New York, 2000).

[2] O.M. Toledo, D.O. Filho, A.S.A.C. Diniz, J.H. Martins, M.H.M. Vale, Methodology for evaluation of grid-tie connection of distributed energy resources—case study with photovoltaic and energy storage. IEEE Trans. Power Syst. **28**(2), 1132 – 1139 (2013).

[3] A.G. Exposito, A.J. Conejo, C.A. Canizares, *Electric Energy Systems Analysis and Operation* (CRC Press, 2009).

[4] X. Zhang, G.G. Karady, S.T. Ariaratnam, Optimal allocation of CHP-based distributed generation on urban energy distribution networks. IEEE Trans. Sustain. Energy 5(1) (2014).

[5] X. Zhang, R. Sharma, Y. He, Optimal energy management of a rural microgrid system using multi-objective optimization, in *Proceedings of IEEE PES Innovative Smart Grid Technology Conference* (Washington DC, USA, 2012), pp. 1 – 8.

[6] R.A. Walling, R. Saint, R.C. Dugan, J. Burke, L.A. Kojovic, Summary of distributed resources impact on power delivery systems. IEEE Trans. Power Del. **23**, 1636 – 1644 (2008).

[7] T. Ackermann, V. Knyazkin, Interaction between distributed generation and the distribution network: operation aspects, in *Proceedings on 2002 IEEE T&D Conference* (2002), pp. 1357 – 1362.

[8] D. Singh, K.S. Verma, Multiobjective optimization for DG planning with load models. IEEE Trans. Power Syst. **24**(1), 427 – 436 (2009).

[9] Y.M. Atwa, E.F. El-Saadany, M.M.A. Salama, R. Seethapathy, Optimal renewable resources mix for distribution system energy loss minimization. IEEE Trans. Power Syst. **25**(1), 360 – 370 (2010).

[10] P.S. Georgilakis, N.D. Hatziargyriou, Optimal distributed generation placement in power distribution networks: models, methods, and future research. IEEE Trans. Power Systems **28**(3), 3420 – 3428 (2013).

[11] N.S. Rau, Y.-H. Wan, Optimum location of resources in distributed planning. IEEE Trans. Power Syst. **9**(4), 2014 – 2020 (1994).

[12] A. Keane, M. O'Malley, Optimal allocation of embedded generation on distribution networks. IEEE Trans. Power Syst. **20**(3), 1640 – 1646 (2005).

[13] G.P. Harrison, A.R. Wallace, Optimal powerflow evaluation of distribution network capacity for the connection of distributed generation. IEE Proc. Gener. Transm. Distrib. **152**(1), 115 – 122 (2005).

[14] D. Zhu, R.P. Broadwater, K.S. Tam, R. Seguin, H. Asgeirsson, Impact of DG placement on reliability and efficiency with time-varying loads. IEEE Trans. Power Syst. **21**(1), 419 – 427 (2006).

[15] D. Singh, R.K. Mirsa, D. Singh, Effect of load models in distributed generation planning. IEEE Trans. Power Syst. **22**(4), 2204 – 2212 (2007).

[16] K. Vinothkumar, M.P. Selvan, Fuzzy embedded genetic algorithm method for distributed generation planning. Electr. Power Compon. Syst. **39**(4), 346 – 366 (2011).

[17] K.H. Kim, Y.J. Lee, S.B. Rhee, S.K. Lee, S.K. You, Dispersed generator placement using fuzzy-GA in distribution systems, in *Proceedings of IEEE Power Engineering Society Summer Meeting* (July 2002), pp. 1148 – 1153.

[18] W. Prommee, W. Ongsakul, Optimal multiple distributed generation placement in microgrid system by improved reinitialized social structures particle swarm optimization. Eur. Trans. Electr. Power **21**(1), 489 – 504 (2011).

[19] M.F. Shaaban, Y.M. Atwa, E.F. El-Saadany, DG allocation for benefit maximization in distribution networks. IEEE Trans. Power Syst. **28**(2), 639 – 649 (2013).

[20] M.E.H. Golshan, S.A. Arefifar, Optimal allocation of distributed generation and reactive sources considering tap positions of voltage regulators as control variables. Eur. Trans. Electr. Power **17**(3), 219 – 239 (2007).

[21] H.L. Willis, Analytical methods and rules of thumb for modeling DG-distribution interaction, in *Proceedings of IEEE Power Engineering Society Summer Meeting* (July 2000), pp. 1643 – 1644.

[22] C. Wang, M.H. Nehrir, Analytical approaches for optimal placement of distributed generation sources in power systems. IEEE Trans. Power Syst. **19**(4), 2068 – 2076 (2004).

[23] S.-H. Lee, J.-W. Park, Selection of optimal location and size of multiple distributed generations by using Kalman filter algorithm. IEEE Trans. Power Syst. **24**(3), 1393 – 1400(2009).

[24] T. Xiao-bo, W. Xue-hong, A new method of distributed generation optimal placement based on load centroid, in *2011 Proceedings of IEEE Power and Energy Engineering Conference* (APPEEC), pp. 1 – 5.

[25] A. Elmitwally, A new algorithm for allocating multiple distributed generation units based on load centroid concept. Alexandria Eng. J. **52**(4), 655 – 663 (2013).

[26] N. Acharya, P. Mahat, N. Mithulananthan, An analytical approach for DG allocation in primary distribution network. Int. J. Elect. Power Energy Syst. **28**(10), 669 – 678 (2006).

[27] D.Q. Hung, N. Mithulananthan, R.C. Bansal, Analytical expressions for DG allocation in

primary distribution networks. IEEE Trans. Energy Convers. **25**(3), 814 – 820 (2010).

[28] D.Q. Hung, N. Mithulananthan, Multiple distributed generators placement in primary distribution networks for loss reduction. IEEE Trans. Ind. Electron. **60**(4), 1700 – 1708 (2013).

[29] M.J.E. Alam, K.M. Muttaqi, D. Sutanto, A three-phase power flow approach for integrated 3-wire MV and 4-wire multigrounded LV networks with rooftop solar PV. IEEE Trans. Power Syst. **28**(2), 1728 – 1737 (2013).

[30] K. Mahmoud, M. Abdel-Akher, Analysis of hybrid photovoltaic and wind energies connected to unbalanced distribution systems, in *Proceedings of 2010 IEEE International Conference on Power and Energy (PEcon)*, (Kuala Lumpur, 2010), pp. 79 – 84.

[31] K. Mahmoud, N. Yorino, A. Ahmed, Optimal distributed generation allocation in distribution systems for loss minimization. IEEE Trans. Power Syst. **31**(2), 960 – 969 (2016).

[32] K. Mahmoud, N. Yorino, A. Ahmed, Power loss minimization in distribution systems using multiple distributed generations. IEEJ Trans. Elec. Electron. Eng. **10**(5), 521 – 526 (2015).

[33] K. Mahmoud, Y. Naoto, Optimal combination of DG technologies in distribution systems, in *Power and Energy Engineering Conference (APPEEC), 2015 IEEE PES Asia-Pacific* (2015).

[34] K. Mahmoud, Optimal integration of DG and capacitors in distribution systems, in *Power Systems Conference (MEPCON), 2016 Eighteenth International Middle Eastern IEEE* (2016), pp. 651 – 655.

[35] K. Mahmoud, Y. Naoto, Robust quadratic-based BFS power flow method for multi-phase distribution systems. IET Gener. Transm. Distrib. **10**(9), 2240 – 2250 (2016).

[36] M.E. Baran, F.F. Wu, Optimum sizing of capacitor placed on radial distribution systems. IEEE Trans. Power Del. **4**(1), 735 – 743 (1989).

7

电池储能规划

马赫迪·塞德吉，阿里·艾哈迈迪，阿里·埃尔卡梅尔，
马苏德·阿列克巴尔·格尔卡，迈克尔·福勒

摘　要　大规模电池储能技术在主动配电网领域的应用是较为成熟的。电池储能（battery energy storage，BES）单元能够在电网中发挥不同的作用，不仅可以调峰调压、提高供电可靠性，还能增强可再生分布式电源（distributed generation，DG）调度灵活性。然而，储能电池价格昂贵，需要优化设计以降低成本。BES 最优规划的目标就是确定储能单元的类型、位置、容量以及功率。即使在一些不确定性情况出现时，规划模型和方法也应该实现最优化。对于一些会影响最优规划结果的问题需要重点解决。本章介绍了 BES 最优规划的方法，首先从不同的经济角度阐述需要优化的问题，然后提出方法和策略求解这些组合问题，并给出概率和可能性的方法和模型。本章还分析了影响最优规划结果的几个重要因素，包括常规的 DG、可再生 DG、电容器组以及插电式电动汽车等。

关键词　电池储能，最优规划，主动配电网

7.1　引言

储能系统广泛应用于主动配电网领域，从电网吸收并储存能量，并在预定时间内向电网注入能量。储能系统可以安装在电网中的各个位置，并应用于供热供冷网络、独立型和并网型电力系统以及不间断电源系统等。得益于储能系统的使用，运营商可以以更加优化的方式管理电网。储能系统可以在非高峰时段（低电

价时段）储存能量，并在高峰时段（高电价时段）注入能量[1]。因此，其不仅可以实现削峰填谷，而且还能提供“能量套利”服务。这项服务可以解决发电、输电及配电领域的相关扩展性问题，并且降低电网的建设需求。由于储存的能量可以在停电时注入电网，电网的供电可靠性会大幅提高，尤其是辐射式结构的配电网和独立电力系统[2]。此外，储能系统还可以提供电压调节服务，这也是电网运营商能够适应供给侧和/或需求侧变化的有力保障[3]。有学者提出了几种用于分布式和集中式的大/小规模储能系统的技术手段[4]。有学者指出，虽然一些储能技术已经成熟或者接近成熟，但是其中一部分仍然处于早期开发阶段，仍需要更加深入的研究[5]。目前正在进行的研究工作，其主要目标是降低成本，以及改善现有和新兴储能技术的性能。此外，政府和行业利益相关者应着力解决非技术性障碍以促进储能系统的发展。

一般来说，储能系统根据其输出形式可以归为冷热负荷和电负荷两类。两种形式的储能系统都能为发电商和用户提供有效的服务。基于不同的输入和输出组合，储能系统可以提供包括电到电、热到热、电到热以及热到电的不同服务，因此，可以有效提高供给侧和需求侧的能量管理效率[6]。

由于自身的特性，每种类型的储能系统都能提供个性化的服务方式。例如，频率调节服务需要大功率储能系统以保持恒定的主频率，而能量管理服务则需要持续时间更长的储能系统。一般来说，主要有 6 个参数用于区分不同服务类型的储能系统，包括比能量、能量密度、比功率、功率密度、运行成本、效率和循环寿命等[5]。比能量是指每单位质量的储能容量，而能量密度是指每单位体积的储能容量。比功率是指每单位质量的放电功率。运行成本是指在额定功率下单个充放电循环的成本，包括维护、加热以及人工等。效率是指在单个充放电循环中注入负荷能量与储能系统吸收能量的比率。循环寿命是指当储能系统的有效容量降低到其初始容量的 80%时，能够实现的充放电循环次数。每个参数的重要程度取决于其应用类型。

在储能技术中，蓄电池被广泛地应用于配电网。不同的电池类型包括铅酸、钠硫、镉镍、锂离子、锌溴、钒氧化还原液流和钠/氯化镍，其中一些已投入商业运行[7]。每种电池都具有各自的优点和缺点，适用于不同的服务形式。

储能系统在配电网中发挥作用的重要前提是优化规划和调度方案。一般来说，由于电池具有较少的环境和非技术约束，电池储能可以广泛安装在配电网中。然而，诸如功率跟随、功率损耗、电压调节等电气方面的约束会影响电池的最佳布点[8]。同样，电池的最佳调度取决于网络的电气和非电气因素，如电价、功率损耗、功率跟随、可再生能源、柔性负载和发电可用性等。因此，需要优化储能电池的调度和规划方案以防止运营和投资成本过高[9]。为此，必须对发电侧、用

户侧以及电网中的相关环节合理建模。在发电侧，建模对象主要是常规分布式电源、基于风能和太阳能的分布式电源等。在用户侧，建模对象主要是柔性和非柔性负载。

BES 规划需要确定电池的最佳类型、位置、大小和额定功率。许多研究集中于 BES 在包含可再生能源的电力系统中的最优容量[10~14]。文献［15～17］给出了 BES 的位置、容量和额定功率的最优方案，而文献［7，9］研究了最优的类型。根据这些相关文献，几种 BES 最优规划的方法和模型将会在文中进行阐述。

在本章中，首先定义了 BES 的规划问题，并根据投资方的不同，将问题分为两类。为了解决现存的问题，一些文献提出了用于优化 BES 规划的各种方法和技术。这些方法和技术包括：

（1）多层级规划方法（包括主从策略以及最优潮流策略）。

（2）概率最优潮流计算。

（3）可能性最优潮流计算。

（4）蒙特卡洛模拟法。

（5）点估计法。

（6）模糊潮流计算。

这些文献对 BES 最优规划的结果进行了讨论和分析，并结合案例，探讨了主动配电网中一些因素对规划结果的影响。这些影响因素主要分为三大类：

（1）配电网相关设施。

（2）存储能力。

（3）技术经济因素。

各个类别包含的各种因素如图 7－1 所示。这些因素对 BES 规划的影响也在本章的最后做了对比。

7.2　电池储能最优规划

BES 的远期规划决定了大规模 BES 的最优类型、位置、容量和额定功率。换言之，它们是 BES 最优规划中的决策变量。考虑到技术层面的约束，规划方案应尽量减少成本。成本通常包括投资成本、运营成本和可靠性成本。最优解应满足电压幅值约束、容量约束和功率平衡约束。在目标函数中，可以将技术约束模型当作惩罚因子。这样一来，一些不切实际的解决方案将被剔除。

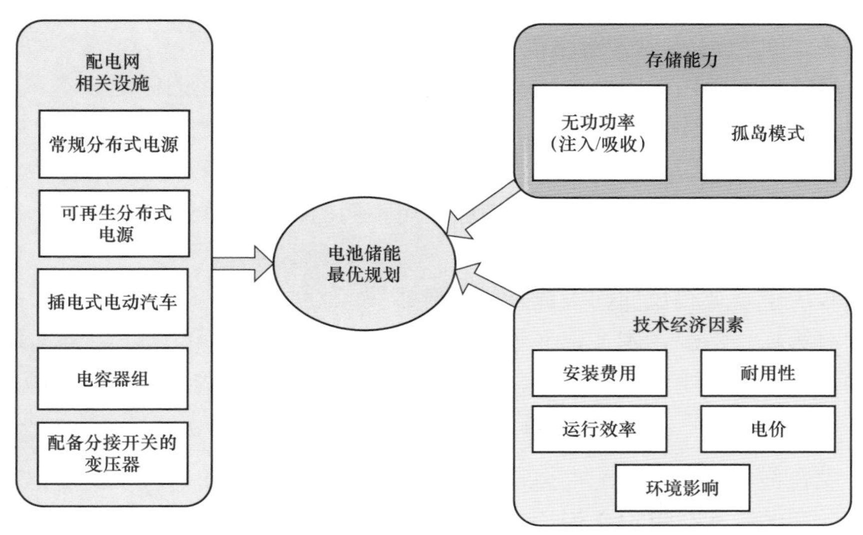

图 7－1　对 BES 最优规划影响最大的三类因素

从经济角度来看，规划将分为两种场景：

（1）场景一：配电公司投资 BES 系统。

（2）场景二：其他独立机构投资 BES 系统。

在第一种场景下，目标函数是技术约束下的成本最小化。而在第二种情况下，规划方案需要同时最大化两个不同公司的利益。因此，针对后一种场景定义了两个目标函数。

7.2.1　定义

7.2.1.1　目标函数

在第一种场景下，需要在技术约束下最小化总成本。一般来说，目标函数包括投资成本、运营成本、可靠性成本和可能的惩罚因子。

$$\min f = IC + OC + RC + \mathrm{M} \times PF \tag{7-1}$$

其中 M 为不可行解的惩罚系数，其值为一个较大的固定值。

投资成本包括三个方面：与电池容量相关的安装成本、与电池额定功率相关的安装成本和电池的更换成本。

$$IC = \sum_{b=1}^{n_N} \left(x_b \times C_{Cap}^{INS} + x_b \times C_{Pow}^{INS} + x_b \times C_{Batt}^{REP} \right) \tag{7-2}$$

运营成本包括配电公司购买电力的成本以及电池的运行和维护成本。

$$OC = C_E^{AR}(T) + \sum_{b=1}^{n_N} \left[x_b \times C_{Batt}^{OM}(T) \right] \tag{7-3}$$

其中，$C_E^{AR}(T)$ 也包含网络损耗的成本。

可靠性成本是由配电网中所有可能发生的故障事件引起的停电成本。RC 是缺供电量期望值和中断供电的负载类型的组合函数，RC 就是式（7－1）中缺供电量期望值的成本。因此，可以将相同类型的成本在单个目标函数中合并。针对不同类型的可靠性指标，目标函数中应采用不同的权重，以适应可靠性的不同等级。

惩罚因子与被违反的约束数量相对应。

针对第二种情况，本文定义了两个利润函数，即 f_{DisCo} 和 f_{StOwn}，分别是配电公司和储能系统业主的利润函数。业主的利润等于收入和成本之间的差额。

$$\max f_{StOwn} = C_{IN}^{ST} - C_{COS}^{ST} \tag{7-4}$$

业主在低电价时段从配电公司购买电能，然后在高电价时段卖给配电公司。因此，业主的收入可以定义为：

$$C_{IN}^{ST} = C_{Sel}^{ST} - C_{Pur}^{ST} \tag{7-5}$$

业主的成本可以定义为：

$$C_{COS}^{ST} = \sum_{b=1}^{n_N}\left(x_b \times C_{Cap}^{INS} + x_b \times C_{Pow}^{INS} + x_b \times C_{Batt}^{REP}\right) + \sum_{b=1}^{n_N}\left[x_b \times C_{Batt}^{OM}(T)\right] \tag{7-6}$$

储能系统的应用会导致的配电公司的成本降低。此外，配电公司还需要负责满足技术约束。因此，配电公司的利润还应考虑惩罚因子，如下所示。

$$\max f_{DisCo} = \frac{C_{withoutST}^{DC} - C_{withST}^{DC}}{1 + PF} \tag{7-7}$$

相关的成本函数如式（7－8）和式（7－9）所示。

$$C_{withoutST}^{DC} = C_{E,withoutST}^{AT}(T) + RC_{withoutST} \tag{7-8}$$

$$C_{withST}^{DC} = C_{E,ST}^{DC}(T) + C_{E,withST}^{AR}(T) + RC_{withST} \tag{7-9}$$

实际上，配电公司从业主方购买电能也需要付出一些特定的税费。

如果所有的技术约束都能满足，那么惩罚因子就为零（PF=0）。如果有的约束不满足（PF＞0），配电公司的利润则会相应降低。

在第二种场景下，文献［18］利用帕累托集的方法求解全局最优解。

需要注意的是，式（7－1）表示的是一种静态的 BES 规划。一般来说，BES 最优规划是分阶段确定需要安装的设备。换言之，安装日期也是一个决策变量。在这种情况下，目标函数定义为

$$F = \sum_{s=1}^{N} f_s \tag{7-10}$$

其中

$$f_s = IC(s) + OC(s) + RC(s) + PF \tag{7-11}$$

投资和运营成本定义如下：

$$IC = \sum_{b=1}^{n_N} \left[x_{s,b} \times C_{Cap}^{INS}(T_s) + x_{s,b} \times C_{Pow}^{INS}(T_s) + x_{s,b} \times C_{Batt}^{REP}(T_s) \right] \tag{7-12}$$

$$OC(s) = C_E^{AR}(T_s) + \sum_{b=1}^{n_N} \left[x_{s,b} \times C_{Batt}^{OM}(T_s) \right] \tag{7-13}$$

与投资和运营成本类似，可靠性成本也是每个阶段的数量和持续时间的组合函数。此外，在任何情况下技术约束都应该被满足。

7.2.1.2 技术约束

BES 最优规划应该满足技术层面的约束，其中包括所有节点的电压必须限制在允许范围内、所有设备不能超过最大允许容量、满足有功/无功平衡。这些技术约束定义如下。

$$V_{\min} \leqslant V_{n,t} \leqslant V_{\max}, \ \forall n \in \mathrm{A_N}, \ \forall t \in \mathrm{A_T} \tag{7-14}$$

$$S_{\min}^{u} \leqslant S_t^{u} \leqslant S_{\max}^{u}, \ \forall u \in \mathrm{A_{EQ}}, \ \forall t \in \mathrm{A_T} \tag{7-15}$$

$$\sum_{s \in \mathrm{A_{SS}}} S_{s,t}^{SS} + \sum_{d \in \mathrm{A_{DG}}} S_{d,t}^{DG} = \sum_{k \in \mathrm{A_{ST}}} S_{k,t}^{ST} + \sum_{l \in \mathrm{A_{LD}}} S_{l,t}^{LD} + S_t^{LOSS}, \ \forall t \in \mathrm{A_T} \tag{7-16}$$

在式（7－16）中，$S_{k,t}^{ST}$ 的实部在放电阶段为负数。

此外，电池的 SOC 表示为

$$\mathrm{SOC}_{k,t+1} = \begin{cases} SOC_{k,t} + P_{k,t}^{ST} / \eta_{dis}, & P_{k,t}^{ST} \leqslant 0 \\ SOC_{k,t} + \eta_{ch} \times P_{k,t}^{ST}, & P_{kt}^{ST} > 0 \end{cases} \tag{7-17}$$

7.2.1.3 惩罚因子

最优解应满足技术约束条件。因此，违反相关约束的候选解决方案就需要受到相应的惩罚。惩罚因子与每个解决方案中违反的约束数量成正比。然而，惩罚也应该与违反的概率相关。例如，概率为 1%和 100%的可能违反约束的方案也应该区别对待。惩罚因子被定义为

$$PF = \sum_{v=1}^{n_{VIO}} p(v) \tag{7-18}$$

$p(v)$ 是从概率/可能性潮流计算分析中得到的。

7.2.2 最优潮流

电池的类型、位置、容量和额定功率是 BES 最优规划的主要决策变量。然而，远期规划还应考虑最佳的充放电周期。因此，需要进行最优潮流计算。不同

于常见的最优潮流，本文采用的是概率/可能性最优潮流计算，也就是考虑了可再生能源的间歇性波动和负荷的随机分布。

为了将概率/可能性最优潮流计算用于电池最优规划，一般来说有两种策略，一种主/从策略，另一种是基于最优潮流计算的策略。主从策略是基于多层级的规划方法。最优规划为主层，概率/可能性最优潮流计算结果为子层。主层确定最优的类型、位置、容量和额定功率作为决策变量，有功/无功功率和荷电状态（state of charge，SOC）作为子层的决策变量。对于每个给定的类型、位置、容量和功率额定值，通过概率/可能性最优潮流计算求解最优的有功/无功功率和 SOC。

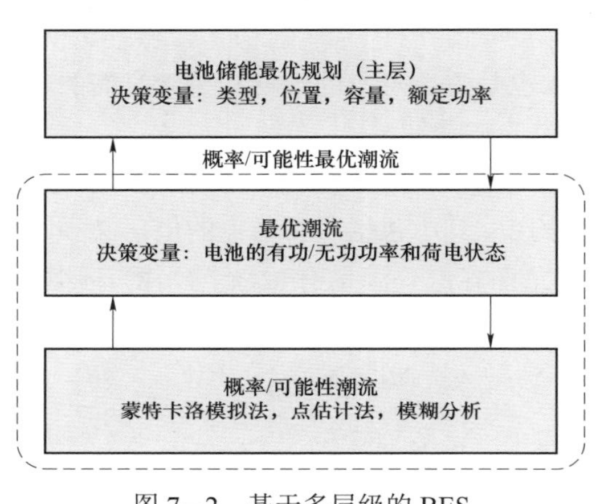

图 7-2　基于多层级的 BES 最优规划方案（主从策略）

为了实现最优潮流，需要执行概率/可能性潮流计算。因此，概率/可能性潮流是最优潮流的一个子层，如图 7-2 所示。

与主/从策略类似，基于最优潮流的策略也包含概率/可能性潮流计算分析作为子层，然而，在主层中并不预先确定位置、容量和功率等级，而是考虑随机的有功/无功功率和 SOC 执行概率/可能性潮流计算。根据式（7-19）～式（7-21）确定候选的容量、额定功率和位置。

$$S_{Cap}(n)=\max_{t\in \mathrm{A_T}}[\mathrm{SOC}(t,n)],\ \forall n\in \mathrm{A_N} \tag{7-19}$$

$$P_{Rat}(n)=\max_{t\in \mathrm{A_T}}\left\{\sqrt{[P(t,n)]^2+[Q(t,n)]^2}\right\},\ \forall n\in \mathrm{A_N} \tag{7-20}$$

$$A_{\mathrm{ST}}=\{n\in A_{\mathrm{N}}\,|\,S_{Cap}(n)>0\} \tag{7-21}$$

因此，储能系统的位置、容量和额定功率可以通过概率/可能性最优潮流计算程序求解。在这两种策略中，都需要执行概率或可能的潮流分析。

7.2.2.1　概率潮流

概率潮流计算公式如下：

$$P_p=V_p\sum_{q=1}^{n}V_q\left[G_{pq}\cos(\delta_{pq})+B_{pq}\sin(\delta_{pq})\right],\quad p=1,2,\cdots,n \tag{7-22}$$

$$Q_p=V_p\sum_{q=1}^{n}V_q\left[G_{pq}\sin(\delta_{pq})-B_{pq}\cos(\delta_{pq})\right],\quad p=1,2,\cdots,n \tag{7-23}$$

文献［19］介绍了几种在主动配电网络中求解上述方程的潮流计算方法。然而，在概率潮流中，有功和无功功率以及电压和电流的幅值和相位是随机变量[20]。概率潮流计算的方法可分为三种：解析方法、数值方法和近似方法。解析方法较为复杂，数值方法相对简单，但计算耗时较长。与其他方法相比，近似方法简单且耗时较短，但结果精度较低。尽管如此，在 BES 最优规划中近似方法的精度通常是可接受的。本章简要介绍了两种著名的方法，即蒙特卡洛模拟和点估计法。

7.2.2.2 蒙特卡洛模拟

蒙特卡洛模拟是一种基于确定性潮流和随机抽样的数值方法，也是一种最简单的概率潮流计算分析方法。考虑随机输入变量的概率分布函数，选择随机样本。根据选择的样本，反复地执行潮流计算，并保存结果。最后对概率分布函数输出的随机变量进行估计。图 7－3 展示了蒙特卡洛模拟的流程图。虽然蒙特卡洛模拟是非常简单和准确的，但它需要较大的计算工作量。因此，近似方法更适用于实际情况。

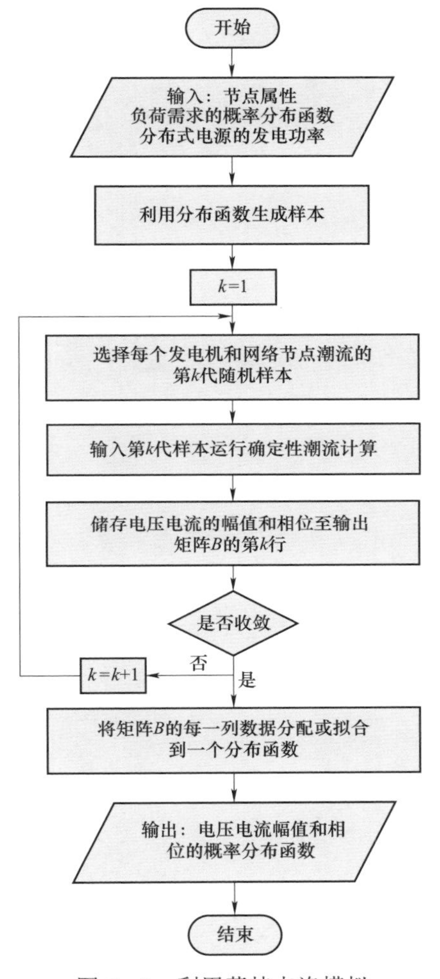

图 7－3 利用蒙特卡洛模拟进行潮流计算的流程图

7.2.2.3 点估计法

点估计法已被广泛应用于电力系统概率潮流分析[21]，其主要基于泰勒级数展开。假设潮流非线性函数为 $y=h(x)$。概率分布函数的输入和输出变量分别用 $f_X(x)$ 和 $f_Y(y)$ 来表示。$f_X(x)$ 和 h 是已知函数，而目标则是确定概率分布函数的输出变量 $f_Y(y)$。

概率分布函数的输入变量 $f_X(x)$ 的表达式为

$$f_X(x)=\sum_{i=1}^{n}P_i\delta(x-x_i) \qquad (7-24)$$

对于 n 点估计法，n 代表样本数量，样本越多，结果越精确。

例如，对于 2 点估计法，$f_X(x)$ 的表达式为

$$f_X(x)\cong P_1\delta(x-x_1)+P_2\delta(x-x_2) \qquad (7-25)$$

图 7-4 描述了 2 点估计法。

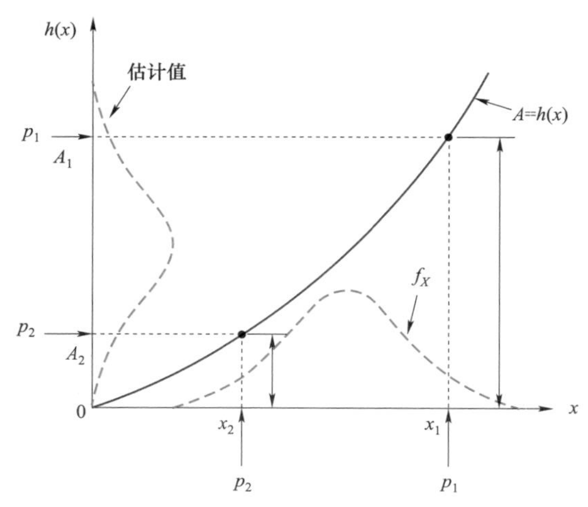

图 7-4　运用 2 点估计法进行概率潮流计算

为了建立近似关系，实际函数和近似函数的前三个矩应该相等[22]。

f_X（x）的 j 次中心矩表达式为：

$$M_j(X)=\int_{-\infty}^{+\infty}(x-\mu_X)^j f_X(x)\mathrm{d}x,\ j=1,2,\cdots \tag{7-26}$$

为了归一化近似函数，变量 ξ_i 定义为：

$$\xi_i=\frac{x_i-\mu_X}{\sigma_X},\ i=1,2 \tag{7-27}$$

$f_X(x)$的矩为：

$$M_0=P_1+P_2=1 \tag{7-28}$$

$$M_1=\xi_1P_1-\xi_2P_2=0 \tag{7-29}$$

$$M_2=\sigma_X^2(\xi_1^2P_1+\xi_2^2P_2)=\sigma_X^2 \tag{7-30}$$

$$M_3=\sigma_X^3(\xi_1^3P_1-\xi_2^3P_2)=\lambda_X\sigma_X^3 \tag{7-31}$$

基于泰勒级数将 $h(x)$展开，并结合式（7-25）中的近似方法，可以得到[22]：

$$P_1+P_2=M_0(X)=1 \tag{7-32}$$

$$P_1\xi_1+P_2\xi_2=\frac{M_1(X)}{\sigma_X}=\lambda_{X,1} \tag{7-33}$$

$$P_1\xi_1^2+P_2\xi_2^2=\frac{M_2(X)}{\sigma_X^2}=\lambda_{X,2} \tag{7-34}$$

$$P_1\xi_1^3+P_2\xi_2^3=\frac{M_3(X)}{\sigma_X^3}=\lambda_{X,3} \tag{7-35}$$

求解上述方程组，可以得到：

$$\xi_1 = \frac{\lambda_{X,3}}{2} + \sqrt{1 + \left(\frac{\lambda_{X,3}}{2}\right)^2} \qquad (7-36)$$

$$\xi_2 = \frac{\lambda_{X,3}}{2} - \sqrt{1 + \left(\frac{\lambda_{X,3}}{2}\right)^2} \qquad (7-37)$$

$$P_1 = -\frac{\frac{\lambda_{X,3}}{2} - \sqrt{1 + \left(\frac{\lambda_{X,3}}{2}\right)^2}}{2\sqrt{1 + \left(\frac{\lambda_{X,3}}{2}\right)^2}} \qquad (7-38)$$

$$P_2 = \frac{\frac{\lambda_{X,3}}{2} + \sqrt{1 + \left(\frac{\lambda_{X,3}}{2}\right)^2}}{2\sqrt{1 + \left(\frac{\lambda_{X,3}}{2}\right)^2}} \qquad (7-39)$$

根据式（7－27）可以得到 x_i（i=1，2）。最终得到 Y 的第 k 阶矩为：

$$\mathrm{E}(Y^k) \cong P_1\left[h(x_1)\right]^k + P_2\left[h(x_2)\right]^k \qquad (7-40)$$

Y 的平均值和方差可以根据下式求解：

$$\mathrm{E}(Y) \cong P_1 h(x_1) + P_2 h(x_2) \qquad (7-41)$$

$$\sigma_Y^2 = \mathrm{E}(Y^2) - \left[\mathrm{E}(Y)\right]^2 \qquad (7-42)$$

同样，对于 n 点估计法（$n>2$），x_i（$i>2$）和相关的 P_i（$i>2$）是可以估算的。因此 Y 的 k 阶矩为

$$\mathrm{E}(Y^k) \cong \sum_{i=1}^{n}\left\{P_i\left[h(x_i)\right]^k\right\} \qquad (7-43)$$

利用 Y 的矩来求解概率分布函数的输出随机变量，其中最大熵法和 gram－charlier 级数展开法是点估计法中最为著名的求解方法[23]。两点估计法的流程图如图 7－5 所示。

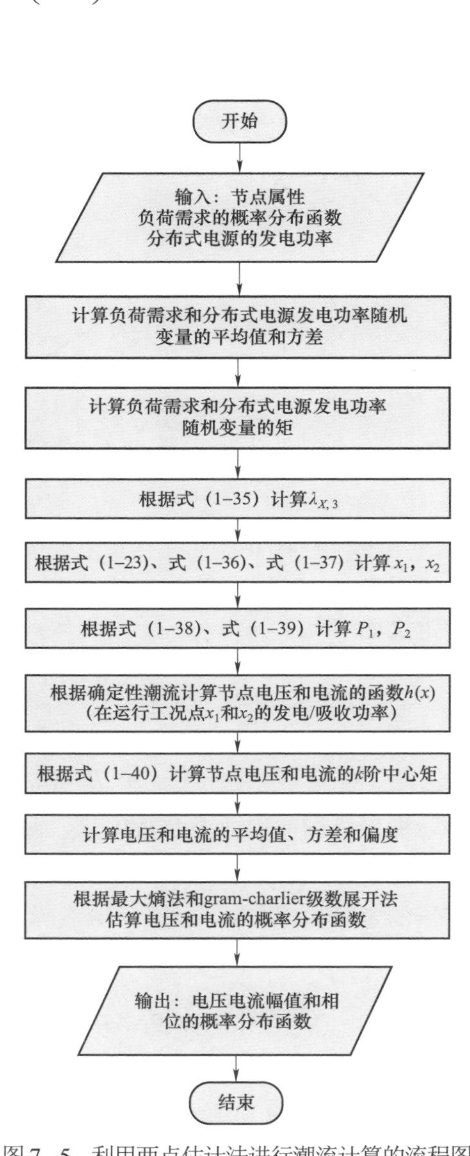

图 7－5　利用两点估计法进行潮流计算的流程图

7.2.2.4 可能性最优潮流

可能性最优潮流是一种基于模糊潮流计算的分析方法，在没有精确的模型或参数信息的情况下也能进行求解。模糊潮流计算比概率潮流更加简单。与概率最优潮流类似，可能性最优潮流也可以采用主从策略或基于最优潮流的策略，但是子层为模糊潮流层。

模糊潮流分析是基于传统的潮流分析方法，如反向/前向扫描潮流法，但输入和输出变量是模糊值。因此，需要在计算中使用模糊算子[8]，并使用几种不同类型的隶属函数来定义模糊值。三角形和梯形隶属函数在模糊潮流分析中的应用较为常见如图 7－6 所示。

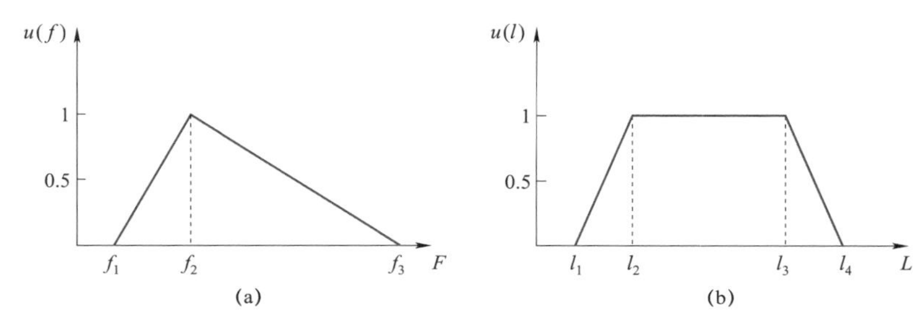

图 7－6　两种常见的隶属函数示意图

（a）三角形隶属函数；（b）梯形隶属函数

三角模糊值用三个参数表示，即 f_1、f_2 和 f_3。

假定 $\tilde{A}=(a_1,a_2,a_3)$ 和 $\tilde{B}=(b_1,b_2,b_3)$ 是两个三角形模糊集，则主要的模糊算子的定义如下[8]：

$$\tilde{A}\pm\tilde{B}=(a_1\pm b_1,a_2\pm b_2,a_3\pm b_3) \tag{7-44}$$

$$\tilde{A}.\tilde{B}=(a_1b_1,a_2b_2,a_3b_3) \tag{7-45}$$

$$\tilde{A}/\tilde{B}=(a_1/b_3,a_2/b_2,a_3/b_1) \tag{7-46}$$

梯形模糊值用 4 个参数表示，即 l_1、l_2、l_3 和 l_4。

假定 $\tilde{C}=[c_1,c_2,c_3,c_4]$ 和 $\tilde{D}=[d_1,d_2,d_3,d_4]$ 是两个梯形模糊集，则主要的模糊算子的定义如下[24]：

$$\tilde{C}\pm\tilde{D}=[c_1\pm d_1,c_2\pm d_2,c_3\pm d_3,c_4\pm d_4] \tag{7-47}$$

$$\begin{aligned}\tilde{C}.\tilde{D}=\big[&\min(c_1d_1,c_1d_4,c_4d_1,c_4d_4),\min(c_2d_2,c_2d_3,c_3d_2,c_3d_3),\\&\max(c_2d_2,c_2d_3,c_3d_2,c_3d_3),\max(c_1d_1,c_1d_4,c_4d_1,c_4d_4)\big]\end{aligned} \tag{7-48}$$

$$\begin{aligned}\tilde{C}/\tilde{D}=\big[&\min(c_1/d_1,c_1/d_4,c_4/d_1,c_4/d_4),\min(c_2/d_2,c_2/d_3,c_3/d_2,c_3/d_3),\\&\max(c_2/d_2,c_2/d_3,c_3/d_2,c_3/d_3),\max(c_1/d_1,c_1/d_4,c_4/d_1,c_4/d_4)\big]\end{aligned} \tag{7-49}$$

当隶属函数是非线性时，计算工作量会有所增加。因此，文献［25］利用线性化技术简化了隶属函数，仅挑选几个点线性化隶属函数，而不是针对每个点。通过这种方式，简化计算过程的同时也能保证精确性。图 7－7 表示一个模糊隶属函数的多重线性化方案。

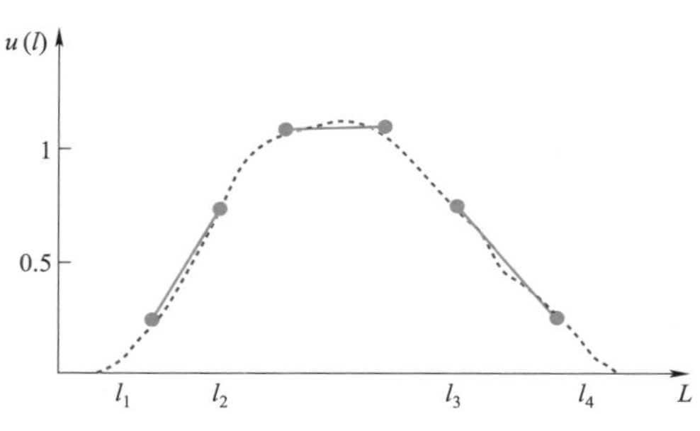

图 7－7　模糊隶属函数的多重线性化方案

7.3　影响因素

如图 7－1 所示，有几个因素会影响 BES 的优化配置与规划方案。这些因素既有积极的作用，也有消极的作用，它们会影响电池单元在主动配电网中的渗透率。具体的描述与分析如下。

7.3.1　常规分布式电源

常规的可调度分布式电源，诸如微型涡轮机和柴油发电机，可以调峰调压和提高可靠性等。对于储能单元来说，在互联电网和独立电力系统中的情况是不一样的。它们的技术原理、成本和效益也各不相同。在主动配电网中，储能单元在负荷低谷时从电网吸收有功，在负荷高峰时对电网注入有功。而常规的 DG 只能在负荷较重的时候向电网注入有功[26~28]。储能单元能够更加灵活的平滑负荷曲线。此外，在有可再生 DG 的情况下，多余的电能可以存储在储能单元中，而没有储能的话只能倒送到上级电网。在这种情况下，电价可能很低，此时将这些电能卖给电网公司并不是最佳选择。

在独立电力系统中，柴油发电机可以在负荷高峰期满足负荷需求。如果此类系统中含有可再生能源，在非高峰时段，当负荷小于发电功率时，应该尽量减少发电量。在这种情况下，采用 BES 比柴油发电机效益更好[29]。

使用 BES 通常会增加配电网络的功率损耗，因为在实际条件下，储能效率一般小于 100%[8]。但是，由于低谷电价一般较低，也可以认为降低了功率损耗的经济损失[17]。

在 BES 和常规 DG 的比较中，最重要的因素是投资成本、燃料价格和轻载时间的电价。储能价格较为昂高贵，安装和更换的成本更高。但是如果燃料价格上涨或者轻载时间的电价下降的话，储能则可能会比分布式发电更加经济。

从环境的角度来看，采用 BES 代替常规的 DG 减少了污染。原因是它减少了发电所需的化石燃料，为提高可再生能源的渗透率提供了技术经济条件。

7.3.2 可再生 DG

风能和太阳能等可再生能源是一种间歇性资源，没有储能单元就很难调度。可再生 DG 和 BES 的组合，对于偏远地区的独立电力系统而言是非常有帮助的。此外，它还可以在并网系统中实现调峰调压、提高可靠性和调度间歇功率。在主动配电网中，随着可再生能源的渗透率增加，所需的储能容量也会增加[9,17]。如果在并网的电力系统中，可再生 DG 的渗透率很高，也会考虑使用 BES[15,30~32]。在没有间歇性能源的配电网中，除非有多种用途，安装 BES 装置是不经济的[27]。

7.3.3 插电式电动汽车

插电式电动汽车（plug-in electric vehicles，PEVs）接入电网有充电（grid-to-vehicle，G2V）或放电（vehicle-to-grid，V2G）两种操作模式。在无序的 G2V 模式下，PEVs 是新的不确定性负载，需要更多的储能单元来支撑电网。在有序的 G2V 模式下，则只需较少的储能。有序的 PEVs 通常是轻载时充电，此时储能单元也是在充电的。因此应在 PEVs 和储能装置之间进行最优容量分配。在智能 V2G 的情况下，PEVs 可以在配电网中起到储能的作用，也将影响储能的推广。

在不久的将来，PEVs 将以 G2V 或者 V2G 模式接入电网，其中有一部分是无序模式接入[28]。因此，除了 DG 以外，还需安装 BES 单元[8]。在这些情况下，BES 和 DG 的容量随 PEVs 渗透率变化的曲线如图 7－8 所示。

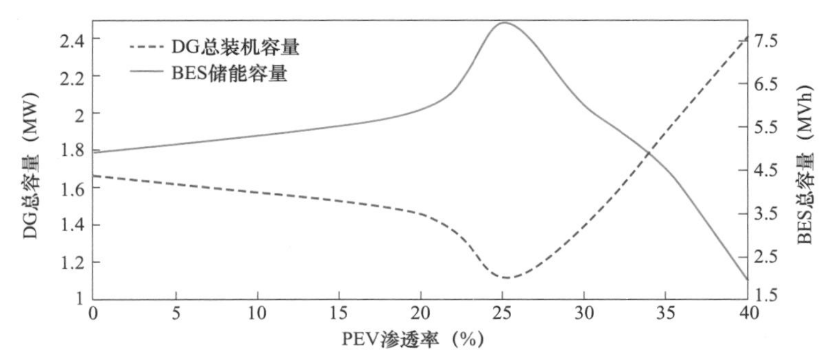

图 7－8 BES 和 DG 的容量随 PEVs 渗透率变化的曲线[33]

可以看出，BES 和 DG 的最优容量是 PEVs 渗透率的非线性函数。当 PEVs 的渗透率小于 25%，随着 PEVs 的增长需要增加 BES 容量；当 PEVs 的渗透率大于 25%，BES 容量应减少。BES 和 DG 容量的增减正好相反。电动汽车放电时（渗透率高时）可以看作固定的储能单元，因此当 PEVs 以无序的方式运作时，需要更多的 DG 容量（而不是储能）来支撑电网。

此外，PEVs 的不确定性是另一个影响储能单元的最优容量的因素。需考虑以下两种场景：

（1）场景 A：考虑电动汽车确定性模型的 BES 的最优规划。

（2）场景 B：考虑电动汽车不确定性模型的 BES 的最优规划。

场景 B 中的最优储能容量大于场景 A 中的储能容量[8,33]。在主动配电网中，PEVs 的不确定性导致需要更多的 BES 容量。

7.3.4 配备分接开关的变压器

如果电价较高，可以将 BES 单元的电能出售给电网公司。然而，向高压（high voltage，HV）电网反送电能，会导致中压（medium voltage，MV）或低压（low voltage，LV）馈线的电压升高。因此由于技术上的原因，BES 单元的数量和容量是受限的[34]。在这种情况下，在 BES 单元中吸收更多的无功功率会增加功率的额定成本（但不一定是容量成本），而且潮流返送时效率也不高。通过调整配备有载分接开关的变压器的分接头位置，能有效地降低电网的电压水平。因此，通过调节分接头的位置，可以增加 BES 单元的渗透率。同时，有载分接开关和 BES 单元应在配电网中实现协调配合。

值得注意的是，使用分接开关进行电压调节会缩短变压器的使用寿命，因此，系统的可靠性会降低[35]。由于分接头位置的调节不正确，也有可能导致配电网大范围的停运。

7.3.5 电容器组

电容器组已被广泛用于传统配电网以提升长距离中压线路的电压水平。但是，在含有 DG 和能灵活存储有功/无功功率的储能单元的现代配电网中，就无需安装电容器组。没有电容器组，则意味着需要更多的储能容量，成本也会相应增加[35]。因此，储能和电容器组结合使用将更加经济。在这种情况下，需要同步考虑两者的最优选址以及最优容量配置。

7.3.6 电池容量

BES 单元有两个重要功能，不仅会影响电网的运行状态，还会影响储能单元的最佳选址和容量配置。

7.3.6.1 无功功率

BES 单元可以注入/吸收有功功率、无功功率。它们可以在有功、无功功率的 4 个象限中运行[36]。将直流电源接入到交流电网的电池和变换器额定电流大小是有限制的。视在电流有实轴和虚轴上的两个分量，如图 7－9 所示。

视在电流可以表示为

$$I_{st}^2 = I_{st,re}^2 + I_{st,im}^2 \tag{7-50}$$

对于给定的电压值，储能系统允许的注入/吸收有功、无功功率区域位于以视在功率大小为半径的圆内，如图 7－10 所示。

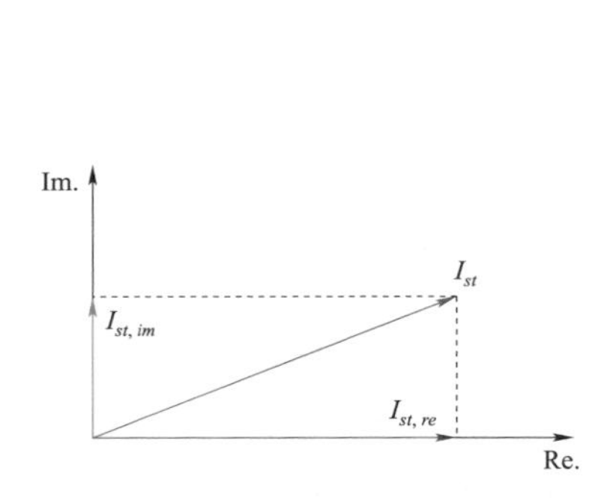

图 7－9　储能电流（Ist）矢量及其在实轴（Re）和虚轴（Im）上的分量

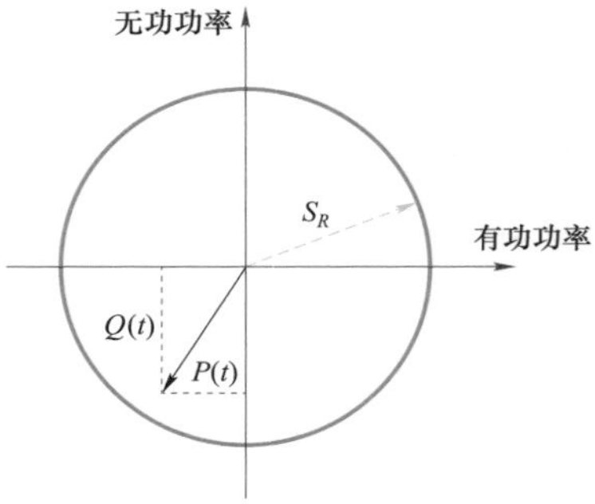

图 7－10　BES 装置的有功/无功功率范围

根据图 7－10，$Q(t)$ 的最大允许值是 $P(t)$ 的函数。

如果 BES 不允许注入/吸收无功功率，则只能通过注入/吸收有功功率来进行电压调节，也就意味着 BES 需要更多的单元数量或更大的容量[17]。因此，减少无功功率能减少所需的储能容量，从而降低投资成本。

允许与电网交换无功功率的 BES 单元，应优先安装在电压水平较差的节点附近。此类节点的电压波动较大，BES 灵活的有功/无功调节能力改善了电压质量。

7.3.6.2　孤岛模式

分布式储能单元能够减少配电网的缺供电量（energy not supplied，ENS）。当设备（例如馈线或变压器）失效时，断开常闭开关（normally closed switches，NCSs）。在这种情况下，BES 单元可用于恢复孤岛模式下的部分负荷，如图 7－11 所示。

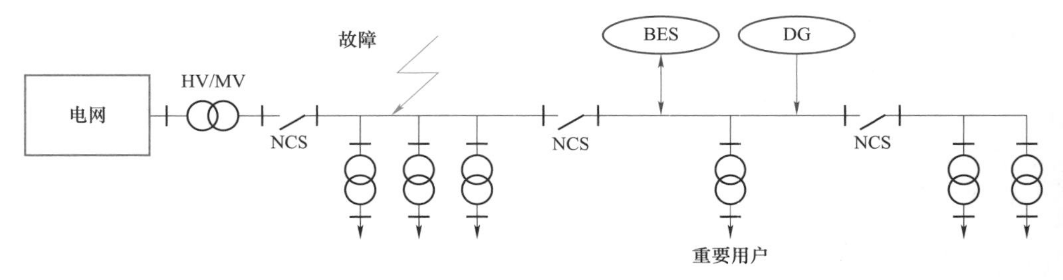

图 7－11　降低 ENS 成本的储能孤岛模式操作

BES 的孤岛模式可能会持续几个小时。算法的目标是尽量减少停电成本。如果储能的 SOC 不足以恢复重要负荷的用电，DG 将向孤岛区域注入电能。由于可再生分布式发电的间歇性，其并不能独立的恢复负载，需要与 BES 单元协调配合。DG 的多余电量可以给 BES 充电，使储能电池保障几个小时的孤岛运行。如果电池充满电，则 DG 的发电量应该减少。在孤岛模式中必须满足所有的技术限制，包括电池的 SOC 等，否则负载也无法恢复供电，缺供电量就无法减小。用于孤岛模式的算法如图 7－12 所示。在这个算法中，对解决方案在特定情况下的可行性以及系统安装设备的必要性进行了评估，以便在规划算法中正确考虑缺供电量成本。

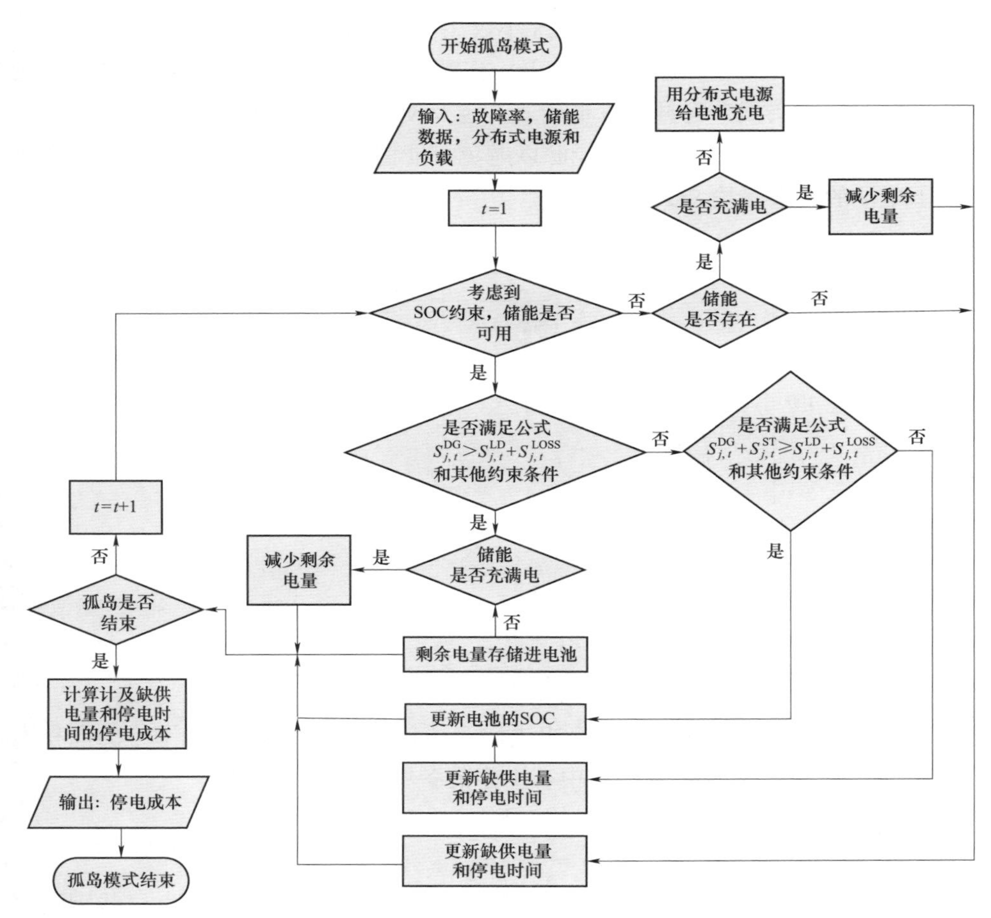

图 7－12　含可再生 DG 的孤岛模式下 BES 操作算法的流程图（在网格的第 j 个节点）

BES 减少 ENS 的能力会影响其最佳选址和容量配置。ENS 成本是故障率和负载类型的函数。储能装置最好是安装在较长线路的末端，这种节点发生停电故障的可能性更大。另外，在商业和工业区的停电损失比住宅区要大，建议将储能安装在重要负荷的附近。因此，应该综合考虑所有的影响因素。

除了实现调峰、调压，若还要考虑孤岛运行模式，电池的最优容量将增加，且成本函数将降低[17]。BES 的应用是合理且经济的。应该注意的是，在并网的电力系统中，如果仅为了增强孤岛模式下的可靠性而使用 BES 是不经济的[27]。

当目标只是为了调峰，或者除了调峰以外还有增强可靠性的目标时，电池的最佳潮流是不一样的。考虑以下的情景：

（1）场景 A：优化充电/放电 BES 仅用于调峰。

（2）场景 B：优化充电/放电 BES 不仅用于调峰，而且用于提高可靠性。

在场景 A 中，通过电池充电/放电，让购买损失电量的成本最低。在场景 B 中，不仅要使购买损失电量的成本最低，也要使平均 SOC 尽可能增加。在后一种情景中，可以提供更多的备用能源以避免可能遭受的停电。图 7－13 表示两种情景下电池的典型平均 SOC。

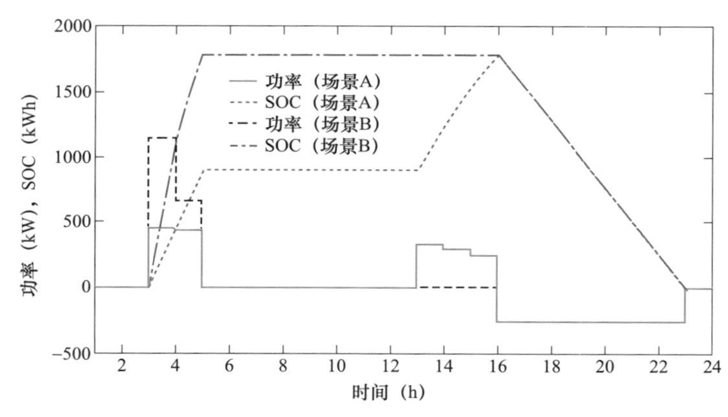

图 7－13　两种情景下电池的典型充电/放电功率和 SOC

可以看出，在场景 B 中电池充电更快，场景 B 中的 SOC 曲线下方的面积大于场景 A 中的面积，因此场景 B 中有更多的备用能量。

7.3.7　技术经济因素

有一些重要因素会影响 BES 单元在并网电力系统的最优规划。这些因素总结如下：

（1）安装费用。

（2）耐用性。

（3）运行效率。

（4）电价。

（5）环境影响。

安装成本是衡量电池实用性的最重要因素。它在现在的技术条件下以及不远的将来，都是一个不确定参数。与其他影响因素（例如可再生 DG 的出力）的不同，投资成本的不确定性降低了电池的最佳配置容量[9]。换言之，投资成本的不确定性关乎是否采用 BES。电池的耐用性通常和投资成本相关，因为它会影响更换成本。电池技术的发展使储能装置更耐用。在并网系统以及独立电气系统中，电池的渗透率都会增加。

储能效率是电池和变换器的整体效率。它是决定储能的功率损耗的重要参数。然而，储能效率对最优规划的影响不如安装成本和电池耐用性的影响显著[9]。

从经济角度来看，电价是一个非常重要的参数，决定了是否采用 BES。为了表征电价的影响，引入了两个参数：

（1）电价因素（price factor，PRF）。

（2）平均电价（average price，$\overline{P}$）。

电价因素和平均电价在式（7－51）和式（7－52）中定义：

$$\mathrm{PRF}=\frac{\overline{C}_e^{PL}}{\overline{C}_e^{LL}} \tag{7－51}$$

$$\overline{P}=\frac{\sum_{t=1}^{T} Ce(t)}{T_1} \tag{7－52}$$

如果电池仅用于调峰，则 PRF 和 $\overline{P}$ 应足够大，证明配电网中的储能应用是合理的。电池的最优配置容量随着电价因素和平均电价的上涨而增加。

电池的环境问题是影响 BES 在配电网中渗透率的另一个重要因素。如果储能电池解决了环境问题，它的应用会更为广泛。

表 7－1 总结了各种因素对 BES 的影响。

表 7－1　　各种因素对 BES 的影响

影响因素		对 BES 的影响	描　述
增长的常规 DG		减小 BES 最优渗透率	可调度的 DG 与 BES 的优势相当
增长的可再生 DG		增加 BES 最优渗透率	BES 使 DG 的间歇功率可以调度以支撑电网
增长的 PEVs 渗透率	无序的 G2V	增加 BES 的最优渗透率	对 BES 的需求增加
	有序的 G2V	减少 BES 的最优渗透率	有序的 G2V 减少了轻载时间

续表

影响因素		对 BES 的影响	描　述
增长的 PEVs 渗透率	智能 V2G	减少 BES 的最优渗透率	智能 V2G 与 BES 的优势相当
	PEVs 行为的不确定性增加	增加 BES 的最优渗透率	在 PEVs 行为的不确定性下，需要更多的 BES 容量
有载分接开关的可用性		增加 BES 的最优渗透率	在潮流倒送时更重要
使用电容器组		减少 BES 的最优渗透率	防止超额投资成本
无功功率		减少 BES 的最优渗透率	防止超额投资成本
孤岛模式		增加 BES 的最优渗透率	对 BES 的位置优化也很重要
投资成本	安装成本增长	减少 BES 的最优渗透率	比 BES 的效率重要得多
	不确定性的增加	减少 BES 的最优渗透率	表明不确定的经济约束
耐用性的增加		增加 BES 的最优渗透率	降低更换成本
效率增加		减少 BES 的功率损耗	与其他影响因素（安装成本和耐用性）相比，对 BES 渗透率的影响不大
电价	平均电价增加	增加 BES 的最优渗透率	如果两者都增加，BES 渗透率会增加
	电价因素增加		
环境影响增加		增加 BES 的最优渗透率	取决于 BES 的环境影响和可再生能源渗透率的增长

附录

本章使用的符号解释如下：

f　目标函数。
IC　投资成本。
OC　运营维护成本。
RC　可靠性成本。
PF　惩罚因子。
M　一个很大的固定值。
x_b　与安装 b 电池单元相关的二元决策变量。
n_N　配电网中节点数量。
C_{Cap}^{INS}　与电池容量相关的安装成本。
C_{Pow}^{INS}　与电池额定功率相关的安装成本。
C_{Batt}^{REP}　电池更换成本。
C_E^{AR}　变压器损耗成本。
T　项目周期。
C_{Batt}^{OM}　电池的运行维护成本。
C_{IN}^{ST}　储能装置业主的收入。
C_{COS}^{ST}　储能装置业主的成本。
C_{Sel}^{ST}　储能装置注入电网的功率成本。
C_{Pur}^{ST}　储能装置从电网吸收的功率成本。
$C_{withoutST}^{DC}$　当电网中没有安装储能单元时，配电公司的成本函数。
C_{withST}^{DC}　当电网中安装储能单元后，配电公司的成本函数。
$C_{E,WithoutST}^{AR}$　不安装嵌入式储能单元时，变压器损耗成本。
$RC_{withoutST}$　不装设储能时的可靠性成本。
$C_{E,WithST}^{AR}$　安装嵌入式储能单元后，变压器损耗成本。
RC_{withST}　装设储能后的可靠性成本。
$C_{E,ST}^{DC}$　购买储能装置输出功率的成本。
F　多级扩展规划的目标函数。
f_s　s 阶段的目标函数。
N　所有阶段的数量。
$x_{s,b}$　在 s 阶段安装 b 电池单元相关的二元决策变量。
T_s　s 阶段的持续时间。

$C_{E,s}^{AR}$　　s 阶段变电站的变压器损耗成本。
$V_{n,t}$　　在网络中节点 n 在 t 时刻的电压值。
$V_{\min}$　　允许的电压最小值。
$V_{\max}$　　允许的电压最大值。
S_t^u　　设备 u 在 t 时刻的视在功率。
$S_{\min}^u$　　设备 u 允许的最小的视在功率。
$S_{\max}^u$　　设备 u 允许的最大的视在功率。
$S_{s,t}^{SS}$　　变电站 s 在 t 时刻的视在功率。
$S_{d,t}^{DG}$　　DGd 在 t 时刻产生的功率。
$S_{k,t}^{ST}$　　储能单元 k 在 t 时刻的充电功率。
$S_{l,t}^{LD}$　　l 节点在 t 时刻的负载功率。
S_t^{LOSS}　　配电网在第 t 小时的总功率损耗。
A_{EQ}　　所有设备的集合。
A_N　　所有节点的集合。
A_T　　所有时间的集合。
A_{ST}　　所有已安装储能单元的集合。
A_{LD}　　所有负荷节点的集合。
$SOC_{k,t}$　　储能单元 k 在 t 时刻的荷电状态。
$P_{k,t}^{ST}$　　储能单元 k 在 t 时刻的有功功率。
η_{ch}　　储能单元的充电效率。
η_{dis}　　储能单元的放电效率。
$p(v)$　　v 次违规的概率。
n_{VIO}　　候选解决方案中所有可能违规的数量。
$S_{Cap}(n)$　　n 节点的电池容量。
$P_{Rat}(n)$　　第 n 个节点的储能功率等级。
$SOC(t,n)$　　n 节点在 t 时刻的电池荷电状态。
$P(t,n)$　　n 节点在 t 时刻的有功功率。
$Q(t,n)$　　n 节点在 t 时刻的无功功率。
P_p　　p 节点的有功功率。
Q_p　　p 节点的无功功率。
V_p　　p 节点的电压大小。
δ_{pq}　　节点 p 和 q 的电压之间的角度。
G_{pq}　　电网导纳矩阵的实数元素。
B_{pq}　　电网导纳矩阵的虚数元素。

P_i　　x_i的相应概率。
$\delta(.)$　　狄拉克函数。
μ_X　　X的平均值。
σ_X　　X的标准偏差。
λ_X　　X的偏度。
$I_{st,re}$　　I_{st}的实数部分。
$I_{st,im}$　　I_{st}的虚数部分。
S_R　　储能的视在功率。
$P(t)$　　储能在t时刻的有功功率。
$Q(t)$　　储能在t时刻的无功功率。
$\overline{C}_e^{PL}$　　负荷高峰期的平均电价。
$\overline{C}_e^{LL}$　　负荷轻载时的平均电价。
$C_e(t)$　　第t小时的电价。
T_1　　一年中的小时数。

参 考 文 献

[1] P. Poonpun, W.T. Jewell, Analysis of the cost per kilowatt hour to store electricity. IEEE Trans. Energy Conv. 23(2), 529 – 534 (2008).

[2] E. Naderi, I. Kiaei, M.R. Haghifam, NaS technology allocation for improving reliability of DG-enhanced distribution networks, in *Proceedings of IEEE International Conference on Probabilistic Methods Applied to Power Systems*, Singapore (2010), pp. 148 – 153.

[3] M.N. Kabir, Y. Mishra, G. Ledwich, Z. Xu, R.C. Bansal, Improving voltage profile of residential distribution systems using rooftop PVs and battery energy storage systems. Appl. Energy 134, 290 – 300 (2014).

[4] B. Zakeri, S. Sanna, M. Sedghi et al.Electrical energy storage systems: a comparative life cycle cost analysis. Renew. Sustain. Energy Rev. 42, 569 – 596 (2015).

[5] X. Luo, J. Wang, M. Dooner, J. Clarke, Overview of current development in electrical energy storage technologies and the application potential in power system operation. Appl. Energy 137, 511 – 536 (2015).

[6] Technology Roadmap Energy storage, [Online] Available: https: //www.iea.org/publications.

[7] M. Daghi, M. Sedghi, M. Aliakbar-Golkar, Optimal battery planning in grid connected distributed generation systems considering different technologies, in *Proceedings of 20th Iranian Electrical Power Distribution Conference*, Zahedan, Iran (2015), pp. 138 – 142.

[8] A. Ahmadian, M. Sedghi, M. Aliakbar-Golkar, Fuzzy load modeling of plug-in electric vehicles for optimal storage and DG planning in active distribution network. IEEE Trans. Veh. Technol. 66(5), 3622 – 3631 (2017).

[9] M. Daghi, M. Sedghi, A. Ahmadian, M. Aliakbar-Golkar, Factor analysis based optimal storage planning in active distribution network considering different battery technologies. Appl. Energy 183, 456 – 469 (2016).

[10] R. Anindita, S.B. Kedare, S. Bandyopadhyay, Optimum sizing of wind-battery systems incorporating resource uncertainty. Appl. Energy 87, 2712 – 2727 (2010).

[11] O. Ekren, B.Y. Ekren, Size optimization of a PV/wind hybrid energy conversion system with battery storage using simulated annealing. Appl. Energy 87, 92 –98 (2010).

[12] J.M. Lujano-Rojas, R. Dufo-Lopez, J.L. Bernal-Agustin, Optimal sizing of small wind/battery systems considering the DC bus voltage stability effect on energy capture, wind speed variability, and load uncertainty. Appl. Energy 93, 404 – 412 (2012).

[13] V. Carpentiero, R. Langella, A. Testa, Hybrid wind-diesel stand-alone system sizing accounting for component expected life and fuel price uncertainty. Electr. Power Syst. Res. 88,

69 –77 (2012).

[14] J. Wang, F. Yang, Optimal capacity allocation of standalone wind/solar/battery hybrid power system based on improved particle swarm optimization algorithm. IET Renew. Power Gener. 7(5), 443 – 448 (2013).

[15] Y.M. Atwa, E.F. El-Saadany, Optimal allocation of ESS in distribution systems with a high penetration of wind energy. IEEE Trans. Power Syst. 25(4), 1815 – 1822 (2010).

[16] J. Tant, F. Geth, D. Six, P. Tant, J. Driesen, Multiobjective battery storage to improve PV integration in residential distribution grids. IEEE Trans. Sustain. Energy 4(1), 182 – 191 (2013).

[17] M. Sedghi, A. Ahmadian, M. Aliakbar-Golkar, Optimal storage planning in active distribution network considering uncertainty of wind power distributed generation. IEEE Trans. Power Syst. 31(1), 304 – 316 (2016).

[18] M.A. Abido, Multiobjective particle swarm optimization for environmental/economic dispatch problem. Elect. Power Syst. Res. 79(7), 1105 – 1113 (2009).

[19] M. Sedghi, M. Aliakbar-Golkar, Analysis and comparison of load flow methods for distribution networks considering distributed generation. Int. J. Smart Elect. Eng. 1(1), 27 – 32 (2012).

[20] P. Chen, Z. Chen, B. Bak-Jensen, Probabilistic load flow: a review, in *Proceedings of 3rd International Electric Utility Deregulation and Restructuring and Power technology conference*, Nanjing, China (2008), pp. 1586 – 1591.

[21] S. Chun-Lien, Probabilistic load-flow computation using point estimate method. IEEE Trans. Power Syst. 20(4), 1843 – 1851 (2005).

[22] G. Verbic, C.A. Canizares, Probabilistic optimal power flow in electricity markets based on a two-point estimate method. IEEE Trans. Power Syst. 21(4), 1883 – 1893 (2006).

[23] T. Williams, C. Crawford, Probabilistic load flow modeling comparing maximum entropy and Gram-Charlier probability density function reconstructions. IEEE Trans. Power Syst. 28(1), 272 – 280 (2013).

[24] Y. Deng, X. Ren, Fuzzy modeling of capacitor switching for radial distribution systems, in *Proceedings of IEEE Power Engineering Society Winter Meeting*, Columbus, OH, USA (2001), pp. 830 – 834.

[25] J. Hao, L. Shi, G. Xu, Y. Xie, Study on the fuzzy AC power flow model, in *Proceedings of 5th World Congress Intelligent Control and Automation*, Hangzhou, China (2004), pp. 5092–50967 Battery Energy Storage Planning 213.

[26] W. Ouyang, H. Cheng, X. Zhang, L. Yao, Distribution network planning method considering

distributed generation for peak cutting. Energy Convers. Manage. 51(12), 2394 – 2401 (2010).

[27] M. Sedghi, M. Aliakbar-Golkar, M.R. Haghifam, Distribution network expansion considering distributed generation and storage units using modified PSO algorithm. Elect. Power Energy Syst. 52, 221 – 230 (2013).

[28] M. Sedghi, M. Aliakbar-Golkar, Optimal storage scheduling in distribution network considering fuzzy model of PEVs, in *Proceedings of 18th Conference on Electric Power Distribution* 30 Apr–1 May 2013, pp. 1 – 6.

[29] D. Suchitra, R. Jegatheesan, M. Umamaheswara Reddy, T.J. Deepika, Optimal sizing for stand-alone hybrid PV-wind power supply system using PSO, in *Proceedings of International Conference on Swarm, Evolutionary and Memetic Computing* (2013), pp. 617 – 629.

[30] M. Ghofrani, A. Arabali, M. Etezadi-Amoli, M.S. Fadali, A framework for optimal placement of energy storage units within a power system with high wind penetration. IEEE Trans. Sustain. Energy 4(2), 434 – 442 (2013).

[31] M. Ghofrani, A. Arabali, M. Etezadi-Amoli, M.S. Fadali, Energy storage application for performance enhancement of wind integration. IEEE Trans. Power Syst. 28(4), 4803 – 4811 (2013).

[32] H. Kihara, A. Yokoyama, K.M. Liyanage, H. Sakuma, Optimal placement and control of BESS for a distribution system integrated with PV systems. Int. Council Elect. Eng. 1(3), 298 – 303 (2011).

[33] M. Sedghi, *Optimal Battery Planning in Active Distribution Networks Considering Plug-in Electric Vehicles Uncertainty*, Ph.D. thesis, K. N. Toosi University of Technonlgy, Tehran, Iran, 2015.

[34] A. Ahmadian, M. Sedghi, M. Aliakbar-Golkar, A. Elkamel, M. Fowler, Optimal probabilistic based storage planning in tap-changer equipped distribution network including PEVs, capacitor banks and WDGs: a case study for Iran. Energy 112, 984 – 997 (2016).

[35] O. Anuta, N. Wade, J. McWilliams, Coordinated operation of energy storage and on-load tap changer on a UK 11kV distribution network, in *Proceedings of 22nd International Conference on Electricity Distribution (CIRED)*, Stockholm, Sweden, June 2013, pp. 1 – 4.

[36] A. Gabash, P. Li, Flexible optimal operation of battery storage systems for energy supply networks. IEEE Trans. Power Syst. 28(3), 2788 – 2797 (2013).

8 基于网损最小化的分布式电源优化布局

阿盖洛斯 S · 布霍拉斯，帕斯卡利亚斯 A · 盖凯达兹，
季米特里斯 P · 拉普里斯

摘　要　本章介绍了网损最小情况下的分布式电源最优布局（optimal distributed generation placement，ODGP）问题。在最合适的位置应用几种解决手段。除了技术和分布式电源（distributed generation，DG）约束之外，同时也考虑了近期由于分布式电源渗透率过高而引发的潮流倒送等问题。利用负载系数（capacity factors，CF），检验了负载、电源的不确定性及其对可再生能源整合的影响。此外，为了测试配套的管理策略能否最大化降低潜在损耗，求解分布式电源最优布局问题，连同网络重构（network reconfiguration，NR）和储能系统优化布局的影响一同进行了介绍。

关键词　ODGP 损失最小化，分布式电源优化，探索法，潮流倒送负荷系数负载/发电的不确定性，ESS 电网重构

8.1　引言

分布式电源（DG）的子模块在配电网中的渗透已被认为是分布式能源促进可持续能源利用的有效途径。在大多数情况下，适当安装 DG 可以在降低损耗、改善电压分布和提高可靠性方面给配电网带来很大的好处[1,2]。过多的接入 DG 可

能会对电网运行造成一些问题，特别是由于潮流倒送的影响所造成的高损耗和馈线过载的问题[3,4]。分布式电源的安装最终取决于所有者或投资人以及安装地的燃料供应和气候条件。尽管安装分布式电源和利用分布式电源来解决配电网存在的问题有其优点，但实际在大多数情况下，配电网运营商（distribution network operator，DNO）没有对分布式电源的位置和容量大小进行有效控制，这也导致了分布式电源的布局严重影响到配电网的正常运行，使其低于行业标准。因此，配电网运营商们（DNOs）应该高度重视分布式电源的最佳安装位置和容量这两种被提出的优化手段。分布式电源最优布局问题通常涉及根据电网和分布式电源的运行情况以及投资规模，确定要安装到现有配电网中的分布式发电单元的位置和容量。

本章首先对比几种有效方法，如解析方法和启发式方法，应用于分布式电源最优布局以减少功率损耗的优缺点。分布式发电单元被认为能够同时产生有功功率和无功功率。其次，采用最有效的方法，通过考虑可能的潮流倒送，解决了ODGP 在降低功率损耗方面的问题[5,6]。ODGP 问题是可再生能源（renewable energy resources，RESs）最佳组合接入配电网的第一步，对此本章给出了一种通过引入负载系数来将当前网络所在地区地理特征、不同天气条件和可再生能源可利用性等复杂因素降低至最低限度的方法。

在以降低损耗为目标的 ODGP 求解中，首先考虑在有恒定功率输出的分布式电源情况下负载组成变化的影响，然后考虑不同可再生能源引起的可变功率输出，例如风力发电或者光伏发电。最后提出一种以降低网损为目标的 ODGP 与网络重构（network reconfiguration，NR）协同优化方法，并对 ODGP 与最优储能系统布局（optimal energy storage system placement，OESSP）的协同优化进行了初步尝试。

8.2 面向功率损耗最小化的 ODGP——问题提出

8.2.1 目标函数——约束条件

ODGP 问题是一个混合整数非线性约束（mixed-integer-non-linear-constrained，MINLC）优化问题。由于分布式电源的安装容量和位置都是必需的，因此为混合整数问题。非线性是由于求解该问题需考虑潮流方程。作为一个优化问题，在文献中可以找到各种目标，例如成本最小化、效益最大化、温室气体排放最少，或者单独解决，或者作为多目标同时解决[7~9]。在本节中，功率损耗最小化是目标函数，公式如下：

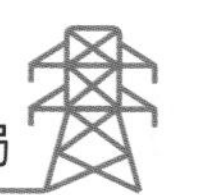

$$F_{\text{loss}} = \min \sum_{k=1}^{n_l} g_{i,j}[V_i^2 + V_j^2 - 2V_iV_j\cos(\theta_i - \theta_j)] \tag{8-1}$$

式中　$g_{i,j}$——节点 i 与 j 之间的电导；

n_l——网络中的馈线总数；

V_i, V_j——节点 i 和 j 的电压幅值；

θ_i, θ_j——节点 i 和 j 的电压相角。

该问题的约束条件可以分为强制性约束条件和偶然性约束条件。强制性约束包括潮流公式约束式（8－2a）和式（8－2b）、配电网技术约束式（8－3）和式（8－4），必须始终满足。表达式如下：

潮流约束条件：

$$P_{G,i} - P_{D,i} - \sum_{j=1}^{n_b} |V_i||V_j||Y_{i,j}|\cos(\varphi_{i,j} - \theta_i + \theta_j) = 0 \tag{8-2a}$$

$$Q_{G,i} - Q_{D,i} + \sum_{j=1}^{n_b} |V_i||V_j||Y_{i,j}|\sin(\varphi_{i,j} - \theta_i + \theta_j) = 0 \tag{8-2b}$$

DN 约束条件：

$$V_i^{\min} \leqslant V_i \leqslant V_i^{\max} \tag{8-3}$$

$$S_k \leqslant S_k^{\max} \tag{8-4}$$

式中　$P_{G,i}, Q_{G,i}$——节点 i 发出的有功功率和无功功率；

$P_{D,i}, Q_{D,i}$——节点 i 消耗的有功功率和无功功率；

n_b——整个网络的节点数量；

$Y_{i,j}$——节点 i 与 j 之间的导纳；

$\varphi_{i,j}$——节点 i 与 j 之间的相角差；

$V_i^{\min}, V_i^{\max}$——点 i 的最小以及最大电压；

$S_k^{\max}$——线路 k 在热稳极限下的视在功率。

偶然性约束包括分布式电源或其穿透水平的技术约束。因为这些约束偶然发生，并且不像上述约束一样要求始终满足，它们被分类为偶然约束。表达式如下：

DG 约束条件：

$$S_{\min}^{\text{DG}} \leqslant S_m^{\text{DG}} \leqslant S_{\max}^{\text{DG}} \tag{8-5}$$

$$pf_{\min}^{\text{DG}} \leqslant pf_m^{\text{DG}} \leqslant pf_{\max}^{\text{DG}} \tag{8-6}$$

渗透水平约束条件：

$$\sum_{m=1}^{n_{\text{DG}}} S_m^{\text{DG}} \leqslant \eta \cdot S_{\text{Total}}^{\text{Load}} \tag{8-7}$$

式中 S_m^{DG} ——分布式发电单元（DG）的功率；

pf_m^{DG} ——分布式发电单元（DG）的功率因数；

$S_{\min}^{DG}, S_{\max}^{DG}$ ——分布式电源（DG）功率的上下限；

$pf_{\min}^{DG}, pf_{\max}^{DG}$ ——分布式电源（DG）功率因数的上下限；

n_{DG} ——安装的分布式电源（DG）的总数；

η ——所需分布式电源（DG）渗透水平的百分比；

S_{Total}^{Load} ——总体的装机容量。

8.2.2 补偿函数——条件

一般来说，约束性问题可以用确定的或随机的算法来求解。像可行方向和广义梯度下降等确定的方法需要目标函数有较强的数学性质，如连续性和可微分性。此外，用解析方法来求解 ODGP 问题是复杂和耗时的[10]，或者仅能得到包含一个分布式发电单元（DG）的解。在这些属性不存在的情况下，进化算法是一个可靠的替代方法。由于大多数进化算法主要是为了解决无约束问题而设计的，通常需要约束处理技术来检测唯一可行的解决方案。这些技术中最常见的是使用罚函数（尽管存在缺点，执行起来还是相当有效的），并提供了适当的惩罚因子来进行校准[11,12]。在这种方法中，通过在目标函数中引入由惩罚项表达的约束条件，形成惩罚不可行解的惩罚函数，公式如下：

$$P(x) = f(x) + \Omega(x) \tag{8-8}$$

$$\Omega(x)=\rho\{g^2(x)+\{\max[0,h(x)]\}^2\} \tag{8-9}$$

式中 $P(x)$ ——罚函数；

$f(x)$ ——目标函数，在这里 F_{loss} 和式（8－1）中的表示一致；

$\Omega(x)$ ——惩罚项；

ρ ——惩罚系数；

$g(x)$ ——等式约束，在这种情况下定义为式（8－2a）和式（8－2b）；

$h(x)$ ——不等式约束，在这种情况下定义为式（8－3）～式（8－7）。

在分布式电源最优布局（ODGP）问题的情况下，只使用强制约束作为讨论的基础，更新后的罚函数可以表示为：

$$P(x) = \min(F_{loss} + \Omega_P + \Omega_Q + Q_V + Q_L) \tag{8-10}$$

其中 Ω_P 和 Ω_Q 指的是等式约束

$$\Omega_P = \rho_P \sum_{i=1}^{n_b} \left\{ P_{G,i} - P_{D,i} - \sum_{j=1}^{n_b} |V_i||V_j||Y_{i,j}| \cos(\varphi_{i,j} - \theta_i + \theta_j) \right\} \tag{8-11a}$$

$$\Omega_Q = \rho_Q \sum_{i=1}^{n_b} \left\{ Q_{G,i} - Q_{D,i} + \sum_{j=1}^{n_b} |V_i||V_j||Y_{i,j}| \sin(\varphi_{i,j} - \theta_i + \theta_j) \right\} \quad (8-11\text{b})$$

其中 Ω_V 和 Ω_L 指的是不等式约束

$$\Omega_V = \rho_V \sum_{i=1}^{n_b} [\max(0, V_i^{\min} - V_i)]^2 + \rho_V \sum_{i=1}^{n_b} [\max(0, V_i - V_i^{\max})]^2 \quad (8-12)$$

$$\Omega_L = \rho_L \sum_{k=1}^{n_l} [\max(0, S_k - S_k^{\max})]^2 \quad (8-13)$$

因此可推断出，任何限制条件例如式（8－5）、式（8－6）或式（8－7）可以通过相同的过程结合在式（8－10）中。

8.3 面向功率损耗最小化的 ODGP——求解方法

根据查阅该课题的相关文献，针对 ODGP 问题已经进行了大量的科学研究[13]，出现了一些极具前景的方法，如解析型[14~17]、启发型[5,6,18~33]或以上的组合，按照一定的顺序分别解决分布式发电单元的选址和定容问题[34~36]。

如前所述，ODGP 是一个混合整数非线性约束（MILC）优化问题。在这种情况下，利用传统的解析方法可能是复杂和耗时的，或者仅求解出一个分布式电源单元（DG）的具体位置。在过去的几十年中，已经出现了诸如粒子群优化算法（particle swarm optimization，PSO）[5,6,18]、遗传算法（genetic algorithm，GA）[9,19,20]、人工蜂群算法（artificial bee colony，ABC）[21~23]、布谷鸟搜索算法（cuckoo search，CS）[24~27]以及和声搜索算法（harmony search，HS）[28~30]等之类的启发式算法。这些算法已经被证明是非常有前途的，而且在这个领域中仍不断发展，如菌群优化算法（bacterial foraging optimization algorithm，BFOA）[31]、蚁狮优化算法（ant-lion optimization，ALO）[32]、灰狼优化算法（grey wolf optimization，GWO）[33]，以及更多相似的优化算法的出现[13]，使得在解决 ODGP 问题方面有更长足的进步。在本节中，将进行比较分析来得到解决 ODGP 问题最合适的方法。我们将粒子群优化算法（PSO）的 3 个版本（其中包含了局部的、全局的和统一的粒子群优化算法）、遗传算法（GA）、人工蜂群算法（ABC）、布谷鸟搜索算法（CS）以及和声搜索算法（HS）进行了比较和评价。作为解析方法，本文还介绍了引用中提出的改进解析法（improved analytica，IA）、损失敏感因子法（loss sensitivity factor，LSF）和穷举潮流法（exhaustive load flow，ELF）。

8.3.1 解析方法

为了计算上述这些方法的损耗，对式（8－1）做出一定的简化调整，我们将

简化后的公式表示为：

$$F_{\text{loss}}=\sum_{i=1}^{n_b}\sum_{j=1}^{n_b}[\alpha_{ij}(P_iP_j+Q_iQ_j)+\beta_{ij}(Q_iP_j-P_iQ_j)] \tag{8-14}$$

其中：

$$\alpha_{ij}=\frac{r_{ij}}{V_iV_j}\cos(\theta_i-\theta_j) \tag{8-15a}$$

$$\beta_{ij}=\frac{r_{ij}}{V_iV_j}\sin(\theta_i-\theta_j) \tag{8-15b}$$

式中　$r_{ij}+\mathrm{j}x_{ij}=Z_{ij}$ ——阻抗矩阵中第 i 行第 j 列的元素；

P_i,P_j ——在 i 节点和 j 节点上进行的有功功率注入；

Q_i,Q_j ——在 i 节点和 j 节点上进行的无功功率注入。

8.3.1.1　改进解析法（IA）

在改进解析法（IA）中，根据要使用的分布式电源的类型，形成不同的公式，即仅注入无功功率型、注入有功功率型以及两者同时注入型。该方法的优点在于只需要两次潮流计算：一次是在配电网的初始状态下，另一次是分布式电源安装后，缺点是一次只允许放置一个分布式电源。

8.3.1.2　损失敏感因子法（LSF）

损失敏感因子法（LSF）基于潮流公式（8－2a）和式（8－2b）的线性化，其能有效地定位最佳节点的位置，根据 LSF 值对 DG 进行排序。将 DG 置于具有最高优先级的节点处，并通过逐渐增加其负载大小和运行负载潮流来计算大小。这种方法的优点在于简单且直接，然而这与 IA 方法一样，一次仅能放置单个 DG。由于一些 DG 已经安装，在第一次放置之后，计算结果会存在一定的偏差。

8.3.1.3　穷举潮流法（ELF）

穷举潮流法（ELF）也称为重复潮流解法，由于在计算中考虑了所有节点的情况，需要的计算时间过长，但其可以得到完全最优解。当安装的 DG 的数量增加到一个以上，计算量也将增加并且以指数速率增加。

8.3.2　启发式算法

8.3.2.1　三种粒子群优化算法（GPSO、LPSO、UPSO）

粒子群算法（PSO）是由埃伯哈特（Eberhart）和肯尼迪（Kennedy）提出的[37]，其灵感来自鸟类群居的社会行为。一组粒子被分配来探索解空间，以便探索得到最优解。其在空间求解过程中运动由 3 个关键元素定义：

（1）每个个体对解空间的知识由个体的最佳参数代表。

（2）由社会最优参数所代表的一组粒子之间信息交换所获得并形成新的社会

知识。

（3）它在解析空间上的当前运动值，由先前获得的速度来表示。

当信息交换发生在群内的所有粒子之间时，群体最优解被视为全局最优解，并且相对应的算法也称作粒子群全局优化算法（global PSO，GPSO）。而如果其发生在较小的局域中，则称其为局部最优解，对应的算法也称作粒子群局部优化算法（local PSO，LPSO）。

关于粒子群全局优化算法（GPSO），粒子知道群集的最佳位置，因此可以实现快速收敛，从而更好地利用解析空间收集知识。然而，这样做是以牺牲对解析空间的探索为代价，可能导致只能得到局部最优解，而不能接近并实现真正的最优解。

相反，在粒子群局部优化算法（LPSO）中，重叠粒子邻域的形成以及其内部的信息交换使得粒子群能够更好地探索解析空间[38]。这样做是以反复计算为代价的，收敛时间更长，因为信息交换是在各个邻域之间而不是整个群体之间计算出来的。

无论是粒子群全局优化算法（GPSO）或者是粒子群局部优化算法（LPSO），都偏向于开发或探索。第三种统一粒子群优化算法（UPSO），是由帕索普罗尔斯（Parsopoulos）和瓦拉蒂斯（Vrahatis）提出的[39]，旨在利用之前两种粒子群优化算法的优点，同时消除缺陷。在本章中，统一粒子群优化算法（UPSO）的划分方案被应用于合并 PSO 的两个版本，作为最有前途的优化算法方案[40]。图 8－1 给出了粒子群优化算法（PSO）流程图。

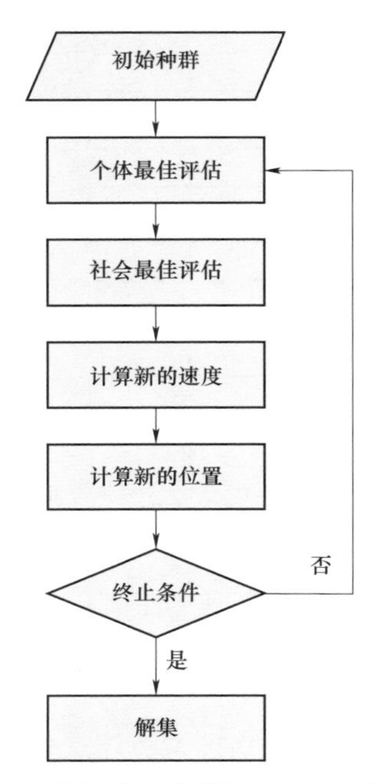

图 8－1　粒子群优化算法（PSO）流程图

8.3.2.2　遗传算法（GA）

遗传算法最早是由霍兰德教授（Holland）提出的[41]，3 个基本的模拟遗传基因进化出现的过程为选择、交叉和变异。在解析空间中指定一组染色体，这里的解析空间被认为是遗传池。选择最适合的父母基因产生下一代个体。

本章应用了轮盘赌的随机选择方案。父代随机组合繁殖后代，使其染色体组合，进而执行变异过程，随机地改变子代染色体的几个基因。在父代和子代中选择最优的子代组成下一代染色体。遗传算法（GA）流程图如图 8－2 所示。

8.3.2.3　人工蜂群算法（ABC）

人工蜂群算法（ABC）最初是被卡拉波加教授（Karaboga）提出的，其灵感来自蜂群可以利用天性智能的定位觅食能力。在这种情况下，候补解空间由潜在食物源的位置来表示。蜂群分为觅食（雇用蜂）、围观（旁观蜂）和侦察（侦查蜂）的蜜蜂。觅食的蜜蜂瞄准并开发潜在的食物位置，并告知围观者更多潜在的食物地点。觅食的蜜蜂开始判定这些位置的食物潜力。如果觅食的蜜蜂的位置不能代表一个最优解，觅食蜜蜂就会变成侦查蜜蜂，开始探索空间内的最优解。觅食蜜蜂的数量等于食物来源的数量，这个数量代表当前可以利用的地点数量以及种群中解决方案的数量。人工蜂群算法（ABC）流程图如图 8－3 所示。

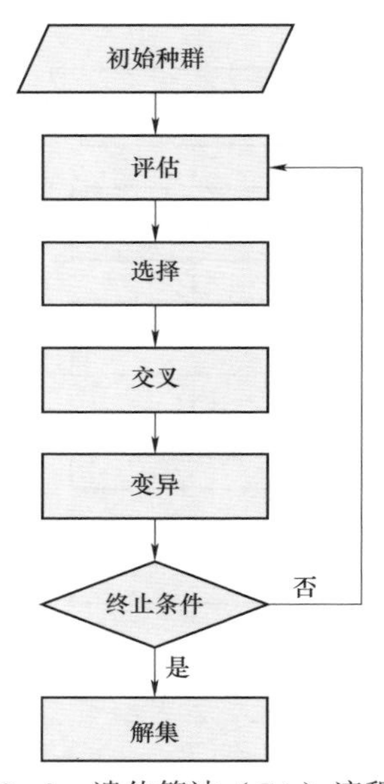

图 8－2　遗传算法（GA）流程图

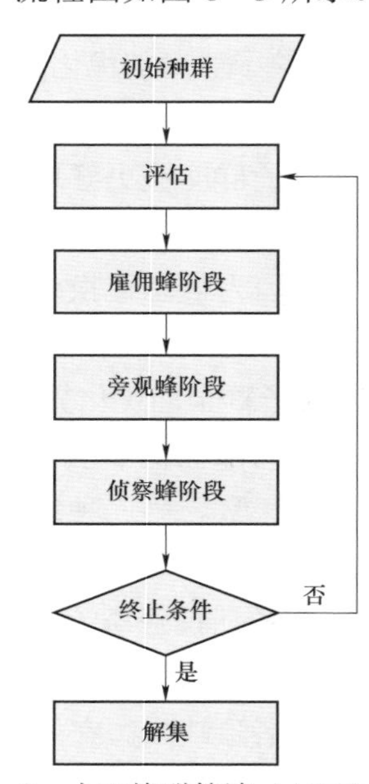

图 8－3　人工蜂群算法（ABC）流程图

8.3.2.4　布谷鸟搜索算法（CS）

布谷鸟搜索（CS）最早是由杨教授（Yang）和德伯教授（Deb）提出的[43]，其灵感来自一些布谷鸟在其他寄主鸟类的巢中产卵培育。巢中的每个蛋代表一种解决方案，布谷鸟蛋代表新的解决方案。其目的是使用新的和潜在的更好的解决方案（布谷鸟）取代巢中最不合适的解决方案。在每次迭代中，一个布谷鸟鸟蛋被随机地放置在一个选定的巢中，具有优质蛋的巢将延续到下一次繁衍。然后在剩下的最不合适的巢中，宿主鸟类进行发现操作，随机地取回布谷鸟产下的卵并丢弃，从而在进一步的计算中忽略这些被丢弃的结果。图 8－4 中给出了一个通用的布谷鸟搜索算法（CS）流程图。

8.3.2.5 和声搜索算法（HS）

和声搜索算法（HS）[44]受到爵士音乐家即兴创作的启发。即兴演奏是根据以下三个规则，通过尝试各种节奏的组合来寻找最合适的和声的过程：

（1）从声记忆库中演奏任何存在的旋律。

（2）从声记忆库中演奏改变后的旋律并更新声记忆库。

（3）在可能的范围演奏随机的旋律。

和声搜索算法（HS）模拟的过程如下：

（1）从 HS 算法初始化和声库中选取任意值。

（2）从 HS 算法和声库中选取一个改变的值并更新。

（3）在可能的值范围中选择一个随机值。

图 8－5 中给出了一个通用的和声搜索算法（HS）流程图。

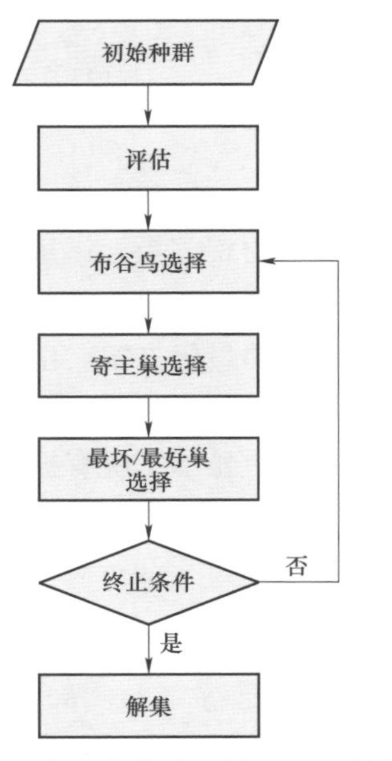

图 8－4　布谷鸟搜索算法（CS）流程图

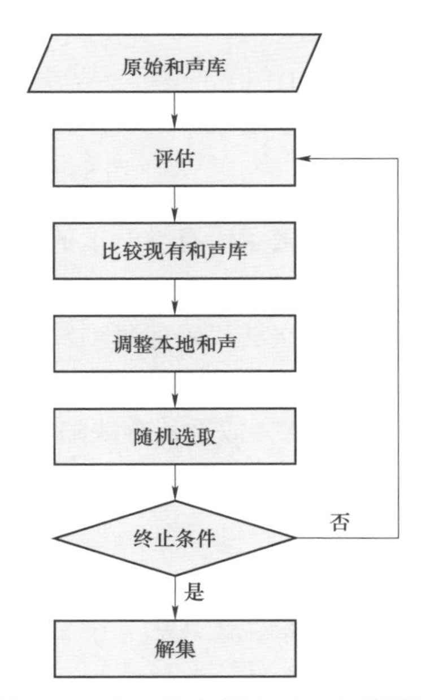

图 8－5　和声搜索算法（HS）流程图

8.3.3 启发式算法评测

为了评估上述算法方案，采用经典的 33 节点系统模型来进行仿真实验，如图 8－6 所示。33 节点系统是一个辐射式配电网系统，总负荷为 3.72MW、2.38Mvar，初始功率损耗为 211kW。由于这些算法具有随机性质，结论是在 1000 次迭代后产生的，并且是在充足的迭代时间下的 1000 次实验计算。同时，在分布式电源（DG）的数量方面也无限制，从而推导出可能得到最接近最优解的方

案。实际的最优解是分布式电源安装在所有节点上，标称容量等于节点各自的负载。安装的DG被认为有产生有功功率和无功功率并且消耗无功功率的能力。类似的结果也发生在其他配电网模型上，例如典型的16节点、30节点和69节点系统。

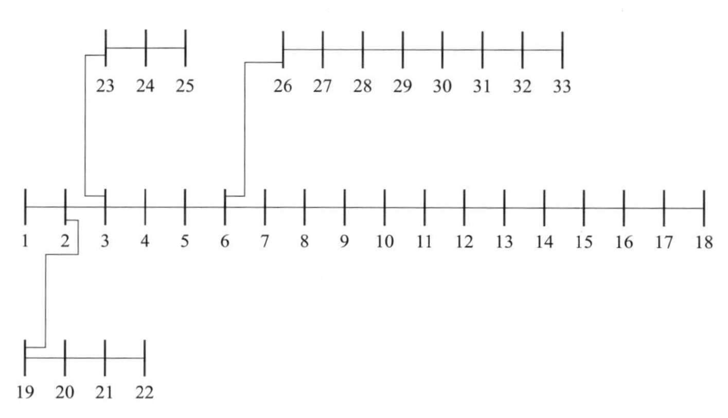

图8-6　33节点系统框架图

表8-1给出了所有被测试的启发式算法解决方案的相关指标：每种技术达到的最小损耗、损耗降低百分比、安装DG的数量以及分布式电源的总体装机容量，通过1000次迭代确保每项算法都达到其能所达到的最优方案。由于给出的时间充裕，每种技术在两个系统中都显著地降低了损耗，并且实际的差异很小，但遗传算法（GA）似乎稍有缺陷，如图8-7所示，其中显示了所有被测试启发式算法的平均母线电压曲线。

表8-1　　启发式算法的性能比较

方法	最低功耗（kW）	能耗降低率（%）	DG总数量	DG总装机容量（MVA）（P+jQ）
GPSO	0.34	99.84	20	3.64+j2.32
LPSO	0.22	99.89	20	3.55+j2.21
UPSO	0.13	99.94	22	3.66+j3.26
GA	10.77	99.89	21	3.00+j0.71
ABC	0.52	99.75	17	3.73+j2.28
CS	0.48	99.77	20	3.82+j2.32
HS	2.67	98.74	19	3.30+j2.08

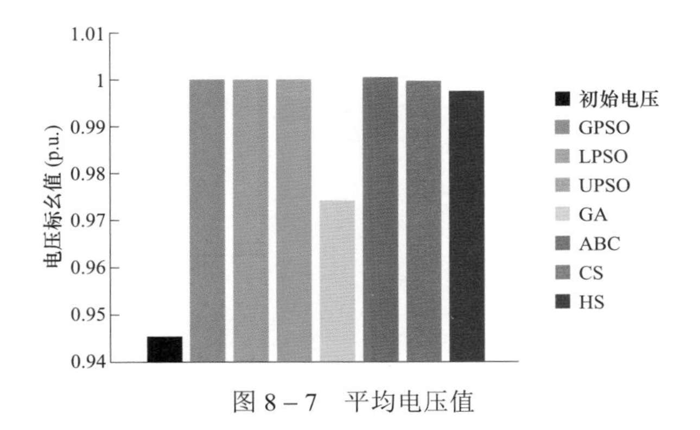

图 8－7　平均电压值

表 8－2 给出了与收敛相关的特性，即单次迭代的平均执行时间和每种算法分别达到最优解的10%、1%和0.1%的允许误差所需的迭代次数。例如对于UPSO，假定其最优解为 0.133kWh，允许误差为 10%时功率损耗为 0.146kW。

表 8－2　启发式算法收敛性能比较

方法	10%容差迭代	1%容差迭代	0.1%容差迭代	93.22%降损迭代	平均收敛时间
GPSO	832	983	999	6	6.7
LPSO	845	983	999	7	6.9
UPSO	339	839	990	5	6.9
GA	747	975	999	900	7.5
ABC	846	987	999	19	13.7
CS	909	992	999	43	12.5
HS	684	945	996	9	3.8

在收敛速度方面，显然 HS 是最快的，只要不到 4min 就完成了收敛要求。此外，表 8－2 还给出每项技术达到固定降损效果的迭代次数。当把降损要求设定为 93.22%这一固定值时，遗传算法（GA）是表现最差的。虽然所有的算法看起来表现都很好，但粒子群优化算法（PSO）尤其是统一粒子群优化算法（UPSO）在收敛速度、迭代步骤以及最终得到的解决方案方面表现的比其他算法更加出色。尽管统一粒子群优化算法（UPSO）没有和声算法（HS）在单次迭代时间上有优势，但是其所需要的迭代次数较少，从而克服了这一缺点。

图 8－8 描绘了每项算法的 1000 次迭代过程中的收敛偏差曲线。图 8－9 也证实了这一点，再次给出每种算法在 1000 次迭代过程的平均收敛曲线，但是图中横坐标量程只选取了前 350 次迭代。总而言之，在 10%的容差情况下 UPSO 是最佳的选择。

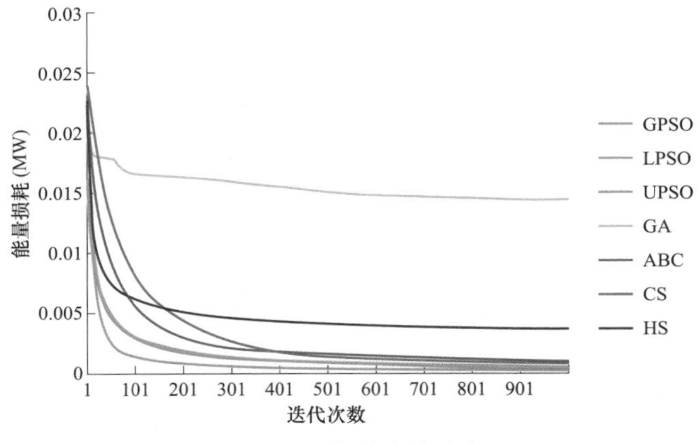

图 8-8　收敛偏差曲线

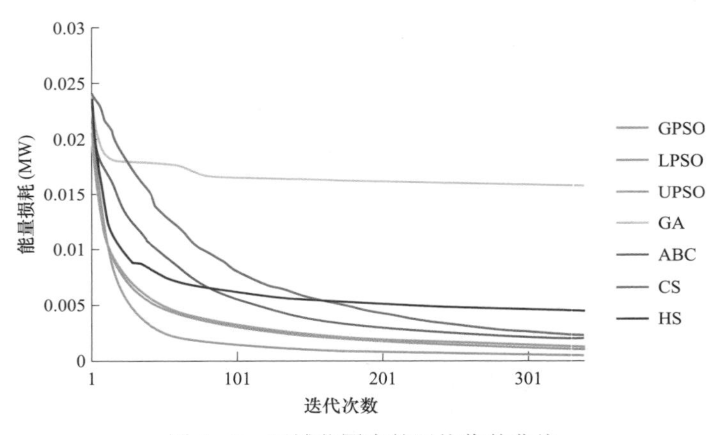

图 8-9　区域范围内的平均收敛曲线

如图 8-10 所示，粒子群优化算法（PSO）尤其是统一粒子群优化算法（UPSO）收敛偏差最小，这意味着 1000 次计算结果的偏差值很低，这也确保了其作为试

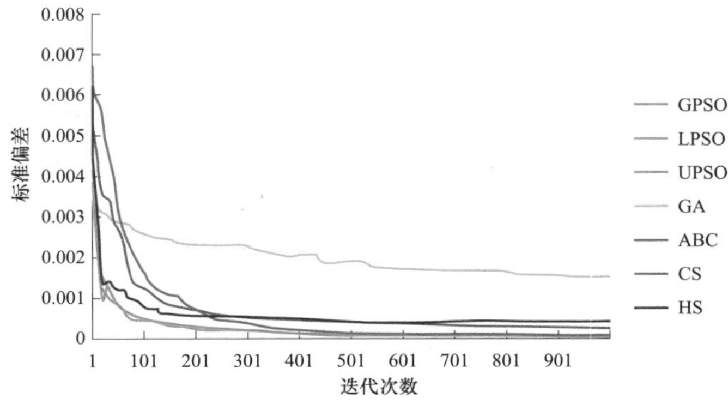

图 8-10　收敛偏差曲线

探性算法解决方案的稳定性更好，甚至可以不用做过多的实验，就能验证结果的有效性。

8.3.4 启发式算法与解析式算法的评估与比较

为了更直接地比较最突出的启发式算法（UPSO）与本章提出的其他解析算法（IA、LSF、ELF），采用典型的 33 节点系统作为模型。在这个系统中安装 3 个分布式发电单元（DG），并要求其仅能够向配电网注入有功功率。表 8－3 对比给出了四种算法得出的解决方案。

表 8－3　　试探算法与解析算法方案对比

方法	最小能耗（kW）	能耗下降比例（%）	DG 安装位置	DG 容量（kW）	总 DG 装机量（MW）	时间（s）
UPSO	77.9	65.50	13 24 30	802 1092 1054	2.95	70
IA	81.05	61.62	6 12 31	900 900 720	2.52	0.4
LSF	85.07	59.72	18 25 33	720 900 810	2.43	0.23
ELF	74.27	64.83	13 24 30	900 900 900	2.7	3.06

基于上一节的结果，在每次经过 400 次迭代的前提下，UPSO 已经应用了 50 次，可以推断，UPSO 在获取最优解决方案的性能比解析型要好，但在计算耗时方面则表现得不如解析型。正如之前章节中所证明的，启发式算法能够在不考虑安装 DG 的数量大小的情况下以相同的效率执行计算。解析法更适用于配电网中只安装少量的分布式电源（DG）的情况，例如在上述的情况中，每增加一个分布式电源（DG），就改变一次配电网。由于 ODGP 问题主要针对的是网络规划和操作问题，可以认为计算时间不像寻找最优解决方案那样重要，进而优先考虑后者。

综上所述，考虑使用少量 DG 进行 ODGP 以解决功率损耗时，就时间而言，证明了解析式算法可能比启发式算法是更好的选择，而在得到最优解方面只有较小的缺陷。当需要最优或接近最优解，并且需要考虑安装更多的 DG 时，启发式方法则更适合。

8.4 面向功率损耗最小化的 ODGP——潮流倒送问题

在过去的几年中，DG 接入配电网已经被视作一种降低电网损耗的措施，进行了深入的探讨和研究。然而，由于 DG 的大量接入和渗透所引起的潮流倒送问题还没有被很好的考虑和解决。

在得到 ODGP 最佳解决方案的同时，最近和即将到来的大规模 DG 并网也带来了潮流倒送的问题，即功率潮流倒送到上级配电网和相邻配电网。到目前为止，文献采用不同的优化函数解决了 ODGP 问题，但没有考虑到潮流倒送对相邻配电网的冲击，简单来说我们是不允许这种现象发生的，这种解决方案是不够完美的。一方面，如果忽略 RPF 问题，可能导致相邻电网出现违规的潮流功率；另一方面，如果严格禁止潮流倒送，则会导致方案出现偏差或只取得次优解。实际情况表明，当在规划过程中考虑 RPF 问题时，可能得到不同的 ODGP 解决方案，从而可以进一步降低网损[46~49]。

本节内容提出的 RPF 可以归类到 ODGP 的问题中作为其对平衡节点本身的临时约束，作为备用方案其可以在平衡节点和配电网其余部分之间插入中间节点，并通过其相邻分支对流经的总功率施加其他约束，从而轻微地修改配电网络。约束条件和相应的惩罚项可以表示为：

$$P_{\text{perm}} \leqslant \eta_{\text{RPF}}^{\%} \cdot P_{\text{init}} \tag{8-16}$$

$$\Omega_{\text{RPF}} = \rho_{\text{RPF}}[\max(0, |P_{\text{perm}}| - \eta_{\text{RPF}}^{\%} \cdot |P_{\text{init}}|)]^2 \tag{8-17}$$

式中 P_{init}——最初从平衡节点流入电网的功率；

P_{perm}——从平衡节点吸收或流入向电网的允许功率；

$\eta_{\text{RPF}}^{\%}$——关于流过平衡节点功率中所允许的潮流倒送比例。

在经典的 30 节点和 33 节点系统模型中进行验证[51]，这两个系统一个是环网式配电网系统，一个是辐射式配电网系统，实验结果在图 8－11、图 8－12、图 8－13 和图 8－14 中展示。目标函数是降低功率损耗，同时考虑逐渐增加 RPF 百分比，从而得到所允许安装的总 DG 容量。对这两个不同的配电网模型进行验证，我们要考虑 7 个分布式电源所具有的有功功率总容量。相对于接入的负载来说，30 节点的系统模型已经具有 100%的 DG 渗透率，而 33 节点系统则没有。总之，图 8－11 和图 8－12 表示出，在一定程度上增加 RPF 会得到减少功率损耗的效果。RPF 范围从 0%（无 RPF）到初始顺流潮流的 250%递增。然而，从图中不难得出，无论配电网拓扑结构是辐射式还是环网式，和 RPF 百分比从 25%～50%的初始顺流潮流相比，当 RPF 为 0%时能获得更好的降损效果。此外，对于这些 RPF 比例来说，总 DG 渗透率在两个系统中都超过 100%，如图 8－13 和图 8－14 所示。在 33 节点系统中，为了最大限度地实现降损，在 25%RPF 的情况下总共安装了 4MW 容量的 DG，而配电网安装负荷为 3.72MW。在 30 节点系统中，安装了近 40MW 的 DG，已实现 100%的 DG 渗透率。

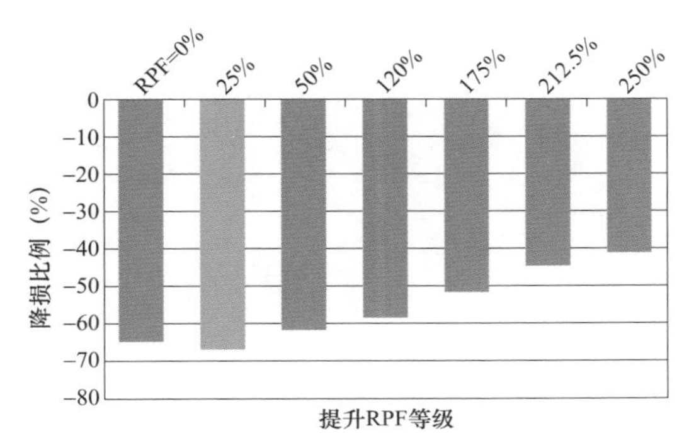

图 8－11　33 节点系统中 RPF 对降低能耗的影响

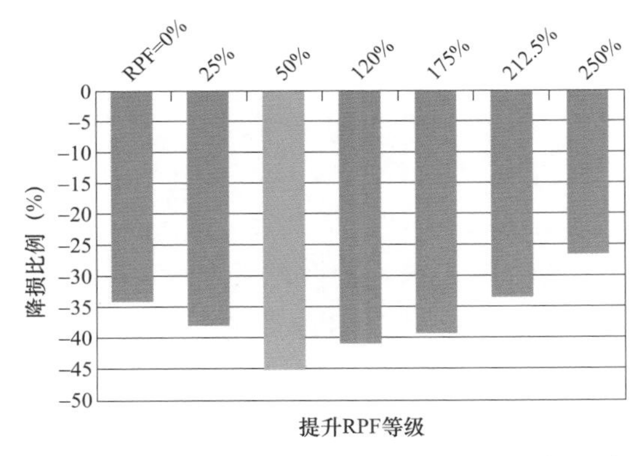

图 8－12　30 节点系统中 RPF 对降低能耗的影响

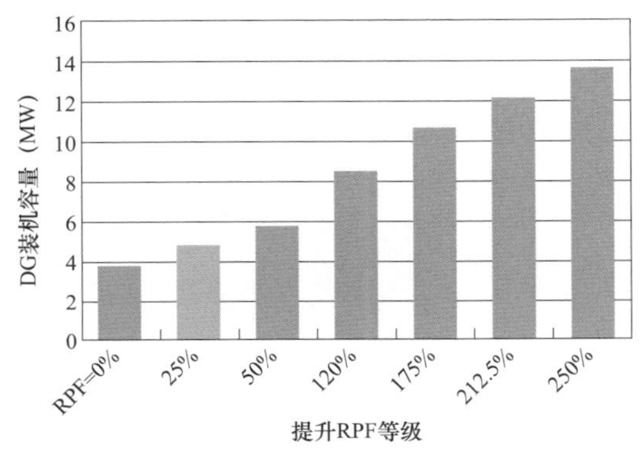

图 8－13　33 节点系统中 DG 的装机容量

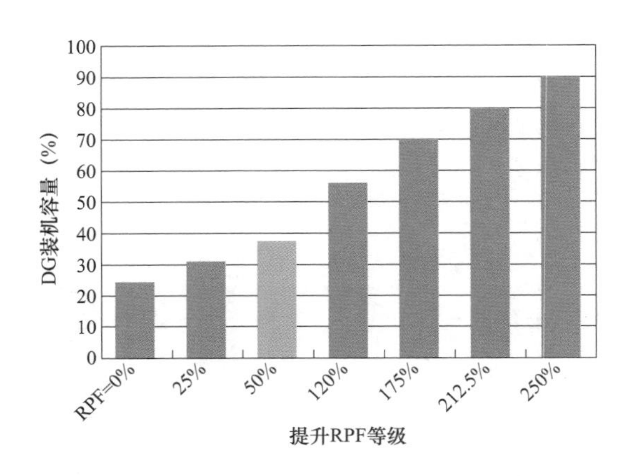

图 8－14　30 节点系统中 DG 的装机容量

总之，考虑降低功耗时，一定程度的 RPF 并不一定对 ODGP 产生负面影响，反而可能会达到更好降损效果，并且提供 DG 渗透超过 100%的解决方案。同时，可以提高配电网运行水平，例如在安装可再生能源的情况下提高用电可靠性和环境效益。

8.5　面向功率损耗最小化的 ODGP——可再生能源问题

通过模拟系统测试 ODGP 来得到最小损耗的方案时，在降低问题复杂性的同时，直接加入可再生能源（RESs）并将其安装在配电网络中是相当困难的。因为可再生能源最显著的特征就是随机性，换言之，其在不同的时刻可能有截然不同的表现。在面向功率损耗最小化的 ODGP 问题上，通常仅考虑配电网的瞬时状态。从配电网的角度来看 DG 主要分为以下几类：

（1）第一类，DG 只注入有功功率。

（2）第二类，DG 只注入无功功率。

（3）第三类，DG 注入有功功率同时注入或消耗无功功率。

除了考虑 DG 的最佳位置和装机容量，也应在建模公式中考虑 DG 类型的最佳搭配。即使能够对当前阶段可再生能源接入配电网的情况（未及时并网）进行评估，问题依然存在。简单来说，考虑是否需要建立可再生能源最优配置模型，后面提供了几种替代方案。

具体来说，一种备选方案涉及解决一个单一问题，例如作为普通 ODGP 问题，需计算网络中分布式电源的最佳位置和容量，然后确定可再生能源的类型为光伏发电或风力发电[52]。如果不在配电网系统仿真中加入可再生能源以渗透分布式电

源，仿真得到的最优解不会是一个符合实际情况的解决方案。如果需要得到最优解，必须多方面考虑，如 DG 对电能质量和可靠性的不同影响进行研究。基于逆变器的 DG 注入的是非线性电流，将会导致 DG 的渗透水平可能受到谐波失真以及保护的限制，也可能受由同步 DG 故障电流变化引起的协调保护约束[53]。另一种方法是在每一个有 DG 的节点和技术中实现穷举潮流法[54]，尽管可能需要进行不必要的计算工作，或者最终得到的解决方案仅仅是一个近似值。文献[55]通过搭建风速和光照强度的随机模型，对这个领域做出了相当大的贡献，还实现了对不同技术的 DG 的最佳组合。事先定义好 DG 安装的备选节点，以此来估算其容量的大小。不同的 DG 技术可以根据其功率输出来划分，例如其是否可以独立地控制有功/无功功率的模式（PQ 模式或恒定功率因数模式），或可以独立的控制有功功率和电压（PV 模式或可变无功功率模式）[56]。在后一种方法中，在实现了包括有功/无功损耗最小化和电压分布改善的多目标函数的情况下，同时得到了关于分布式电源数量、选址和定容的解决方案。然而，上述不同 DG 技术之间的区别可能并不十分明显。

本节提到了之前描述的负载系数的概念[57]。可再生能源最优配置的基本问题考虑了可再生能源功率输出变化，这与其技术发展水平和自然资源的潜力有关，且必须被考虑。考虑到预先计划配电网中备选节点之间的光照强度、风速和水资源的可用性会有所不同，特别是在研究多种可再生能源构成的组合电源的时候，这些变化可能对相应分布式电源的最佳选址和容量产生重大影响。当建模分析时，将配电网系统的节点分成若干组，不同组代表具有不同自然特征和资源的区域，意味着其具有不同的负载系数。这些负载系数的值表示在该节点中可用的各个自然资源的潜力。根据分布式电源所处的节点位置，每一个可再生能源都分配了各自的负载系数，将这些负载系数用公式表述，作为如下附加的偶然约束，其中 n_{res} 表示可再生能源的总数，ρ_{CF} 表示惩罚因子。

$$\Omega_{\mathrm{CF}} = \rho_{\mathrm{CF}} \sum_{l=1}^{n_{\mathrm{res}}} CF_l \qquad (8-18)$$

考虑 3 种 RES 技术，例如光伏（photovoltaic，PV）、风机（wind turbines，WT）和水电站（hydro-plant，HP）在典型的 69 节点系统中安装[58]。为考虑每个节点自然资源的分配潜力，将后面所讨论的配电网模型分成 3 个区域，如图 8－15 所示。在每个区域，为每个节点分配用于评估的 3 种 RES 技术（即 PV、WT 和 HP）的 CF 值。假设每个区域足够小，显然该区域内的所有节点对应技术的负载系数相同。

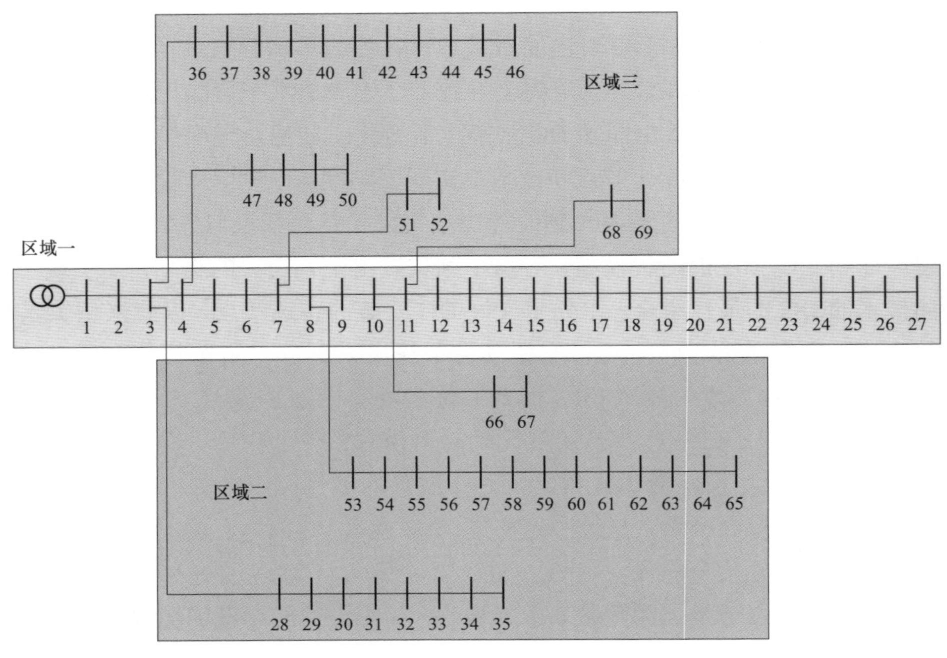

图 8-15 69 节点系统区域分化图

表 8-4 为每种不同的可再生能源技术分配了一组典型的负载系数值。表 8-5 和表 8-6 给出了所提出方法的结果，同时也给出了 ODGP 在同一配电网中的算例结果，并进行了比较。对于 ODGP 问题的仿真考虑安装 5 个 DG；而对应的在可再生能源最优配置问题中，对于每种技术，考虑安装 5 个可再生能源发电装置。由此得出结论，通过负载系数的辅助，可以同时考虑一个地区的不同地理特征和影响可再生能源可用性的不同天气条件。此外，相应的可再生能源最优配置问题可以在保持其复杂度最小的同时得到解决，并且在可再生能源发电装置的选址、定容以及确定类型方面均可得到最优解。

表 8-4 负载系数值

区域	不同可再生能源类型		
	光伏发电 PV	风力发电 WT	水力发电 HP
#1	0.10	0.00	0.42
#2	0.10	0.25	0.00
#3	0.15	0.12	0.00

表 8-5　　结　果　对　比

	最初损耗（kW）	最低损耗（kW）	降损比例（%）
ODGP	602.2	148.4	75.357
ORESP	602.2	169.4	71.869 8

表 8-6　　细　节　对　比

ODGP		ORESP		
节点名称	有功功率（kW）	种类	节点名称	有功功率（kW）
12	503.2	光伏 PV	20	420.3
19	376.0		61	23.0
40	718.5	风能 WT	40	723.2
53	1718.8		45	580.8
61	29.48		53	1458.2
			56	226.0
			59	57.5
		水利 HP	12	283.5
总计	总功率（kW）		总计	总功率（kW）
5	3346.5		8	3778.2

8.6　面向能量损耗最小化的 ODGP——发电和负荷的变化问题

虽然 ODGP 可以研究许多问题，如功率损耗最小化、反向潮流计算、电压稳定性和供电可靠性改进，但是该方法在没有时间变量的情况下仍然是不完整的。如果考虑到时间，问题会变得复杂和耗时。能够证明快速收敛时间与最优解之间相平衡的求解方法将变得非常有用，正如 8.3 节中所提到的。面向功率损耗最小化的 ODGP 分析是大有用处的，也是研究面向能量损耗最小化 ODGP 之前的重要步骤。配电网络的负载不是恒定的，而是随时间变化的。当只考虑可再生能源单独对系统作用时，其对配电网的影响不能被很好地检测出来。

对于功率损耗最小化的分布式电源最优布局问题，最小化能耗的目标方程可以被列为：

$$F_{eloss} = \sum_{\Delta t=1}^{t}\sum_{k=1}^{n_l} g_{i,j}[V_i^2 + V_j^2 - 2V_iV_j\cos(\theta_i - \theta_j)] \tag{8-19}$$

其中Δt表示时间间隔，t则表示测试时间周期。

关于约束条件，与之前的基本一致，但有以下例外：在功率损耗最小化方法中，从独立作用的负荷潮流断面分析中取到的单个约束值。当在做能耗最小化的方法时，之前被取到的约束值被以t为检测时间周期所检测到的最大绝对值所代替，用以维持罚函数中的数量级。

DG 对能量损失的影响取决于该网络的网络特性，例如需求分布、拓扑结构和发电机的相对位置，以及其输出是恒定的还是可变的。将这些复杂的条件纳入能耗最小化优化方案的约束条件是一种挑战，只有少数研究部分地解决了这个问题[59]。关于对负载和 DG 功率输出变化的分析是基于负载均匀分布进行的，而这些变化一般指的是两者具有代表性的日常运行模式[47]。此外，考虑并研究只安装一个 DG 的最佳安装选址。文献［60］研究了单个风电机组在功率输出和负荷需求变化下的情况，该分析通过考虑一次只有一个 DG 安装备选节点进行顺序分析，得到风电单元安装的最优节点，并得出结论，在负载变化时与瞬时潮流断面相比 DG 安装的最佳位置是不同的。文献［55］提出一种优化分配不同类型 DG 的概率技术，该技术是基于生成概率的发电负荷模型而产生的。采用贝塔概率密度函数和瑞利概率密度函数（beta and rayleigh probability density functions，PDFs）分别模拟太阳辐照度和风速的不确定性，采用 IEEE－RTS 模型模拟负荷分布，但 DG 的位置和数量一样都是预先确定的。如文献［61］中所述，由于分布式电源的安装节点是预定好的，结合负载或 DG 功率变化的其他方法可以得到特定情况下的解决方案。另外，在文献［62］中得到以下结论，单一分布式电源作用下的功率分析不一定足以适用于配电网全面运行，因此文献［63］提出了多个分布式电源机组优化选址和选型的两个阶段的方法。文献［64］提出一种在应用于配电网解决并评估可再生能源经济效益的方法，但是备选节点依旧是预先确定的，并且每种类型的 DG 的数量是有限的并预先定义好的。

8.6.1 负荷变化

在配电网中，负荷分布很广并且变化较大，详尽的建模基本是不现实的，并且由于没有可用的真实数据，建模甚至可以说是十分困难的。因此，将负载的变化做成对应的数学模型来处理这些问题。在第一种方法中，正如本章之前提到的测试配电网络的负载一样，负载会随机地改变以便创建不同的潮流断面特征，不仅如此，每个节点中的负载可以根据当前或初始电网负载量随机地改变平均值或其最大值。

如果配电网络的负载或者负载组成被认为是网络的平均水平，可以在原始水平 20%和 50%的范围内，通过均匀分布来构造负载变化或者负载组成变化。

IEEE－24 节点系统可靠性测试[65]的负载条件可以作为一个基本的例子来研究，以便为这次分析的负载变化建模提供依据。用系统每小时、每天和每周的峰值负荷因数来构建年度负荷曲线。选择这些最大负荷率是为了捕获产生最高年能量损失的负载条件，同时是为了证明在本次分析中采用的负载变化的上限（即 50%），这个选择的方差可以覆盖网络的负载组成，该负载组合指的是在一年时间段内预期的最高负载需求。如图 8－16 中的蓝线所示，将年负荷曲线转换为累积功率曲线以便研究负荷可变性。在此图中年均功率、年峰值功率的 61.45%以及 20%和 50%的方差极限也分别以连续、虚线和虚线灰色线表示。计算结果表明，20%和 50%方差分别覆盖全年总负荷水平的 55.08%和 99.40%。在一年的时间段内，配电网大部分负载条件可以通过负载变化捕获，负载变化可高达网络平均负载组成的 50%。

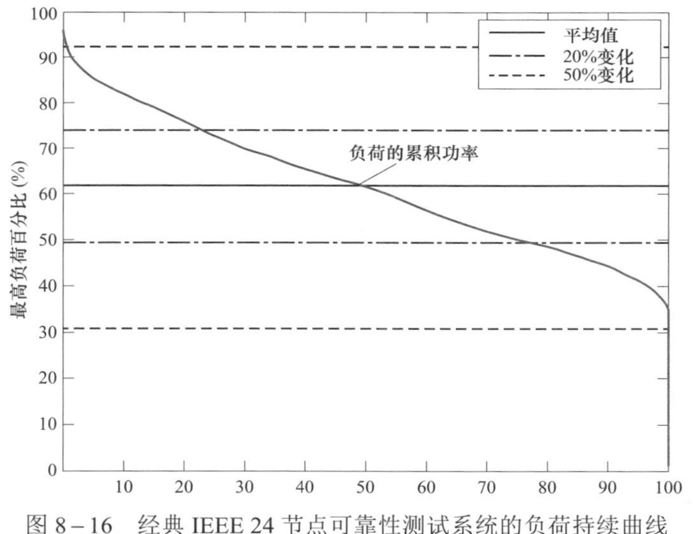

图 8－16　经典 IEEE 24 节点可靠性测试系统的负荷持续曲线

如果该方法针对所创建的每个潮流断面，都能解决关于功率损耗最小化的 ODGP 问题，则其为每个潮流断面提供了最优解决方案。在检测总体结果时，可以推断出某些节点比其他节点出现得更频繁，即在系统潮流断面的大多数解决方案中出现。这表明一些节点是最关键的 DG 的接入点。这意味着 ODGP 的选址阶段对负载变化甚至对负载组成变化反应不敏感。在 ODGP 选址和容量大小选择这两个阶段的 ODGP，可以分别单独检测。图 8－17 给出了在 33 节点系统上实现的结果，其中包含对于 20%以内的 2000 个潮流断面、50%以内的 6000 个潮流断面，以及每种情况下每个节点表现的相关频率（分别为 20%和 50%），可以看出在对于 20%和 50%范围的变化内这 6 个节点（3、7、14、24、25、30）是安装

DG 最合适的选址。

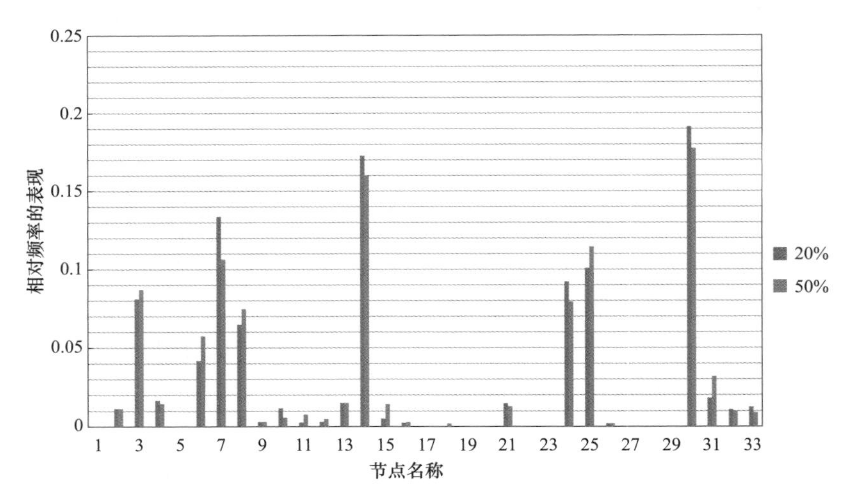

图 8－17　33 节点系统中各节点的相对频率

如果这些突出的/关键的节点要考虑潮流断面解决方案的平均有功功率和无功功率，其可以为 ODGP 问题提供固定适当的解决方案，以实现能量损失最小化[66]。如图 8－18 中所示，在 20%范围内的 1000 个潮流断面的结果被应用到 33 节点系统中。结果表明，固定解的能量损失减少非常接近所有瞬间潮流断面最优解的损失减少的总和，结果仅略微偏离 6%。即便不是最终解决方案，也提供了关于 ODGP 能量损失最小化的第一次估计。

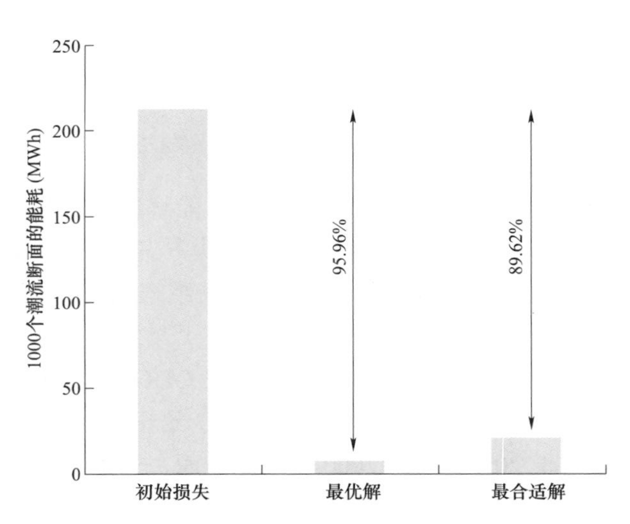

图 8－18　33 节点系统 1000 潮流断面能量损耗的比较

负载变化的另一种方法是考虑配电网的测试的潮流断面和检查时间段内的峰值负载。此外，代替随机地再现负载潮流断面以创建负载档案，配电网本身可以与标准负载文件的时间序列组合，要么依靠真实数据，要么通过负载预测技术合成。在直接的方法中，每个节点的负载可以与一个标准化的负载配置文件相乘，从而创建所需的潮流断面。然而，由于配电网中的负载不一定同时变化，并且标准负载分布是配电网运营商（DNO）在变电站上测量得到，不能准确表征节点负载，存在一定的误差。因此需要进一步完善该方案，假设整个网络的负载遵循标准的负载分布模式，且负载分布由节点直接测得。在图 8－19 中可以看到一个示例，其中在 33 节点系统上实施该方法，从每季度间隔的每日时间段的平衡节点中可以看到，沿着网络的总负载分布列出了 3 个节点的负载分布。节点的负载遵循其自己的单独运行模式，而总的网络负载配置文件可以从闲置总线中获取，配电网运营商（DNO）可以检测到这些文件，因此已经得到一个更现实的方法来解决这个问题。

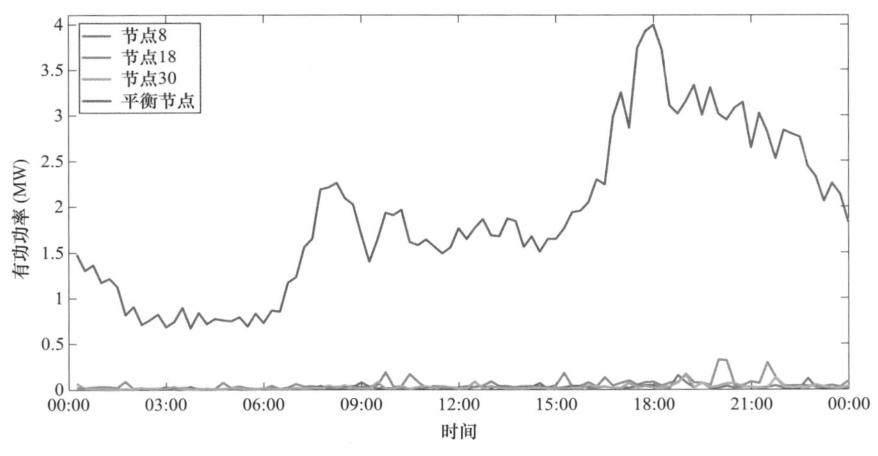

图 8－19　33 节点系统各节点日负荷曲线

8.6.2　负荷和发电变化

可再生能源发电数据可以从分布式电站和数学分析工具中获得，例如风速的威布尔分布和太阳能照度建模的贝塔概率密度函数（PDF）。尽管对这个问题采取了更现实的方法，但是 ODGP 的选址阶段仍然对负载变化、负载组成变化以及也许是 DG 技术不敏感，这表明其结果更趋为网络拓扑。正如预期的那样，降低损耗主要还是依赖于 DG 技术的。来自 33 节点系统上的应用的结果都可以在表 8－7 和表 8－8 中看到。考虑以一个小时作为时间间隔，5 个

DG 能够注入最大功率因数为 0.95 的滞后功率。分布式电源（DG）的恒定功率输出，光伏发电和风涡轮发电作为可再生技术已经被应用。在使用光伏实际数据的情况下，合成获取风力涡轮发电数据，这些负载曲线在图 8－20 中都可以看到。

表 8－7　　不同技术对 ODGP 问题降损比例的结果

不同技术	降损比例（%）
传统的分布式电源 DG	82.987 4
光伏发电 PV	36.570 1
风力发电 WT	50.223 6

表 8－8　　不同技术对 ODGP 问题降损比例的细节比较

传统的分布式电源 DG			光伏发电 PV			风力发电 WT		
节点名称	有功（kW）	无功（kvar）	节点名称	有功（kW）	无功（kvar）	节点名称	有功（kW）	无功（kvar）
3	248	78.4	3	281．6	81.5	3	395.8	78.6
6	281	94	6	550	204.3	6	358.7	71.9
11	222.6	59.1	9	96.8	22.2	11	312.7	64.1
16	217.6	50.9	11	214.8	46.7	16	387.7	63.2
31	206.1	109.2	16	262.5	52.2	30	388.9	152.3
节点总数	无功总和（kW）	无功总和（kvar）	节点总数	无功总和（kW）	无功总和（kvar）	节点总数	无功总和（kW）	无功总和（kvar）
5	1175.5	391.6	5	1405.7	406.9	5	1843.8	430.1

此外关于 DG 技术的最佳组合，例如 PV 和 WT，8.5 节中提出的方法较为实用。33 节点系统被划分为 3 个具有不同天气和地理潜力的区域，如图 8－21 所示，其中，区域一和区域二的太阳和风势分别占主导地位，而在区域三，都具有竞争力。如前所述，对于有功/无功功率和负荷分布，DG 操作是相同的。如表 8－9 所示，如果针对网络的峰值负载执行 8.5 节中的方法，所获得的解决方案略有不同，但值得比较。该分析是在短时间尺度下进行的，即每日负荷曲线。如果测试时间范围延长到一年或几年，解决方案可能会更相似。

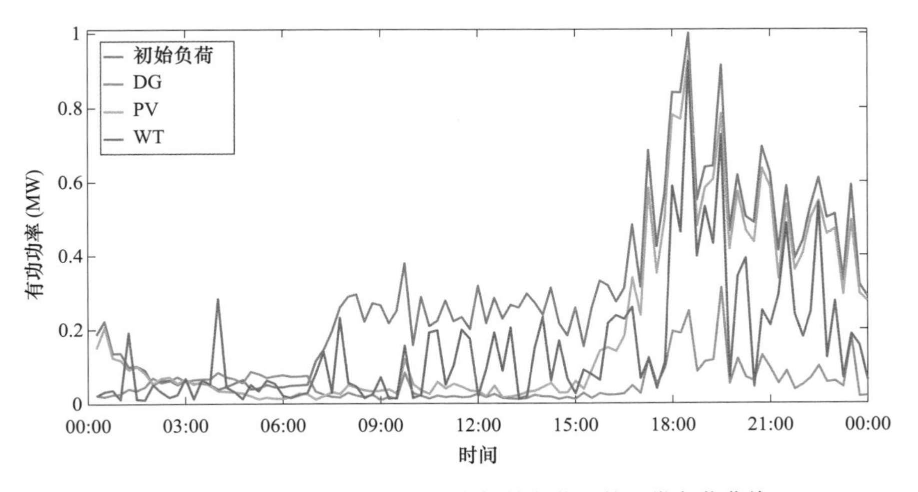

图 8-20　不同技术在系统没有初始负荷下的日常负荷曲线

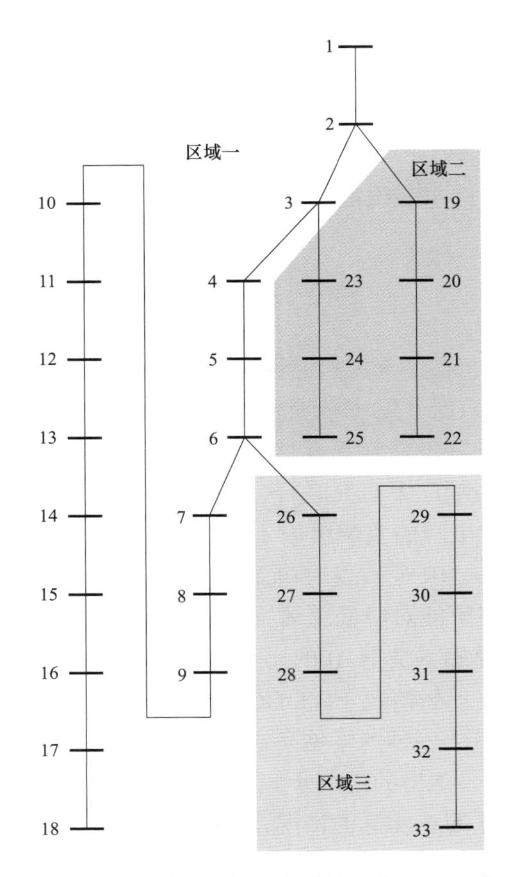

图 8-21　33 节点系统根据负载系数分为 3 个区域示意图

表 8-9　利用现实方法和 CF 方法实现能量损失最小化

ORESP——现实途径			ORESP——峰值负荷下的负载系数（CF）		
能耗下降比例（%）	45.186 9		能耗下降比例（%）	28.102	
光伏发电 PV					
节点名称	有功（kW）	无功（kvar）	节点名称	有功（kW）	无功（kvar）
3	40.4	33.9			
6	440.9	73.1	6	725.7	321.4
11	265.1	66.9	11	424.5	124.3
16	270.7	55.2	16	514.7	82.6
总节点数	有功合计（kW）	无功合计（kvar）	总节点数	有功合计（kW）	无功合计（kvar）
4	1017.1	229.1	3	1664.9	528.3
风力发电 WT					
节点名称	有功（kW）	无功（kvar）	节点名称	有功（kW）	无功（kvar）
2	0	63.8			
23	667	41.1	23	193.6	25.2
30	1046.5	149	30	239.7	95.7
总节点数	有功合计（kW）	无功合计（kvar）	总节点数	有功合计（kW）	无功合计（kvar）
3	1713.5	253.9	2	433.3	120.9

8.7 ODGP 与其他问题相结合

8.7.1 ODGP 与 NR

在 ODGP 问题中，DG 的选址和定容是主要目标，而在网络重构（NR）中，备选的布局是目标，以便重新分配功率潮流。这两种技术对降低功率损耗都是有效的。

尽管每种技术对于降低能耗都有重大作用，但是当单独应用时，似乎很少有研究试图在有效的应用顺序下研究联合方法的潜力[67~69]。单独应用这两种功率损耗降低技术，会影响配电网的负载组成（在 ODGP 中改变承载 DG 的节点的净功率）或其系统布局（在 NR 应用之后重新配置的拓扑）。因此，当同时应用这两种技术时，应用顺序很可能对降低总体损失的最终解决方案产生影响。如果假定最大可能的损耗减少理想下是指 100%，每种技术对于这种解决方案的贡献都受其应用顺序的影响。在理想情况下，ODGP 理论上可以得出一个解决方案，即一个 DG 具有与每个节点上安装的本地负载相等的功率注入，从而 100%地降低功率损耗。在这种情况下，NR 的进一步应用将是毫无意义的。如果 ODGP 问题涉及 DG 容量和位置优化等更实际的情况，NR 技术的应用可以产生额外的损失降低并进一步改进解决方案。

如果检测相反的应用顺序，研究配电网络中的可用 DG 的选址和定容如何受到影响具有重大意义，因为 ODGP 问题现在将应用于更改后的网络，例如具有重新配置的拓扑结构，同时保持相同的负载组合的配电网模型。

分以下三种情况考虑 ODGP 和 NR 的求解顺序：

（1）情况一：先解决配电网重新构架的问题（NR）再考虑 ODGP。

（2）情况二：先考虑分布式电源最优布局（OGPD）再考虑 NR。

（3）情况三：同时解决两种问题。

当在 69 节点系统中实验时，结果显示在表 8－10、表 8－11 和表 8－12 中，而在图 8－22 中描述了 69 节点系统及其连接开关。在这里有 7 个 DG 被考虑用于安装，并且能够同时产生有功功率和无功功率，采用了在 8.3 节中提到的 UPSO 算法。在这次仿真中第一种方案似乎是有利的，因为开关操作依赖于已经存在的联络开关，这导致最小化功率损耗所需的 DG 容量较低。在第二种情况中，非常可能无法应用 NR 技术，特别是如果 ODGP 技术在通过安装建议的 DG 来降低高功率损耗的情况下表现相当好。在第三种情况下，由于同时考虑这两种技术，问题的复杂度呈指数增长，该算法似乎不能提供适当的解决方案。在这种情况下，是否值得增加巨大的计算负担来获得一个更好的解决方案的价值还有待研究[70~72]。

表 8－10　　　　情况一（先 NR 后 ODGP）

NR 技术的应用	初始损失（kW）	分段器	联络开关关闭	能耗下降比例	最终损耗（kW）
	229.8	14，58，62	开关 3－5	54.7	104.1
ODGP 技术的应用	初始损失（kW）	分布式电源点	对应 DG 的有功功率（kvar）	对应 DG 的无功功率（kvar）	能耗下降率（%）和最终损耗（kW）
	104.1	5	901.7	189.2	93.65% 6.6
		9	241.6	177.2	
		12	427.4	299.6	
		22	338.3	226.6	
		40	0	536.4	
		53	1416.1	938.2	
		56	318.5	266.7	

表 8－11　　　　情况二（先 ODGP 后 NR）

ODGP 技术的应用	初始损失（kW）	分布式电源点	对应 DG 的有功功率（kvar）	对应 DG 的无功功率（kvar）	能耗下降率（%）和最终损耗（kW）
	229.8	2	0	－53.2	97.35% 6.1
		3	539	340	
		9	0	184.9	
		12	501.2	279.8	
		19	380.8	251.7	
		40	717	512	
		53	1674	1178.8	
NR 技术的应用	初始损失（kW）	分段器	联络开关关闭	能耗下降比例（%）	最终损耗（kW）
	6.1	—	—	0	6.1

表 8-12　　情况三同时考虑

DG 的候补节点	DG 的有功功率（kW）	DG 的无功功率（kvar）	分段器开	联络开关关闭	能耗下降率（%）和最终损耗（kW）
57	2021.5	849.8	20，42，46，58，61	开关 1–5	68.28% 72.9

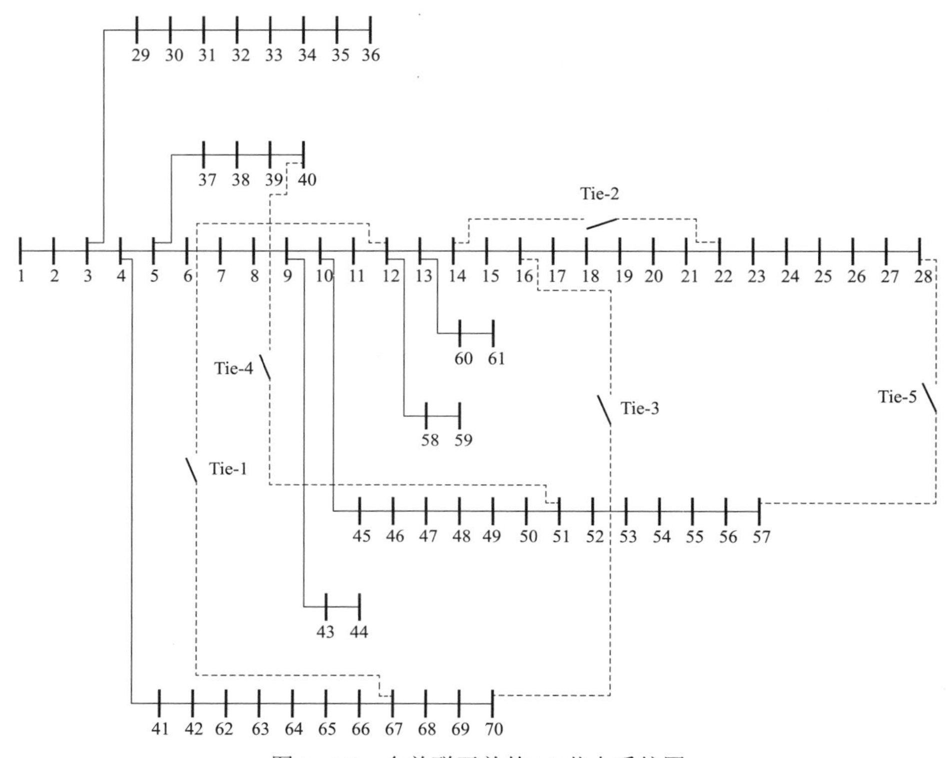

图 8-22　含关联开关的 69 节点系统图

8.7.2　ODGP 与最优储能系统安装布局（OESSP）

由于 DG 可以在一定时间段内产生电力，ODGP 可以减少系统能量损耗，储能系统（ESS）的出现却呈现出完全不同的局面。此外，储能系统的大规模或者说工业规模应用仍处于初级阶段，因此，成本难以降低且是一个重要的问题。对于储能系统优化布局（OESSP）问题，目标函数通常为成本或者收益[73]，这对减小网损并没有太多帮助。使用 8.6.2 节中提到的可用的负载/发电工具，可以添加两种 ESS 模式：削峰填谷（LS）和能量管理（EM）。前者用于平滑负载曲线中的任何突变尖峰；后者用于在一个时间段内存储能量并在另一个时间段提供能量。8.6.2 节中提到的示例光伏发电（PVs）和风力发电（WTs）也被应用于系统

中。对于削峰填谷，通常认为应在已接入光伏发电或风力发电的节点处安装储能系统，而对于平衡节点附近的能量管理系统，理论上认为配电网运营商将安装储能系统。表 8－13 给出了能量损失，并且在图 8－23 中给出了一天的时间段的负荷曲线。可以看出，在这种配置中，ESS 对网损的影响是有限的，且与模式或容量无关。同时，在这种配置和两种模式下，考虑负荷曲线，对 DNO 均可带来益处。通过更广泛和更详细的分析，可能证明 OESSP 在能量损失最小化领域是有应用前景的。例如，该方法可以同时检查分布式电源的容量和位置配置，以及 ESS 系统是否能够参与系统运行调节，包括削峰填谷、能量管理和调频。

表 8－13　　安装储能系统的 DG 能耗结果

	能量损耗（MWh）	能耗下降比例（%）
初始状态	2.764 7	—
DG	1.559 3	43.599 7
LS	1.560 6	43.552 6
EM=1MWh	1.553 2	43.120 5
EM=2.5MWh	1.544 9	44.120 5
EM=5MWh	1.535 3	44.467 8

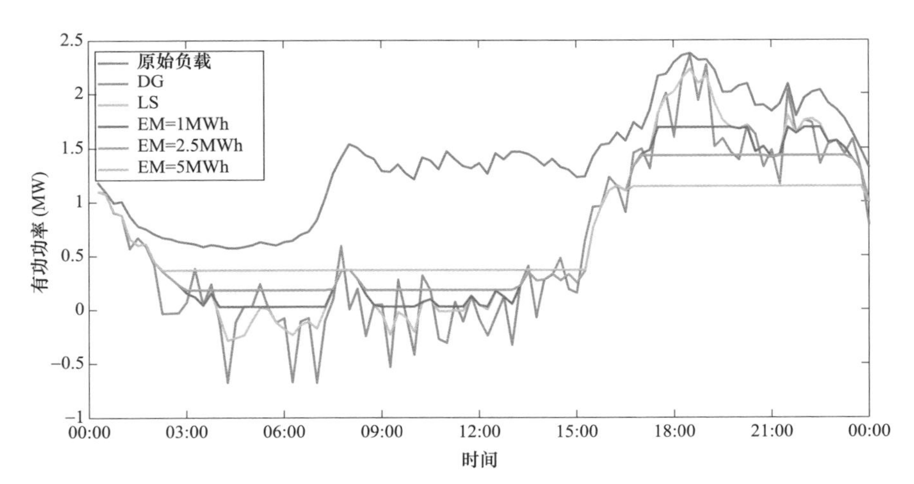

图 8－23　LS 和 EM 模式下集成 ESS 分布式电源系统的负载曲线

参 考 文 献

［1］ T.Ackermann, V.Knyazkin, Interaction between distributed generation and the distribution network:operation aspects, in IEEE/PES Transmission and Distribution Conference and Exhibition (2002), pp.1357 – 1362.

［2］ N.Mohandas, R.Balamurugan, L.Lakshminarasimman, Optimal location and sizing of real power DG units to improve the voltage stability in the distribution system using ABC algorithm united with chaos.Int.J.Electr.Power Energy Syst.66, 41 – 52 (2015).

［3］ V.H.MendezQuezada, J.RivierAbbad, T.GomezSanRoman, Assessment of energy distribution losses for increasing penetration of distributed generation.IEEE Trans.Power Syst.21(2), 533 – 540 (2006).

［4］ K.O.Oureilidis, E.A.Bakirtzis, C.S.Demoulias, Frequency-based control of islanded microgrid with renewable energy sources and energy storage.J.Mod.Power Syst.Clean Energy 4(1), 54 – 62 (2016).

［5］ P.A.Gkaidatzis, D.I.Doukas, A.S.Bouhouras, K.I.Sgouras, D.P.Labridis, Impact of penetration schemes to optimal DG placement forlossminimisation.Int.J.Sustain.Energy 36 (5), 473 – 488 (2017).

［6］ A.S.Bouhouras, K.I.Sgouras, P.A.Gkaidatzis, D.P.Labridis, Optimal active and reactive nodal power requirements towards loss minimization under reverse power flow constraint defining DG type.Int.J.Electr.Power Energy Syst.78, 445 – 454 (2016).

［7］ M.Esmaili, Placement of minimum distributed generation units observing power losses and voltage stability with network constraints.IET Gener.Transm.Distrib.7(8), 813 – 821 (2013).

［8］ S.Ge, L.Xu, H.Liu, J.Fang, Low-carbon benefit analysis on DG penetration distribution system.J.Mod.Power Syst.Clean Energy 3(1), 139 – 148 (2015).

［9］ A.Soroudi, M.Ehsan, R.Caire, N.Hadjsaid, Hybrid immune-genetic algorithm method for benefit maximisation of distribution network operators and distributed generation owners in a deregulated environment.IET Gener.Transm.Distrib.5(9), 961 (2011).

［10］ Y.del Valle, G.K.Venayagamoorthy, S.Mohagheghi, J. – C.Hernandez, R.G.Harley, Particle swarm optimization:basic concepts, variants and applications in power systems.IEEE Trans.Evol.Comput.12(2), 171 – 195 (2008).

［11］ K.E.Parsopoulos, M.N.Vrahatis, Particle Swarm Optimization and Intelligence:Advances and Applications (IGI Global, Hershey, 2010).

［12］ U.Leeton, D.Uthitsunthorn, U.Kwannetr, N.Sinsuphun, T.Kulworawanichpong, Power loss minimization using optimal power flow based on particle swarm optimization, in 2010 IEEE

International Conference on Electrical Engineering/Electronics Computer Telecommunications and Information Technology (ECTI – CON) (2010), pp.440 – 444.

[13] P.S.Georgilakis, N.D.Hatziargyriou, A review of power distribution planning in the modern power systems era:models, methods and future research.Electr.Power Syst.Res.121, 89 – 100 (2015).

[14] D.Q.Hung, N.Mithulananthan, R.C.Bansal, Analytical expressions for DG allocation in primary distribution networks.IEEE Trans.Energy Convers.25(3), 814 – 820 (2010).

[15] D.Q. Hung, N.Mithulananthan, Multiple distributed generator placement in primary distribution networks for loss reduction.IEEE Trans.Ind.Electron.60(4), 1700 – 1708 (2013).

[16] D.Q.Hung, N.Mithulananthan, Loss reduction and loadability enhancement with DG:a dual-index analytical approach.Appl.Energy 115, 233 – 241 (2014).

[17] P.Prakash, D.K.Khatod, An analytical approach for optimal sizing and placement of distributed generation in radial distribution systems, in 1st IEEE International Conference on Power Electronics.Intelligent Control and Energy Systems (ICPEICES – 2016) (2016), pp.1 – 5.

[18] T.Kumar, T.Thakur, Comparative analysis of particle swarm optimization variants on distributed generation allocation for network loss minimization, in 2014 First International Conference on Networks & Soft Computing (ICNSC2014) (2014), pp.167 – 171.

[19] A.A.Abou El – Ela, S.M.Allam, M.M.Shatla, Maximal optimal benefits of distributed generation using genetic algorithms.Electr.Power Syst.Res.80(7), 869 – 877 (2010).

[20] K.-H.Kim, Y.-J.Lee, S.-B.Rhee, S.-K.Lee, S.-K.You, Dispersed generator placement using fuzzy-GA in distribution systems, in IEEE Power Engineering Society Summer Meeting, vol.3 (2002), pp.1148 – 1153.

[21] F.S.Abu-Mouti, M.E.El-Hawary, Optimal distributed generation allocation and sizing in distribution systems via artificial bee colony algorithm.IEEE Trans.Power Deliv.26(4), 2090 – 2101 (2011).

[22] A.A.Seker, M.H.Hocaoglu, Artificial Bee Colony algorithm for optimal placement and sizing of distributed generation, in 2013 8th International Conference on Electrical and Electronics Engineering (ELECO) (2013), pp.127 – 131.

[23] N.Taher, I.T.Seyed, A.Jamshid, T.Sajad, N.Majid, A modified honey bee mating optimization algorithm for multiobjective placement of renewable energy resources.Appl.Energy 88(12), 4817 – 4830 (2011).

[24] W.S.Tan, M.Y.Hassan, M.S.Majid, H.A.Rahman, Allocation and sizing of DG using Cuckoo search algorithm, in 2012 IEEE International Conference on Power and Energy (PECon)

(2012), pp.133－138.

[25] M.Zahra, A.Amir, A novel approach based on cuckoo search for {DG} allocation in distribution network.Int.J.Electr.Power Energy Syst.44(1), 672－679 (2013).

[26] W.Buaklee, K.Hongesombut, Optimal DG allocation in a smart distribution grid using Cuckoo search algorithm, in 2013 10th International Conference on Electrical Engineering/ Electronics, Computer, Telecommunications and Information Technology (ECTI－CON) (2013), pp.1－6.

[27] S.Roy, S.Sultana, P.K.Roy, Oppositional cuckoo optimization algorithm to solve DG allocation problem of radial distribution system, in 2015 International Conference on Recent Developments in Control, Automation and Power Engineering (RDCAPE) (2015), pp.44－49.

[28] A.Y.Abdelaziz, R.A.Osama, S.M.Elkhodary, Using the harmony search algorithm for reconfiguration of power distribution networks with distributed generation units. J.Bioinform. Intell. Control 2(3), 237－242 (2013).

[29] S.I.Kumar, N.P.Kumar, A novel approach to identify optimal access point and capacity of multiple DGs in a small, medium and large scale radial distribution systems. Int. J.Electr. Power Energy Syst. 45(1), 142－151 (2013).

[30] R.S.Rao, K.Ravindra, K.Satish, S.V.L.Narasimham, Power loss minimization in distribution system using network reconfiguration in the presence of distributed generation.IEEE Trans. Power Syst.28(1), 317－325 (2013).

[31] A.Mohamed Imran, M.Kowsalya, Optimal size and siting of multiple distributed generators in distribution system using bacterial foraging optimization.Swarm Evol. Comput. 15, 58－65 (2014).

[32] M.J.Hadidian-Moghaddam, S.Arabi-Nowdeh, M.Bigdeli, D.Azizian, A multi-objective optimal sizing and siting of distributed generation using ant lion optimization technique.Ain Shams Eng. J.1－9 (2017).

[33] A.Sobieh, M.Mandour, E.M.Saied, M.M.Salama, Optimal number size and location of distributed generation units in radial distribution systems using Grey Wolf optimizer. Int. Electr. Eng. J.7 (9), 2367－2376 (2017).

[34] M.H.Moradi, M.Abedini, A combination of genetic algorithm and particle swarm optimization for optimal DG location and sizing in distribution systems.Int. J.Electr. Power Energy Syst. 34(1), 66－74 (2012).

[35] A.J.G.Mena, J.A.M.Garcia, An efficient approach for the siting and sizing problem of distributed generation. Int. J.Electr. Power Energy Syst.69, 167－172 (2015).

[36] R.Viral, D.K.Khatod, An analytical approach for sizing and siting of DGs in balanced radial

distribution networks for loss minimization.Int.J.Electr.Power Energy Syst.67, 191 – 201 (2015).

[37] R.Eberhart, J.Kennedy, A new optimizer using particle swarm theory, in Proceedings of the Sixth International Symposium on Micro Machine and Human Science MHS'95 (1995), pp.39 – 43.

[38] A.P.Engelbrecht, Computational Intelligence:An Introduction, vol.115, 2nd edn.(Wiley, Chichester, 2008), pp.3 – 78.

[39] K.E.Parsopoulos, M.N. Vrahatis, Parameter selection and adaptation in unified particle swarm optimization. Math. Comput. Model.46(1 – 2), 198 – 213 (2007).

[40] P.A.Gkaidatzis, A.S.Bouhouras, D.I.Doukas, K.I.Sgouras, D.P.Labridis, Application and evaluation of UPSO to ODGP in radial distribution networks, in 2016 13th International Conference on the European Energy Market (EEM), vol.2016, July (2016), pp.1 – 5.

[41] J.H.Holland, Genetic algorithms.Sci.Am.267(1), 66 – 72 (1992).

[42] D.Karaboga, B.Basturk, Artificial bee colony (ABC) optimization algorithm for solving constrained optimization problems, ed.by P.Melin, O.Castillo, L.T.Aguilar, J.Kacprzyk, W.Pedrycz, in Proceedings of the Foundations of Fuzzy Logic and Soft Computing:12th International Fuzzy Systems Association World Congress (IFSA 2007), Cancun, Mexico, 18 – 21 June 2007 (Springer, Berlin, Heidelberg, 2007), pp.789 – 798.

[43] X.S.Yang, S.Deb, Cuckoo search via levy flights, in World Congress on Nature Biologically Inspired Computing (NaBIC 2009) (2009), pp.210 – 214.

[44] Z.W.Geem, J.H.Kim, G.V.Loganathan, A new heuristic optimization algorithm:harmony search. Simulation 76(2), 60 – 68 (2001).

[45] M.Kashem, V.Ganapathy, G.Jasmon, M.Buhari, A novel method for loss minimization in distribution networks, in International Conference on Electric Utility Deregulation and Restructuring and Power Technologies (DRPT2000).Proceedings (Cat.No.00EX382), no.603 (2000), pp.251 – 256.

[46] S.Ghosh, S.P.Ghoshal, S.Ghosh, Optimal sizing and placement of distributed generation in a network system.Int.J.Electr.Power Energy Syst.32(8), 849 – 856 (2010).

[47] C.Wang, M.H.Nehrir, Analytical approaches for optimal placement of distributed generation sources in power systems. IEEE Trans.Power Syst.19(4), 2068 – 2076 (2004).

[48] M.F.Akorede, H.Hizam, I.Aris, M.Z.A.Ab Kadir, Effective method for optimal allocation of distributed generation units in meshed electric power systems.IET Gener.Transm. Distrib.5(2), 276 (2011).

[49] R.K.Singh, S.K.Goswami, Optimum siting and sizing of distributed generations in radial and

networked systems. Electr. Power Components Syst.37(2), 127 – 145 (2009).

[50] D.I.Doukas, P.A.Gkaidatzis, A.S.Bouhouras, K.I.Sgouras, D.P.Labridis, On reverse power flow modelling in distribution grids, in Mediterranean Conference on Power Generation, Transmission, Distribution and Energy Conversion (MedPower 2016) (2016), p.65 (6).

[51] R.Yokoyama, S.H.Bae, T.Morita, H.Sasaki, Multiobjective optimal generation dispatch based on probability security criteria. IEEE Trans. Power Syst.3(1), 317 – 324 (1987).

[52] P.Kayal, C.K.Chanda, Placement of wind and solar based DGs in distribution system for power loss minimization and voltage stability improvement. Int. J.Electr. Power Energy Syst.53, 795 – 809 (2013).

[53] V.R.Pandi, H.H.Zeineldin, W.Xiao, Determining optimal location and size of distributed generation resources considering harmonic and protection coordination limits.IEEE Trans. Power Syst.28(2), 1245 – 1254 (2013).

[54] A.Keane, M.O'Malley, Optimal distributed generation plant mix with novel loss adjustment factors, in 2006 IEEE Power Engineering Society General Meeting (2006), 6 pp.

[55] Y.M.Atwa, E.F.El-Saadany, M.M.A.Salama, R.Seethapathy, Optimal renewable resources mix for distribution system energy loss minimization.IEEE Trans.Power Syst.25 (1), 360 – 370 (2010).

[56] C.Yammani, S.Maheswarapu, S.Matam, Optimal placement of multi DGs in distribution system with considering the DG bus available limits.Energy and Power 2(1), 18 – 23 (2012).

[57] P.A.Gkaidatzis, A.S.Bouhouras, K.I.Sgouras, D.I.Doukas, D.P.Labridis, Optimal distributed generation placement problem for renewable and DG units:an innovative approach, in Mediterranean Conference on Power Generation, Transmission, Distribution and Energy Conversion (MedPower 2016) (2016), p.66 (7).

[58] S.Soudi, Distribution system planning with distributed generations considering benefits and costs.Int.J.Mod.Educ.Comput.Sci.5(October), 45 – 52 (2013).

[59] L.F.Ochoa, G.P.Harrison, Minimizing energy losses:optimal accommodation and smart operation of renewable distributed generation.IEEE Trans.Power Syst.26(1), 198 – 205 (2011).

[60] L.F.Ochoa, A.Padilha-Feltrin, G.P.Harrison, Evaluating distributed time-varying generation through a multiobjective index.IEEE Trans.Power Deliv.23(2), 1132 – 1138 (2008).

[61] G.N.Koutroumpezis, A.S.Safigianni, Optimum allocation of the maximum possible distributed generation penetration in a distribution network.Electr.Power Syst.Res.80(12), 1421 – 1427 (2010).

[62] Y.M.Atwa, E.F.El-Saadany, Probabilistic approach for optimal allocation of wind-based

distributed generation in distribution systems.IET Renew.Power Gener.5(1), 79 (2011).

[63] F.Rotaru, G.Chicco, G.Grigoras, G.Cartina, Two-stage distributed generation optimal sizing with clustering-based node selection. Int. J. Electr.Power Energy Syst. 40(1), 120–129 (2012).

[64] M.F.Shaaban, Y.M. Atwa, E.F.El-Saadany, DG allocation for benefit maximization in distribution networks. IEEE Trans.Power Syst.28(2), 939–949 (2013).

[65] P.Subcommittee, IEEE reliability test system. IEEE Trans. Power Appar. Syst. PAS–98(6), 2047–2054 (1979).

[66] A.S.Bouhouras, C.Parisses, P.A.Gkaidatzis, K.I.Sgouras, D.I.Doukas, D.P.Labridis, Energy loss reduction in distribution networks via ODGP, in International Conference on the European Energy Market (EEM), vol.2016–July (2016).

[67] B.Pawar, S.Kaur, G.B.Kumbhar, An integrated approach for power loss reduction in primary distribution system, in 2016 IEEE 6th International Conference on Power Systems (ICPS) (2016), pp.1–6.

[68] W.M.Dahalan, H.Mokhlis, Network reconfiguration for loss reduction with distributed generations using PSO, in 2012 IEEE International Conference on Power and Energy (PECon) (2012), pp.823–828.

[69] W.Mohd Dahalan, H.Mokhlis, R.Ahmad, A.H.Abu Bakar, I.Musirin, Simultaneous network reconfiguration and DG using EP method.Int.Trans.Electr.Energy Syst.25(11), 2577–2594 (2015).

[70] A.S.Bouhouras, P.A.Gkaidatzis, D.P.Labridis, Optimal application order of network reconfiguration and ODGP for loss reduction in distribution networks, in 17 IEEE International Conference on Environment and Electrical Engineering (EEEIC 2017) (2017), pp.1–6.

[71] A.S.Bouhouras, G.T.Andreou, D.P.Labridis, A.G.Bakirtzis, Selective automation upgrade in distribution networks towards a smarter grid. IEEE Trans.Smart Grid 1(3), 278–285 (2010).

[72] A.S.Bouhouras, D.P.Labridis, Influence of load alterations to optimal network configuration for loss reduction. Electr. Power Syst. Res.86, 17–27 (2012).

[73] N.D.Hatziargyriou, D.Skrlec, T.Capuder, P.S.Georgilakis, M.Zidar, Review of energy storage allocation in power distribution networks:applications, methods and future research.IET Gener. Transm. Distrib. 10(3), 645–652 (2016).

9

考虑需求响应的电网优化规划

亚历山大 M.F.迪亚斯，佩德罗 M.S.卡瓦略

摘　要　本章提出一种局部搜索算法和遗传算法相结合的方法，以解决多目标多阶段配电网扩展优化规划问题。该方法用于解决智能电网带来的新形势下最优投资问题，即实现基于负荷需求投资的可预测性和可控性。将该多目标方法应用于阻塞情况下的低压配电网产生一组帕累托最优解。然后将解映射到需求控制投资和传统电网资产投资两种投资方案上。然后对映射面进行分析，讨论需求控制投资相比传统电网资产投资的优点。

关键词　需求响应，配电网规划，信息通信技术，网络优化

9.1　引言

分布式电源（distributed generation，DG）和电动汽车（electric vehicles，EV）给配电网的运行带来了新的挑战。除了处理峰值负荷状态及 DG 所引起的潮流倒送外，信息通信技术（information and communications technologies，ICT）应用也使得配电网主动管理成为可能，例如需求响应（demand response，DR）控制。

传统配电网规划通常不考虑 ICT 所引起的投资和运行效益。可控性增强的好处目前还没有确认，ICT 投资的影响也没有得到很好的认识。

采用多目标优化方法寻找传统电网投资和需求响应控制投资，使得一组投资项目在相应的时间段产生目标函数的总值最小。在这种情况下，多目标函数是相当有价值的，因为它可使帕累托曲面映射到传统电网资产投资和控制设备投资两

个投资维度上。这就可以折中这两种投资，而不必考虑目前难以预测成本的信息通信技术和控制设备。

配电网可用图 9-1 表示，其中顶点表示网络节点，边表示现有线路和变压器。考虑投资信息通信技术（顶点），以便通过需求和 DER 控制减少负荷需求影响。考虑新建或改造线路/变压器（边），消除线路过载，防止电压越限。在此解空间下，优化规划问题转化为一些关于顶点和边的方案规划，其目标是使投资和运营成本最小化，同时考虑电压范围以及线路和变压器负载极限。

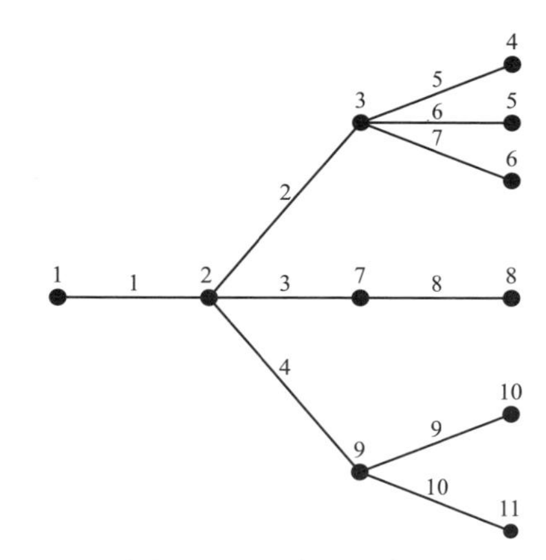

图 9-1 配电网示意图

注：圆圈表示网络节点，连接圆的线表示连接节点的线路。

现有文献表明，配电规划通常依靠一组方法来确定需要新建或改建的位置，以便以最小的成本处理不确定性因素，例如负荷预测。过去已经采取了几种方法来解决这个问题[1~8]。

处理特定水平年和单个网络拓扑的模型[9~16]，称为单阶段模型。处理随时间变化的负荷需求特性以及一系列网络拓扑（每个阶段一个）的模型，称为多阶段模型[2,3,5,8,15]。

不论是单阶段模型还是多阶段模型，均采用优化技术来解决问题。其中包括遗传算法[16]、Benders 分解法[17]、模拟退火法[18]、禁忌搜索法[19]、贪婪随机自适应搜索过程[20]和博弈论[21]。通过上述方法，均得到一系列电网规划结果，包括网架优化和设备新建及增容方案。

本章提出了一种混合优化策略，结合局部搜索算法和适度的搜索工作以及一种元启发式算法，拓宽搜索空间和逼近最优解。通过应用所开发的策略，对信息通信技术配置与传统配电网新建/改建采取折中的实际案例进行了分析。

9.2 配电网规划方法

9.2.1 问题的提出

考虑一个可能的投资项目向量 $P=[p_1, p_2, \cdots, p_N]$。决策时间表用时间向量 $\vec{t}$ 来表示，其中 $\vec{t}=[t_1, t_2, \cdots, t_N]$，作为向量 P 中元素（各个投资项目）的时间指标。

将最优规划问题归结为寻找每个投资项目的最佳时机的问题。作为一个多目标问题，这个问题可以表述为

$$\min_{(\bar{t})}\{f_1(\bar{\boldsymbol{t}}), f_2(\bar{\boldsymbol{t}}), \cdots, f_j(\bar{\boldsymbol{t}})\} \tag{9-1}$$

$$约束条件：\bar{\boldsymbol{t}}=[t_1, t_2, \cdots, t_N]$$

$$t_i \in \{1, 2, \cdots, T+1\}, i=1, 2, \cdots, N$$

其中，$f_j(\bar{\boldsymbol{t}})$ 表示规划周期 T 内最小化的第 j 个目标函数，$T+1$ 为终止时间。

9.2.2 解决方案

由于决策是多阶段的，因此决策范围很大，并且评估决策耗时较长，难以获得有效解。调度问题本身是一个 NP－Hard 难题[22]，因此搜索不能保证全局最优。解决方法必须能够提供接近最优的方案，包括需要全面评估的短期和长期投资决策。

项目时间表可以利用一个经典的局部搜索算法（类高斯搜索）制定。然而，这种高斯算法是一种局部优化方法，并且因为所述问题是非凸问题[23]，解通常陷于局部最优[24]。不同的投资项目分析顺序对高斯搜索（gaussian search，GS）影响很大[25]。因此，为了逼近最优解，提出一种特殊的遗传算法（genetic algorithm，GA）来分析高斯搜索的最佳顺序。该整体解决方案是一种混合算法。

遗传算法用于寻找高斯搜索优化的最佳顺序，而高斯搜索用于寻找给定顺序来分析项目的最佳方案。在高斯搜索评估中，基于需求响应的潮流优化的结果更新目标函数值，其实现过程已在本章中描述。上述混合方法具有鲁棒性并已在多个规划方案中应用[25]，包括中压馈线[26]。

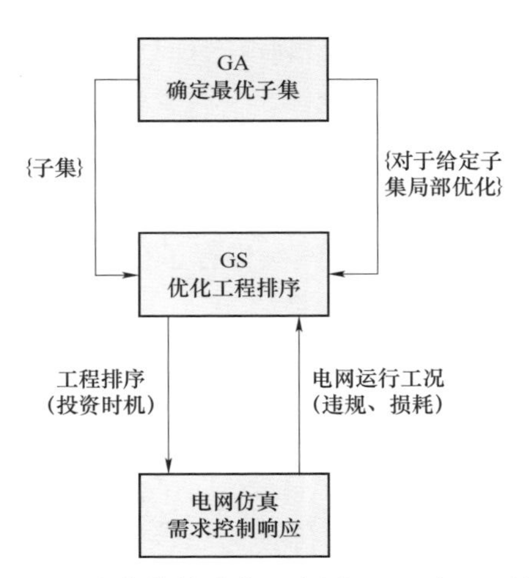

图 9－2　混合优化算法的示意图（GA 和 GS 综合）

在该混合解决方案的应用中，如果需要定义一多目标函数，则在 GS 和 GA 中选择该目标函数，返回一组帕累托非支配解。

整个算法的体系结构如图 9－2 所示。方块表示主要方法，箭头的文本表示相关信息，箭头的方向表示信息交换的方向。

算法的执行从一组初始基本

可行解 O 开始，用于 GS 的项目评估。在这种混合方法的背景下，一个可行解是 N 个项目的集合，其中每个投资项目 $P_i \in P$，i=1，2，…，N，每个数字仅出现一次。例如，对于 N=6 的投资项目和 4 个初始解向量，种群如图 9－3 所示。

o_1	p_3	p_5	p_2	p_4	p_1	p_6
o_2	p_1	p_5	p_6	p_3	p_2	p_4
o_3	p_2	p_4	p_3	p_5	p_6	p_1
o_4	p_4	p_1	p_2	p_3	p_6	p_5

图 9－3　原始种群的解示例

注：辨识起见，解的每项用不同颜色标识，每个解仅出现一次。

通过高斯搜索对种群进行评估，分别对 O 的每个解 o_k 进行评估。通过这种评估，连续地迭代更新用于分配投资项目的最佳时机（阶段），以最小化一组目标函数。当解的一组最佳时机 $\vec{t}$ 与前一次迭代保持不变时，迭代过程（GS）停止。对于所有项目来说，如果项目初始投资时机是 $T+1$，这意味着在开始时，没有项目被分配到规划范围。

对 N=6 项目，给定的 o_k，这种 GS 算法评估的一个迭代便对应于相对位置的项目上更优的投资时机。假定相对位置从左到右（参照图 9－3）。

解为 o_1 的情况下，这意味着 GS 从分析项目 p_3 并找到此类项目的最佳投资时机（t_3）开始，然后继续分析项目 p_5 并找到其最佳时机 t_5。同理分析剩余的项目 p_2、p_4、p_1 和 p_6，直至本阶段结束。在 GS 的第一次迭代中获得一定的投资时机。GS 将继续对上述顺序中的 o_1 顺序的所有项目进行分析，同时考虑到前一次迭代的最优时机。当再次到达 o_1 的最后一个项目时，将投资时机集与前一迭代集合进行比较。如果后两次迭代的投资时机的集合不同，GS 程序继续。

GS 通过使用最优潮流方法确定项目的最佳投资时机，该方法对于所有其他项目考虑迄今为止已经添加到网络图 G 中的那些项目（1 和 T 之间的投资时机），并且对于正在分析的项目，在投资时机的选择上（1～$T+1$）考虑所有可能性。因此，对于所有其他项目的投资时机（不变的）和被分析项目的可能性（$T+1$），获得了 $T+1$ 组目标函数值。

从这些目标函数值集（解），选择（帕累托）非支配解。当且仅当 $b \leqslant a$ 不成立时，即 $b=\left\{f_1(\overline{t}_b), f_2(\overline{t}_b), \cdots, f_j(\overline{t}_b)\right\}$ 中至少一个目标函数值的值小于 $a=\left\{f_1(\overline{t}_a), f_2(\overline{t}_a), \cdots, f_j(\overline{t}_a)\right\}$ 中相同目标函数的值，而 b 中其他目标函数的值小于或等于 a 的目标函数值时，解 a 称为非支配解。在后一种情况中，称 b 支配 a，或称 a 被 b 支配。

假设一个配电网具有辐射式结构和连接网络节点的 6 条线路（架空线或电缆）。考虑强化配电网线路，即线路新建和改造（N=6），同时考虑两个目标函数：网架强化和网络损耗。为简便起见，强化成本为 1 个单位，在规划期内按一定的通货膨胀率和折旧率。同样假设在 GS 期间，一些项目已经被分析，并且一些最佳时机是在 1 和 T 之间（在规划范围之内），这意味着在网络图中添加了投资项目。在分析某个强化项目时（假设 p_4），$T+1$ 投资时机可能性的最优潮流的结果见表 9–1（T=3）。

表 9–1　　　　$T+1$ 投资时机可能性的最优潮流的结果

$t_4(\bar{t}=[t_1,t_2,t_3,t_4,t_5,t_6])$	$f_1(\bar{t})$ 现有加强成本	$f_2(\bar{t})$ 网络损耗
1	3.57	5
2	3.51	5
3	3.46	10
4	2.63	15

无论它被分配到阶段 1 或 2，该强化工程引起的损耗是相同的。但是，由于它所表示的强化成本随着时间推移而降低，因此强化总成本也随时间推移而降低（其他项目的投资时机 t_1、t_2、t_3、t_5、t_6 不变）。T_4=2 的解支配 T_4=1 的解。将项目 p_4 分配到阶段 2、3 或 4 会导致非支配解，因为推迟项目 p_4 意味着强化成本的降低，但是也意味着网络损耗的相应增加。

我们将要面对 T_4 最佳投资时机三种可能性。选择一个值的标准可以变化。例如，人们可能希望尽可能晚地投资，或者只是随机选择非支配解（后者用于本章的案例研究）。

GS 的局部优化很大程度上依赖于最优潮流（optimal power flow，OPF）方法。考虑到在规划范围内投资，后者给前者指出了投资网络性能（目标函数值）。由 OPF 方法的结果来确定项目的投资时机。投资如何影响网络性能取决于它们如何影响网络运行。新建或改建线路/电缆不同于旨在阻塞期间分散用户负荷的 ICT 基础设施投资。通过选定的 OPF 方法对配电网投资的影响和作用进行了模拟仿真。

本章提出的 OPF 法旨在模拟需求响应控制投资促进的作用，同时考虑网架强化投资的影响。如果检测到线路电流或节点电压越限，它将通过转移（推迟）用户负荷需求来解决这些问题。优先考虑电流而不是电压，因为前者对电网运行更为关键。

OPF 方法确保解决电流/电压越限时，影响的用户最少。一方面，通过查看网络拓扑中末端问题分支（节点）并且仅影响末端（节点）用户，来解决电流（电压）越限问题。仅当此问题被解决或者末端用户的需求功率没有进一步降低时，它才能向网络上游以解决电流（电压）越限问题。另一方面，因为对电网电流、电压影响较大的部分用户负载较高，当这部分用户被切除后，电网的问题解除，负载小的用户得到了保证。给定时间段内，受到影响的用户数量最少。

在 GS 评估了种群 O 的所有解之后，每个解确定一组投资时机 t，以及相应

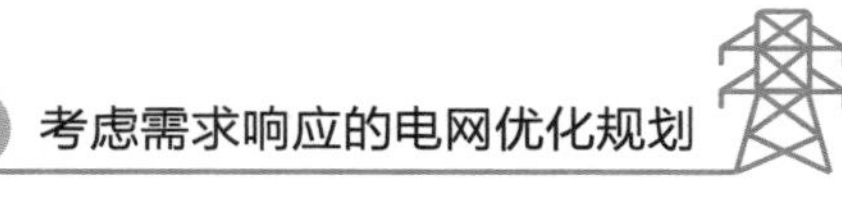

的目标函数值。在 GS 评估之后，选择种群的个体（解），然后通过遗传算子进行操作以创建新的种群。接下来描述选择和操作的实现过程。

考虑其解（目标函数值）所属的帕累托前沿的内部情况，选择解。从帕累托最优的观点来看，在将问题表述为最小化的情况下，解阵面越内部，目标函数的较低总体值越好。为了确定每个解所属的帕累托前沿，使用带精英策略的非支配排序的遗传算法（NSGA－II）[27]的非支配排序。

NSGA－II 排序的基本思想如下：首先，考虑所得到的所有解，不受任何其他解支配的解属于最内帕累托前沿（非支配序值为 1），丢弃第一非支配层；确定属于下一个最内部帕累托前沿（不受任何其他解支配）的其余解，从而得到第二非支配层（非支配序值为 2）。重复此过程，直到不再有要排序的解为止。这样得到多个帕累托前沿（非支配序值）作为解（在每个帕累托前沿的一个解的情况下）。

非支配序值确定之后，使用二元锦标赛选择遗传算法的解。为种群中任一解确定其对手解，这样选定的两个解进行锦标赛选择。对于每轮锦标赛，决定保持现有种群解还是被对手解替代：如果两个解具有不同的非支配序值，则选择具有较小非支配序值的解；如果解非支配序值相等，则随机选择一个解。对手解较优的情况下，则取代现有解。这种遗传操作选择个体的方式确保了使用 GA 全局搜索逼近帕累托最优种群。

之后进行遗传操作。所应用的遗传算子是交叉和变异。交叉过程的目标是，在产生帕累托解的数组中关于相对项目位置的信息在解之间交换（选择序值更小、帕累托最优解）。反过来，变异过程旨在增大解的帕累托改善的随机性（非支配解）。

交叉的实现过程如下：将种群成对分组，每个解只出现在一对中；对于每对解，将根据给定的概率进行交叉；一对解进行交叉，则选择一个交叉点；该对解从交叉点开始交叉组合。

示例如图 9－3 所示，假设解成对分组（O_1，O_4）和（O_2，O_3）。根据给定概率，对（O_2，O_3）进行交叉。随机选择交叉点，从第三项目位置开始进行交叉。从交叉点开始，一个解中一定位置用另外一个解相应位置替换［如图 9－4（a），（b）所示］。由此，得到交叉位置信息更换的新一代的解［如图 9－4（c）所示］。

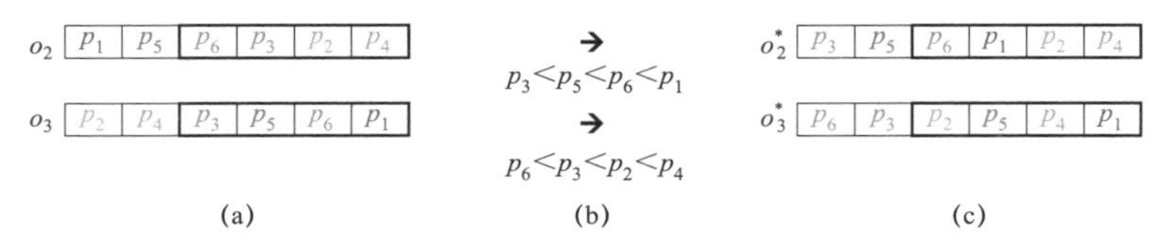

图 9－4 解交叉示意图

注：（a）从第三个位置开始，相应位置信息由（b）替换，新一代解 （c）形成

下一步是解的变异。种群的个体以一定概率发生变异。如果个体发生变异，则需要选择两个不同的项目位置（随机地），交换这些位置的数据。解变异示例如图 9－5 所示。

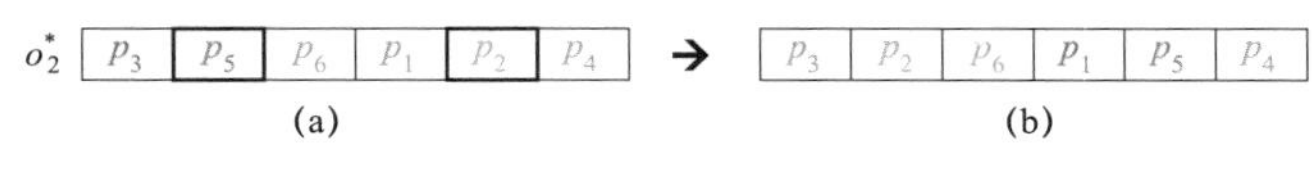

图 9－5　解变异示意图

（a）选择的位置；（b）产生的新解

在对这些解进行遗传操作之后，创造了新的遗传种群（下一代的种群）。该种群接受 GS 的评估，并接受选择和操作以产生另一个种群。重复评估、选择和操作的整个过程，直到满足终止条件或收敛。

下面介绍上述各种算法（混合遗传算法、高斯搜索、最优潮流算法、二元锦标赛算法、交叉和变异）的实现步骤。

1. 混合遗传算法

（1）初始化可行解集合（项目解种群）。

（2）运用 GS（方法 M2）来评估解 O（o_k）。

（3）根据在文献［27］中描述的非支配排序确定 O 的每个解的非支配序值。

（4）使用二元锦标赛算法（子方法 S1）从群体中选择最佳解。

（5）选定最佳解进行基因操作：交叉（子方法 S2）和变异（子方法 S3）。

（6）返回到步骤（2）直到收敛为止。

2. 高斯搜索

（1）初始化 i（i=1）。

（2）根据考虑需求控制的潮流优化方法（方法 M3），选择解 o_k 中的第 i 个项目，并为其选择最佳实施时机 t_i。

（3）如果最佳时机 t_i 不为 $T+1$，则将项目添加到网络图 G 上。

（4）i 递增（$i \leftarrow i+1$）；回到步骤（2）直到 o_k 的第 N 个项目达到。

（5）如果达到项目的结尾，那么回到步骤（1），直到项目时间数组 $\vec{t}$ = ［t_1，t_2，…，t_N］与前一个 GS 迭代相同［步骤（1）～（4）］。

3. 最优潮流算法

（1）对负荷不受限的电力网络进行潮流计算。

（2）如果网络分支（架空线路或电缆）的电流越限，转到步骤（3），否则转到步骤（7）。

（3）选择电流越限的最下游分支（或最下游分支之一）。

（4）对于具有可控装置的选定支路下游的所有用户，按照预设比率降低功率最高的用户的功率；推迟（转移）；如果不能（进一步）降低功率，则转到步骤（6）。

（5）潮流计算。如果分支的电流仍然越限，则返回到步骤（4），否则继续。

（6）如果在考虑的分支的相同网络拓扑级别上存在当前同样问题的分支，但尚未被选择，则选择该分支；否则，如果正在被选择分支的级别上游存在至少一个具有当前问题的分支，在上游选择一个分支。如果选择了一个分支，则返回到步骤（4）。

（7）如果节点电压越限，转到步骤（8），否则终止。

（8）选择电压越限的最下游节点（或最下游节点之一）。

（9）在选定节点下游的所有用户具有可控装置，根据预设比率切除负载最高的用户；负荷被推迟（转移）；如果不能（进一步）降低负荷功率，转到步骤（11）。

（10）潮流计算。如果节点电压仍然越限，返回步骤（9），否则继续。

（11）如果相同网络拓扑级别上存在电压越限的节点，尚未被选择，则选择该节点；否则，如果其上游存在至少一个越限的节点，则选择上游的节点，返回到步骤（9），否则终止。

4. 二元锦标赛算法

（1）针对种群中的每个个体（解 o_k），从同一种群中为该个体随机选择相应的个体与其配对。

（2）每个个体和对手竞赛，选出赢家。如果解有不同的非支配序值，较小序值的胜出，否则随机选择一个作为胜出者。

（3）对于种群中的每个个体（解 o_k），如果每轮锦标赛获胜方是对手，则替换现有解。

5. 交叉

（1）将种群随机成对分组，种群中的每个个体（解 o_k）只出现在一对中。

（2）选择第一对。

（3）决定是否以 p_{recomb} 的概率交叉该对；如果要重新组合该对，则转到步骤（4），否则转到步骤（6）。

（4）随机确定该对的交叉点。

（5）从交叉点位置到最后一个项目位置，将一对的两个解的项目信息交换。

（6）选择下一对，回到步骤（3），直到所有对交叉完。

6. 变异

（1）选择种群的第一个解（解 o_1）。

（2）决定是否以 p_{mut} 的概率来变异；如果变异，则转到步骤（3），否则转到

步骤（5）。

（3）随机选择两个不同的项目位置。

（4）交换选定位置的项目信息。

（5）选择种群的下一个解，返回到步骤（2），直到所有的个体都被选择过。

9.3 案例分析

将低压（LV）配电网作为投资案例分析。该网络的标称电压为400V，由36个节点和35条电缆线路组成（具有辐射式结构的地下网络，如图9-6和图9-7所示）。将几种强化网架和信息通信技术（ICT）投资作为待选方案。

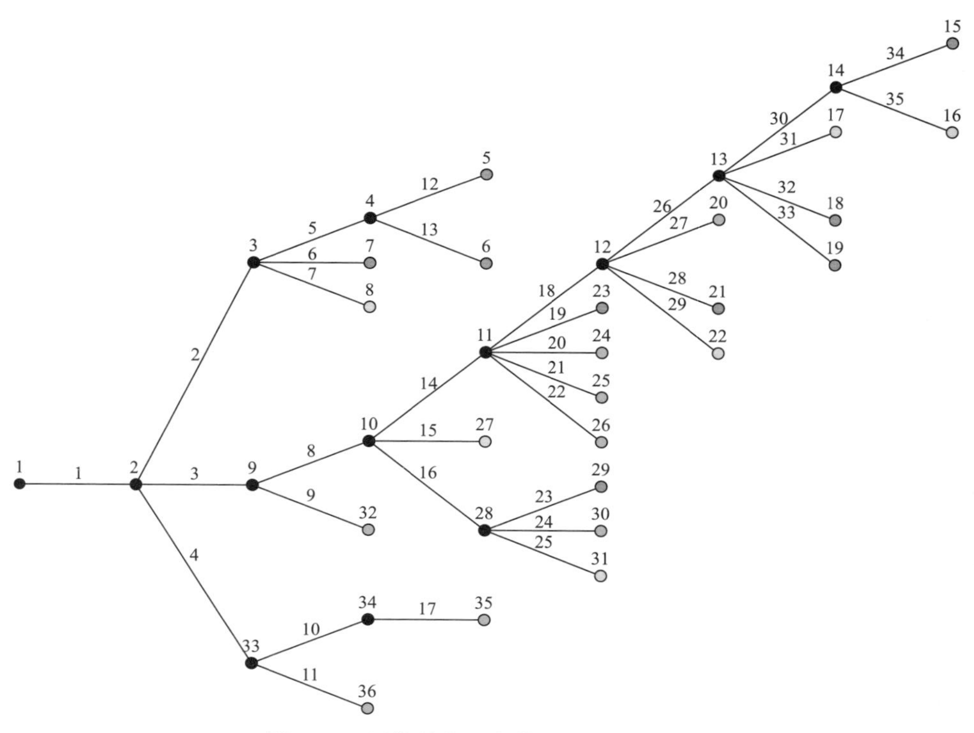

图9-6　网络节点、电缆和用户的示意图

注：对于电缆1（支路），3和8，电流超出额定电流，因此数字用彩色突出显示。
节点根据合同容量标注颜色：小于或等于20kVA（绿色），大于20kVA且小于或等于40kVA（黄色），大于40kVA（橙色）。

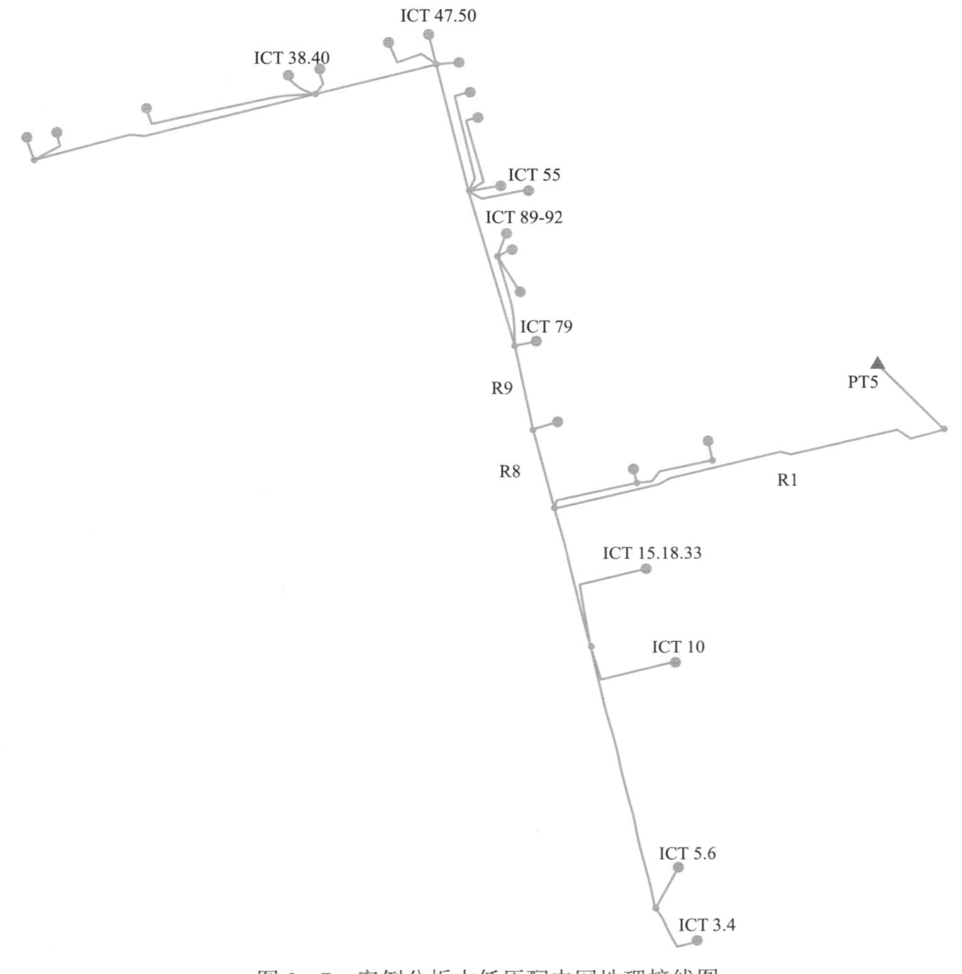

图 9－7　案例分析中低压配电网地理接线图

以电网地理接线图显示案例中的低压配电网络，图中标出了网架强化（R）和需求响应控制的（ICT）两种投资及其概率。三角形代表配电网中的中压/低压变电站。

（1）网架强化的方案是用 185mm^2 的铝导体来代替三条现有的小截面电缆（图 9－7 R 所代表的强化方案）。

（2）信息通信技术方案是为每个用户安装智能电能表，能够实现对这些用户的需求响应控制（图 9－7 中的 ICT 所代表的智能电能表）。

ICT 投资被认为是一种单独和标准化投资。作为单独的标准化投资（并不与传统投资一起最小化）使我们能够在不确定 ICT 成本的情况下权衡这两类投资。由于使用 ICT 技术作为 DR 控制尚未成熟，因此确定其使用成本非常困难。

网络中存在单相和三相两种用户（其中单相用户 70 个，三相用户 30 个），容量 1.15～20.7kVA 不等。单相用户最常见的合同容量是 3.45、6.9kVA（分别占所有用户的 28%和 22%），而三相用户功率值则为 10.35、17.25kVA（分别占所有用户的 12%和 8%）。

具有相同特征的用户负荷需求功率可用智能电表历史数据来计算（相数和功率相同）。单相和三相用户负荷都均匀分布于三相（对于平衡负载潮流来说）。假设统一功率因数，网络节点处的用户位置取自实际数据。

案例分析的运行条件如下：

（1）DR 模拟从峰值负载时开始。每当在用户处安装 ICT 设备（智能电能表）时，用户需求以 1.15kVA 的步长降低，尽可能减小电缆电流/节点电压与额定值的偏差。

（2）DR 在规划水平年的每个阶段模拟一整天。假设这些天数代表相应的年份（阶段）。

（3）中压/低压变电站二次电压设定为 1.05p.u.。

（4）假设监测设备安装在变电站二次侧，这样就可以测量电缆电流，并将其传给 ICT 控制系统。监视设备的安装和操作相关的成本忽略不计。

10 年规划期考虑了 11 个在时间上均匀分布的投资阶段（T=10），（每个规划水平年为一个阶段，规划期之外的一个阶段意味着项目不在规划内）。同时优化两个目标函数优化：

（1）网架强化投资。

（2）ICT（智能电表）投资。

通胀率和折旧率分别设为 3%和 10%。

对一个具有 50 个随机解的初始子集进行 5 次交叉和变异迭代计算，求得最优解，其中交叉和变异概率分别为 80%和 10%。

从解集（每个项目的一个优化项目计划表）中，排除那些电流或电压越限的不可行方案，选择非支配解。剩下的非支配解映射至 ICT 投资和网架强化投资。确定了对应于四种项目分配模式的 4 个区域。映射的非支配解和区域如图 9－8 所示。

无 ICT 投资且有电流越限发生的改造 3 根电缆方案的最高成本为 2400 欧元（1、3、8 号电缆，见图 9－6）。这种电缆改造能够确保规划期内配电网的正常运行。

随着 ICT 方案的分配，DR 控制成为可能，网架强化项目被推迟，使成本降低（考虑通货膨胀和折旧率，目前的成本降低）。当分配的 ICT 项目足以代替一个网架强化项目（改造 8 号电缆）时，发生从 1 区到 2 区的过渡。

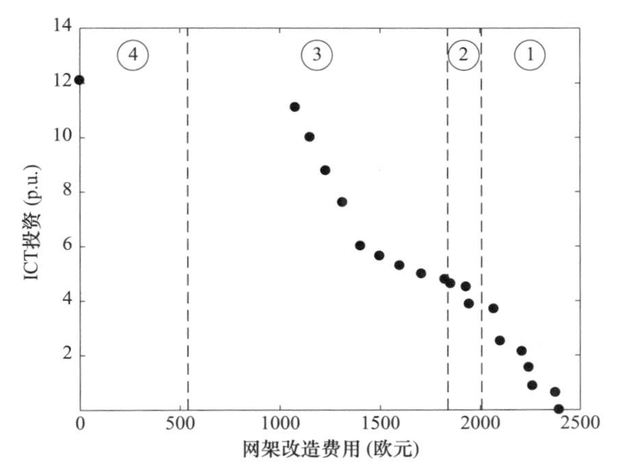

图 9－8　所得非支配解在低压配电网 ICT 投资和网架强化投资上的映射

3 号和 8 号电缆长度和横截面几乎相同，当使用 OPF 方法减少电缆 8 的负荷需求功率，解决电流越限问题，无需改造电缆 8，同样也解决了 3 号电缆的问题。随着更多 ICT 项目的分配和更多的用户负荷需求被 OPF 转移，避免了改造 3 号电缆并发生从 2 区到 3 区的过渡。

不改造 3 号和 8 号电缆，只改造 1 号电缆（支路）。与 1 区和 2 区的情况类似，分配更多 ICT 项目和转移用户负荷需求可以推迟 1 号电缆的改造。由于在所考虑的规划期内只有 10 个阶段（年），因此 1 号电缆的改造只能推迟到规划的最后阶段。

分配充足的 ICT 项目且转移较高的用户负荷需求使得从 3～4 区的过渡成为可能，避免改造支路电缆。在最佳解决方案中，无电缆改造项目，相当于 12 倍的 ICT 项目投资（现有成本）和 18 个用户安装 DR 可控设备（占所有用户的 18%）。

图 9－9 和图 9－10 中对两种极端解决方案即网架强化和 ICT 投资的分布最佳时机进行示意。在图 9－9 中，3 个改造项目的分配与每个电缆中首次发生越限的阶段相匹配。从图 9－10 可以看出，ICT 项目的分配是渐进的而不是突然的，在规划期间的每个阶段在 0.9～2.0p.u.变化。这也可以通过累积的 ICT 投资成本来验证，其变化非常接近于一元多项式曲线。

图 9－11、图 9－12 和图 9－13 对应于从 1～2 区（图 9－11），2～3 区（图 9－12）和 3～4 区（图 9－13）的过渡之前的方案。从这些图中，我们可以看到目前为止推迟或避免改造项目和所述混合方法中推迟改造项目的范围类似于图 9－10，ICT 项目分配是逐步的。

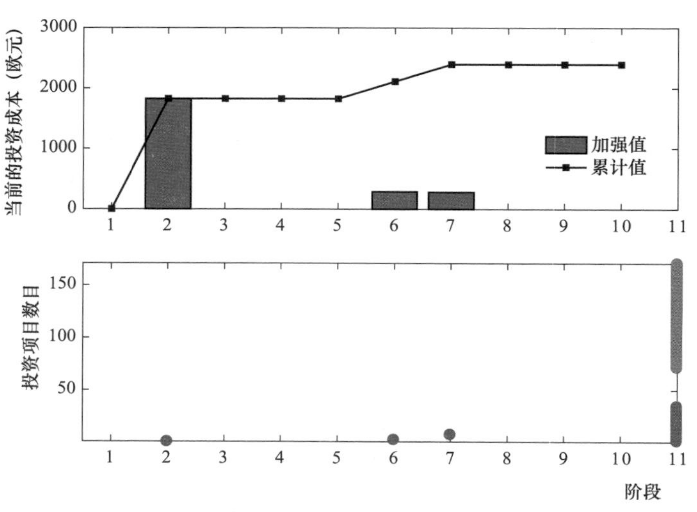

图 9-9　不含信息通信技术的网架强化方案的最佳投资阶段和投资成本

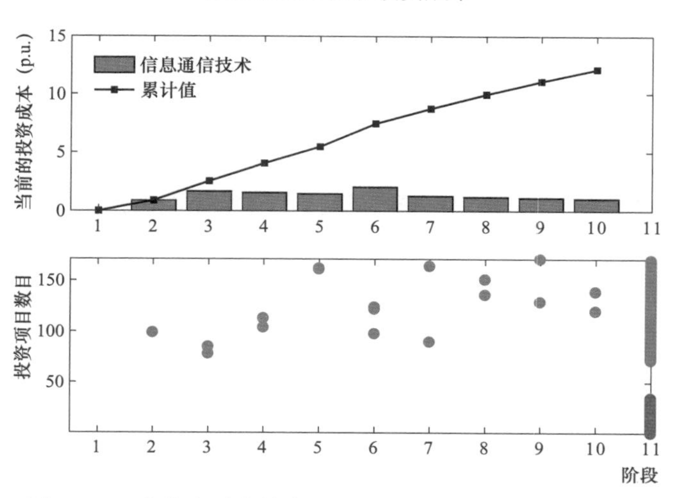

图 9-10　含信息通信技术投资的最佳投资阶段和投资成本

根据图 9-8 可知，通过图中横轴的变换，该解可从避免网架强化的方面来考虑，由于信息通信技术投资取代网架强化项目。坐标轴变换的结果如图 9-14 所示。在图中，虚线将坐标轴原点连接到相关解的投影点（用圆圈标识），图中所示 4 个解为 ICT 投资价值最高的，由安装每单位的信息通信技术能够避免网架强化的成本来衡量。解投影点与坐标原点的连接线斜率越小，信息通信技术的平均价值就越高。

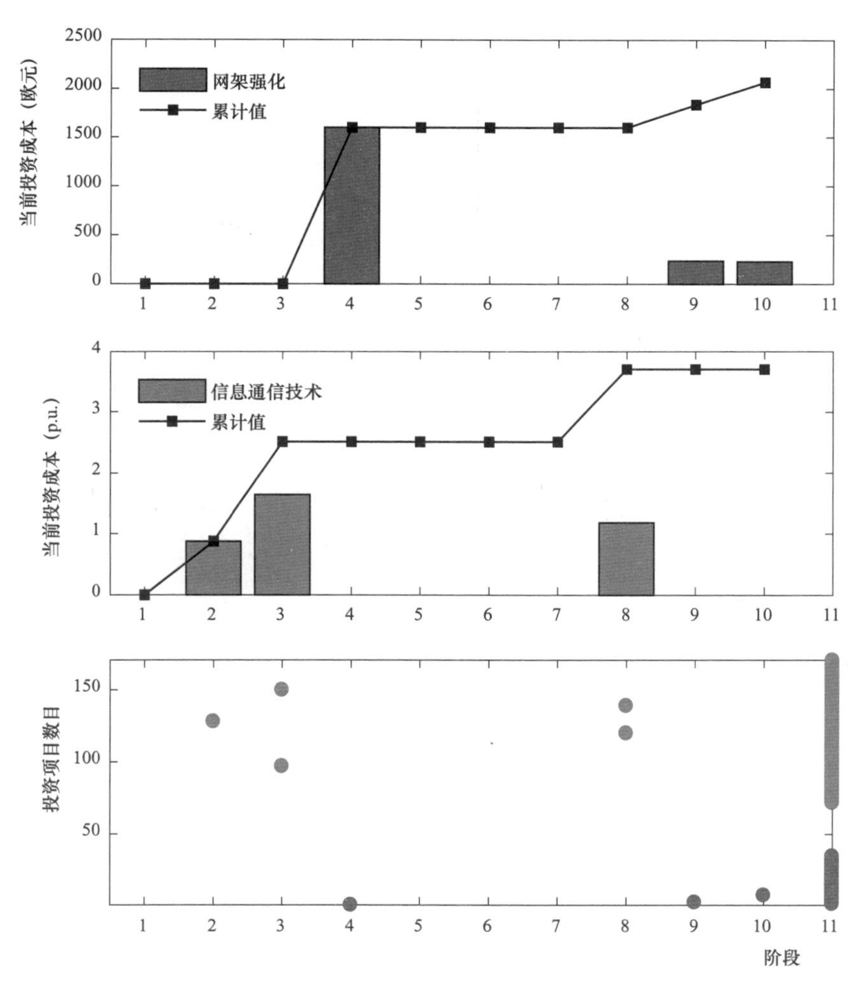

注：以上所述之时机及成本均为图 9－8 中从 1 区过渡到 2 区的解，对应于延迟改造 8 号电缆（阶段 10）及改造 1 号和 3 号电缆的限值。

网架强化的投资时机和成本分别用蓝点和蓝色柱状图表示；信息通信技术的投资时机和成本分别用绿点和绿色柱状图表示。

图 9－11　1～2 区网架强化和信息通信技术投资的最佳投资时机及相应成本

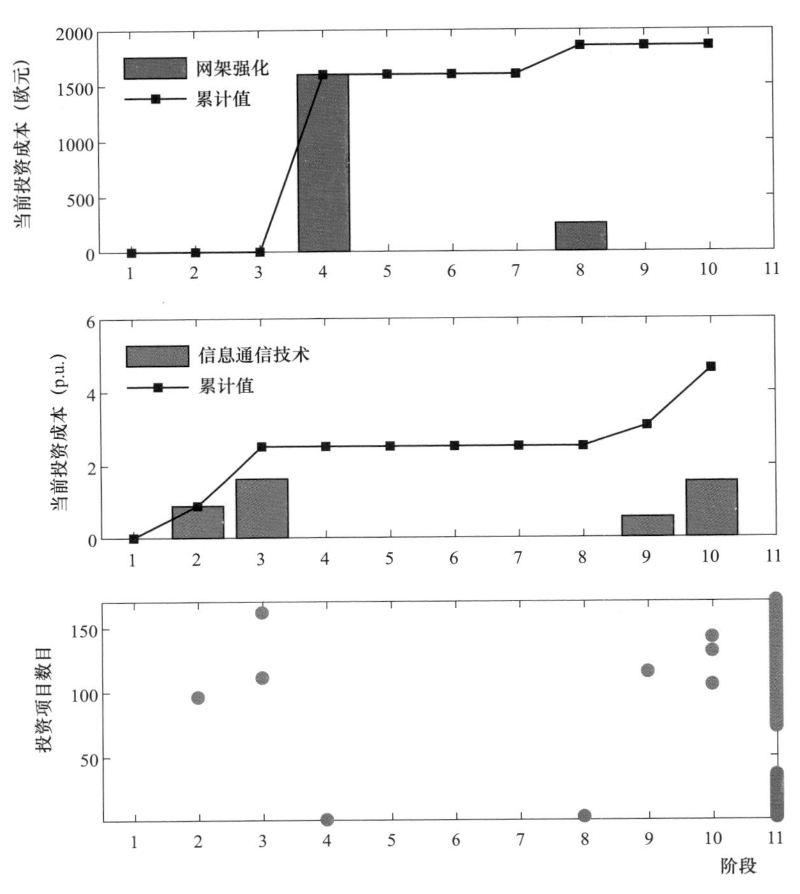

注：以上所述之时机及成本均为图 9－8 中从 2 区过渡到 3 区的解，对应于延迟改造 3 号电缆 （阶段 8）及改造 1 号、不改造 8 号电缆的限值。

网架强化的投资时机和成本分别用蓝点和蓝色柱状图表示；信息通信技术的投资时机和成本分别用绿点和绿色柱状图表示。

图 9－12　2～3 区网架强化和信息通信技术投资的最佳投资时机及相应成本

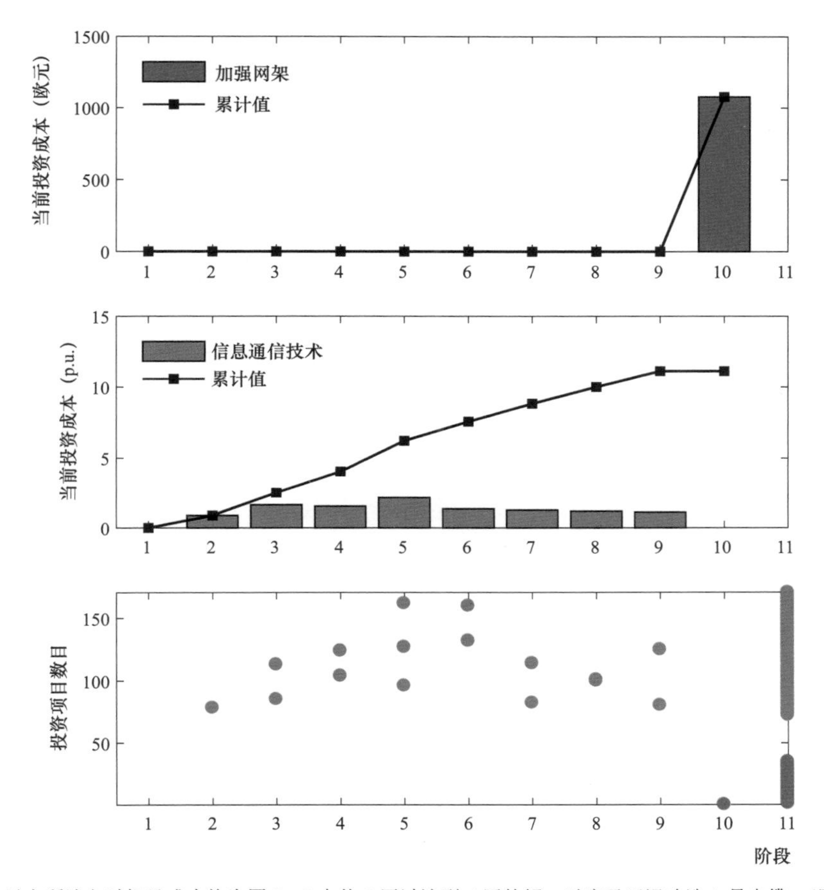

注：以上所述之时机及成本均为图 9－8 中从 3 区过渡到 4 区的解，对应于延迟改造 1 号电缆 （阶段 10）及不改造 3 号、8 号电缆的限值。

网架强化的投资时机和成本分别用蓝点和蓝色柱状图表示；信息通信技术的投资时机和成本分别用绿点和绿色柱状图表示。

图 9－13　3～4 区网架强化和信息通信技术投资的最佳投资时机及相应成本

考虑到极端情况，大量的信息通信技术设备应用会导致完全无需网架强化。图 9－15 和图 9－16 分别为在需求响应优化投资之前和之后的电缆的电流特性。从图中曲线可以看出，在两个关键阶段下需求响应控制会影响负荷需求。在 14～16h 区间内，支路电缆电流超过额定值；在 20～24h 区间内，三相电缆电流超过额定值（蓝线）。额外的负荷需求被推迟到后一段时间，减少了这两段时间电缆的负载，17～19h 区间电缆负荷略微增加，1～5h 区间电缆负载显著增加。

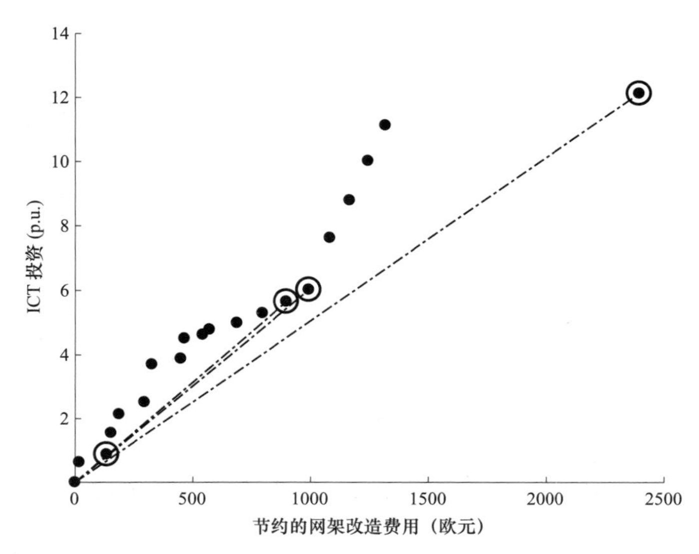

注：低压配电网。

图 9－14　对求取的非支配解在信息通信技术和网架强化投资上的映射

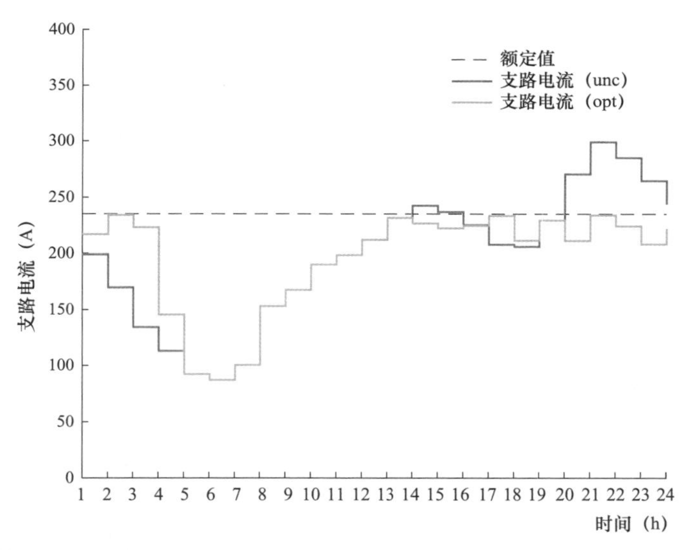

注：由于网络监测以及信息通信技术形成的需求相应控制（峰值移位），馈线电缆中的电流没有超出电缆额定电流（虚线），这样避免了电缆的改造。

图 9－15　馈线电缆中的电流（第 10 年）

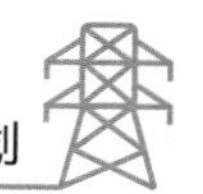

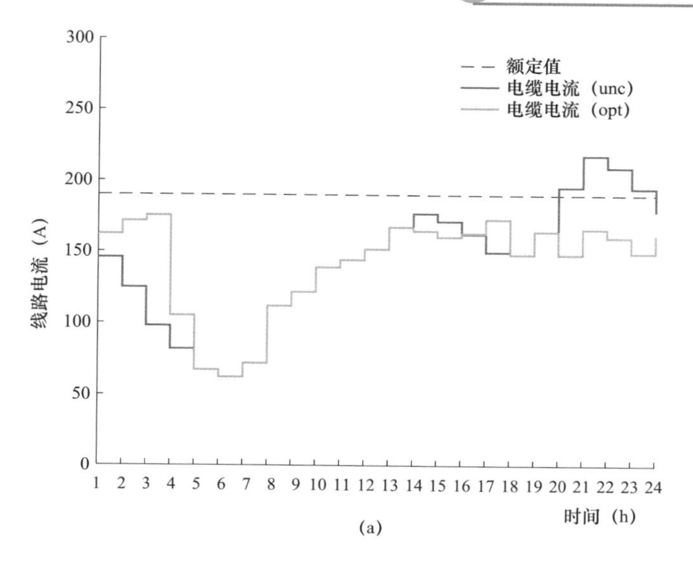

(a)

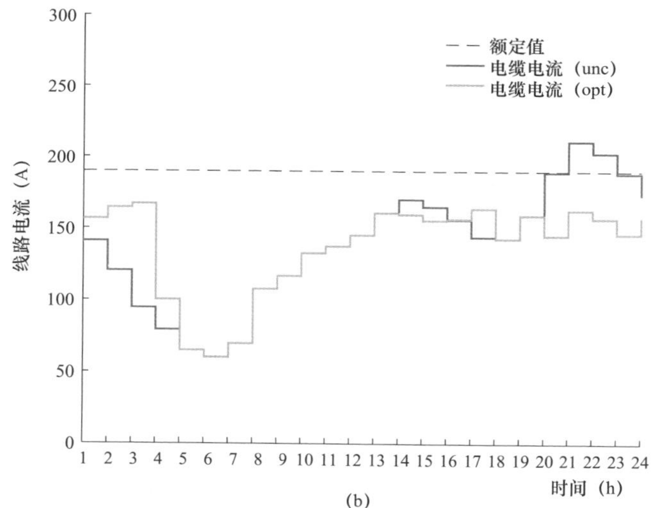

(b)

注：由于网络监测以及信息通信技术形成的需求响应控制（峰值移位），馈线电缆中的电流没有超出电缆额定电流（虚线），这样避免了电缆的改造。

图 9－16 规划期最后阶段（第 10 年）3 号、8 号电缆中的电流

（a）3 号电缆电流；（b）8 号电缆电流

需求响应设备投入使用使得用户负荷需求特性发生改变。发现两种特性发生变化：在横轴 20～1h 时间段内负载的减少和横轴 1～5h 时间段内的负载需求的转移影响了用户用电需求。用户用电需求除了受被转移的负载影响外，同时也受横轴 14～17h 时间段内的负载推移到横轴 16～19h 时间段的影响。

在表 9－2 中，可以看出需求响应控制、网络链接节点、合同容量及需求响

应模型数据影响了负荷侧需求。分别考虑两种需求响应模型，绘制两类优化的消费需求曲线，如图 9–17 和图 9–18 所示。图 9–19 与图 9–6 相类似，彩色网络节点反映负荷需求的差异性，介于蓝色 1 号曲线和黄色 2 号曲线之间的需求响应模型影响了负荷消费需求。

表 9–2　　需求侧响应控制下的用户网络连接节点，功率和需求侧响应控制模式（18 个用户）

用户	连接节点	合同容量（kVA）	需求响应控制类型
7	6	20.70	2
14	7	13.80	1
19	15	6.90	2
27	16	6.90	2
28	16	6.90	2
33	17	10.35	1
42	18	10.35	1
49	21	17.25	1
51	22	5.75	1
53	22	10.35	1
58	23	17.25	1
65	25	4.60	1
68	25	4.60	1
80	27	6.90	2
90	31	6.90	2
91	31	6.90	2
93	32	6.90	2
100	36	4.60	1

对比图 9–6 和图 9–19，可以看出汇集功率较高的节点与相应的消费需求之间有一定的关联关系。大多数有关消费需求的节点对应于一个汇集功率超过 20kVA 的节点（图 9–6 中黄色和橙色的节点）。结论与假设相一致，当更多的消费需求集中于统一节点时，意味着需要汇集更高的负荷需求。为满足需求设置需求响应控制节点，在发生故障时将会减小上一级电缆的负荷。

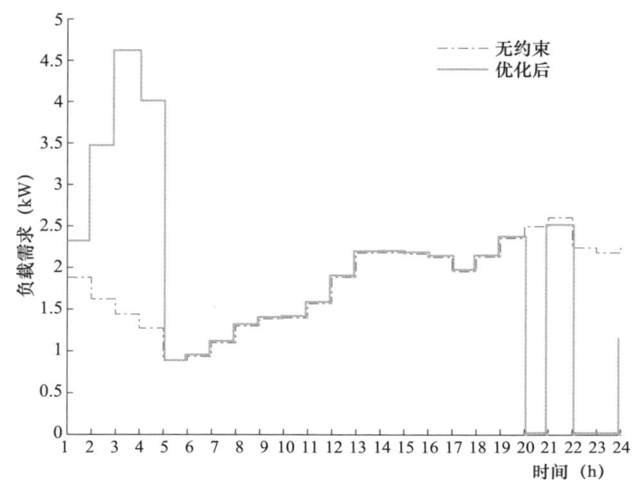

注：用户 58 作为 DR 模式 1 的示例。

图 9－17　需求响应控制模式 1 所引起的
用户负载需求的优化（第 10 年）

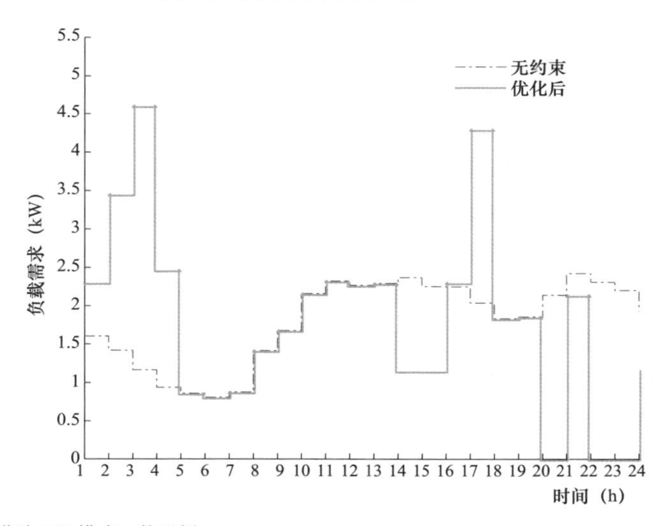

注：用户 80 作为 DR 模式 2 的示例。

图 9－18　需求响应控制模式 2 所引起的
用户负载需求的优化（第 10 年）

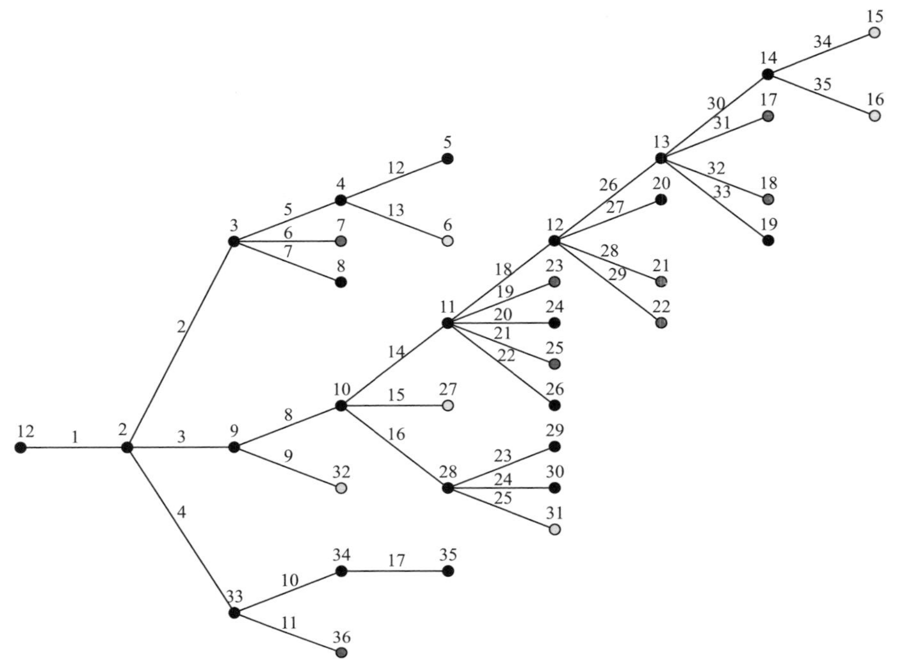

注：1 号、3 号、8 号电缆（馈线）电流越限，因此数字用彩色突出显示。
DR 控制模式 1 的节点用蓝色突出显示；DR 控制模式 2 的节点用黄色突出显示。

图 9－19　DR 控制影响下网络节点、电缆、用户的示意图

考虑到电缆强化的参考成本和给定的负荷密度，计及不同电缆参考成本和给定的功率密度的情况下，信息与通信技术的估价也是不同的。

如果负荷密度被认为是可变的参考成本，信息通信技术估价与本身的成本是成正比的。如果考虑以上所述关系，网络同样有异于不同负荷密度的参考成本，信息通信技术估价与本身的成本是成反比的。例如，在较低的负荷密度情况下（相对较长的网络），相对较高的负荷密度和信息与信息通信技术的安装强化了相同负荷侧功率需求的管理（同样的汇集总功率和相对较短的网络），反而为满足负荷需求的网架强化成本会更低，在此种方式下信息通信技术投入也会更低。

如果以不同的网架强化参考成本考虑相同的负载密度，则信息通信技术的估价将与这些成本成正比。如果没有，如果网络具有相同的参考成本但是具有不同的负载密度，则信息通信技术的估价将与负载密度成反比。例如，在较高的负载密度（相同的总承包功率和较短的网络长度）下，信息通信技术基础设施的安装使得在较低的负载密度（较高的网络长度）情况下也能管理相同的负荷需求，而网架强化预计将针对负荷需求较低（成本较低）的情况。在这种方式下，信息通信技术估价将较低。

附录

本章中使用的符号如下：

f_j　第 j 个目标函数。

P　投资项目的集合。

O　项目分析解的集合（种群）。

p_i　P 的第 i 个项目。

o_k　O 的第 k 个解（种群中个体）。

t_i　项目 p_i 的时机。

$\overline{t}$　决策时间表：项目 p_i 的时机的指标数组 t_i。

N　项目数量。

T　规划水平年的阶段数。

G　配电网络图。

参 考 文 献

[1] M.V.F. Pereira, L.M.V.G. Pinto, S.H. Cunha, G.C. Oliveira, A decomposition approach to automated generation transmission expansion planning. IEEE Trans. Power Syst. PAS – 104 (11), 3074 – 3083 (1985).

[2] R. Romero, A. Monticelli, A Hierarchical decomposition approach for transmission network expansion planning. IEEE Trans. Power Syst. 9(1), 373 – 380 (1994).

[3] R. Romero, A. Monticelli, A zero-one implicit enumeration method for optimizing investments in transmission expansion planning. IEEE Trans. Power Syst. 9(3), 1385 – 1391 (1994).

[4] G.C. Oliveira, A.P.C. Costa, S. Binato, Large scale transmission network planning using optimization and heuristic techniques. IEEE Trans. Power Syst. 10(4), 1828 – 1833 (1995).

[5] R. Romero, R.A. Gallego, A. Monticelli, Transmission expansion planning by simulated annealing. IEEE Trans. Power Syst. 11(1), 364 – 369 (1996).

[6] H. Rudnick, R. Palma, E. Cura, C. Silva, Economically adapted transmission systems in open access schemes–application of genetic algorithms. IEEE Trans. Power Syst. 11(3), 1427 – 1440 (1996).

[7] R.A. Gallego, A. Monticelli, R. Romero, Comparative studies on non-convex optimization methods for transmission network expansion planning. IEEE Trans. Power Syst. 13(3), 822 – 828 (1998).

[8] X. Wang, Y. Mao, Improved genetic algorithm for optimal multistage transmission system planning. IEEE (2001).

[9] L.L. Garver, Transmission network estimation using linear programming. IEEE Trans. Power Syst. PAS – 89(1), 1688 – 1697 (1970).

[10] A. Monticelli, A. Santos, M.V.F. Pereira, S.H. Cunha, B.J. Parker, J.C.G. Praça, Interactive transmission network planning using a least-effort criterion. IEEE Trans. Power App. Syst. PAS – 101(10), 3919 – 3925 (1982).

[11] M.V.F. Pereira, L.M.V.G. Pinto, S.H. Cunha, G.C. Oliveira, A decomposition approach to automated generation/transmission expansion planning. IEEE Trans. Power Syst. PAS – 104 (11), 3074 – 3083 (1985).

[12] R. Romero, A. Monticelli, A hierarchical decomposition approach for transmission network expansion planning. IEEE Trans. Power Syst. 9(1), 373 – 380 (1994).

[13] R. Romero, A. Monticelli, A zero-one implicit enumeration method for optimizing investments in transmission expansion planning. IEEE Trans. Power Syst. 9(3), 1385 – 1391 (1994).

[14] G.C. Oliveira, A.P.C. Costa, S. Binato, Large scale transmission network planning using optimization and heuristic techniques. IEEE Trans. Power Syst. 10(4), 1828 – 1833 (1995).
[15] A. Escobar, R.A. Gallego, R. Romero, Multistage and coordinated planning of the expansion of transmission systems. IEEE Trans. Power Syst. 19(2), 735 – 744 (2004).
[16] H. Rudnick, R. Palma, E. Cura, C. Silva, Economically adapted transmission systems in open access schemes–application of genetic algorithms. IEEE Trans. Power Syst. 11(3), 1427 – 1440 (1996).
[17] S. Binato, M.V. Pereira, S. Granville, A new benders decomposition approach to solve power transmission design problems. IEEE Trans. Power Syst. 16(2), 235 – 240 (2001).
[18] R. Romero, R.A. Gallego, A. Monticelli, Transmission expansion planning by simulated annealing. IEEE Trans. Power Syst. 11(1), 364 – 369 (1996).
[19] E.L. Silva, J.M.A. Ortiz, G.C. Oliveira, S. Binato, Transmission network expansion planning under a tabu search approach. IEEE Trans. Power Syst. 16(1), 62 – 1440 (2001).
[20] S. Binato, G.C. Oliveira, J.L. Araújo, A greedy randomized adaptive search procedure for transmission expansion planning. IEEE Trans. Power Syst. 16(2), 247 – 253 (2001).
[21] J. Contreras, F.F. Wu, A kernel-oriented algorithm for transmission expansion planning. IEEE Trans. Power Syst. 15(4), 1434 – 1440 (2000).
[22] M. Pinedo, *Scheduling—Theory, Algorithms, and Systems* (Prentice Hall, 1995). ISBN 0 – 13 – 706757 – 7.
[23] F.S. Reis, M. Pinto, P.M.S. Carvalho, L.A.F.M. Ferreira, *Short-Term Investment Scheduling in Transmission Power Systems by Evolutionary Computation—DRPT2000* (London, April 2000).
[24] F.S. Reis, P.M.S. Carvalho, L.A.F.M. Ferreira, Combining gauss and genetic algorithms for multi-objective transmission expansion planning. WSEAS Trans. Syst. 3(1), 206 – 209 (2004).
[25] F.S. Reis, P.M.S. Carvalho, L.A.F.M. Ferreira, Reinforcement scheduling convergence in power systems transmission planning. IEEE Trans. Power Syst. 20(2), 1151 – 1157 (2005).
[26] A. Dias, P.M.S. Carvalho, P. Almeida, S. Rapoport, Multi-objective distribution planning approach for optimal network investment with EV charging control, in *Presented at PowerTech* 2015 (June 2015) [Online], Available: http://ieeexplore.ieee.org/stamp/stamp.jsp?arnumber=7232674.
[27] K. Deb, A. Pratap, S. Agarwal, T. Meyarivan, A Fast and elitist multiobjective genetic algorithm: NSGA – II. IEEE Trans. Evol. Comput. 6(2), 182 – 197 (2002).

10

网络重构和分布式电源接入对配电网的影响分析

瓦达西亚·穆罕默德·达哈兰，黑兹利·莫赫利斯

摘　要　本章介绍网络重构和分布式发电规模的同时优化概念。引入这一概念的主要目的是通过优化网络重构和分布式发电规模来降低配电网的实际功率损耗，改善整体电压分布，同时满足系统运行约束。元启发式方法因其在复杂问题中搜索最优解的卓越能力而应用于优化求解过程。应用的元启发式方法有遗传算法、进化算法、粒子群优化算法、人工蜂群算法及其各自的改进算法。以 IEEE 33 节点系统为算例，对各种算法进行了详细的性能分析，以证明所提出方法的有效性。同时优化与单独进行网络重构或分布式电源（distributed generation，DG）定容相比，能进一步降低功率损耗。测试结果还表明，进化粒子群优化算法在功率损耗和电压分布方面，优于其他算法。

关键词　分布式电源，优化技术，降低损耗，重构，元启发式方法

10.1　引言

电力系统的服务质量、供电可靠性和效率是当今大多数电力公司试图在发电、输电和配电系统中解决的主要问题。配电系统是将电力从电厂输送到单个用户过程中的最后阶段。功率损耗和电压降落是配电网面临的重要问题。由于功率损耗的增加和电压幅度的降低，配电网的效率降低，在负载很重的网络中尤为突出。文献［1，2］中的研究表明，总损耗的 70%发生在配电网，而输电线路及其子

输电线路仅占总损耗的30%，如图10－1所示。

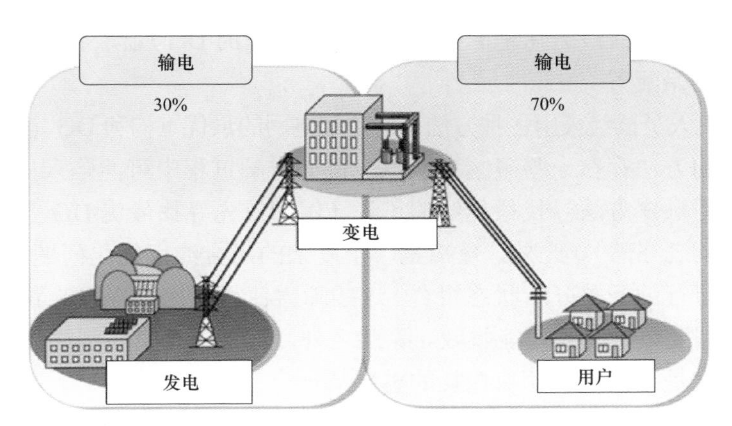

图10－1 向用户供电的电力系统示意图

众所周知，网络重构技术能最大限度地降低功耗[3]。如果可以确定最优配置，这种技术可以降低功率损耗并改善整体电压分布。网络重构在配电网中的应用可分为规划和运行两类。在规划中，需要通过改变网络中的分段开关和联络开关来重构网络以确定最优配置。通过网络重构，负载将从负载较重的馈线转移到负载相对较轻的馈线，从而尽可能降低功率损耗。同时，由于故障，运行中的网络重构在重新分配电力的过程中起着重要的作用。在这种情况下，需要重构自动快速恢复系统中无故障的部分，以提高系统可靠性。应瞬时响应系统故障，并进行故障隔离，从而使尽可能减少负荷失电。网络重构需要通过优化技术来确定开关的开断状态的最优组合。选择过程应符合优化要求（最小化功率损耗）并满足操作约束。与其他技术相比，网络重构的应用更为简单，成本更低。总的来说，重构有两个主要目的，一是向终端用户提供充足的电力供应，二是一旦出现故障等问题，就自动重构网络。

将配电网中的本地电源互联是另一种能够降低功率损耗的技术。通过本地电源供电，电力可以在短距离内输送到负载，这能够减少电力损耗。如今，小型水电厂、风电厂、太阳能和生物燃料电厂等可再生能源电厂通过网络互联来满足地方电力供应。分布式电源作为一种新的概念出现配电网中。分布式电源作为一个小的发电单元，安装在网络中靠近负荷中心的关键结点。它可以单独使用，满足本地消费者的需求，也可以集成使用，为其他系统提供能源[4]。一般来说，分布式电源装机容量比中枢电厂小，通常是10MW及以下[5]。

研究表明，在可预见的未来，DG使用率将超过总发电量的25%[6]。到2050年，使用可再生能源DG可以减少常规发电产生碳污染的60%[7]。在这方面，改变电力系统设计和运行环境同时有必要考虑主动配电网。配电网重构可以改善电压分布、促进电力平衡、提升可靠性（如快速恢复供电），并提高能源效率。合理的DG规模对效益最大化是非常重要的，不合理的DG规模将导致系统中的功率损耗高于初始配置。

许多研究人员已经采用各种方法来解决配电网的最优重构和DG定容问题[8~16]。然而，现有的方法存在一些限制和缺点，例如求解过程中可能陷入局部最优解。这是由于使用顺序方法寻找最优解的过程（例如首先寻找最优DG容量，然后是最优重构，反之亦然）。此外，重构是一个复杂的组合约束优化问题，且不可微。它涉及许多可行的开关开断状态组合。这些障碍使得重构过程很难获得全面的最优解，并且需要很长时间才能收敛。除此之外，其结果对应的网络拓扑有时不是辐射式的，这是寻找最优功率损耗的重要特征。

尽管网络重构有多种方法，但很少有人在研究网络重构时考虑DG对其的影响，或者使用DG进行网络重构[17~19]。大部分人在研究网络重构时已经确定了DG的容量，没有同时考虑网络重构和分布式电源定容。

在配电系统中安装分布式电源确实可以提高能源效率和电压分布，同时最大限度地减少电力中断。然而，为了确保分布式电源在配电系统中的有效性，最优的分布式电源定容在极大程度上影响了配电网的运行和控制。因此，选择合理的DG容量（调度值）对降低配电系统功率损耗起着重要作用。在本章中，DG容量指DG的可调容量。

考虑到现有的局限性，本章介绍了在寻找最优网络结构和DG容量同时优化的概念。本章使用的元启发式方法有遗传算法（genetic algorithm，GA）、进化算法（evolutionary programming，EP）、粒子群优化（particle swarm optimization，PSO）和人工蜂群（artificial bee colony，ABC）。同时，这些方法的改进版本对本章有很大贡献，它们是改进遗传算法（modified genetic algorithm，MGA）、进化粒子群优化（evolutionary particle swarm optimization，EPSO）、改进粒子群优化（modified particle swarm optimization，MPSO）和简化人工蜂群（satisfied artificial bee colony，SABC）。

10.2 最优网络重构和分布式电源定容

配电网重构可以看作是一个组合优化问题，包括配电系统规划、损耗最小化和能量恢复。通常，网络重构被定义为满足约束条件下，通过改变分段开关和联络开关的开断状态来改变配电网的拓扑结构（将负载从重负载馈线转移到相对较轻负载馈线），从而使功率损耗最小化。这两种类型的开关设计用于保护和配置

管理。它通常是辐射配置的，以有效协调它们的保护系统。通过网络重构以减少系统功率损耗，改善网络中的电压分布并减轻负载，最终提高系统的能效。这种操作将负载从一个馈线转移到另一个馈线，这将显著改善整个系统的操作条件。为了解决这些问题，一些方法，如遗传算法[18]、微粒群[19]、欧洲专利[20,21]和 ABC[14]已被应用于网络重构。

系统中 DG 的存在将允许网络为负载提供最优功率。然而，选择 DG 的最优容量对于避免网络的缺陷起着重要作用。连接电力系统的大容量和过多的 DG 单元将增大的功率损耗[22]。当 DG 接入配电网时，可以将其简化为 3 种不同的场景：在场景 1 中，每条母线上的负载都大于每条 DG 的发电量。在场景 2 中，总负载大于 DG 的总发电量，而在场景 3 中，总负载小于 DG 的总发电量。对于场景 1，DG 的接入可以减少所有线路的功率损耗。然而，在场景 2 中，DG 接入可能会增加一些线路的功率损耗，但总功率损耗会减少。同时，在场景 3 中，如果总发电量小于总负荷的两倍，影响与场景 2 相同，否则 DG 接入会增加功率损耗。然而，如果总发电量占系统的很大比例，它会降低电能质量。

损耗规律遵循 U 形轨迹，如图 10－2 所示[22]。具体来说，当 DG 容量较小时，损耗开始减少，直到达到最小水平。如果 DG 增加，则损耗开始增加。在 DG 容量较大时，损耗可能会比没有 DG 的损耗更大。在本章中，DG 的大小从 0～5MW 不等。根据 U 形曲线，当 DG 规模大于 B 点值时，系统中的功率损耗大于 A（初始值）。这个因素使得 DG 的最优容量成为网络具有较低功率损耗值的重要考虑因素。因此可以看出，DG 接入可以减少或增加功率损耗，这取决于 DG 的容量和网络结构。使用网络重构方法与具有合理容量的 DG 单元可以减少配电系统的功率损耗。

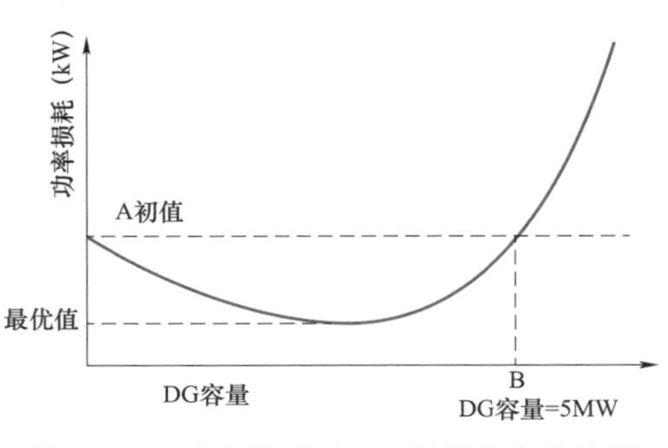

图 10－2　功率损耗对 DG 规模的依赖性[22]

10.3　问题建模

配电网的重构技术将改变整个网络的潮流分布。在本章中，网络重构的主要目的是基于有功电流公式获得系统中的最小有功功率损耗。目标函数如下。

$$\mathrm{Min}imise\left\{P_{losses}=\sum_{l=1}^{n}I_l^{\,2}k_lR_l\right\}\tag{10-1}$$

式中　l——系统中的线路条数；

I_l——线路实际有效电流；

R_l——电阻；

k_I——分支拓扑状态的变量（1=闭合，0=打开）。

网络重构优化必须考虑的约束条件如下。

1. 分布式电源运行

$$p_i^{\min} \leqslant p_{dg,i} \leqslant p_i^{\max} \tag{10-2}$$

其中 $p_i^{\min}$ 和 $p_i^{\max}$ 是 DG 输出有功的下限和上限，所有 DG 单位都应在可接受的范围内工作。

2. 功率注入

$$\sum_{i=1}^{k} P_{DG} < \left(P_{Load} + P_{Losses}\right), k\text{为DG序号} \tag{10-3}$$

为了避免保护设置中的问题，不允许 DG 向上级网络反送功率。DG 机组的总功率输出应始终小于配电网的总负荷需求。因此，配电网络不能孤岛运行。

3. 功率平衡

$$\sum_{i=1}^{k} P_{DG} + P_{\text{Substation}} = P_{Load} + P_{Losses} \tag{10-4}$$

DG 机组的功率和变电站的功率之和必须等于电力负荷和电力损耗之和。这符合发电和负荷需求概念中的平衡原则。

4. 电压母线

$$V_{\min} \leqslant V_{bus} \leqslant V_{\max} \tag{10-5}$$

每条母线的电压应在 1.05～0.95p.u.之间运行（额定值绝对值的 5%）。

5. 辐射配置

网络的辐射性应该在整个重构过程中保持。为了确保辐射网络，开关的选择采用了一套规则[23]。

（1）所有不属于任何回路的开关都将处于闭合状态。

（2）连接到电源的所有开关都将处于关闭状态。

（3）对网状网络有贡献的所有开关都需要处于关闭状态。

（4）对于优化方法的实施，用于由 S 表示的开关和用于 DG 规模的变量由 P_{Dg} 表示。染色体或粒子可以写成

$$X_{im} = \left[S_1, S_2, \ldots, S_N, p_{Dg,1}, p_{Dg,2}, \ldots, p_{Dg,k}\right] \tag{10-6}$$

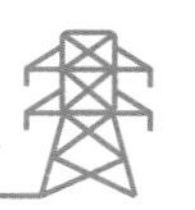

其中 i=1，2，3，…，m。变量 m 表示来自一组随机分布的种群大小。N 为联络开关的数量，k 为分布式电源的数量。如果该方法只寻找能最小化功率损失的 DG 的最优值，染色体或粒子可以写成

$$X_{im}=\left[p_{Dg,1},p_{Dg,2},\ldots,p_{Dg,k}\right] \tag{10-7}$$

10.4 改进元启发式方法

在本章中，除了应用传统的遗传算法[18]、EP[20]、PSO[23]和 ABC[24]算法，它的改进版本也被应用。表 10－1 总结了每种方法的改进。关于修改的详细描述可以在相应的参考文献中找到。

表 10－1 元启发式算法的改进

方法	对传统方法的改进
改进遗传算法（MGA）[18]	MGA 中涉及的步骤与 GA 步骤基本相似，只是突变过程略有不同。与传统方法中表示的二进制编码相比，由联络开关和 DG 规模组成的染色体以实数编码表示，以提高效率并减少计算时间。过长的字符串或染色体会增加搜索空间中寻找最优值的时间，当系统更大更复杂时尤为明显。MGA 的优点是加快了搜索速度，因为在二进制编码中不需要编码和解码过程。这是处理复杂约束的简单设计工具，因为该方法更接近问题空间
进化粒子群优化（EPSO）[19]	EPSO 是基于 PSO 和 EP 两种方法而开发的。提出 EPSO 来改进和提高传统粒子群算法的收敛速度。EPSO 选择过程步骤与传统 PSO 相似，其中 EP 通过锦标赛方案选择下一代的幸存者。涉及的三个步骤为：① 新旧位置组合；② 根据适合度值对人口进行排序；③ 从存活粒子中选择最优元素（较低值）。与传统粒子群算法相比，这些粒子可以快速移动到最优点
改进粒子群算法（MPSO）[23]	MPSO 涉及的步骤类似于传统的粒子群算法。当前粒子群算法的效果和效率略有改进。原始 PSO 方程中采用了一个新参数，如下所示； $V_j^{k+1}=\omega\times V_j^k+C_1\times rand_1\times(P_{bestj}^k-X_j^k)+$ $C_2\times rand_2\times(G_{best}^k-X_j^k)+C_3\times rand_3\times(B_{best}^k-X_j^k)$ 附加新参数的目的是避免适应值被捕获在局部最优解中，并提高粒子在搜索空间中的探索能力。因此，MPSO 的开发能力得到了提高，并提供了最优的解决方案和接近全局最优的一致结果
简化人工蜂群（SABC）[24]	SABC 的运作几乎类似于最初的 ABC。这种改进算法在寻找新的食物来源程序方面的做了一些修改。应用了一个新的更好的概念来改变种群中蜜蜂之间的信息。在 SABC 算法中使用了一个新的搜索区域。 $B_{i,rand(D)}=SW_{rand(N),rand(D)}$ 其中 B_i 在当前迭代中展示了 bees 的新搜索位置，SW 是开关。因此，在下一次迭代中需要打开的新开关是： $SW^{new}=f[SW^{old}(B_{i,rand(D)})]$ 与原始 ABC 相比，在 SABC 中实施 B_t 将避免在重构过程中出现不可接受的开关号码

10.5 拟议概念的执行情况

从基础系统中，基于不同的元启发式方法（GA、EP、PSO、ABC、MGA、EPSO、MPSO 和 SABC），形成了 5 种不同的场景来分析所提出概念的正确性和效率。每个场景如下：

（1）场景 1：原始网络作为基本场景。

（2）场景 2：最优网络重构。

（3）场景 3：最优 DG 容量。

（4）场景 4：基于顺序方法的最优重构和 DG 容量。

（5）场景 5：基于同步方法的最优重构和 DG 容量。

每个算法仿真中使用的参数取决于所用方法的特性。然而，网络的基本数据如母线数据和线路数据，对于所有方法都是相同的。初始化群体是通过从原始联络开关以及 DG 大小来确定的。这些变量是由程序随机生成的，用于计算功耗。总体数量为 50，最大迭代次数设置为 100，在所有提出的算法中应用和使用。最小和最大电压分别设置在 0.95～1.05p.u.。当结果达到最大迭代次数或收敛水平，模拟过程停止。这项工作中开发的所有测试和模拟所使用的个人电脑配置为：英特尔酷睿双核 CPU，主频 3.07GHz。

网络重构流程图如图 10－3 所示。DG 大小的范围在 0～5MW 变化[25]，大多数研究人员在工作中使用类似的网络。

以下步骤可用于开发编程代码，以同时应用所提出的最优网络重构和 DG 规模。

（1）随机化 N 个开关和 DG 输出。检查随机数是否满足所有约束。如果满足，则保存打开的开关和 DG 输出。否则删除新输出并重新随机化。

（2）功耗作为评估成功群体的适应度函数见式（10－1）。

（3）通过模拟过程，分别根据建议的方法（GA、EP、PSO、ABC、MGA、EPSO、MPSO 和 SABC）改变联络开关和分段开关的状态。

（4）评估新的适应度函数（负载流分析），并通过图论检查输出的辐射度。

（5）检查停止标准，如果迭代次数大于 $ITER_{max}$ 或所有群体给出相似的值，然后停止。否则转到步骤（3）。

（6）显示最优结果。结束。

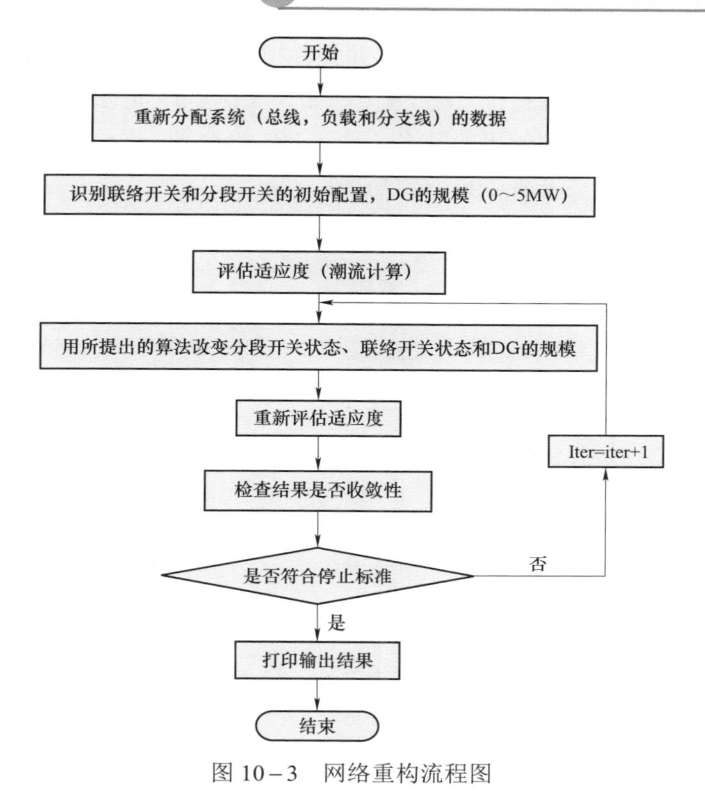

图 10－3　网络重构流程图

10.6　33 母线系统测试结果

初始测试网络如图 10－4 所示。该网络包括 33 条母线、37 条线路、5 个虚线表示的联络开关和 3 个分支（不包括主分支）。该系统的总负载为 3715kW，2300kvar。在场景 3、场景 4 和场景 5 中，3 个 DGs 单元已经分别安装并放置在 6 号、16 号和 25 号[26,27]。

如 10.5 节所述，重构的分析涉及有无 DG 单元的网络。在具有 DG 的网络中，DG 单元的最优规模是通过仿真获得的，其中参数 DG 规模和打开的开关在仿真期间同时被调整。每个分布式电源的规模都设定在分布式电源容量的限度内。例如，在本章中，范围设置在 0～5MW 之间。容量取决于分布式发电的类型，例如中型分布式发电 5～50MW，大型分布式发电 50～300MW[28]。

在本章中，基于其地理位置的适宜性或任何最优定位确定 DG 位置[20,29]。联络开关和分段开关被视为主要控制变量。由于每次迭代的随机化过程会产生不同的结果，因此需要重复多次进行模拟以获得最优结果。在这种情况下，模拟进行了 30 次。应选择多次出现相同的值，并将其视为最优结果。获得的结果包括断开的开关、总功率损耗和最优 DG 规模，如式（10－6）所示。粒子或发色体中的元素数量取决于系统中使用的联络开关和 DG 的数量。重构后的网络显示了新打开的开关，这些开关产生了最低的功耗。

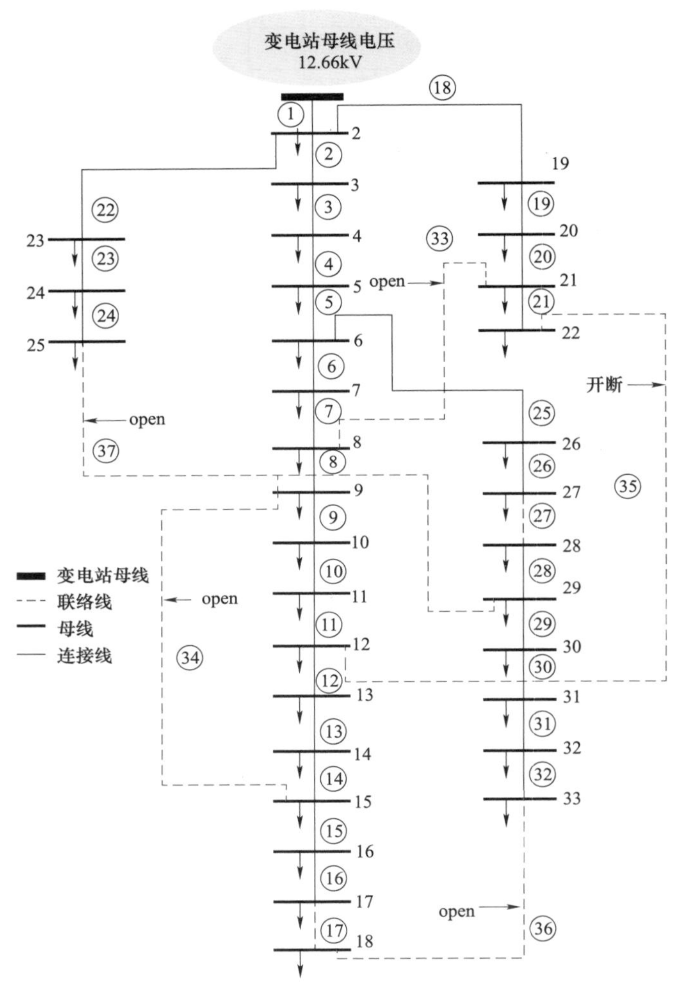

图 10－4　33 母线径向分配系统的初始配置

10.6.1　网络重构和分布式电源规模对功耗的影响

根据仿真分析，得到以下结果。在初始阶段（场景 1），33 节点系统的网络在没有重构和 DG 的情况下运行。对于所有使用的方法，网络通过 5 个初始断开开关 33、34、35、36 和 37 给出了 202.3kW 的初始总功耗。关于场景 2 中的表

10－2，在33母线系统的网络中采用了重构。所有方法都可以观察到重构功率损耗降低的影响。无论何时应用网络重构，MGA、MPSO和EPSO的总功耗都提高了34.5%。然而，在SABC方法中，功率损耗减少了约32.77%，这一点略有不同。

表10－2　　33节点配电系统仿真结果的总体性能

场景	方法	打开开关	功率损耗（MW）	损耗减小（%）	分布式电源规模（MW）		
					6	16	25
场景2	GA	6、10、14、17、28	136.5	32.53	—	—	—
	PSO	7、10、28、14、32	136.4	32.58	—	—	—
	EP	16、5、10、25、13	135.2	33.17	—	—	—
	ABC	7、9、14、32、37	139.5	31.04	—	—	—
	MGA	6、9、13、17、25	132.5	34.50	—	—	—
	EPSO	7、10、13、16、25	130.5	35.49	—	—	—
	MPSO	7、10、28、14、34	132.43	34.54	—	—	—
	SABC	6、9、14、31、37	136.0	32.77	—	—	—
场景3	GA	33、34、35、36、37	110.6	45.33	1.410 7	0.902	0.506 1
	PSO	33、34、35、36、37	109.6	45.82	1.003 8	0.900 4	0.516 7
	EP	33、34、35、36、37	106	47.60	0.731 5	0.722 4	1.027 0
	ABC	33、34、35、36、37	110.5	45.38	0.754 0	0.530 0	1.500 4
	MGA	33、34、35、36、37	104.0	48.59	1.019 0	0.912 0	0.506 1
	EPSO	33、34、35、36、37	102.5	49.33	0.731 0	0.656 4	1.156 0
	MPSO	33、34、35、36、37	109.2	46.02	1.148 8	0.902 3	0.516 7
	SABC	33、34、35、36、37	109.5	45.87	0.774 0	0.531 0	1.500 4
场景4	GA	7、8、10、16、28	112.0	44.64	1.041	0.905	0.700 1
	PSO	7、10、14、28、32	93.5	53.78	1.043 9	0.906 1	0.701 2
	EP	7、9、34、36、37	99.4	50.87	1.049 9	0.909 8	0.709 9
	ABC	11、20、24、32、34	129.7	35.89	1.300 4	0.53	0.705 4
	MGA	7、9、28、36、37	99.5	50.82	1.048	0.907	0.700 1
	EPSO	7、9、33、36、37	94.2	53.44	1.112 7	0.918	0.729
	MPSO	7、10、14、28、32	97.1	52.00	1.048 9	0.911 8	0.731 2
	SABC	11、20、24、32、34	101.6	49.78	1.260 4	0.531	0.774

续表

场景	方法	打开开关	功率损耗（MW）	损耗减小（%）	分布式电源规模（MW）		
					6	16	25
场景 5	GA	7、10、14、28、30	100.9	50.12	1.149 0	0.942 7	0.633 2
	PSO	7、9、14、28、32	92.3	54.37	1.152 3	0.954 5	0.631 2
	EP	7、10、12、16、28	94.1	53.48	1.151 9	0.937 8	0.668 0
	ABC	11、20、31、34、37	103.9	48.64	1.133	0.951 0	0.622 0
	MGA	7、10、12、16、28	96.88	52.11	1.151 9	0.933 5	0.667 8
	EPSO	6、10、13、16、28	89.4	55.81	1.159 0	0.974 7	0.663 2
	MPSO	7、9、14、28、32	92.46	54.30	1.173 3	0.965 1	0.636 3
	SABC	11、20、31、34、37	97.5	51.80	1.101 9	0.757 5	0.778 0

同时，在场景 3 中，DG 接入 6 号、16 号和 25 号母线。然后分析 DG 存在的影响。获得的结果表明，与场景 2 相比，功耗更大。总功率损耗降低了 61.9%～66.5%。在场景 4 中，已经进行了涉及重构和 DG 的操作。只有在获得正确规模的 DG 后，才能进行重构过程。这两种技术都是按顺序运行的。所获得的结果显示，与场景 2 和场景 3 相比，功率损耗降低更大。因此，重构过程中 DG 的存在确实导致了功率损耗的降低。

场景 5 的网络条件几乎与场景 4 相同，只是这次重构和 DG 同时应用。打开的开关和 DG 的接入位置是固定的。

33 节点系统网络的结果显示，场景 5 的功耗改善最为明显，为 31.4%～51.8%。图 10－5 描述了所提出方法的场景 5 的功率损耗测试的性能。根据场景 5 中获得的结果，观察到 SABC 产生了最高的改进，与原始方法相比提高了 6.19%。接下来是 EPSO（4.89%）、MGA（3.9%）和 MPSO（2.97%）。在总体结果中，EPSO 仍然保持作为一种方法，该方法在仿真过程中由于开关的改变以及 DG 同时注入有功功率而产生最低的功率损耗。

重构后，每种方法的 DG 的最优规模也发生了变化，如表 10－3 所示。参考场景 5，3 个 DG 安装在不同的位置，这些位置之前已经修复。一旦程序运行，DG 的大小将在预定范围内自动变化，直到达到最优值。这可以从表 10－2 中看出，表 10－2 显示了每种方法的最优 DG 规模不同。SABC 生产的 DG 最小规模为 2.637 4MW，其次是 MGA 2.753 2MW。而 MPSO 和 EPSO 分别为 2.774 7MW 和 2.796 9MW。如果 DG 的总规模在总负荷系统中占很大比例，它会降低电能质量。分析表明，如图 10－5 所示，当 DG 规模放置在 6 号、16 号和 25 号母线上时，实现了最大的节能。每种方法的 DG 总规模仍在范围内。

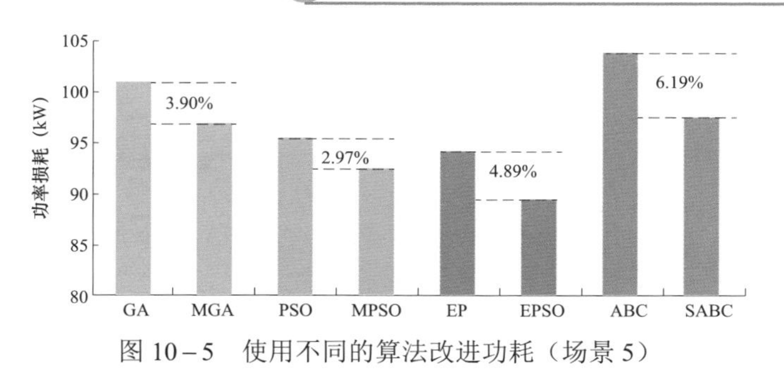

图 10－5　使用不同的算法改进功耗（场景 5）

表 10－3　　基于最优 DG 规模的不同方法的性能

方法	DG 规模（MW）			总规模
	6	16	25	
MGA	1.151 9	0.933 5	0.667 8	2.753 2
EPSO	1.159 0	0.974 7	0.663 2	2.796 9
MPSO	1.173 3	0.965 1	0.636 3	2.774 7
SABC	1.101 9	0.757 5	0.778 0	2.637 4

表 10－4 显示了 33 节点配电系统运行 30 次后，与所提出方法的性能比较。每个重复的过程（运行时间）都用随机的新组合开关和 DG 大小初始化，因此可以评估算法在寻找最小功耗方面的鲁棒性和效率。

表 10－4　　拟议方法的性能比较（情景 5）

30 次运行时间	功率损耗（kW）			
	MGA	MPSO	EPSO	SABC
最小解	96.8	92.4	89.4	97.5
最大解	98.9	99.8	96.1	99.7
平均的	97.4	94.37	92.24	98.3
标准偏差	0.000 9	0.002 97	0.002 11	0.001 07
迭代次数	35	21	13	30
中央处理器时间（s）	29.4	16.1	12.8	21.5
原始方法（s）	GA－60	PSO－28.1	EP－16.8	ABC－44.5

从结果分析来看，EPSO 获得的最小解或最优输出为 89.494kW。然而，最大解表明不利值由 MPSO 和 SABC 产生，分别为 99.8、99.7kW。MPSO 得到的标准偏差最大，为 0.002 97。然而，每种方法的最小解和最大解之间的差异百分比为 2.12%～7.42%，均小于原始方法。

分析表明，重构和 DG 的同时存在会产生更低的功率损耗率，因为新的一组开关已经被重新安排，以创建一个新的配置系统和 DG 的最优规模。图 10－6 为

DG 和网络重构同时作用下的 33 节点配电系统。

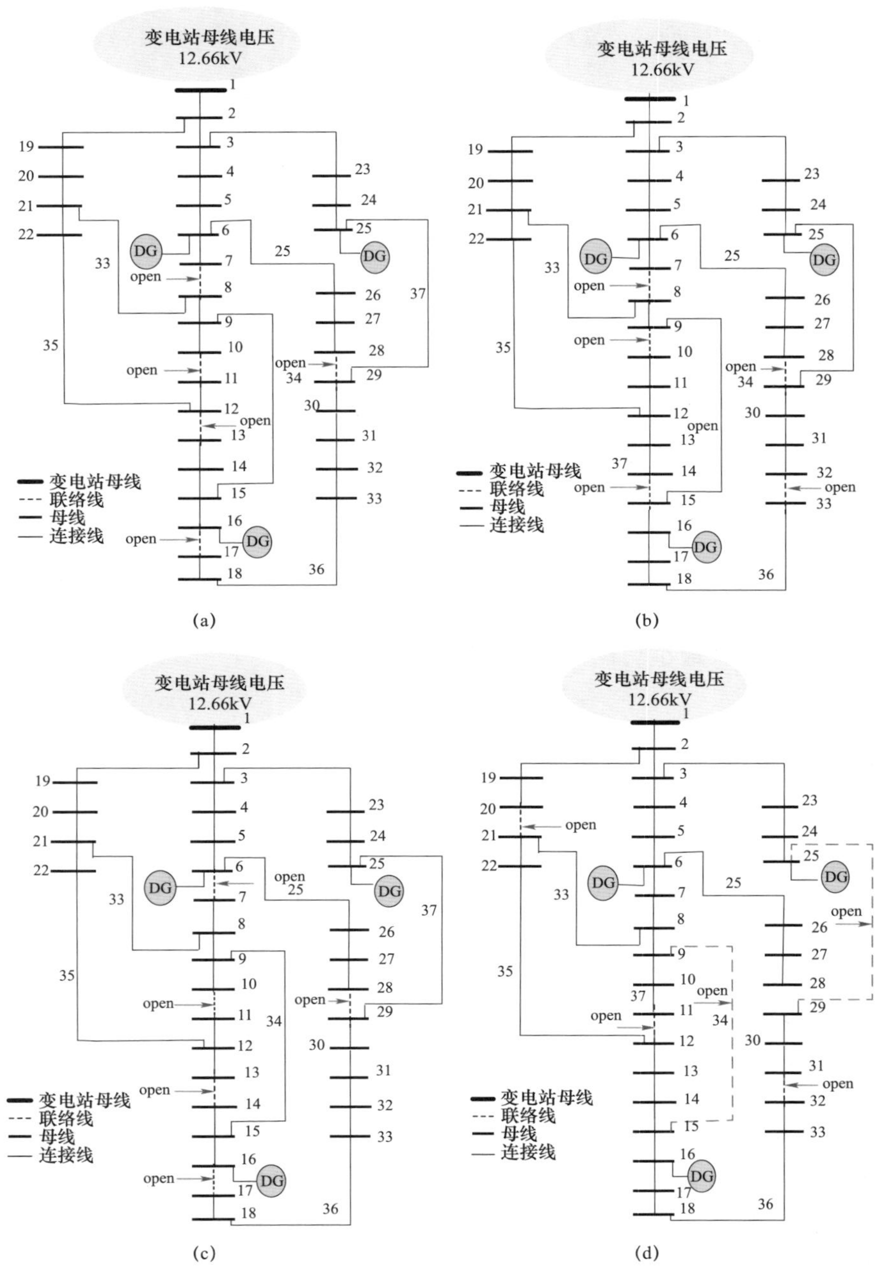

图 10－6　使用 MGA、MPSO、EPSO、SABC 进行网络重构和分布式电源规模

（a）MGA 算法结果；（b）MPSO 算法结果；（c）EPSO 算法结果；（d）SABC 算法结果

同时，不同算法达到最优值的迭代次数分别为 MGA 35 次，SABC 30 次，MPSO 21 次，EPSO 13 次。其中 EPSO 只需 12.8s 即可收敛，而 MGA 计算时间最长，需要 29.4s。这是因为 MGA 在收敛之前需要更多的步骤。这意味着迭代次数越多，计算时间就越长。

收敛曲线表明每种方法的能力和效率，以及算法达到最优点的速度。图 10－7 显示了所提出的优化算法的收敛特性。随着技术的更新，功率损耗值会得到提高，直到达到最优解决方案。从观察结果来看，EPSO 是最快（13 次迭代）达到最优解的算法，其次是 MPSO、MGA 和 SABC。

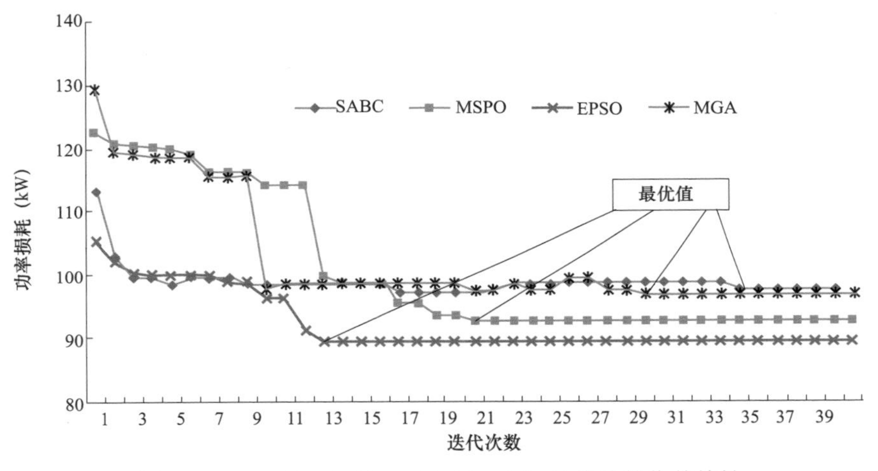

图 10－7　MGA、MPSO、EPSO、SABC 算法的收敛特性

10.6.2　网络重构和分布式电源规模对电压分布的影响

图 10－8 描述了使用不同的方法对场景 5 的电压分布的影响。通过观察结果，可以得出结论，与基本场景相比，场景 5 电压分布得到改善，最低电压为 0.913 1p.u.，平均母线电压达到了 0.950p.u.，在重构和 DG 同时运行的系统中，MPSO 方法最小节点电压为 0.977 692p.u.，SABC 方法最小节点电压为 0.976 9 p.u.，系统的电压分布得到了显著改善，改进约为 7.07%。而 MGA 和 EPSO 的最小节点电压出现在相同节点，最低电压为 0.9859p.u.。

综上所述，不同优化方法的优化结果不同，具体表现在节点 33 的电压有较大差异。此外，同时应用 DG 和网络重构能更好地优化电压分布，所有节点电压均高于 0.95p.u.的电压下限，且平均节点电压接近 1p.u.。

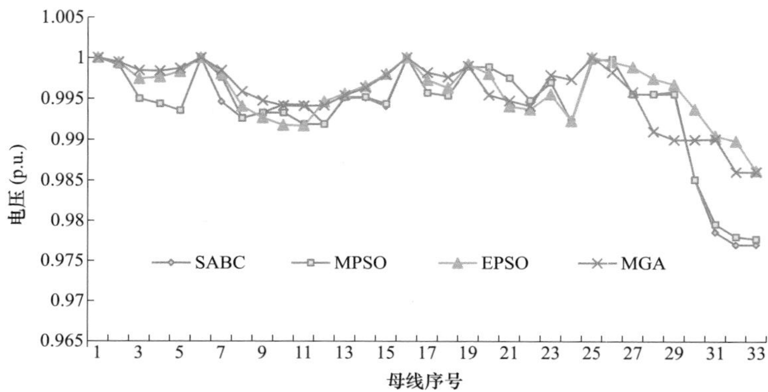

图 10－8　不同方法的电压分布特性

参 考 文 献

[1] N. Suresh, Dr. T. Gowri Manohar, Optimal citing of custom power controller in distribution system for loss reduction, in National Conference on GSSSETW, Oct 2009, Mysore, Kartanaka.

[2] K. Prasad, R. Ranjan, N. Sahoo, A. Chaturvedi, Optimal reconfiguration of radial distribution systems using a fuzzy mutated genetic algorithm. Power Delivery, IEEE Trans. 20(2), 1211 – 1213 (2005).

[3] N. Gupta, A. Swarnkar, K. Niazi, Reconfiguration of distribution systems for real power loss minimization using adaptive particle swarm optimization. Electr. Power Compon. Syst. 39(4), 317 – 330 (2011).

[4] C.L. Borges, D.M. Falcão, Impact of distributed generation allocation and sizing on reliability, losses and voltage profile. Paper presented at the Power Tech Conference Proceedings, 2003 IEEE Bologna (2003).

[5] T.S. Basso, R. DeBlasio, IEEE 1547 series of standards: interconnection issues. Power Electron IEEE Trans. 19(5), 1159 – 1162 (2004).

[6] O. Javanmardi, M. Nasri, I. Sadeghkhani, Investigation of distributed generation effects on the voltage profile and power losses in distribution systems. Adv. Electr. Eng. Syst. 1(2), 74 – 77 (2012).

[7] S. Sivanagaraju, Y. Srikanth, E.J. Babu, An efficient genetic algorithm for loss minimum distribution system reconfiguration. Electr. Power Compon. Syst. 34(3), 249 – 258 (2006).

[8] G. Wang, P. Wang, Y. – H. Song, A. Johns, Co-ordinated system of fuzzy logic and evolutionary programming based network reconfiguration for loss reduction in distribution systems. Paper presented at the Fuzzy Systems, 1996. Proceedings of the Fifth IEEE International Conference on (1996).

[9] D. Shirmohammadi, H.W. Hong, Reconfiguration of electric distribution networks for resistive line losses reduction. Power Deliv. IEEE Trans. 4(2), 1492 – 1498 (1989).

[10] Y. Song, G. Wang, A. Johns, P. Wang, Distribution network reconfiguration for loss reduction using fuzzy controlled evolutionary programming. *Paper presented at the Generation, Transmission and Distribution, IEE Proceedings* (1997).

[11] J.Z. Zhu, Optimal reconfiguration of electrical distribution network using the refined genetic algorithm. Electr. Power Syst. Res. 62(1), 37 – 42 (2002).

[12] L. Ganesan, P. Venkatesh, Distribution system reconfiguration for loss reduction using genetic algorithm. J. Electr. Syst. 2(4), 198 – 207 (2006).

[13] S. Sivanagaraju, J.V. Rao, P.S. Raju, Discrete particle swarm optimization to network reconfiguration for loss reduction and load balancing. Electr. Power Compon. Syst. 36(5), 513 – 524 (2008).

[14] C. – T. Su, C. – F. Chang, J. – P. Chiou, Distribution network reconfiguration for loss reduction by Ant Colony Search algorithm. Electr. Power Syst. Res. 75(2), 190 – 199 (2005).

[15] J. Chakravorty, Network reconfiguration of distribution system using fuzzy controlled evolutionary programming. Int. J. Eng. Sci. Adv. Technol. 2(2), 176 – 182 (2012).

[16] N. Gupta, A. Swarnkar, K. Niazi, Reconfiguration of distribution systems for real power loss minimization using adaptive particle swarm optimization. Electr. Power Compon. Syst. 39(4), 317 – 330 (2011).

[17] N. Rugthaicharoencheep, S. Sirisumrannukul, Feeder reconfiguration for loss reduction in distribution system with distributed generators by Tabu Search. GMSARN Int. J. 3, 47 – 54 (2009).

[18] Y. – K. Wu, C. – Y. Lee, L. – C. Liu, S. – H. Tsai, Study of reconfiguration for the distribution system with distributed generators. Power Delivery, IEEE Trans. 25(3), 1678 – 1685 (2010).

[19] J. Olamaei, T. Niknam, G. Gharehpetian, Application of particle swarm optimization for distribution feeder reconfiguration considering distributed generators. Appl. Math. Comput. 201(1), 575 – 586 (2008).

[20] Z. Bingda, Y. Liu, A novel algorithm for distribution network reconfiguration based on evolutionary programming. Paper presented at the Advanced Power System Automation and Protection (APAP), 2011 International Conference on (2011).

[21] A.C. Nerves, J.C.K. Roncesvalles, Application of evolutionary programming to optimal siting and sizing and optimal scheduling of distributed generation. Paper presented at the TENCON 2009—2009 IEEE Region 10 Conference (2009).

[22] M.P. Lalitha, V.V. Reddy, V. Usha, Optimal DG placement for minimum real power loss in radial distribution systems using PSO. J. Theoret. Appl. Inf. Technol. 13(2), 107 – 116 (2010).

[23] A. Arya, Y. Kumar, M. Dubey, Reconfiguration of electric distribution network using modified particle swarm optimization. Int. J. Comput. Appl. 34(6) (2011).

[24] M.P. Lalitha, N.S. Reddy, V.V. Reddy, Optimal DG placement for maximum loss reduction in radial distribution system using ABC Algorithm. J. Theoret. Appl. Inf. Technol. (2010).

[25] K. Nara, A. Shiose, M. Kitagawa, T. Ishihara, Implementation of genetic algorithm for distribution systems loss minimum re-configuration. Power Syst. IEEE Trans. 7(3), 1044 – 1051 (1992).

[26] T. Ackermann, G. Andersson, L. Söder, Distributed generation: a definition. Electr. Power Syst. Chapter 57(3), 195 – 204 (2001).

[27] A. El-Zonkoly, Optimal placement of multi-distributed generation units including different load models using Particle Swarm Optimisation. IET Gener. Transm. Distrib. 5(7), 760 – 771 (2011).

[28] J. Mendoza, R. López, D. Morales, E. López, P. Dessante, R. Moraga, Minimal loss reconfiguration using genetic algorithms with restricted population and addressed operators: real application. Power Syst. IEEE Trans. 21(2), 948 – 954 (2006).

[29] Y. Del Valle, G.K. Venayagamoorthy, S. Mohagheghi, J. – C. Hernandez, R.G. Harley, Particle swarm optimization: basic concepts, variants and applications in power systems. Evol. Comput. IEEE Trans. 12(2), 171 – 195 (2008).

11

插电式电动汽车的优化激励方案

梅迪·拉赫马尼·安德比利，
马哈茂德·福图希·菲鲁扎巴德，
莫因·莫伊尼·阿格泰

摘　要　本章探讨了在停车场中实现插电式电动汽车（a plug-in electric vehicle，PEV）聚合商参与能量市场交易的问题。在此建立了关于引入激励（PEV 充电费用折扣值）的 PEV 驾驶员与聚合商合作行为模型。考虑的激励因素包含 PEV 电池充电费用的折扣值。此外，本章基于停车场各小时内 PEV 到达/离开的时间和 PEV 电池各小时的荷电状态（state of charge，SOC），对停车场电能交易的能力进行建模。基于电动汽车放电过程（vehicle-to-grid，V2G）产生的 PEV 电池有效安时传输电量进行 PEV 电池的老化建模。在规划范围内，综合考虑了经济因素和技术因素。其中经济因素包括通货膨胀和利率等；技术因素包括 PEV 电池的功率限制、PEV 电池的放电深度（the depth of discharge，DOD）约束、停车场年度维护费用以及 PEV 的年更新率等。能量市场价格和 PEV 驾驶员行为带来了多变性和不确定性，本章采用随机方式进行建模和求解。

关键词　停车场能量交易能力建模，PEV 驾驶员行为建模，PEV 电池寿命损失建模，优化激励方案，随机优化

11.1 引言

由于 PEV 可以采用可再生能源或清洁能源发出的电力充电，使用 PEV 代替内燃机车是缓解能源安全与环境问题的颇具前景的策略[1]。如今，世界各国政府广泛呼吁部署 PEV 和混合式 PEV[2~5]。最近的一项研究显示，全世界将近 27%的能量消耗和 33%的温室气体排放都与运输部门有关[6]。基于文献［7，8］提出的研究结论，由于蓄电池技术的进步，在一些发达国家，PEV 的使用正在迅速增加。近年来，随着智能电网的发展，储能的作用变得越来越重要[9]。单个 PEV 对配电网络的影响是微小的，然而大量 PEV 集中式接入可以显著地影响电网性能[10,11]。通过有效的协调和通信技术，PEV 可以作为移动的储能设备，并在智能电网中发挥重要作用[12]。用电动车辆取代传统车辆可能使电网处于危险之中，并带来新的问题，例如系统过载以及由于 PEV 电池不受控制的充电而引起的能量市场价格飙升[13,14]。PEV 聚合商可以有效地发挥作用以缓解上述问题，它可以激励 PEV 驾驶员（通过向他们引入各种激励）将车辆停放在特定位置（停车场）以管理和协调 PEV 电池的充电时间。通过实施这种策略，聚合商可以参与不同的能量市场交易，并为自身、PEV 驾驶员以及电网提供利益。据报道，停车场的私人车辆一天之内超过 90%的时间处于闲置状态[15]。PEV 作为储能单元在能量市场中进行能量交易具有巨大的潜力。由于功率容量较低，单个 PEV 驾驶员不能参与能量市场交易与其他强大的市场参与者竞争，PEV 聚合商被引入来整合它们[16]。文献［17］给出了关于 PEV 聚合商经济与技术管理的全面文献综述。文献［18］综述了 PEV 最优充电管理方法。文献［10，19－21］讨论了 V2G 技术的优缺点及其经济与技术特点。

文献［22］利用 2009～2025 年安大略输电网和基础负荷发电能力分区模型，分析了安大略电网 PEV 充电的可行性。文献［23，24］提出了用于协调 PEV 充电时间以实现最小能量损失和电压控制的实时负荷管理策略。文献［25］研究了考虑 PEV 机群的电网可靠性评估问题。在文献［26］中，网络重构被用于随机框架中协调 PEV 的 V2G 过程。文献［27］研究了与智能家居相连的单台 PEV 能量管理。

文献［28－37］研究了不同的能量市场里 PEV 聚合商的存在。在文献［28－30］中，PEV 通过提供包括频率调节在内的辅助服务来支持智能电网。文献［31，32］研究了 PEV 参与热备用市场交易。文献［33］研究了日前能量市场中聚合商应用混合整数线性规划（MILP）对 PEV 进行充电调度。文献［34］提出了 PEV 聚合商利用随机优化方法参与日前能量与管制市场的最优报价策略。作者在文献

[35] 中提出了一种 PEV 实时充电管理方法，用于 PEV 聚合商参与到能量市场中。文献 [36] 基于应用量子退火的最优功率因数，对配电系统中太阳能停车场进行了大小和配置的调整。

尽管文献中有许多关于 PEV 及其聚合商的研究，但是考虑 PEV 驾驶员与聚合商在激励计划方面合作水平的 PEV 驾驶员行为尚未被建模。在本章中，除了 PEV 驾驶员的响应水平之外，还对能量市场中的停车场的电力交易能力进行了建模。文献 [37] 中提出的电池寿命损失模型被应用于 PEV 电池问题模拟中。

11.2 停车场能量交易能力建模

图 11－1 为 PEV 的电池示意图，表示其容量、荷电状态（state of charge，SOC）水平和所定义的放电深度（the depth of discharge，DOD）限制。可以看出，电动汽车充电（grid-to-vehicle，G2V）功率可用值可以根据 PEV 的电池容量与 SOC 水平之差来确定。同样，电动汽车放电（vehicle-to-grid，V2G）功率可用值可以根据 PEV 电池 SOC 水平与 PEV 电池的给定 DOD 限制之差来计算。停车场每小时内，可用的 V2G 和 G2V 功率总值可以通过了解与 PEV 驾驶员行为有关的一些参数值来计算。这些参数包括到达停车场的 PEV 数量、离开停车场的 PEV 数量以及到达停车场的 PEV 电池的充电状态水平[31]。图 11－2 显示了聚合商作为能量市场与通过停车场接入配电系统的 PEV 之间的中间代理作用。在此基础上，综合考虑价格信号以及停车场总体可用的 V2G 和 G2V 功率，聚合商可以参与能量市场交易。

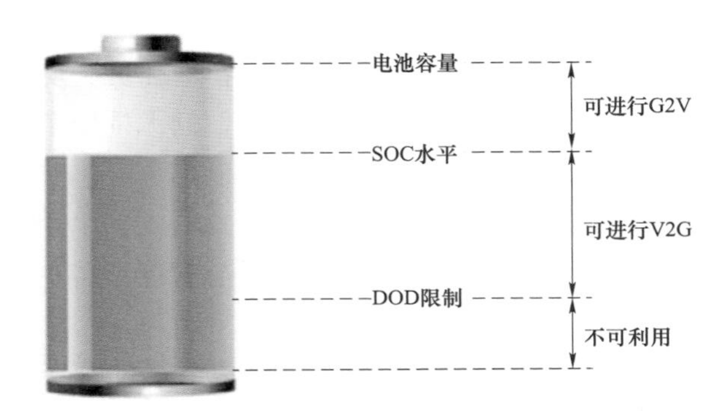

图 11－1　PEV 电池的容量、SOC 水平和规定的 DOD 限值示意图

PEV 驾驶员行为和能量市场价格是不确定的，他们可能有广泛的可变性。然而，每个不确定参数的变化范围可以根据聚合商收集的各小时历史数据来估计。

图 11－3 为一天中各小时不确定参数可能值的上下限。

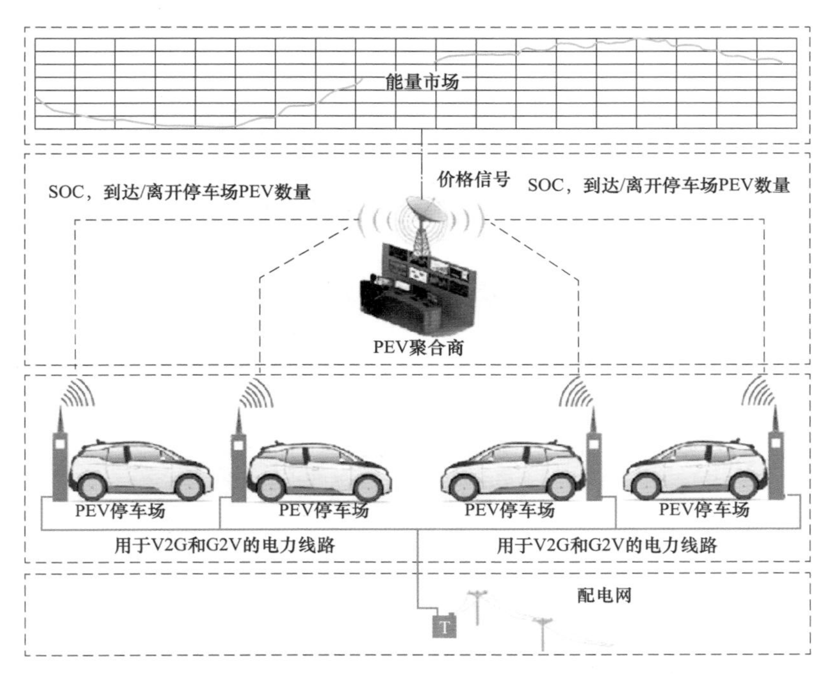

图 11－2　作为能量市场与接入配电网的 PEV 之间中间代理的聚合商示意图

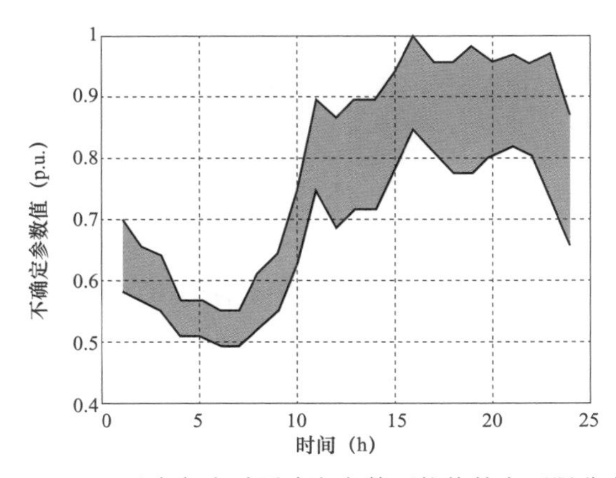

图 11－3　一天内各小时不确定参数可能值的上下限分布图

高斯分布函数作为最合适的分布函数，用来拟合一天中各小时每个不确定参数的收集数据，如图 11－4 所示[31]。为解决预测不确定性，根据高斯分布函数中与 $\mu-2\sigma$，$\mu-\sigma$，μ，$\mu+\sigma$，$\mu+2\sigma$ 对应的区间，每个不确定参数分别按照 0.022 8、0.135 9、0.682 6、0.135 9 和 0.022 8 的概率考虑 5 个不同的值。为了随

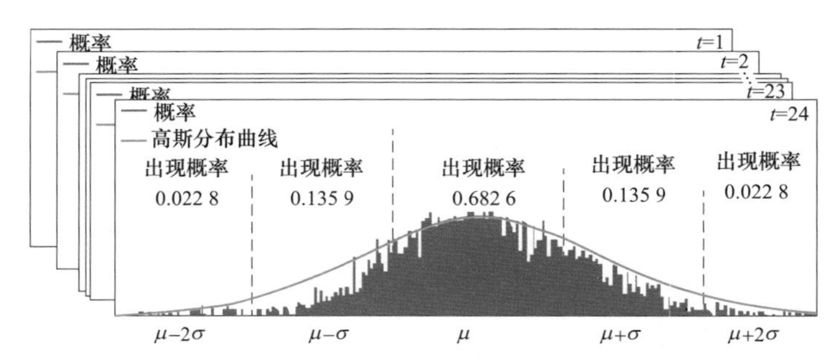

图 11－4　一天内各小时各不确定参数在 5 个不同概率下的分布图

机研究该问题，针对一天中每个不确定参数的小时值，定义了 15 个全面多样的场景，如图 11－5 所示。这些场景是任意定义的，这里尽可能设计各种各样的、全面的场景，以包括最可能的场景并消除相类似的场景。

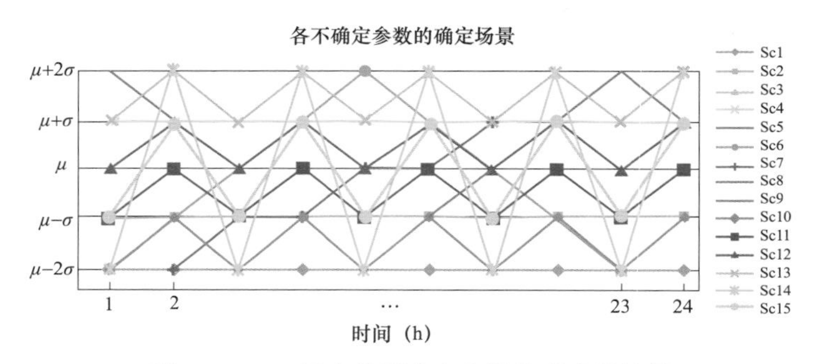

图 11－5　一天内各不确定参数值考虑的情景

11.3　PEV 驾驶员与聚合商的协作建模

应用线性函数、幂函数、对数函数和指数函数对 PEV 驾驶员与聚合商合作的百分比（ξ）与充电收费的折扣值（ψ）之间的关系进行建模。如表 11－1 中式（11－1）～式（11－4）所示，这些模型被设计为 PEV 驾驶员在免费充电下 100%合作，而在充电费零折扣下不合作。图 11－6 给出了与线性模型、指数分别为 0.1、0.3、1.5 和 3 的幂函数模型、对数模型以及收费折扣值在（0%，100%）区间的指数模型有关的合作百分比曲线。可以看出，所考虑的模型是非常全面的，因为它们覆盖了所有的二维空间。PEV 驾驶员所有可能的线性和非线性行为都予以考虑。

表 11－1　应用充电费用折扣函数计算 PEV 驾驶员与聚合商合作百分比的模型

模型	PEV 驾驶员合作百分比	
线性函数	$\xi_{Lin}=\psi$	（11－1）
幂函数	$\xi_{Pow}=100\times\left(\frac{\psi}{100}\right)^n, n\in\mathbb{R}$	（11－2）
指数函数	$\xi_{Exp}=100\times e^{M\times\left(\frac{\psi}{100}-1\right)}, M\gg 1$	（11－3）
对数函数	$\xi_{Log}=100\times ln\left\{\frac{\psi}{100}\times[\exp(1)-1]+1\right\}$	（11－4）

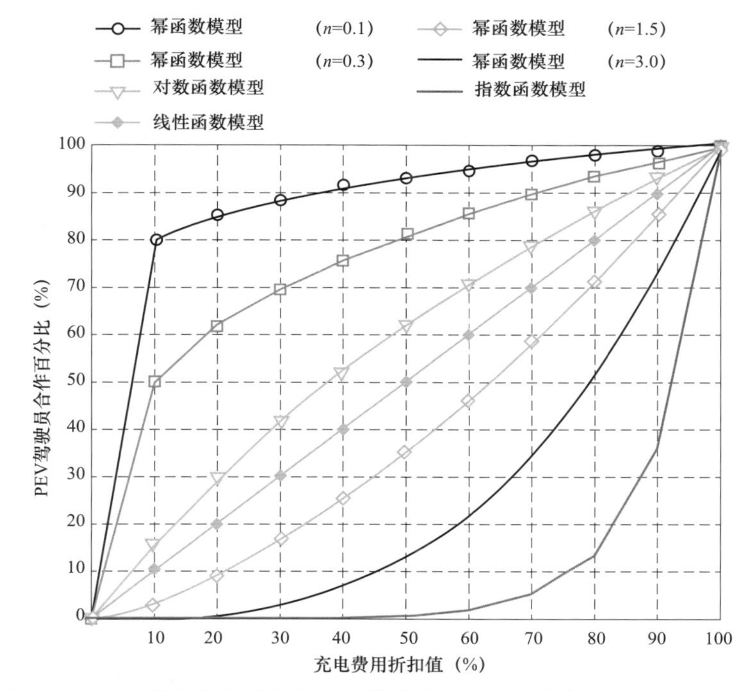

图 11－6　采用各种线性和非线性模型时考虑聚合商收费折扣值的 PEV 驾驶员合作百分比曲线

11.4　基于 V2G 的 PEV 电池寿命损耗建模

基于 PEV 电池因 V2G[37]产生的有效安时吞吐量，对 PEV 电池的寿命损失成本或老化成本的值进行建模，如式（11－5）所示。在式（11－5）中，$Ah_{b,t}$ 表示

PEV 电池在 V2G 状态下 t 时刻内产生的安培小时吞吐量，Ah_b^{Tot} 表示 PEV 电池在其寿命周期内的累计安培小时吞吐量，$Price^{Bat}$ 表示 PEV 电池的价格，λ作为有效的加权因子，用文献［37］中引入的模型来确定。如图 11－7 所示，在本模型中，有效加权因子的值与 PEV 电池的 SOC 水平具有非线性关系。当 SOC 为 50%时，从 PEV 的电池中放电 1Ah 等价于从 PEV 的电池的总累积安时吞吐量中放出 1.3Ah；当 SOC 为 100%时，放电 1Ah 仅导致约 0.55Ah 的减少。这一现象表明，PEV 电池保持高 SOC 水平有助于延长其使用寿命。

$$Cost^{LL}(t) = \frac{\lambda \times Ah_b(t)}{Ah_b^{Tot}} \times Price^{Bat} \tag{11-5}$$

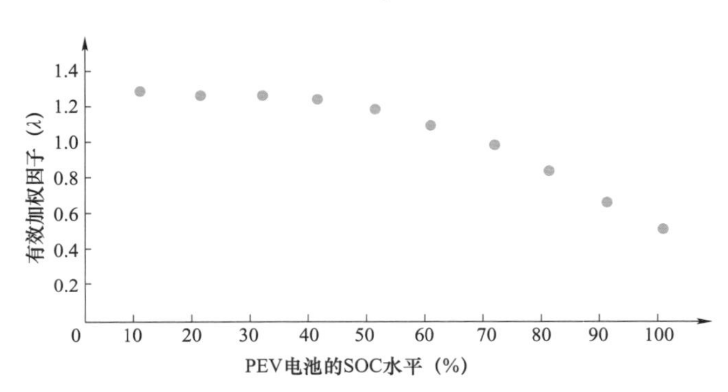

图 11－7　PEV 电池有效加权系数与 SOC 电平的关系

11.5　规划问题建模

在本章中，PEV 聚合商在住宅区内建立并运行一些停车场，以参与能量市场交易，从而在给定的规划范围内使利润最大化。

11.5.1　目标函数

目标函数由五部分组成，分别对应能量市场交易所得的收入，建造、装备并运营停车场的投资成本，停车场的年度维护成本，V2G 引起的 PEV 电池老化成本以及考虑 PEV 电池充电费折扣的成本。在规划范围内本节考虑了经济因素和一些技术因素。其中经济因素包括通货膨胀和利率等；技术因素包括 PEV 电池的功率限制、PEV 电池的放电深度约束、停车场年度维护费用以及 PEV 的年更新率等。由于能量市场价格以及 PEV 驾驶员行为的多变性和不确定性，为每个不确定参数考虑多种综合方案，随机求解规划问题。不确定参数包括能量市场价格、到达停车场的 PEV 数量、离开停车场的 PEV 数量以及到达停车场的 PEV 电

池的 SOC 水平。规划问题的目标函数在式（11－6）中给出。

$$OF_{pp}=\max[-Cost_{Tot}^{Inv}-PWV(Cost^{M})+PWV(Income^{T})-PWV(Cost^{BA})-PWV(Cost^{Inc})] \tag{11-6}$$

目标函数的第一项与建造和装备停车场的总投资成本有关，第 2 项与规划期间停车场维修成本的现值有关。

目标函数的第 3 项与规划期内由于能量市场中的最优交易，在考虑不确定参数的所有已定义情景的情况下，通过执行最优 V2G 和 G2V 动作，实现的聚合商收入的现值相关。式（11－7）给出了聚合商年收入的确定方法。如表 11－2 所示，u^a 和 u^b 为二进制数，是编码电动汽车处于空闲状态或执行 V2G 与 G2V 之一的聚合商决策参数。式（11－8）表示愿意与聚合商合作并将其 PEV 连接到停车场的 PEV 驾驶员数量。Nev_{Tot} 表示该区域内的 PEV 总数，ξ_{Model} 为 PEV 驾驶员与聚合商关于收费折扣值（ψ）的合作百分比，通过表 11－1 或图 11－6 确定。式（11－9）和式（11－10）分别给出了规划期内聚合商年收入的随机值及其现值的计算方法。

表 11－2　用于对聚合商的决策进行编码的二进制变量

u^a	u^b	决策
0	0	空闲状态
	1	
1	0	G2V
	1	V2G

$$Income_{y}^{T}=\sum_{d=1}^{365}\sum_{t=1}^{24}u^{a}(t)\times\left\{u^{b}(t)\times\pi^{E}(t)\sum_{ev=1}^{Nev}V2G_{ev,y,d}(t)-[1-u^{b}(t)]\times\pi^{E}(t)\sum_{ev=1}^{Nev}G2V_{ev,y,d}(t)\right\} \tag{11-7}$$

$$Nev=Nev_{Tot}\times\xi_{Model} \tag{11-8}$$

$$Stoch\left(Income_{y}^{T}\right)=\sum_{i\in S^{\pi}}\sum_{j\in S^{Narr}}\sum_{k\in S^{Ndep}}\sum_{l\in S^{SOC}}\left\{Income_{y}^{T}\right\}\times Pr_{i}^{\pi}\times Pr_{j}^{Narr}\times Pr_{k}^{Ndep}\times Pr_{l}^{SOC} \tag{11-9}$$

$$PWV\left[Stoch\left(Income_{y}^{T}\right)\right]=\sum_{y=1}^{pp}Stoch\left(Income_{y}^{T}\right)\times\left(\frac{1+IFR}{1+ITR}\right)^{y} \tag{11-10}$$

考虑不确定参数的所有已定义情景，目标函数的第 4 项与规划期内这些情景下 V2G 过程产生的 PEV 电池老化成本现值相关。式（11－11）～式（11－13）分别给出了 PEV 电池年老化成本的确定值、随机值以及规划期内老化成本的现值。

$$Cost_y^{BA}=\sum_{d=1}^{365}\sum_{t=1}^{24}u^a(t)\times u^b(t)\sum_{ev=1}^{Nev}Cost_{ev,y,d}^{LL}(t) \tag{11-11}$$

$$Stoch(Cost_y^{BA})=\sum_{i\in S^{\pi}}\sum_{j\in S^{Narr}}\sum_{k\in S^{Ndep}}\sum_{l\in S^{SOC}}\{Cost_y^{BA}\}\times Pr_i^{\pi}\times Pr_j^{Narr}\times Pr_k^{Ndep}\times Pr_l^{SOC} \tag{11-12}$$

$$PWV(Cost^{BA})=\sum_{y=1}^{pp}Stoch\left(Cost_y^{BA}\right)\times\left(\frac{1+IFR}{1+ITR}\right)^y \tag{11-13}$$

考虑不确定参数的所有已定义情景，目标函数的第 5 项与规划期内计费折扣现值相关。考虑到充电费用的折扣，假设合作驾驶员的 PEV 电池将从初始 SOC 水平充电到完全充电。式（11－14）～式（11－16）分别给出了规划期内支付给驾驶员的年度激励的确定值、随机值以及现值的计算方法。

$$Cost_y^{Inc}=\sum_{d=1}^{365}\sum_{t=1}^{24}\sum_{ev=1}^{Nev}\left(1-\frac{SOC_{ev,y,d}^{arr}(t)}{100}\right)\times P_{ev}\times\frac{\psi}{100}\times\pi^{ch} \tag{11-14}$$

$$Stoch(Cost_y^{Inc})=\sum_{i\in S^{\pi}}\sum_{j\in S^{Narr}}\sum_{k\in S^{Ndep}}\sum_{l\in S^{SOC}}\{Cost_y^{Inc}\}\times Pr_i^{\pi}\times Pr_j^{Narr}\times Pr_k^{Ndep}\times Pr_l^{SOC} \tag{11-15}$$

$$PWV(Cost^{Inc})=\sum_{y=1}^{pp}Stoch(Cost_y^{Inc})\times\left(\frac{1+IFR}{1+ITR}\right)^y \tag{11-16}$$

11.5.2 约束条件

该问题的第一个约束条件涉及在每天的 V2G 和 G2V 过程之后向每台 PEV 供电。如式（11－17）所示，考虑了 PEV 每天在 G2V 和 V2G 过程中的累积值，满足其每日能量需求。

$$\begin{aligned}&\sum_{t=1}^{24}u^a(t)\times[1-u^b(t)]\times G2V_{ev,y,d}(t)-\sum_{t=1}^{24}u^a(t)\times u^b(t)\times V2G_{ev,y,d}(t)\\&=\sum_{t=1}^{24}\left[1-\frac{SOC_{ev,y,d}^{arr}(t)}{100}\right]\times P_{ev}\end{aligned} \tag{11-17}$$

$$\forall i\in S^{\pi},\forall j\in S^{Narr},\forall k\in S^{Ndep},\forall l\in S^{SOC},\forall ev=1,\cdots,Nev,\forall y=1,\cdots,pp,\forall d=1,\cdots,365$$

第二个和第三个约束条件分别涉及每个 PEV 电池对电网的允许注入功率和电网对每个 PEV 电池的允许注入功率。这些约束必须在规划周期的每个小时和每个场景中考虑。

$$V2G_{ev,y,d}(t)=P_{ev} \tag{11-18}$$

$$G2V_{ev,y,d}(t) = P_{ev} \tag{11-19}$$

$\forall i \in S^{\pi}, \forall j \in S^{Narr}, \forall k \in S^{Ndep}, \forall l \in S^{SOC}, \forall ev = 1, \cdots, Nev, \forall y = 1, \cdots, pp,$
$\forall d = 1, \cdots, 365, \forall t = 1, \cdots, 24$

第四个约束条件与聚合商对 PEV 驾驶员的义务有关。为了延长 PEV 电池的寿命，在规划期内的每一小时和每一个定义的场景中，每个 PEV 电池的放电量不能超过所定义的 DOD 极限。SOC 水平不能大于 100%。

$$DOD^{limit} \leqslant SOC_{ev,y,d}(t) \leqslant 100 \tag{11-20}$$

$\forall i \in S^{\pi}, \forall j \in S^{Narr}, \forall k \in S^{Ndep}, \forall l \in S^{SOC}, \forall ev = 1, \cdots, Nev, \forall y = 1, \cdots, pp,$
$\forall d = 1, \cdots, 365, \forall t = 1, \cdots, 24$

11.6 推荐的优化技术

应用遗传算法（GA）解决这一问题[38]。其他优化算法也可用于该问题，但遗传算法的并行优化性能及其应用在复杂非线性环境中的能力是其用于该问题的主要原因。

优化问题的变量包括一天中各小时的 u^a 和 u^b（聚合商关于处在空闲状态或执行 V2G 或 G2V 动作之一的决策指标）。在此基础上，将种群中的每一个染色体（群体中的每个个体）定义成规模为 24×2 的交易矩阵。图 11－8 所示为定义的染色体结构。规划期内聚合商净利润的值被定义为染色体的适应度。下面介绍和描述应用遗传算法解决问题的步骤。

交易矩阵

	u^a	u^b
Hour 1	0或1	0或1
Hour 2	0或1	0或1
⋮	⋮	⋮
Hour t	0或1	0或1
⋮	⋮	⋮
Hour 24	0或1	0或1

图 11－8　定义的染色体结构

1. 步骤 1：获取原始数据

（1）应用遗传算法的参数：这些参数包括基因突变概率（$P^{Mutation}$）和种群的大小（N_{ch}）。

（2）问题的参数：得到所有问题参数和初始数据的值。此外，还需明确充电费用折扣的取值以及 PEV 驾驶员与聚合商的协作模型。

（3）初始种群：用随机二进制值对种群的染色体进行初始化。

2. 步骤 2：更新种群

（1）应用交叉算子：对每对染色体随机选择两个交叉点，然后对群体的每两条染色体应用交叉算子，以再生两个新的染色体作为后代，如图 11－9 所示。

（2）应用变异算子：在一定的突变概率 $P^{Mutation}$ 下，该算子应用于种群的每一

个染色体的每一个基因。

3. 步骤3：选择新的种群

（1）评估染色体的适应度：对于每一个染色体，如果所有的约束得到满足，可以计算染色体的适应度。

（2）应用选择过程：从式（11－21）中可以看出，新的染色体通过基于概率适应度的选择过程被筛选出来，其中更合适的染色体更有可能被选中。每个染色体的选择概率值是用式（11－22）计算的，它与染色体的适应度成正比。

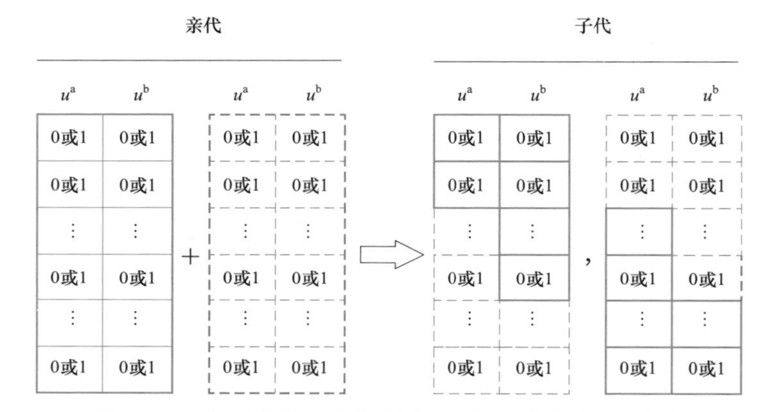

图11－9　在两条染色体上应用交叉算子再生成新染色体

$$a_{ch}=\begin{cases}1 & P_{ch}^{Selection}>r_{ch}\\0 & P_{ch}^{Selection}<r_{ch}\end{cases} \tag{11-21}$$

$$P_{ch}^{Selection}=\frac{f_{ch}}{Max(S^f)},\ S^f=(f_1,\cdots,f_{ch},\cdots,f_{Nch}) \tag{11-22}$$

4. 步骤4：检查终止判据

检查优化过程的收敛状态。测量新老种群的染色体适应性改善值，如无显著改善（染色体适应性提升在1%以内），则优化过程结束，否则，算法跳至步骤2继续。

5. 步骤5：提出结果

结果包括作为最优交易矩阵的最佳匹配染色体。

对于所有可能的充电费用折扣值以及PEV驾驶员与聚合商的每个合作模型，按照10%的步幅重复这个过程。确定最优激励、PEV驾驶员与聚合商的最优合作百分比以及聚合商在给定时间范围内的最大净利润。

11.7 数值研究

11.7.1 原始数据

初始数据及问题参数值见表 11－3。图 11－10、图 11－11、图 11－12 和图 11－13 显示了能量市场价格的变化范围和 PEV 驾驶员行为的不确定参数，包括到达停车场的 PEV 数量、离开停车场的 PEV 数量和一天中每小时到达停车场的 PEV 电池的 SOC 水平。表 11－4 给出了涉及能量市场价格以及 PEV 驾驶员一天内每小时行为不确定参数的高斯分布函数的平均值和标准偏差。在问题模拟中考虑的场景是基于图 11－5 中给出的细节。

表 11－3　　问题的初始数据和参数

规划周期（年）	20	PEV 电池全生命周期累计安培小时吞吐量	700 000
通货膨胀率（%/年）	10	PEV 电池功率（kW）	10
利率（%/年）	15	PEV 电池容量（kWh）	50
停车场投资成本（美元）	100 000	充/放电电压（V）	480
停车场维修费用（美元/年）	1000	基于合同的 DOD^{limit}（%）	20
停车场的规模	200	PEV 增长率（%/年）	1
停车场总数	10	充电费用（$/kWh）	0.043
PEV 电池价格（美元）	10 000	GA 种群规模	100
基因突变概率	0.05		

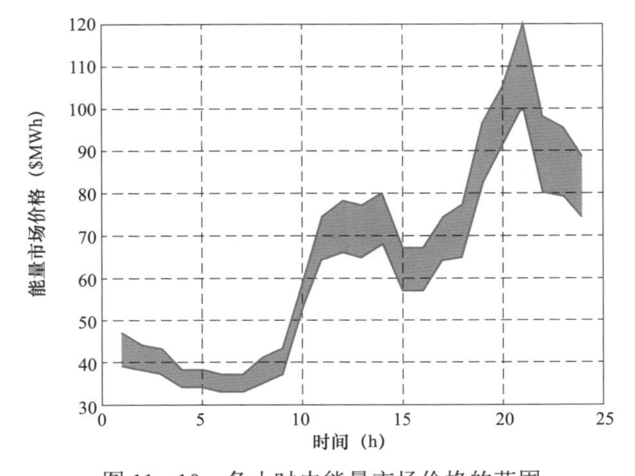

图 11－10　各小时内能量市场价格的范围

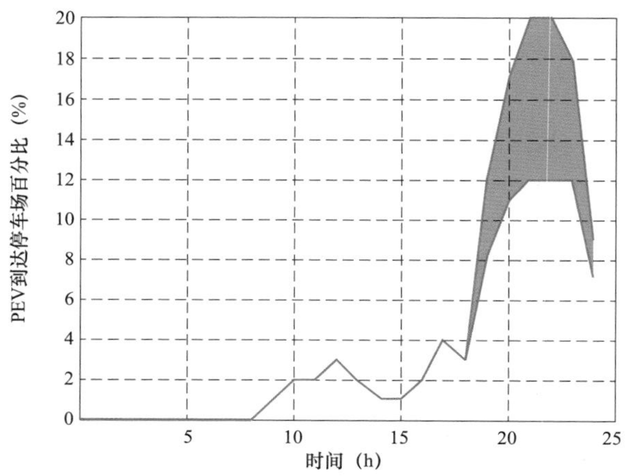

图 11－11　各小时内到达停车场的 PEV 百分比的范围

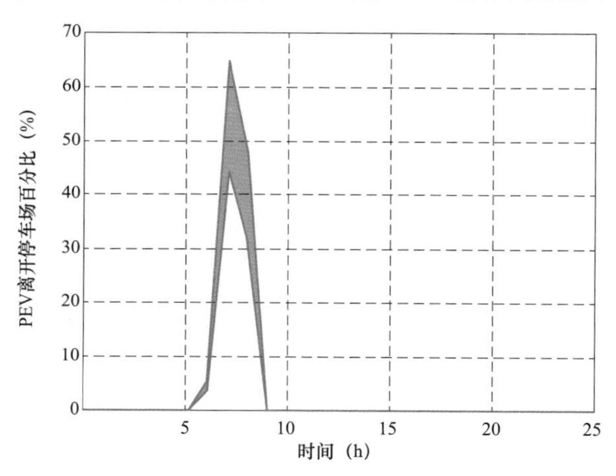

图 11－12　各小时内离开停车场 PEV 百分比的范围

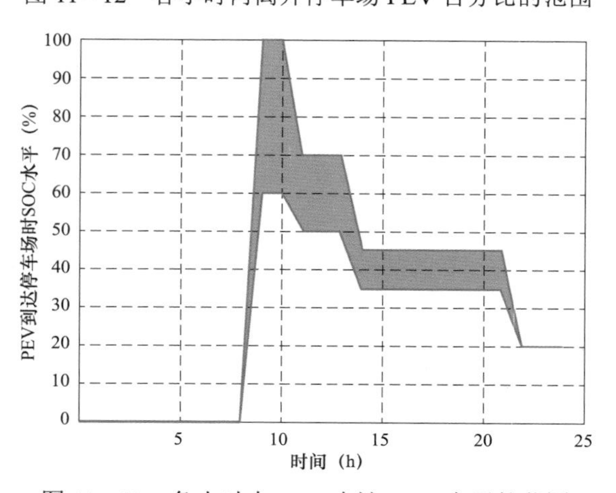

图 11－13　各小时内 PEV 电池 SOC 水平的范围

表 11-4　　与不确定参数相关的高斯分布函数的平均值和标准差

小时	到达的 PEV（%）		离开的 PEV（%）		SOC（%）		能量市场价格（$/MWh）	
	μ	σ	μ	σ	μ	σ	μ	σ
1	0	0	0	0	0	0	43	4
2	0	0	0	0	0	0	41	3
3	0	0	0	0	0	0	40	3
4	0	0	0	0	0	0	36	2
5	0	0	0	0	0	0	36	2
6	0	0	5	1	0	0	35	2
7	0	0	55	10	0	0	35	2
8	0	0	40	8	0	0	38	3
9	1	0	0	0	80	20	40	3
10	2	0	0	0	80	20	56	4
11	2	0	0	0	60	10	69	5
12	3	0	0	0	60	10	72	6
13	2	0	0	0	60	10	71	6
14	1	0	0	0	40	5	74	6
15	1	0	0	0	40	5	62	5
16	2	0	0	0	40	5	62	5
17	4	0	0	0	40	5	69	5
18	3	0	0	0	40	5	71	6
19	10	2	0	0	40	5	89	7
20	14	3	0	0	40	5	99	7
21	16	4	0	0	40	5	110	10
22	16	4	0	0	20	0	89	9
23	15	3	0	0	20	0	87	8
24	8	1	0	0	20	0	81	7

11.7.2 结果

对于每个合作模型，图 11－14 给出了规划期内聚合商的净效益值与折扣值的相关曲线。通过改变充电费用折扣值，可以改变聚合商在规划范围内的利润。然而，提高激励值以提升 PEV 驾驶员参与热情并不总是有效的，因为收益曲线不是呈现单纯的上升趋势。换言之，曲线是非线性的，并且在每个模型中只有一个最优激励值。此外，在每一个合作模型中，激励的最优值是不同的。因此可以得出结论，在某些模型中激励的偶然值也许不会给聚合商带来最大利润，甚至可能对聚合商造成损害。

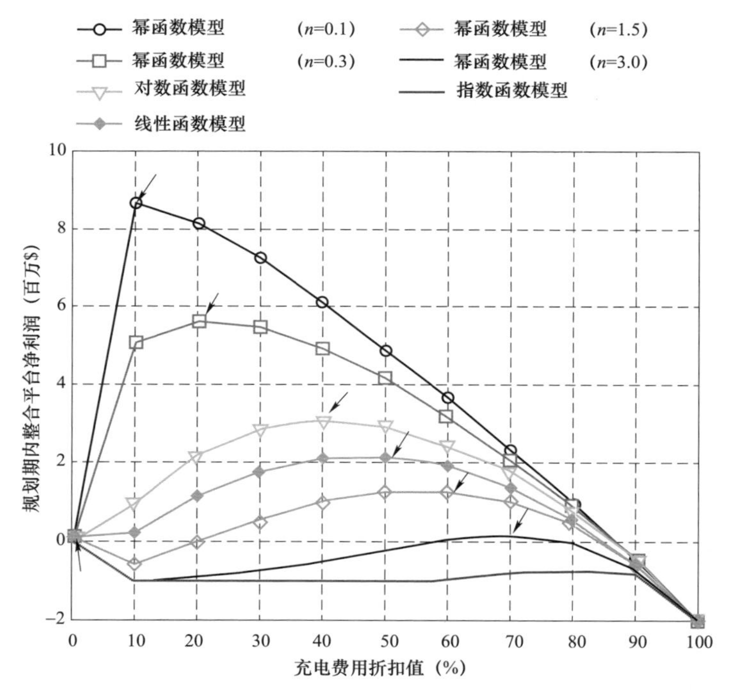

图 11－14 考虑多种合作模式下的聚合商净利润与计费折扣价值曲线（箭头指示曲线的峰值点）

问题模拟的详细结果包括每个模型的最优激励值、PEV 驾驶员与聚合商的合作百分比、目标函数的收益和成本项的值以及聚合商在给定时域内的最大效益值，详见表 11－5。可以看出，采用幂函数模型（n=0.1）时聚合商与 PEV 驾驶员之间的合作为聚合商带来了最大的收益。此外，指数行为模型下聚合商与 PEV 驾驶员的合作使得聚合商无利可图。因此，这种合作是不现实且没有好处的。

表 11－5　　问题模拟的详细结果

	充电折扣（%）	PEV 合作百分比（%）	投资成本（$/pp）	维护成本（$/pp）	电池老化成本（$/pp）	激励成本（$/pp）	交易收益（$/pp）	净利润（$/pp）
幂函数模型 n=0.1	10	79	1 000 000	10 000	7 008 300	1 154 200	17 794 000	8 621 500
幂函数模型 n=0.3	20	61	1 000 000	10 000	5 444 000	1 793 100	13 823 000	5 575 900
对数函数模型	40	52	1 000 000	10 000	4 615 600	3 040 500	11 719 000	3 052 900
线性函数模型	50	50	1 000 000	10 000	4 411 400	3 632 500	11 201 000	2 147 100
幂函数模型 n=1.5	60	46	1 000 000	10 000	4 100 500	4 051 800	10 411 000	1 248 700
幂函数模型 n=3	70	34	1 000 000	10 000	3 026 200	3 488 700	7 683 800	158 900
指数函数模型	0	0	1 000 000	10 000	0	0	0	0

附录

本章使用的问题参数与变量符号如下：

$Ah_b(.)$	基于 V2G 的 PEV 电池安培小时吞吐量。
Ah_b^{Tot}	PEV 电池全生命周期累计安培小时吞吐量。
$Cost^{LL}(.)$	V2G 造成的电池寿命损耗成本。
$Cost_{Tot}^{Inv}$	停车场建造和装备的总投资成本。
$Cost^{M}$	停车场维修费用。
$Cost^{BA}$	V2G 引起的 PEV 电池老化成本。
$Cost^{Inc}$	考虑 PEV 电池充电费用折扣的成本。
$Income^{T}$	能量市场交易所得。
$G2V(.)$	电动汽车充电过程。
IFR, ITR	通货膨胀率与利率。
OF_{pp}	在给定规划周期内的问题目标函数。
P_{ev}	PEV 的额定输入功率或输出功率。
$Price^{Bat}$	PEV 电池的价格。
Pr_i^{π}	与能量市场价格相关的第 i 个情景发生概率。
Pr_j^{Narr}	与停车场到达的 PEV 数量相关的第 j 个情景的发生概率。
Pr_k^{Ndep}	与停车场离开的 PEV 数量相关的第 k 个情景的发生概率。
Pr_l^{SOC}	与 PEV 电池 SOC 水平相关的第 l 个情景的发生概率。
$SOC(.)$	PEV 电池的荷电状态。
$SOC^{arr}(.)$	PEV 电池到达停车场的荷电状态。
DOD^{limit}	聚合商必须遵守的基于合同的放电极限深度。
$u^a(.), u^b(.)$	用于指示电动汽车处于空闲状态或执行 V2G 和 G2V 之一的聚合商控制参数。
$V2G(.)$	电动汽车放电过程。
ψ	充电费用折扣值。
ξ	PEV 驾驶员与聚合商合作的百分比。
π^{E}	能量市场价格。
π^{ch}	PEV 电池的充电费用。
μ, σ	不确定参数的均值和标准差。
λ	有效加权系数。
$P^{Mutation}$	基因突变概率。

N_{ch}　　种群规模。

a_{ch}　　作为新种群染色体选择指标的二元变量。

r_{ch}　　（0，1）范围内的随机数。

$P_{ch}^{Selection}$　　染色体选择概率的取值。

f_{ch}　　染色体适应度值。

S^{f}　　染色体组适应度。

参 考 文 献

［1］W. Kempton et al., *A Test of Vehicle-to-Grid (V2G) for Energy Storage and Frequency Regulation in the PJM System* (University of Delaware, Newark, DE, 2008).

［2］D.W. Kurtz, R.R. Levin, EHV systems technology—a look at the principles and current status. IEEE Trans. Veh. Technol. 32(1), 42 – 50 (Feb. 1983).

［3］Y. Wu, H. Gao, Optimization of fuel cell and super capacitor for fuel-cell electric vehicles. IEEE Trans. Veh. Technol. 55(6), 1748 – 1755 (2006).

［4］S. Li, S. Sharkh, F. Walsh, C. Zhang, Energy and battery management of a plug-in series hybrid electric vehicle using fuzzy logic. IEEE Trans. Veh. Technol. 60(8), 3571 – 3585 (2011).

［5］B. Zhao, Y. Shi, X. Dong, Pricing and revenue maximization for battery charging services in PHEV markets. IEEE Trans. Veh. Technol. 63(4), 1987 – 1993 (2014).

［6］S.F. Tie, C.W. Tan, A review of energy sources and energy management system in electric vehicles. Renew. Sustain. Energy Rev. 20, 82 – 102 (2013).

［7］Canadian Automobile Association Electric Vehicles: What You Need to Know. http://electricvehicles.caa.ca/government-incentives/.

［8］According to BC Hydro's Draft Integrated Resource Plan, Appendix 2A – 2011 Electric Load Forecast. https://www.bchydro.com/content/dam/hydro/medialib/internet/documents/ environment/EVcharging_infrastructure_guidelines09.pdf.

［9］M.L. Di Silvestre, G. Graditi, E.R. Sanseverino, A generalized framework for optimal sizing of distributed energy resources in micro-grids using an indicator-based swarm approach. IEEE Trans. Ind. Informat. 10(1), 152 – 162 (2014).

［10］W. Su, H. Eichi, W. Zeng, M. Chow, A survey on the electrification of transportation in a smart grid environment. IEEE Trans. Ind. Informat. 8(1), 1 – 10 (2012).

［11］Z. Darabi, M. Ferdowsi, Anevent-based simulation framework to examine the response of power grid to the charging demand of plug-in hybrid electric vehicles. IEEE Trans. Ind. Informat. 10(1), 313 – 322 (2014).

［12］F. Kennel, D. Gorges, S. Liu, Energy management for smart grids with electric vehicles based on hierarchical MPC. IEEE Trans. Ind. Informat. 9(3), 1528 – 1537 (2013).

［13］A.S. Masoum, S. Deilami, P.S. Moses, M.A.S. Masoum, A. Abu-Siada, Smart load management of plug-in electric vehicles in distribution and residential networks with charging stations for peak shaving and loss minimization considering voltage regulation. IET Gener. Trans. Distrib. 5, 877 – 888 (2011).

［14］ L.P. Fernandez, T.G. San Roman, R. Cossent, C.M. Domingo, P. Frias, Assessment of the impact of plug-in electric vehicles on distribution networks. IEEE Trans. Power Syst. 26, 206 – 213 (2011).

［15］ W. Kempton, Vehicle to grid power, FERC (2007).

［16］ W. Kempton, J. Tomic, S. Letendre, A. Brooks, T. Lipman, Vehicle to grid power: battery, hybrid, and fuel cell vehicles as resources for distributed electric power in California. *University of California Davis Institute for Transportation Studies*, Rep. ECD-ITS-RR – 01 – 03 (2001).

［17］ R.J. Bessa, M.A. Matos, Economic and technical management of an aggregation agent for electric vehicles: a literature survey. *Eur. Trans. Elect. Power* (2011) [Online]. Available: http://onlinelibrary.wiley.com/doi/10.1002/etep.565/abstract.

［18］ S.G. Wirasingha, A. Emadi, Classification and review of control strategies for plug-in hybrid electric vehicles. IEEE Trans. Veh. Technol. 60(1), 111 – 122 (2011).

［19］ J.C. Ferreira et al., Vehicle-to-anything application (V2Anything App) for electric vehicles. IEEE Trans. Ind. Informat. 10(3), 1927 – 1937 (2014).

［20］ M. Bertoluzzo, G. Buja, Development of electric propulsion systems for light electric vehicles. IEEE Trans. Ind. Informat. 7(3), 428 – 435 (2011).

［21］ J.H. Zhao, F. Wen, Z.Y. Dong, Y. Xue, K. Wong, Optimal dispatch of electric vehicles and wind power using enhanced particle swarm optimization. IEEE Trans. Ind. Informat. 8(4), 889 – 899 (2012).

［22］ A. Hajimiragha, C.A. Caizares, M.W. Fowler, A. Elkamel, Optimal transition to plug-in hybrid electric vehicles in Ontario, Canada, considering the electricity-grid limitations. IEEE Trans. Indust. Electron. 57, 690 – 701 (2010).

［23］ D.Q. Oliveira, A.C. Zambroni de Souza, L.F.N. Delboni, Optimal plug-in hybrid electric vehicles recharge in distribution power systems. Elect. Power Syst. Res. 98, 77 – 85 (2013).

［24］ Z. Liu, F. Wen, G. Ledwich, Optimal planning of electric-vehicle charging stations in distribution systems. IEEE Trans. Power Del. 28, 102 – 110 (2013).

［25］ C. Chen, S. Duan, Optimal integration of plug-in hybrid electric vehicles in microgrids. IEEE Trans. Ind. Informat. 10(3), 1917 – 1926 (2014).

［26］ A. Kavousi-Fard, M.A. Rostami, T. Niknam, Reliability-oriented reconfiguration of vehicle-to-grid networks. IEEE Trans. Ind. Informat 11(3), 682 – 691 (2015).

［27］ X. Wu, X. Hu, S. Moura, X. Yin, V. Pickert, Stochastic control of smart home energy management with plug-in electric vehicle battery energy storage and photovoltaic array. J. Power Sources 333, 203 – 212 (2016).

［28］ S. Han, S. Han, K. Sezaki, Development of an optimal vehicle-to-grid aggregator for frequency regulation. *IEEE Trans. Smart Grid*, pp. 65 – 72 (2010).

［29］ E. Sortomme, M.A. El-Sharkawi, Optimal charging strategies for unidirectional vehicle-to-grid. IEEE Trans. Smart Grid 2, 131 – 138 (2011).

［30］ J.R. Pillai, B. Bak-Jensen, Integration of vehicle-to-grid in the Western Danish power system. IEEE Trans. Sustain. Energy 2, 12 – 19 (2011).

［31］ M. Rahmani-andebili, Spinning reserve supply with presence of plug-in electric vehicles aggregator considering compromise between cost and reliability. IET Gener. Trans. Distrib. 7, 1442 – 1452 (2013).

［32］ R.J. Bessa, M.A. Matos, F.J. Soares, J.A. Peças Lopes, Optimized bidding of a EV aggregation agent in the electricity market. IEEE Trans. Smart Grid 3(1), 443 – 452 (2012).

［33］ C. Jin, J. Tang, P. Ghosh, Optimizing electric vehicle charging with energy storage in the electricity market. IEEE Trans. Smart Grid 4(1), 311 – 320 (2013).

［34］ S.I. Vagropoulos, A.G. Bakirtzis, Optimal bidding strategy for electric vehicle aggregators in electricity markets. IEEE Trans. Power Syst. 28(4), 4031 – 4041 (2013).

［35］ F.J. Soares, P.M. Rocha Almeida, J.A. Pecas Lopes, Quasi-real-time management of Electric Vehicles charging. Elect. Power Syst. Res. 108, 293 – 303 (2014).

［36］ M. Rahmani-andebili, Optimal power factor for optimally located and sized solar parking lots applying quantum annealing. IET Gener. Transm. Distrib. 10, 2538 – 2547 (2016).

［37］ D.P. Jenkins J. Fletcher, D. Kane, Lifetime prediction and sizing of lead-acid batteries for micro generation storage applications. *IET Renew. Power Gener.* 2(3), 191 – 200 (Sept. 2008).

［38］ L. Zhang, Z. Wang, X. Hu, F. Sun, D.G. Dorrell, A comparative study of equivalent circuit models of ultracapacitors for electric vehicles. J. Power Sources 274, 899 – 906 (2015).

12

无功补偿装置的优化配置

穆罕默德·爱贝德，萨拉·哈米尔，
谢德 H.E. 阿卜杜尔·阿莱姆，
阿尔莫塔兹 Y. 阿卜杜勒阿齐兹

摘　要　配电网的主要功能是将电能从高压输电系统传输至用户侧。在配电网中，R/X 的比值明显高于输电系统，所以配电网的功率损耗很大（约占发电功率的 10%~13%）。此外，还可能出现如电压分布和电压稳定性的电能质量问题。通过配置并联电容器和配电网柔性交流输电系统（D－FACTS）装置可以提供无功补偿，显著提高配电网的性能。D－FACTS 包括配电网静态补偿器（distributed static compensator，DSTATCOM）、配电网静止无功补偿器（distribution static var compensator，D－SVC）和统一电能质量控制器（unified power quality conditioner，UPQC）等不同类型。对研究者来说，在配电网中控制器的优化配置是一项非常重要的任务，以达到降低功率损耗、改善电压分布、提高电压稳定性、降低系统损耗、提高系统供电能力和可靠性的目的。对于确定配电网中的电容器和并联补偿器的最佳接入点和容量，目前有几种分析和优化方法。本章介绍了一种用于确定无功补偿装置最优容量和接入点的新型优化算法——蚱蜢优化算法（grasshopper optimization algorithm，GOA），并利用蚱蜢优化算法确定电容器组和配电网静态补偿器的最优容量和接入点。同时，将该算法的结论与灰狼优化算法（grey wolf optimizer，GWO）、正弦余弦算法（sine cosine algorithm，SCA）等进行对比分析。

关键词　D－FACTS，UPQC，补偿器，DSTATCOM，优化算法

12.1 引言

无功功率补偿可用于提高系统的电能质量、降低功率损耗、改善电压分布、提高功率因数和系统的容量及可靠性、降低馈线潮流、提高电网的负载能力和稳定性，同时减少能量损耗。

除移相器和并联电抗器外，最常用的无功补偿装置是电容器组，包括开关电容器和固定电容器。配电网已引入D－FACTS装置用于无功补偿。相比于传统的无功补偿装置，D－FACTS装置的主要优势在于快速响应、容易控制和连续调节。目前已经有几种类型的D－FACTS装置用于提高配电网的性能，如DSTATCOM[1]、UPQC[2]和配电静止同步串联补偿器（distribution static synchronous series compensator，DSSSC）[3]。

为充分发挥这些装置的效益，无功补偿装置的优化配置是一个非常重要的问题。为解决配电网无功补偿装置的优化配置问题，已经提出了一些如解析法、数学规划方法、启发式算法和人工智能算法等的方法[4]。解析法是基于微积分分析方法来确定某一目标函数的最大值，这种方法的缺点是得到的电容器容量与标准容量不匹配，因此解析法的结果都四舍五入至标准容量，这可能导致过电压或者无功补偿容量不足[5~7]。数学规划方法是迭代优化方法，可以用于确定无功补偿的最佳容量和接入点[8~11]。应当指出，采用数学规划方法得到的结果与解析法相比更加精确，但是数学规划方法可能陷入局部最优解。启发式算法可用于缩小优化搜索空间，这个空间是启发式算法使用敏感性分析确定无功功率补偿最大待选节点的基础[12]。近年来，人工智能（AI）技术被广泛应用于解决配电网中无功补偿装置的配置问题。大多数的人工智能技术都是受到自然现象行为的启发。人工智能方法可以用于求解非线性和复杂的问题。

本章介绍了一个应用 GOA 算法来解决配电网中无功补偿器配置问题的实例。应用GOA算法确定并联电容器的最佳接入点可以尽可能降低总成本（能量损失成本和电容器成本）。此外，应用GOA算法确定DSTATCOM的最优接入点和容量可以尽可能降低整体损耗和改善电压分布，同时提高电压稳定性。

12.2 分布式补偿器工作原理

开关电容器和固定电容器是最常用的无功功率补偿装置。通常通过不同的柔性交流输电系统装置来改变网络参数，如输电线路阻抗、节点电压、有功功率和无功功率，以增强电力系统的性能[13~14]。柔性交流输电系统装置可分为：① 包括可控串联补偿装置（thyristor controlled series capacitor，TCSC）和静止同步串联补偿器（static synchronous series compensator，SSSC）的串联装置；② 包括静止无功补偿器（static vAR compensator，SVC）和静止同步补偿器（static synchronous compensator，STATCOM）的并联装置；③ 线间潮流控制器（interline power flow controller，IPFC）、通用统一潮流控制器（generalized unified power flow controller，GUPFC）的串并联混合控制器[15~18]。

12.2.1 并联电容器

图 12－1 中所示的配电系统潮流方程可表示为：

$$P_{n+1} = P_n - P_{L,n+1} - R_n\left(\frac{P_n^2 + jQ_n^2}{|V_n|^2}\right) \tag{12-1}$$

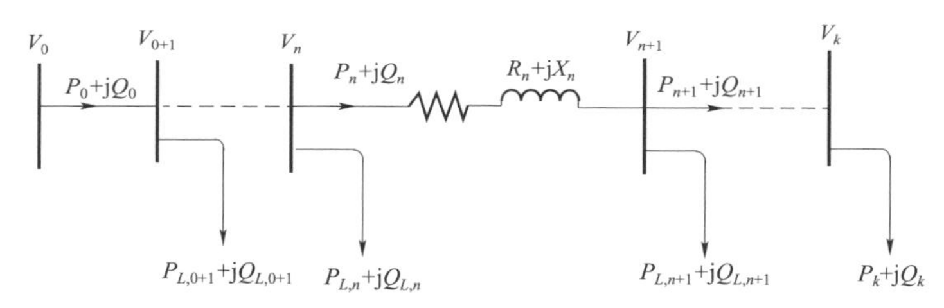

图 12－1　辐射型配电网单线图

$$Q_{n+1} = Q_n - Q_{Ln+1} - X_n\left(\frac{P_n^2 + jQ_n^2}{|V_n|^2}\right) \tag{12-2}$$

$$V_{n+1}^2 = V_n^2 - 2(R_nP_n + X_nQ_n) + (R_n^2 + X_n^2)\left(\frac{P_n^2 + jQ_n^2}{|V_n|^2}\right) \tag{12-3}$$

其中，P_n、Q_n 为流入连接节点 n 和 $n+1$ 间线路 $n+1$ 端的有功功率和无功功率；R_n、X_n 为节点 n 和 $n+1$ 间线路的电阻和电抗；V_n 为节点 n 的节点电压幅值。

节点 n 和 $n+1$ 之间的第 n 段线路的有功功率和无功功率损耗为

$$P_{loss(n,n+1)} = R_n\left(\frac{P_n^2 + jQ_n^2}{|V_n|^2}\right) \tag{12-4}$$

$$Q_{loss(n,n+1)} = X_n\left(\frac{P_n^2 + jQ_n^2}{|V_n|^2}\right) \tag{12-5}$$

系统的安全级别可以使用电压稳定指数表示[19]，其定义如下：

$$VSI_{(n+1)} = |V_n|^4 - 4(P_{n+1}X_n - Q_{n+1}R_n)^2 - 4(P_{n+1}X_n + Q_{n+1}R_n)|V_n|^2 \tag{12-6}$$

其中，$VSI_{(n+1)}$ 是节点 $n+1$ 处的电压稳定指数。

改善电压分布取决于减小电压偏差：

$$VD = \sum_{n=1}^{k} (V_n - V_{ref})^2 \tag{12-7}$$

其中，k 是节点编号，V_{ref}是参考电压，通常为 1p.u.。

配电系统中的电容器组通过向系统补偿无功功率来提高电能质量和降低损耗。图 12－2 是在节点 $n+1$ 处并联电容器后的示意图，通过线路的无功功率为

$$Q_{n+1} = Q_n - Q_{Ln+1} - X_n \left(\frac{P_n^2 + \mathrm{j}Q_n^2}{|V_n|^2} \right) Q_{C,n+1} \tag{12-8}$$

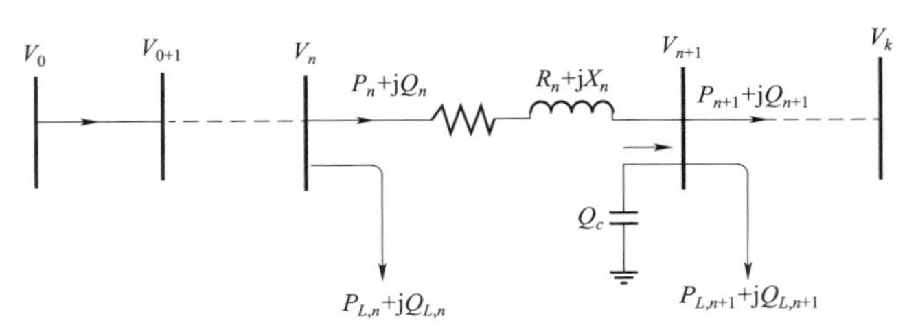

图 12－2　带并联电容器的辐射型配电系统

12.2.2　配电网静态补偿器

随着电力电子器件的不断发展，柔性交流输电系统控制器出现了新成员。DSTATCOM 是一种基于电压源换流器（voltage source converter, VSC）的新型控制器。DSTATCOM 通过在连接点（PCC）输入一个幅值和相角可变的电压来补偿或吸收有功功率和无功功率。DSTATCOM 在电力系统中可以提高电能质量、改善功率因数、平衡负载、减少谐波、进行无功补偿、减少光伏发电机组功率波动从而减少电压骤降，减少电力系统闪变，降低功率损耗[20~23]。

DSTATCOM 由电压源换流器、直流侧电容器、脉动型滤波器以及耦合变压器组成，如图 12－3 所示。VSC 由绝缘栅双极型晶体管（insulated gate bipolar transistors, IGBT）和 MOSFET 构成，其中器件的开关是通过脉冲宽度调制（pulse－width modulation, PWM）序列控制的。耦合变压器用于匹配逆变器电压与节点电压。DSTATCOM 拓扑基于三相三线（3P3 W）和三相四线（3P4W）进行分类，如文献［24］所示。

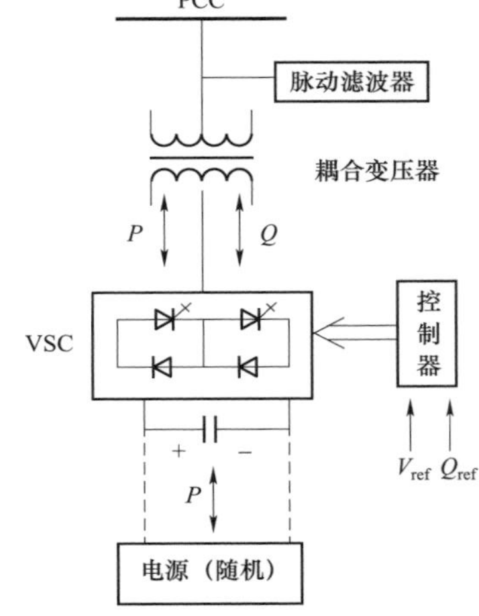

图 12－3　DSTATCOM 示意图

DSTATCOM 具有与配电网交换有功和无功电流的能力。在文献［25］中提出了一种 DSTATCOM 稳态模型。

在辐射型配电系统中节点 $n+1$ 处接入 DSTATCOM 控制器，如图 12－4 所示，DSTATCOM 在节点处注入或吸收 I_D。根据 KVL 定律，在节点 $n+1$ 处的电压可以由下式得到：

$$V_{n+1}\angle\theta_{n+1}=V_n\angle\theta_n-(R_n+\mathrm{j}X_n)\left[I_n\angle\delta+I_D\angle\left(\theta_{n+1}+\frac{\pi}{2}\right)\right] \tag{12－9}$$

其中，V_{n+1} 是接入 DSTATCOM 后节点 $n+1$ 处的电压，I_D 是 DSTATCOM 注入的电流，I_n 是接入 DSTATCOM 后线路上的电流。

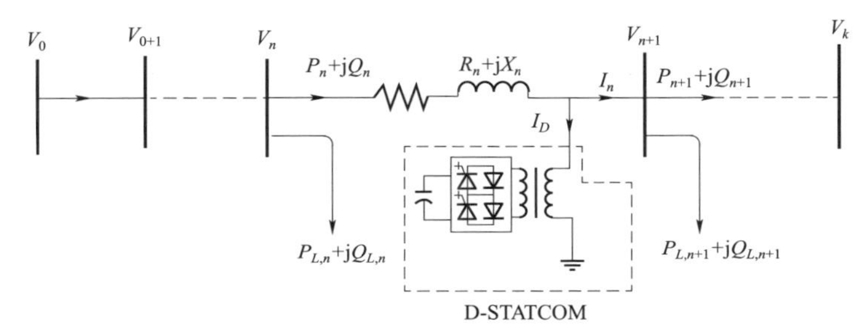

图 12－4　带 DSTATCOM 的辐射型配电系统

式（12－9）体现了 DSTATCOM 建模的基本思想，可以将其分解为实部和虚部来求解方程：

$$\begin{aligned}V_{n+1}\cos(\theta_{n+1})=&\mathrm{Re}(V_n\angle\theta_n)-\mathrm{Re}[I_n\angle\delta(R_n+\mathrm{j}X_n)]+\\&X_nI_D\sin\left(\theta_{n+1}+\frac{\pi}{2}\right)-R_nI_D\cos\left(\theta_{n+1}+\frac{\pi}{2}\right)\end{aligned} \tag{12－10}$$

$$\begin{aligned}V_{n+1}\sin(\theta_{n+1})=&\mathrm{Im}(V_n\angle\theta_n)-\mathrm{Im}[I_n\angle\delta(R_n+\mathrm{j}X_n)]-\\&X_nI_D\cos\left(\theta_{n+1}+\frac{\pi}{2}\right)-R_nI_D\sin\left(\theta_{n+1}+\frac{\pi}{2}\right)\end{aligned} \tag{12－11}$$

式（12－10）和式（12－11）可以简化为

$$a\cos x_2=k_1-b_1x_1\sin x_2-b_2x_1\cos x_2 \tag{12－12}$$

$$a\sin x_2=k_2-b_2x_1\sin x_2+b_1x_1\cos x_2 \tag{12－13}$$

式中　$k_1=\mathrm{Re}(V_n\angle\theta_n)-\mathrm{Re}[I_n\angle\delta(R_n+\mathrm{j}X_n)]$；

$k_2=\mathrm{Im}(V_n\angle\theta_n)-\mathrm{Im}[I_n\angle\delta(R_n+\mathrm{j}X_n)]$；

$a=V_{n+1}$；

$b_1=-R_n$；

$b_2=-X_n$；

$x_1=I_D$；

$x_2=\theta_{n+1}$。

式（12－12）和式（12－13）可以改写为

$$x_1 = \frac{a\cos x_2 - k_1}{-b_1\sin x_2 - b_2\cos x_2} \tag{12-14}$$

$$x_1 = \frac{a\sin x_2 - k_2}{-b_2\sin x_2 + b_1\cos x_2} \tag{12-15}$$

解式（12－12）和式（12－13）得

$$(k_1b_2 - k_2b_1)\sin x_2 + (-k_1b_1 - k_2b_2)\cos x_2 + ab_1 = 0 \tag{12-16}$$

先前的方程可以简化为

$$(d_1^2 + d_2^2)x^2 + (2d_1ab_1)x + (a^2b_1^2 - d_2^2) = 0 \tag{12-17}$$

其中，

$$x = \sin(x_2)$$
$$d_1 = (k_1b_2 - k_2b_1)$$
$$d_2 = (-k_1b_1 - k_2b_2)$$

式（12－17）可以解得

$$x = \frac{-B \pm \sqrt{B^2 - 4AC}}{2A} \tag{12-18}$$

其中，

$$A = (d_1^2 + d_2^2)$$
$$B = (2d_1ab_1)$$
$$C = (a^2b_1^2 - d_2^2)$$

因此

$$\theta_{n+1} = \sin^{-1}(x) \tag{12-19}$$

从式（12－1）和式（12－15）可以得到 I_D 的值。PCC 处电压、DSTATCOM 电流和 DSTATCOM 注入的无功功率可由下式计算得到：

$$\vec{V}_{n+1} = V_{n+1}\angle\theta_{n+1} \tag{12-20}$$

$$\vec{I}_D = I_D\angle\left(\theta_{n+1} + \frac{\pi}{2}\right) \tag{12-21}$$

$$Q_D = \mathrm{Im}\left\{V_{n+1}\angle\theta_{n+1}\left[I_D\angle\left(\theta_{n+1} + \frac{\pi}{2}\right)\right]^*\right\} \tag{12-22}$$

12.2.3 统一电能质量控制器

UPQC 是一种用于提高电力系统电能质量的强大控制器，可以减少电压骤降、平衡系统、减少谐波、降低功率损耗等。

UPQC 由两个逆变器组成，两台逆变器串联在一条特定的输电线路上，而另一个换流器并联在公共节点上。两台逆变器通过公共的直流母线连接。逆变器通过耦合变压器连接到配电网，如图 12－5 所示[26~28]。串联逆变器的主要目的是将交流电压串联到系统，以减少电源电压闪变或负载不平衡，并联支路吸收非线性负载产生的谐波。并联变流器进行无功补偿，以改善功率因数，减少电流畸变和调整直流母线电压。换言之，串联换流器用于调节负载电压平衡、不畸变，而并联换流器用于确保系统电流平衡、不畸变（无谐波）。根据换流器的拓扑结构、供电系统或 UPQC 配置，可将 UPQC 分为几种类型[28]。

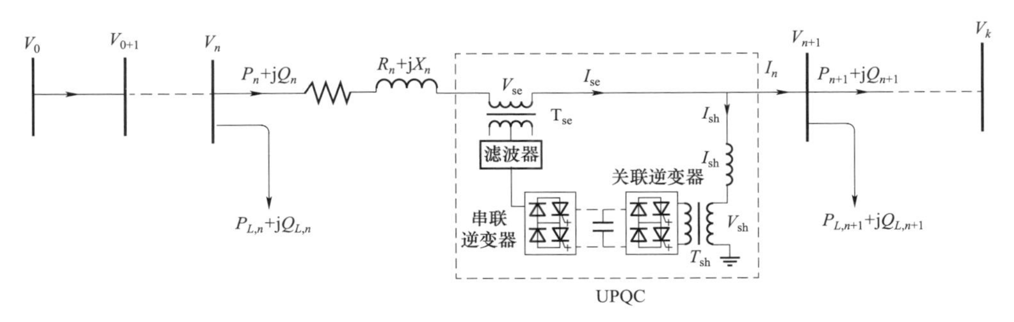

图 12－5 UPQC 控制器原理图

接入 UPQC 控制器的辐射型配电系统如图 12－5 所示，其中串联控制器在节点 n、$n+1$ 之间，并联换流器连接在节点 $n+1$ 上。串联换流器提供的电压与线路电流保持正交。换言之，串联换流器和并联换流器的电流与节点 $n+1$ 的电压保持正交[29]。如图 12－5 所示，在节点 $n+1$ 处的电压可表示为：

$$V_{n+1}\angle\theta_{n+1}=V_n\angle\theta_n-(R_n+\mathrm{j}X_n)\left[I_n\angle\delta+I_{sh}\angle\left(\theta_{n+1}+\frac{\pi}{2}\right)\right]+V_{se}\angle\theta_{se} \tag{12－23}$$

其中，V_{se} 为串联的电压幅值；θ_{se} 为电压的相位角；I_n 为流过线路的电流；I_{se} 为并联变流器注入的电流。

串联换流器的注入电流可表示为：

$$\overrightarrow{\boldsymbol{I}_{se}}=\overrightarrow{\boldsymbol{I}_n}+\overrightarrow{\boldsymbol{I}_{sh}} \tag{12－24}$$

通过分解式（12－23）的实部和虚部可得到两个方程，其中有 3 个未知量。

为了解决这个问题，假定并联换流器的无功功率为节点 $n+1$ 处的负无功负荷，如图 12－6 所示。

参考图 12－6，串联电压可以表示为：

$$V_{se}\angle\theta_{se}=V_{n+1}\angle\theta_{n+1}+Z_n(I'_n\angle\delta')-V_n\angle\theta_n \tag{12-25}$$

式中

$$\theta_{se}=\delta'+\frac{\pi}{2}\quad \delta'\leqslant 0 \tag{12-26}$$

$$\theta_{se}=\delta'-\frac{\pi}{2}\quad \delta'>0 \tag{12-27}$$

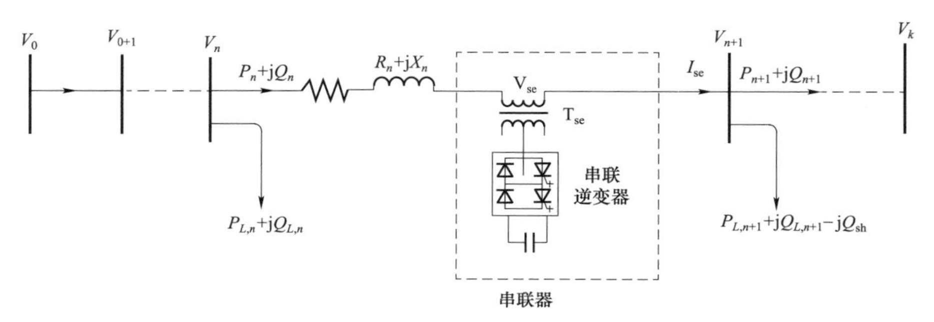

图 12－6　配电系统中的 UPQC

将式（12－25）分解实部和虚部为：

$$V_{se}\cos(\theta_{se})=V_{n+1}\cos(\theta_{n+1})+\mathrm{Re}[Z_n(I'_n\angle\delta')]-\mathrm{Re}(V_n\angle\theta_n) \tag{12-28}$$

$$V_{se}\sin(\theta_{se})=V_{n+1}\sin(\theta_{n+1})+\mathrm{Im}[Z_n(I'_n\angle\delta')]-\mathrm{Im}(V_n\angle\theta_n) \tag{12-29}$$

式（12－28）和式（12－29）可简化为

$$V_{se}K_1=b_3\cos(\theta_{n+1})+b_1 \tag{12-30}$$

$$V_{se}K_2=b_3\sin(\theta_{n+1})+b_2 \tag{12-31}$$

式中　$x_1=V_{se}$；

$x_2=\theta_{n+1}$；

$K_1=\cos(\theta_{se})$；

$K_2=\sin(\theta_{se})$；

$b_1=\mathrm{Re}[Z_n(I'_n\angle\delta')]-\mathrm{Re}(V_n\angle\theta_n)$；

$b_2=\mathrm{Im}[Z_n(I'_n\angle\delta')]-\mathrm{Im}(V_n\angle\theta_n)$；

$b_3=V_{n+1}$。

解式（12－30）和式（12－31），V_{se} 的值可得

$$V_{se}=\frac{-B\pm\sqrt{B^2-4AC}}{2A} \tag{12-32}$$

式中 $A=\dfrac{k_1^2+k_2^2}{b_3}$；

$B=-2\times\dfrac{K_1b_1+K_2b_2}{b_3}$；

$C=\dfrac{b_1^2+b_2^2}{b_3}$。

θ_{n+1}的值可以从式（12－30）和式（12－31）中解得：

$$\theta_{n+1}=\cos^{-1}\left(\frac{K_1x_1-b_1}{b_3}\right) \tag{12-33}$$

$$\theta_{n+1}=\sin^{-1}\left(\frac{K_2x_1-b_2}{b_3}\right) \tag{12-34}$$

串联补偿的无功功率可由下式可得：

$$Q_{series}=\mathrm{Im}[V_{n+1}\angle\theta_{n+1}(I_n'\angle\delta')^*] \tag{12-35}$$

12.3 优化技术

近年来，这些优化技术被广泛应用于确定配电网中补偿装置的最优容量和接入点。基于自然群集启发法、人类启发法、物理启发法和改进算法提出了多种优化技术。在本节中，概述了现有的无功补偿装置优化配置技术。表12－1介绍了配电网无功补偿装置优化配置技术的应用。

12.4 公式

12.4.1 电容容量计算公式

辐射型配电系统电容器最优配置问题的目标是使包括能量损失成本和电容器成本在内的总成本最小。目标函数可以表述为：

$$\min Cost=K_pP_{\mathrm{loss}}+\sum_{i=1}^{nc}K_{c,i}Q_{c,i} \tag{12-36}$$

表 12-1　　关于补偿装置布局问题的文献综述

	算法	目标函数	控制器	灵敏度使用情况	年份	文献综述
自然群集启发	蚁群算法	P_{loss}	重构和电容器	否	2008	[30]
	细菌觅食行为	P_{loss} 和成本	电容器	是	2015	[31]
	粒子群优化算法	成本	电容器	否	2010	[32]
	布谷鸟搜索算法	成本	电容器	是	2013	[33]
	人工蜂群算法	成本和 VSI	电容器	是	2014	[34]
	蚁群优化算法	P_{loss}、成本和 VD	电容器	是	2016	[35]
	乌鸦搜索算法	P_{loss} 和成本	电容器	否	2016	[36]
	花卉授粉算法		电容器		2016	[37]
	蝙蝠和布谷鸟搜索算法	P_{loss} 和成本	电容器	否	2015	[38]
	磷虾群算法	P_{loss}	重构和电容器	否	2016	[39]
	猴子搜索优化算法	P_{loss}、成本、VD 和排放量	电容器	否	2016	[40]
	多目标粒子群算法	P_{loss}、VD、VSI、电流平衡	电容器和 DG	否	2015	[41]
	萤火虫算法	SAIFI、SAIDI、AENS 和成本	电容器	否	2014	[42]
	粒子群优化算法	成本	电容器	是	2014	[43]
	遗传算法	负载率和总成本	DSTATCOM 和 DG	否	2016	[44]
	模糊系统和改进的入侵杂草混合优化算法	P_{loss}、VD、VSI	DSTATCOM 和 DG	否	2016	[45]
	粒子群优化算法	P_{loss}、VD	DSTATCOM	否	2014	[46]
	模糊多目标与蚁群优化混合算法	P_{loss}、VD、馈线负载平衡	重构、DSTATCOM、光伏阵列	否	2015	[47]
	细菌觅食优化算法	P_{loss}、VD、成本	DSTATCOM 和 DG		2016	[48]
	蝙蝠算法	P_{loss}、VSI、成本	DSTATCOM	是	2015	[49]
	布谷鸟优化算法	P_{loss}、VD、成本、谐波	UPQC	否	2016	[50]
	粒子群优化算法	P_{loss}、VD、UPQC 额定值	UPQC	否	2014	[51]
	植物生长模拟算法	P_{loss} 和成本	电容器	是	2011	[52]

续表

	算法	目标函数	控制器	灵敏度使用情况	年份	文献综述
人类启发方法	禁忌搜索算法	成本	电容器	是	1996	[53]
	改进的和声搜索算法	成本	电容器		2016	[54]
	粒子人工蜂群的和声搜索混合算法	P_{loss}、VD	DG 和电容器	是	2016	[55]
	改进的文化算法	成本	电容器	否	2013	[56]
	帝国主义与遗传混合算法	P_{loss}、VSI、VD、负荷平衡	DG 和电容器	否	2014	[57]
	基于教学的最优化算法	P_{loss}、成本	电容器	否	2014	[58]
	和声搜索算法	P_{loss}、VD	UPQC	否	2015	[59]
物理启发法	引力搜索算法	成本	电容器	是	2015	[60]
	模拟退火与贪婪搜索	成本	电容器	否	1995	[61]
	基于生物地理学的优化算法	P_{loss}	电容器和 DG	否	2016	[62]
	大爆炸危机优化算法	P_{loss}	电容器	否	2011	[63]
	模拟退火算法	成本	电容器	否	1990	[64]
改进算法	集成改进算法	成本	电容器	是	2013	[65]
	无惩罚遗传算法	成本	电容器	否	2016	[66]
	差分进化算法	成本	电容器	否	2015	[67]
	模糊 GA 遗传算法	VSI、VD	电容器	是	2014	[68]
	遗传算法	成本	电容器和电压调节器	否	2012	[69]
	遗传算法	成本	电容器	是	1994	[61]
	免疫算法	成本	DSTATCOM	否	2014	[1]
	差异演化算法	P_{loss}、VD	DSTATCOM	否	2011	[70]
	差异演化算法	P_{loss}	DSTATCOM	否	2016	[71]

注 SAIFI 为系统平均中断频率指数，SAIDI 为系统平均中断持续时间指数，AENS 为平均失载电能指标。

12.4.2 DSTATCOM 配置公式

DSTATCOM 在辐射型配电系统中最优分布的目标是使总损耗最小化，同时改善电压分布，提高电压稳定指数。

$$f_1=\frac{\sum_{i=1}^{nl}[P_{loss}(i)]_{after\ DSTATCOM}}{\sum_{i=1}^{nl}[P_{loss}(i)]_{before\ DSTATCOM}} \tag{12-37}$$

$$f_2=\frac{\sum_{i=1}^{nb}(|V(i)-V_{ref}|)_{after\ DSTATCOM}}{\sum_{i=1}^{nl}(|V(i)-V_{ref}|)_{before\ DSTATCOM}} \tag{12-38}$$

$$f_3=\frac{1}{\sum_{i=1}^{nb}(|VSI(i)|)_{after\ DSTATCOM}} \tag{12-39}$$

其中 nl 为电网分支数，nb 为电网中线路条数。

12.4.3 系统约束条件

配电网相关的等式与不等式约束，可表示为：

1. 等式约束

系统的等式约束是有功功率和无功功率约束，可以得到

$$P_{\text{slack}}=\sum_{i=1}^{n}P_L(i)+\sum_{j=1}^{nb}P_{\text{loss}}(j) \tag{12-40}$$

$$Q_{\text{slack}}+\sum_{i=1}^{nc}Q_c(i)=\sum_{i=1}^{n}Q_L(i)+\sum_{j=1}^{nb}Q_{\text{loss}}(j) \tag{12-41}$$

其中 P_{slack} 和 Q_{slack} 分别是由线路 *slack* 提供的有功功率和无功功率，P_L 和 Q_L 分别是有功负荷和无功负荷，nb 是电网中分支数，nc 是补偿单元数。

2. 不等式约束

（1）线电压约束：

$$V_{\min}\leqslant V_i\leqslant V_{\max} \tag{12-42}$$

其中 $V_{\min}$ 和 $V_{\max}$ 分别为最小和最大允许线电压。

（2）无功功率约束：

在实际应用中，采用补偿装置补偿的总无功功率不大于负荷需要的无功功率。

$$\sum_{i=1}^{nc}Q_c(i)\leqslant\sum_{i=1}^{n}Q_L(i) \tag{12-43}$$

其中 Q_L 是线路上的无功负荷，Q_c 是补偿的无功功率。

（3）温升限制：

通过电网支路的电流必须在其允许的范围内

$$I_{n,i} \leqslant I_{\max,i} \quad i=1,2,3\cdots,Nb \tag{12-44}$$

Nb 是配电网中支路数量。

12.5 蚱蜢优化算法概述

蚱蜢优化算法是一种新的优化技术，其灵感来源于自然界中蚱蜢的运动和迁移。蚱蜢成虫可以长途飞行，而幼虫由于没有翅膀只能在小范围内移动，因此可以根据这种情况进行优化技术的模拟开发。

蚱蜢是一种害虫，可以摧毁大面积的农作物，蚱蜢群体由数以百万计的蚱蜢组成，可以覆盖 1000 千米宽的广泛区域。蚱蜢的生命周期由图 12－7 所示的三个阶段组成。蚱蜢可以分为两个阶段。在第一阶段，蚱蜢的个体之间避免相互交流（个体阶段），而在另一阶段（群居阶段），蚱蜢开始互相交流并形成一个群体。群体的形成取决于环境因素，如气温、日照和风速等。

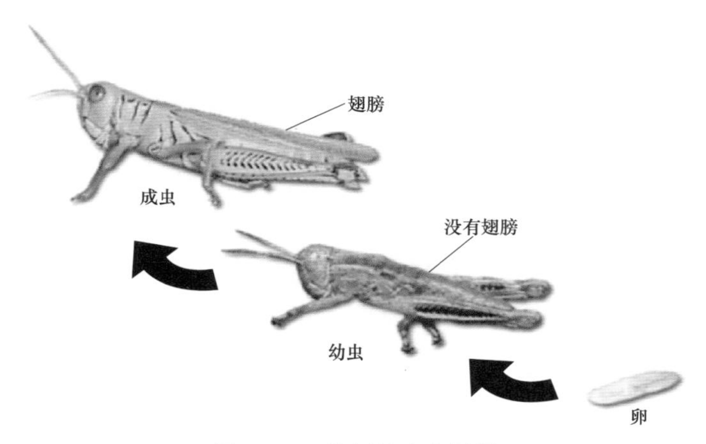

图 12－7　蚱蜢的生命周期

蚱蜢群以滚动的运动方式移动，群体首先由在地面或局部移动的昆虫个体集合形成，然后这些群体聚集在一起，个体间共享同一空间。蚱蜢群的行为可以概括为：

（1）群体顺风飞行。

（2）蚱蜢群前面部分的蚱蜢落地。

（3）落地的蚱蜢开始进食和休息。

（4）群体开始起飞。

图 12－8 中描述了蚱蜢群对风向的导航行为。

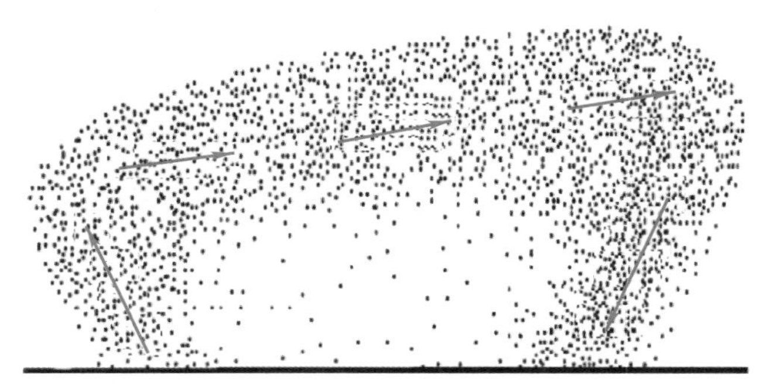

图 12－8　蚱蜢群与风的运动轨迹

蚱蜢群的行为取决于蚱蜢之间的交互力、重力和风向。因此，数学行为可以表示为

$$X_i = r_1 A_i + r_2 B_i + r_3 C_i \qquad (12-45)$$

其中　X_i——第 i 个蚱蜢的位置；

A_i——交互力；

B_i——第 i 个蚱蜢的重量；

C_i——风向；

r_1, r_2, r_3——随机数。

在生物学上，两只蚱蜢之间建立了一种交互力，既存在斥力防止短距离碰撞，也存在吸引力进行聚集。蚱蜢之间的交互力可以定义为

$$A_i = \sum_{\substack{j=1 \\ i \neq j}}^{N} s(Dis_{ij}) \left(\frac{x_i - x_j}{Dis_{ij}} \right) \qquad (12-46)$$

其中 Dis_{ij} 是蚱蜢 i 和 j 的距离，$Dis_{ij} = \left| \mathrm{X}_i - \mathrm{X}_j \right|$；$s$ 函数为交互力可以表示为：

$$s(Dis_{ij}) = Fe^{\frac{Dis_{ij}}{l}} - e^{Dis_{ij}} \qquad (12-47)$$

式中 F 为吸引力强度，l 为吸引力距离。群体运动直接受到重力的影响，重力可以表示为：

$$B_i = -g\overrightarrow{\boldsymbol{e}_g} \qquad (12-48)$$

其中 g 是重力常数，$\vec{\boldsymbol{e}}_g$ 是指向地心的单位向量。风向对运动的影响为

$$C_i = u\overrightarrow{\boldsymbol{e}_w} \qquad (12-49)$$

将式（12－46）、式（12－48）、式（12－49）中的 A_i、B_i、C_i 代入式（12－45）得到：

$$X_i = \sum_{\substack{j=1 \\ i \neq j}}^{N} s(Dis_{ij}) \left(\frac{x_i - x_j}{Dis_{ij}} \right) - g\overrightarrow{e_g} + u\overrightarrow{e_w} \tag{12-50}$$

为了优化问题和提高算法的全局搜索能力，可以将上一个方程修正为：

$$X_i^m = C\left[\sum_{\substack{j=1 \\ i \neq j}}^{N} C\left(\frac{Upper(m) - Lower(m)}{2} \right) s(Dis_{ij}) \left(\frac{x_i - x_j}{Dis_{ij}} \right) \right] + P_{best}^m \tag{12-51}$$

$Upper$（m）和 $Lower$（m）分别为控制变量的最大值和最小值。P_{best}^m 是最佳位置（目标位置）。C 是一个为了提高蚱蜢优化算法搜索能力的线性递减的自适应系数，可表示为

$$C = C_{max} - T\frac{C_{max} - C_{min}}{T_{max}} \tag{12-52}$$

其中 C_{max}、C_{min} 分别是 C 的最大值和最小值。T 和 T_{max} 分别是当前迭代和最大迭代。

（1）步骤 1：确定蚱蜢优化算法的输入数据，包括种群规模（N）、最大迭代次数、C_{min}、C_{max}、F、L 和控制变量的上下边界。

（2）步骤 2：将蚱蜢优化算法公式进行初始化：

$$P_i^m = Lower(i,m) + rand * [Upper(i,m) - Lower(i,m)] \tag{12-53}$$

（3）步骤 3：计算每个蚱蜢个体的适应度函数。

（4）步骤 4：根据最佳适应度函数确定最佳位置（目标位置）。

（5）步骤 5：根据式（12－51）更新蚱蜢个体的位置。

（6）步骤 6：检查最新寻优结果的边界，使得原先不可行的变量变得可行。

（7）步骤 7：计算更新位置后的适应度函数并确定目标位置。

（8）步骤 8：重复步骤从步骤（5）～步骤（7）直到达到终止条件（当前迭代等于最大迭代）。

（9）步骤 9：通过获取目标位置和相关适应度函数得到最优解。

12.6 数值案例

在本节中，GOA 算法用来确定最佳位置和在 69 节点辐射型配电系统中并联电容器的型号和 DSTATCOM 的容量。系统的线路图如图 12－9 所示。文献［75］中的系统数据见附表。补偿器的优化配置程序采用 MATLAB2009a 编写，并在英特尔 I5 处理器、2.50GHz 和 4GB 内存的电脑上运行。GOA 采用的参数如表 12－2 所示。运用该算法进行 50 次运算，调整所提出的算法所需的参数。将 GOA 得到的

结果与其他著名优化算法，如灰狼优化算法（GWO）[76]、正弦余弦算法（SCA）[77]和其他元启发式算法进行比较。研究情况如下。

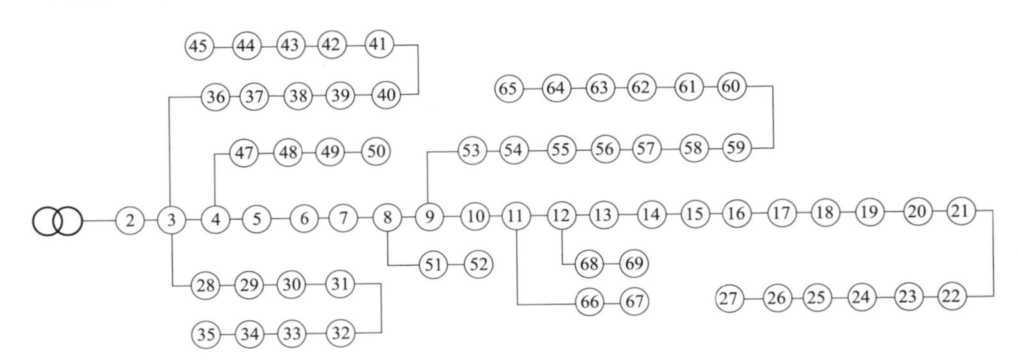

图 12－9　69 节点系统的线路图

表 12－2　　蚱蜢优化算法参数

参数	T_{max}	单元数量	C_{max}	C_{min}	F	L
数值	100	30	1	0.000 01	0.5	1.5

12.6.1　案例 1

将 GOA 应用于 69 节点系统中进行电容器最优分配，使总成本最小，如式（12－36）所述。电容器的容量按照目前工业市场的标准来选择。电容器的可用容量和成本见表 12－3。总负荷有功功率和无功功率分别为 3801.89kW 和 2694.1kvar。变电站电压为 12.66kV。系统不接入补偿装置时的功率损耗为 225kW，不接入电容器时的总成本为 37 800.0 美元。表 12－4 列出了通过 50 次运算试验得到的电容器的最优容量、位置以及其对系统能量损失成本、电容器成本和总成本的影响。表 12－4 还列出了 GOA 得到的最优、最差和平均结果。使用 GOA 优化电容器组配置，可以使功率损耗降低到 145.405MW，总成本的价值提高到 24 820.84 美元。从表 12－5 还可以看出，GOA 得到的目标值优于 CSA[33]、DSA[78]、TLBO[58]、GSA[2]、GWO 和 SCA 得到的目标值。这表明，GOA 成功得到了比其他方法更好的仿真结果。如图 12－10 所示，通过 GOA 优化并入电容器组，系统节点电压分布显著增强。在表 12－4 中列出了 GOA 和其他方法所采取的平均计算时间。很明显，与其他方法相比，GOA 的计算时间更短。图 12－11 描述了 GOA、GWO 和 SCA 的收敛性。从收敛图中可以看出，与 GWO 和 SCA 相比，目标值（总成本）在第 15 次迭代时收敛且平稳。这验证了所提出的 GWO 算法的收敛可靠性。

表 12－3　电容容量及成本（美元/kvar）

容量（kvar）	150	300	450	600	750	900	1050	1200	1350
成本（美元/kvar）	0.5	0.35	0.235	0.22	0.276	0.183	0.228	0.170	0.207
容量（kvar）	1500	1650	1800	1950	2100	2250	2400	2550	2700
成本（美元/kvar）	0.201	0.193	0.187	0.211	0.176	0.197	0.170	0.189	0.187
容量（kvar）	2850	3000	3150	3300	3450	3600	3750	3900	4050
成本（美元/kvar）	0.183	0.180	0.195	0.174	0.188	0.170	0.183	0.182	0.179

表 12－4　69 节点测试系统使用不同优化技术的结果

	基准案例	CSA[33]	DSA[78]	TLBO[58]	GSA[2]	GWO	SCA	GOA
V_{min}（p.u.）	0.909 2	0.930	0.931 8	0.932 1	0.951 9	0.930 79	0.931 45	0.930 79
P_{loss}（kW）	225.00	147.95	147	146.35	145.9	145.569	145.440	145.405
电容器位置（kvar）	—	21（250） 62（1200）	61（900） 15（450） 60（450）	22（300） 61（1050） 62（300）	26（150） 13（150） 15（1050）	61（1200） 12（450） 26（150）	61（1200） 9（450） 17（350）	61（1200） 12（450） 21（150）
容量（kvar）	—	1450	1800	1650	1350	1800	2000	1800
电容器成本（美元）	—	291.5	392.4	446.4	451.5	392.85	440.35	392.85
能量成本(美元)	37 800.0	24 855.6	24 696	24 586.8	24 511.2	24 455.51	24 433.98	24 427.99
年总费用(美元)	37 800.0	25 147.1	25 088.4	25 033.2	24 962.7	24 848.36	24 874.33	24 820.84
净结余（美元）	—	12 652.9	12 711.6	12 766.8	12 837.3	12 951.6	12 925.7	12 979.1
年最优成本（美元）	37 800.0	25 147.1	25 088.4	25 033.2	24 962.7	24 848.36	24 874.33	24 820.84
年最差成本（美元）						25 093.56	25 040.17	25 040.17
年平均费用（美元）						24 938.10	24 930.81	24 930.81
平均 CPU 处理时间		125.80		36.87		23.66	24.15	21.30

12.6.2　案例 2

在此案例中，如式（12－37）、式（12－38）和式（12－39）所述，采用 GOA 确定 69 节点系统中 DSTATCOM 的最佳位置和容量，可以使总损耗最小，同时改善电压分布并提高电压稳定指数。在这种情况下，目标函数是一个多目标函数，可以表述为：

$$f_t = w_1 f_1 + w_2 f_2 + w_3 f_3 \tag{12-54}$$

其中 w_1、w_2 和 w_3 是加权因子。根据相关目标函数与其他目标函数的相对重要性选择加权因子的值。式（12－54）中所有影响因素权重因子的绝对值之和为 1。

$$|w_1|+|w_2|+|w_3|=1 \tag{12-55}$$

在本章节中，设 w_1 为 0.5，w_2 和 w_3 为 0.25。应当指出 DSTATCOM 注入无功功率的约束条件，可参考文献［1］。

$$0 \leqslant Q_{STATCOM} \leqslant 10\,000\text{kvar} \tag{12-56}$$

$$\sum_{i=1}^{nc} Q_{STATCOM}(i) \leqslant \sum_{i=1}^{n} Q_L(i) \tag{12-57}$$

在此案例中，69 节点系统中有 3 个静止无功补偿设备。使用 GOA、GWO 和 SCA 确定 DSTATCOM 的最佳位置和容量如表 12－5 所示。显然，采用 GOA 优化并入 DSTATCOM 后功率损耗降低至 145.146kW，电压偏差的总和也从 1.837 4 减少至 1.387 2p.u.。此外，接入 DSTATCOM 后电压稳定性也提高至 62.775 9p.u.。从表 12－6 中可以看出，GOA 得到的结果优于 GWO 和 SCA 所获得的结果。

表 12－5　　69 节点系统在不同负载下的仿真结果

负载情况		基准案例	GWO	SCA	GOA
100%	最低电压	0.909 2	0.930 79	0.931 45	0.930 79
	总有功损失（kW）	225.00	145.569	145.440	145.405
	年成本（美元/年）	37 800.0	24 848.36	24 874.33	24 820.84
	位置和容量	—	61（1200） 12（450） 26（150）	61（1200） 9（450） 17（350）	61（1200） 12（450） 21（150）
75%	最低电压	0.933 53	0.948 74	0.948 73	0.948 74
	总有功损失（kW）	121.030	79.971	81.383	79.971
	年成本（美元/年）	20 333.04	13 722.35	13 959.48	13 722.35
	位置和容量	—	61（900） 12（350）	61（900） 9（350）	61（900） 12（350）
50%	最低电压	0.956 68	0.965 69	0.965 69	0.965 69
	总有功损失（kW）	51.606	35.757	35.757	35.757
	年成本（美元/年）	8669.808	6139.169 4	6139.169 4	6139.169 4
	位置和容量		61（600）	61（600）	61（600）

续表

负载情况		基准案例	GWO	SCA	GOA
净注入量（kvar）			在61节点固定电容器注入600； 在61节点开关电容器注入600； 在12节点开关电容器注入450； 在26节点开关电容器注入350	在61节点固定电容器注入600； 在61节点开关电容器注入600； 在9节点开关电容器注入450； 在17节点开关电容器注入350	在61节点固定电容器注入600； 在61节点开关电容器注入600； 在12节点开关电容器注入450； 在21节点开关电容器注入350

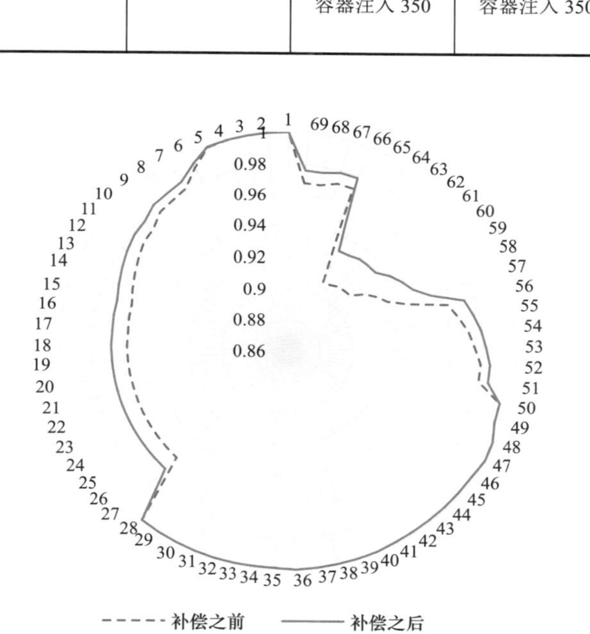

图 12－10　69 节点系统采用补偿后对系统电压的影响

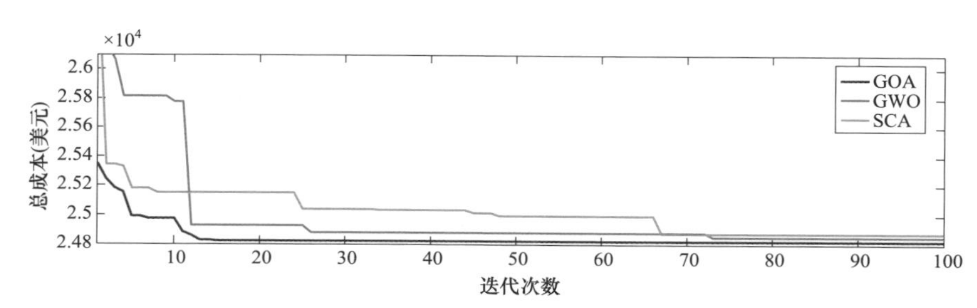

图 12－11　采用 GOA、GWO 和 SCA 方法 69 节点系统总成本随迭代次数的变化

表 12－6　　利用不同优化技术 DSTATCOM 配置结果

	基准方案	GWO	SCA	GOA
V_{min}（p.u.）	0.909 19	0.930 93	0.931 32	0.931 21
V_{max}（p.u.）	0.999 97	0.999 9	0.999 98	0.999 98
VSI_{min}（p.u.）	0.683 3	0.751 1	0.752 3	0.752 0
VSI_{max}（p.u.）	0.999 9	1.000 0	0.999 9	0.999 9
ΣVSI	61.218 1	62.690 4	62.715 4	62.775 9
P_{loss}（KW）	225.00	146.453	145.840	145.146
VD（p.u.）	1.837 4	1.410 5	1.404 6	1.387 2
DSTATCOM 的最佳位置和容量	—	61（1264.5） 17（346.997 3） 36（687.707 8）	12（548.01） 61（1245.6） 49（56 842.）	11（374.71） 61（1224.21） 18（242.430）

附录

69 节点测试系统参数见表 12－7。

表 12–7　　69 节点测试系统参数

编号	开始节点	结束节点	R（Ω）	X（Ω）	PL（kW）	QL（kvar）
1	1	2	0.000 5	0.001 2	0	0
2	2	3	0.000 5	0.001 2	0	0
3	3	4	0.001 5	0.003 6	0	0
4	4	5	0.025 1	0.029 4	0	0
5	5	6	0.366	0.186 4	2.60	2.20
6	6	7	0.381 1	0.194 1	40.40	30
7	7	8	0.092 2	0.047 0	75	54
8	8	9	0.049 3	0.025 1	30	20
9	9	10	0.819	0.270 7	28	19
10	10	11	0.187 2	0.061 9	145	104
11	11	12	0.711 4	0.235 0	145	104
12	12	13	1.030 0	0.340 0	8	5
13	13	14	1.044 0	0.345 0	8	5.50
14	14	15	1.058 0	0.349 6	0	0
15	15	16	0.196 6	0.065 0	45.50	30
16	16	17	0.374 3	0.123 8	60	35
17	17	18	0.004 7	0.001 6	60	35
18	18	19	0.327 6	0.108 3	0	0
19	19	20	0.210 6	0.069 0	1	0.60
20	20	21	0.341 6	0.112 9	114	81
21	21	22	0.014 0	0.004 6	5	3.50
22	22	23	0.159 1	0.052 6	0	0
23	23	24	0.346 3	0.114 5	28	20
24	24	25	0.748 8	0.247 5	0	0
25	25	26	0.308 9	0.102 1	14	10
26	26	27	0.173 2	0.057 2	14	10

续表

编号	开始节点	结束节点	R（Ω）	X（Ω）	PL（kW）	QL（kvar）
27	27	28	0.004 4	0.010 8	26	18.60
28	28	29	0.064 0	0.156 5	26	18.60
29	29	30	0.397 8	0.131 5	0	0
30	30	31	0.070 2	0.023 2	0	0
31	31	32	0.351 0	0.116 0	0	0
32	32	33	0.839 0	0.281 6	14	0
33	33	34	1.708 0	0.564 6	9.50	14
34	34	35	1.474 0	0.487 3	6	4
35	35	36	0.004 4	0.010 8	26	18.55
36	36	37	0.064 0	0.156 5	26	18.55
37	37	38	0.105 3	0.123 0	0	0
38	38	39	0.030 4	0.035 5	24	17
39	39	40	0.001 8	0.002 1	24	17
40	40	41	0.728 3	0.850 9	1.20	1
41	41	42	0.310 0	0.362 3	0	0
42	42	43	0.041 0	0.047 8	6	4.30
43	43	44	0.009 2	0.011 6	0	0
44	44	45	0.108 9	0.137 3	39.22	26.30
45	45	46	0.000 9	0.001 2	39.22	26.30
46	46	47	0.003 4	0.008 4	0	0
47	47	48	0.085 1	0.208 3	79	56.40
48	48	49	0.289 8	0.709 1	384.70	274.50
49	49	50	0.082 2	0.201 1	384.70	274.50
50	50	51	0.092 8	0.047 3	40.50	28.30
51	51	52	0.331 9	0.111 4	3.60	2.70
52	52	53	0.174 0	0.088 6	4.35	3.50
53	53	54	0.203 0	0.103 4	26.40	19
54	54	55	0.284 2	0.144 7	24	17.20
55	55	56	0.281 3	0.143 3	0	0
56	56	57	1.590 0	0.533 7	0	0

续表

编号	开始节点	结束节点	R（Ω）	X（Ω）	PL（kW）	QL（kvar）
57	57	58	0.783 7	0.263 0	0	0
58	58	59	0.304 2	0.100 6	100	72
59	59	60	0.386 1	0.117 2	0	0
60	60	61	0.507 5	0.258 5	1244	888
61	61	62	0.097 4	0.049 6	32	23
62	62	63	0.145 0	0.073 8	0	0
63	63	64	0.710 5	0.361 9	227	162
64	64	65	1.041 0	0.530 2	59	42
65	65	66	0.201 2	0.061 1	18	13
66	66	67	0.004 7	0.001 4	18	13
67	67	68	0.739 4	0.244 4	28	20
68	68	69	0.004 7	0.001 6	28	20
联 络 线						
69	11	43	0.5	0.5	6.0	4.30
70	13	21	0.5	0.5	5.00	3.50
71	15	46	1.0	1.0	39.22	26.30
72	50	59	2.0	2.0	100.0	72
73	27	65	1.0	1.0	59.0	42.0

参 考 文 献

[1] S.A. Taher, S.A. Afsari, Optimal location and sizing of DSTATCOM in distribution systems by immune algorithm. Int. J. Electr. Power Energy Syst. 60, 34 – 44 (2014).

[2] S. Ganguly, Impact of unified power-quality conditioner allocation on line loading, losses, and voltage stability of radial distribution systems. IEEE Trans. Power Delivery 29, 1859 – 1867 (2014).

[3] S. Devi, M. Geethanjali, Optimal location and sizing of distribution static synchronous series compensator using particle swarm optimization. Int. J. Electr. Power Energy Syst. 62, 646 – 653 (2014).

[4] H. Ng, M. Salama, A. Chikhani, Classification of capacitor allocation techniques. IEEE Trans. Power Delivery 15, 387 – 392 (2000).

[5] J. Schmill, Optimum size and location of shunt capacitors on distribution feeders. IEEE Trans. Power Appar. Syst. 84, 825 – 832 (1965).

[6] N. Neagle, D. Samson, Loss reduction from capacitors installed on primary feeders. Trans. Am. Inst. Electr. Eng. Part III: Power Appar. Syst. 75, 950 – 959 (1956).

[7] Y. Bae, Analytical method of capacitor allocation on distribution primary feeders. IEEE Trans. Power Appar. Syst. 1232 – 1238 (1978).

[8] T.H. Fawzi, S.M. El-Sobki, M.A. Abdel-halim, New approach for the application of shunt capacitors to the primary distribution feeders. IEEE Trans. Power Appar. Syst. 10 – 13 (1983).

[9] H. Dura, Optimum number, location, and size of shunt capacitors in radial distribution feeders a dynamic programming approach. IEEE Trans. Power Appar. Syst. 1769 – 1774 (1968).

[10] M. Baran, F.F. Wu, Optimal sizing of capacitors placed on a radial distribution system. IEEE Trans. Power Delivery 4, 735 – 743 (1989).

[11] M. Ponnavsikko, K.P. Rao, Optimal choice of fixed and switched shunt capacitors on radial distributors by the method of local variations. IEEE Trans. Power Appar. Syst. 1607 – 1615 (1983).

[12] S. Lee, J. Grainger, Optimum placement of fixed and switched capacitors on primary distribution feeders. IEEE Trans. Power Appar. Syst. 345 – 352 (1981).

[13] K. Padiyar, *FACTS Controllers in Power Transmission and Distribution* (New Age International, 2007).

[14] N.G. Hingorani, L. Gyugyi, *Understanding Facts* (IEEE press, 2000).

[15] S. Kamel, F. Jurado, D. Vera, A simple implementation of power mismatch STATCOM model into current injection Newton-Raphson power-flow method. Electr. Eng. 96, 135 – 144 (2014).

[16] S. Kamel, F. Jurado, Z. Chen, M. Abdel-Akher, M. Ebeed, Developed generalised unified power flow controller model in the Newton-Raphson power-flow analysis using combined mismatches method. IET Gener. Transm. Distrib. 10, 2177 – 2184 (2016).

[17] S. Abd el-sattar, S. Kamel, M. Ebeed, Enhancing security of power systems including SSSC using moth-flame optimization algorithm, in *Power Systems Conference (MEPCON), 2016 Eighteenth International Middle East* (2016), pp. 797 – 802.

[18] M. Ebeed, S. Kamel, F. Jurado, Determination of IPFC operating constraints in power flow analysis. Int. J. Electr. Power Energy Syst. 81, 299 – 307 (2016).

[19] M. Chakravorty, D. Das, Voltage stability analysis of radial distribution networks. Int. J.Electr. Power Energy Syst. 23, 129 – 135 (2001).

[20] A. Elnady, M.M. Salama, Unified approach for mitigating voltage sag and voltage flicker using the DSTATCOM. IEEE Trans. Power Delivery 20, 992 – 1000 (2005).

[21] Z. Shuai, A. Luo, Z.J. Shen, W. Zhu, Z. Lv, C. Wu, A dynamic hybrid var compensator and a two-level collaborative optimization compensation method. IEEE Trans. Power Electron. 24, 2091 – 2100 (2009).

[22] R. Majumder, Reactive power compensation in single-phase operation of microgrid. IEEE Trans. Industr. Electron. 60, 1403 – 1416 (2013).

[23] R. Yan, B. Marais, T.K. Saha, Impacts of residential photovoltaic power fluctuation on on-load tap changer operation and a solution using DSTATCOM. Electr. Power Syst. Res. 111, 185 – 193 (2014).

[24] O.P. Mahela, A.G. Shaik, A review of distribution static compensator. Renew. Sustain. Energy Rev. 50, 531 – 546 (2015).

[25] M. Hosseini, H.A. Shayanfar, Modeling of series and shunt distribution FACTS devices in distribution systems load flow. J. Electr. Syst. 4, 1 – 12 (2008).

[26] A. Ghosh, G. Ledwich, *Power Quality Enhancement Using Custom Power Devices* (Springer Science & Business Media, 2012).

[27] M.-C. Wong, C.-J. Zhan, Y.-D. Han, L.-B. Zhao, A unified approach for distribution system conditioning: distribution system unified conditioner (DS-UniCon), in *Power Engineering Society Winter Meeting, 2000. IEEE* (2000), pp. 2757 – 2762.

[28] V. Khadkikar, Enhancing electric power quality using UPQC: a comprehensive overview. IEEE Trans. Power Electron. 27, 2284 – 2297 (2012).

[29] M. Hosseini, H. Shayanfar, M. Fotuhi-Firuzabad, Modeling of unified power quality conditioner (UPQC) in distribution systems load flow. Energy Convers. Manag. 50, 1578 – 1585 (2009).

[30] C.-F. Chang, Reconfiguration and capacitor placement for loss reduction of distribution systems by ant colony search algorithm. IEEE Trans. Power Syst. 23, 1747 – 1755 (2008).

[31] K. Devabalaji, K. Ravi, D. Kothari, Optimal location and sizing of capacitor placement in radial distribution system using bacterial foraging optimization algorithm. Int. J. Electr. Power Energy Syst. 71, 383 – 390 (2015).

[32] A.A. Eajal, M. El-Hawary, Optimal capacitor placement and sizing in unbalanced distribution systems with harmonics consideration using particle swarm optimization. IEEE Trans. Power Delivery 25, 1734 – 1741 (2010).

[33] A.A. El-Fergany, A.Y. Abdelaziz, Cuckoo search-based algorithm for optimal shunt capacitors allocations in distribution networks. Electric Power Components and Systems 41, 1567 – 1581 (2013).

[34] A.A. El-Fergany, Involvement of cost savings and voltage stability indices in optimal capacitor allocation in radial distribution networks using artificial bee colony algorithm. Int. J. Electr. Power Energy Syst. 62, 608 – 616 (2014).

[35] A.A.A. El-Ela, R.A. El-Sehiemy, A. – M. Kinawy, M.T. Mouwafi, Optimal capacitor placement in distribution systems for power loss reduction and voltage profile improvement. IET Gener. Transm. Distrib. 10, 1209 – 1221 (2016).

[36] A. Askarzadeh, Capacitor placement in distribution systems for power loss reduction and voltage improvement: a new methodology. IET Gener. Transm. Distrib. 10, 3631 – 3638 (2016).

[37] A. Abdelaziz, E. Ali, S.A. Elazim, Flower pollination algorithm and loss sensitivity factors for optimal sizing and placement of capacitors in radial distribution systems. Int. J. Electr. Power Energy Syst. 78, 207 – 214 (2016).

[38] S.K. Injeti, V.K. Thunuguntla, M. Shareef, Optimal allocation of capacitor banks in radial distribution systems for minimization of real power loss and maximization of network savings using bio-inspired optimization algorithms. Int. J. Electr. Power Energy Syst. 69, 441 – 455 (2015).

[39] S. Sultana, P.K. Roy, Oppositional krill herd algorithm for optimal location of capacitor with reconfiguration in radial distribution system. Int. J. Electr. Power Energy Syst. 74, 78 – 90 (2016).

[40] F.G. Duque, L.W. de Oliveira, E.J. de Oliveira, An approach for optimal allocation of fixed and switched capacitor banks in distribution systems based on the monkey search optimization method. J. Control Autom. Electr. Syst. 27, 212 – 227 (2016).

[41] A. Zeinalzadeh, Y. Mohammadi, M.H. Moradi, Optimal multi objective placement and sizing of multiple DGs and shunt capacitor banks simultaneously considering load uncertainty via

MOPSO approach. Int. J. Electr. Power Energy Syst. 67, 336–349 (2015).
[42] A.K. Fard, T. Niknam, Optimal stochastic capacitor placement problem from the reliability and cost views using firefly algorithm. IET Sci. Meas. Technol. 8, 260–269 (2014).
[43] A. Elsheikh, Y. Helmy, Y. Abouelseoud, A. Elsherif, Optimal capacitor placement and sizing in radial electric power systems. Alex. Eng. J. 53, 809–816 (2014).
[44] H. Karami, B. Zaker, B. Vahidi, G.B. Gharehpetian, Optimal multi-objective number, locating, and sizing of distributed generations and distributed static compensators considering loadability using the genetic algorithm. Electr. Power Compon. Syst. 44, 2161–2171 (2016).
[45] H. Bagheri Tolabi, A. Lashkar Ara, and R. Hosseini, A fuzzy-ExIWO method for optimal placement of multiple DSTATCOM/DG and tuning the DSTATCM's controller, COMPEL: Int. J. Comput. Math. Electr. Electron. Eng. 35, 1014–1033 (2016).
[46] S. Devi, M. Geethanjali, Placement and sizing of D-STATCOM using particle swarm optimization, in *Power Electronics and Renewable Energy Systems* (Springer, 2015), pp. 941–951.
[47] H.B. Tolabi, M.H. Ali, M. Rizwan, Simultaneous reconfiguration, optimal placement of DSTATCOM, and photovoltaic array in a distribution system based on fuzzy-ACO approach. IEEE Trans. Sustain. Energy 6, 210–218 (2015).
[48] K. Devabalaji, K. Ravi, Optimal size and siting of multiple DG and DSTATCOM in radial distribution system using bacterial foraging optimization algorithm. Ain Shams Eng. J. 7, 959–971 (2016).
[49] T. Yuvaraj, K. Ravi, K. Devabalaji, DSTATCOM allocation in distribution networks considering load variations using bat algorithm. Ain Shams Eng. J. (2015).
[50] J. Sarker, S. Goswami, Optimal location of unified power quality conditioner in distribution system for power quality improvement. Int. J. Electr. Power Energy Syst. 83, 309–324 (2016).
[51] S. Ganguly, Multi-objective planning for reactive power compensation of radial distribution networks with unified power quality conditioner allocation using particle swarm optimization. IEEE Trans. Power Syst. 29, 1801–1810 (2014).
[52] R.S. Rao, S. Narasimham, M. Ramalingaraju, Optimal capacitor placement in a radial distribution system using plant growth simulation algorithm. Int. J. Electr. Power Energy Syst. 33, 1133–1139 (2011).
[53] Y.–C. Huang, H.–T. Yang, C.–L. Huang, Solving the capacitor placement problem in a radial distribution system using tabu search approach. IEEE Trans. Power Syst. 11, 1868–1873 (1996).
[54] E. Ali, S.A. Elazim, A. Abdelaziz, Improved harmony algorithm and power loss index for

optimal locations and sizing of capacitors in radial distribution systems. Int. J. Electr. Power Energy Syst. 80, 252–263 (2016).

[55] K. Muthukumar, S. Jayalalitha, Optimal placement and sizing of distributed generators and shunt capacitors for power loss minimization in radial distribution networks using hybrid heuristic search optimization technique. Int. J. Electr. Power Energy Syst. 78, 299–319 (2016).

[56] V. Haldar, N. Chakraborty, Power loss minimization by optimal capacitor placement in radial distribution system using modified cultural algorithm. Int. Trans. Electr. Energy Syst. 25, 54–71 (2015).

[57] M.H. Moradi, A. Zeinalzadeh, Y. Mohammadi, M. Abedini, An efficient hybrid method for solving the optimal sitting and sizing problem of DG and shunt capacitor banks simultaneously based on imperialist competitive algorithm and genetic algorithm. Int. J. Electr. Power Energy Syst. 54, 101–111 (2014).

[58] S. Sultana, P.K. Roy, Optimal capacitor placement in radial distribution systems using teaching learning based optimization. Int. J. Electr. Power Energy Syst. 54, 387–398 (2014).

[59] V. Renu, S. Jeyadevi, Optimal design of UPQC devices in radial distribution network for voltage stability enhancement. Int. J. Appl. Eng. Res. 10 (2015).

[60] Y.M. Shuaib, M.S. Kalavathi, C.C.A. Rajan, Optimal capacitor placement in radial distribution system using gravitational search algorithm. Int. J. Electr. Power Energy Syst. 64, 384–397 (2015).

[61] S. Sundhararajan, A. Pahwa, Optimal selection of capacitors for radial distribution systems using a genetic algorithm. IEEE Trans. Power Syst. 9, 1499–1507 (1994).

[62] H. Sadeghi, N. Ghaffarzadeh, A simultaneous biogeography based optimal placement of DG units and capacitor banks in distribution systems with nonlinear loads. J. Electr. Eng. 67, 351–357 (2016).

[63] M. Sedighizadeh, D. Arzaghi-Haris, Optimal allocation and sizing of capacitors to minimize the distribution line loss and to improve the voltage profile using big bang-big crunch optimization. Int. Rev. Electr. Eng. 6 (2011).

[64] H.–D. Chiang, J.–C. Wang, O. Cockings, H.–D. Shin, Optimal capacitor placements in distribution systems. II. Solution algorithms and numerical results. IEEE Trans. Power Delivery 5, 643–649 (1990).

[65] A.A. El-Fergany, Optimal capacitor allocations using evolutionary algorithms. IET Gener. Transm. Distrib. 7, 593–601 (2013).

[66] J. Vuletić, M. Todorovski, Optimal capacitor placement in distorted distribution networks with

different load models using penalty free genetic algorithm. Int. J. Electr. Power Energy Syst. 78, 174 – 182 (2016).

[67] R. Hosseinzadehdehkordi, H. Shayeghi, M. Karimi, P. Farhadi, Optimal sizing and siting of shunt capacitor banks by a new improved differential evolutionary algorithm. Int. Trans. Electr. Energy Syst. 24, 1089 – 1102 (2014).

[68] A.R. Abul'Wafa, Optimal capacitor placement for enhancing voltage stability in distribution systems using analytical algorithm and Fuzzy-Real Coded GA. Int. J. Electr. Power Energy Syst. 55, 246 – 252 (2014).

[69] I. Szuvovivski, T. Fernandes, A. Aoki, Simultaneous allocation of capacitors and voltage regulators at distribution networks using genetic algorithms and optimal power flow. Int. J.Electr. Power Energy Syst. 40, 62 – 69 (2012).

[70] S. Jazebi, S. Hosseinian, B. Vahidi, DSTATCOM allocation in distribution networks considering reconfiguration using differential evolution algorithm. Energy Convers. Manag. 52, 2777 – 2783 (2011).

[71] J. Sanam, A. Panda, S. Ganguly, Optimal phase angle injection for reactive power compensation of distribution systems with the allocation of multiple distribution STATCOM. Arab. J. Sci. Eng. 1 – 9 (2016).

[72] S. Saremi, S. Mirjalili, A. Lewis, Grasshopper optimisation algorithm: theory and application. Adv. Eng. Softw. 105, 30 – 47 (2017).

[73] B. Uvarov, Grasshoppers and locusts.in *A Handbook of General Acridology Vol. 2. Behaviour, Ecology, Biogeography, Population Dynamics* (Centre for Overseas Pest Research, 1977).

[74] C.M. Topaz, A.J. Bernoff, S. Logan, W. Toolson, A model for rolling swarms of locusts. Eur. Phys. J. – Spec. Top. 157, 93 – 109 (2008).

[75] S. Chandramohan, N. Atturulu, R.K. Devi, B. Venkatesh, Operating cost minimization of a radial distribution system in a deregulated electricity market through reconfiguration using NSGA method. Int. J. Electr. Power Energy Syst. 32, 126 – 132 (2010).

[76] S. Mirjalili, S.M. Mirjalili, A. Lewis, Grey wolf optimizer. Adv. Eng. Softw. 69, 46 – 61 (2014).

[77] S. Mirjalili, SCA: a sine cosine algorithm for solving optimization problems. Knowl.-Based Syst. 96, 120 – 133 (2016).

[78] M.R. Raju, K.R. Murthy, K. Ravindra, Direct search algorithm for capacitive compensation in radial distribution systems. Int. J. Electr. Power Energy Syst. 42, 24 – 30 (2012).

[79] E. Ali, S.A. Elazim, A. Abdelaziz, Ant lion optimization algorithm for renewable distributed generations. Energy 116, 445 – 458 (2016).

13

自动重合闸的优化配置

卡洛斯·弗雷德里科·梅斯基尼·阿尔梅达，
加布里埃尔·阿尔比里·奎罗加，恩里克·卡根，和纳尔逊·卡根

摘　要　本章提出了一套在中压配电网中配置自动重合闸（automatic reclosers，AR）的方法。该方法确定了动断（normally closed，NC）和动合（normally opened，NO）重合闸的安装位置，以提高系统的供电质量。这些限制依赖于购买和安装 AR 的投资预算。该方法侧重于确定大电网中安装重合闸的最佳位置，以有效支撑配电网规划。考虑到配电网规模，需要评估数百个不同的动合重合闸（normally-opened automatic reclosers，NO－AR）和动断重合闸（normally-closed automatic reclosers，NC－AR）的安装位置。处理这类问题时，需要考虑电网所有可能的状态，并确保 AR 安装在最佳位置。上述方法将该问题划分为三个阶段。通过这种方法，规划人员需要在短短几分钟内进行多次仿真分析，以评估不同投资水平下的技术效益，当前的文献中还未找到类似的方法。为验证方法的可行性，采用一家巴西配电公司的两个变电站以及 25 条中压馈线作为研究对象。该方法进行了两个分析：① 棕色地带分析，确定了 30 个新的 AR 的位置；② 绿色地带分析，重新配置了 45 个现有的 AR。结果表明，该系统的服务质量得到显著提升，相关指标甚至可以下降 30%以上。

关键词　配电网规划，遗传算法，供电可靠性，自动重合闸，电能质量

13.1 引言

配置 AR 是配电公司提高供电质量的一项有效举措，这一举措不仅可以提高配电网的运行灵活性，还被完全纳入巴西的资产监管。其他备选方案，如清理树障或改变网络结构，提高了运行成本，从某种层面来看不是一种明智的投资行为。巴西许多配电公司每年花费大量的资金，在电网中安装成了数百个 AR。因此，配电网规划过程中出现了一个新问题：如何决定配电公司辖区内这数百个 AR 的最佳安装位置？

AR 的配置是一项艰难的工作。首先，规划人员从停电管理系统（outage management system，OMS）数据库中获得前几年故障发生的相关数据，明确了最有可能产生故障的位置。其次，将故障信息和通过地理信息系统（georeferenced information system，GIS）获得的客户分布信息相结合。规划人员试图以简化的方式，确定安装 AR 的位置，尽量减少故障对用户的影响。因此，传统方式配置一台 AR 往往需要耗费数个小时。

如今，规划人员需要评估配电网运行过程中可能出现的所有配置方案。对于每种方案，还需要评估不同的 AR 组合对供电质量的改进程度。根据每一组 AR 对应的改进程度，规划人员可以确定满足用户供电所需的投资水平。由于电网公司的投资计划通常只需要短短几个月就能得到施行，上述分析不能花费太长的时间。因此，研究 AR 位置优选方法是非常必要的。

研究开关装置配置问题的文献有很多，有的文献只是简单的提供了开关装置配置的理论方法[4,6]，其余的文献为了简化研究，只关注于 NC 开关的配置[5,10,11,14,15,17,18,20,23]或者 NO 开关的配置[9]，当前文献里提到的方法通常只涉及简化网络[2,3,5,7,8,10~12,14~16,18,23,25]。此外，一些方法通过测试每条母线上开关装置的安装，解决了开关装置在电网中的配置问题[7,8]，另外一些方法将每条线段都作为安装开关装置的候选位置，评估了开关安装后电网性能的提升[12,25]，还有一些方法记录了安装先前选定的开关装置的候选位置[16,18,21,22]。由于开关装置配置具有组合特性以及大量候选安装位置，这些方法不适用于规划整个辖区的投资。

当面对一个规模较大的配电网时，现有文献中提到的方法主要为简化可配置的开关装置数量的决策问题。在文献［13］中，作者根据中压馈线的重要性将 AR 配置到馈线上，没有考虑关于网络拓扑结构的详细建模方法的可靠性分析和故障在电网中的空间分布，除此之外，也没有提供需要安装 AR 的具体位置。文献［20］每次确定一个 AR 的最佳安装位置，下一个 AR 的最佳位置取决于上一个 AR 的位置，该方法并不适用于同时确定一组 AR 的最佳位置。

在文献[21,22,24]中，作者提出了一种在规模较大的配电网中配置 NC－AR 和 NO－AR 的方法，这些文献只考虑配置新的 AR。在文献［21，22］中，作者提出了一种同时配置 NC－AR 和 NO－AR 的方法，紧急情况时可通过别的电源为该区域供电。当在电网中安装了新的 AR 后，由于电力需求一天内变化显著，降低了对上述方法的需求度。文献［24］中提到的方法考虑了整个电网的平均故障率和平均故障持续时间，但是不能代表电网的真实行为，例如有树的区域可能比其他区域更容易发生故障。

本章中所提到的方法旨在解决 AR 在具有数千条母线的真实配电网中的最优配置问题。在考虑装置数量要求和投资预算的前提下，为了提高供电质量，该方法提出了同时安装新的 NC－AR 和 NO－AR 的备选优化方案，并明确了装置的安装位置。该方法考虑了从电网公司的 OMS 中获取的故障发生信息，以及从电网公司的 GIS 中提取的真实拓扑结构，这使得可靠性的计算变得更加真实。

本章的一个重要创新点在于提出了三阶法。在第一阶段中，根据 NO－AR 的配置，列举了每一条中压馈线可能的状态；在第二阶段，对于每一个可能的状态，找到并存储了每一组 NC－AR 配置的最优解；在第三阶段，得到了每条中压馈线的最优解，在满足预算要求的前提下，最大程度地提高了供电质量。基于最优解集合，规划人员根据不同的预算水平，进行了多次仿真模拟，以评估提供适当的供电质量所需要的投资水平。采用该方法可以忽略现有的 AR，然后对其进行重新配置，以提升配电网充裕度。

上述方法主要通过故障和用户的空间分布确定 AR 的安装位置，但不能保证保护装置之间的协调性，其他很多关于开关配置问题的文献提出的方法也存在上述问题。通过改变电网中现有装置的保护参数可以保证装置协调性。因此，确定新的 AR 的位置是一项更加艰巨的任务。

13.2 方法论

本章所提到的方法被分为三个阶段。第一个阶段罗列了一个中压电网所有可能出现的状态，每一个状态由安装 NO－AR 的位置决定。第二个阶段评估了 NC－AR 的不同配置方案，通过对多种优化问题进行分析，进一步确定了每条中压馈线上特定数量的 NC－AR 的最佳安装位置。每一组优化问题都对应着中压馈线可能出现的一个特定状态。第三个阶段在每一条中压馈线上安装一组 NC－AR 和 NO－AR。这个阶段的目的是通过加权的方式，考虑服务质量指标，从而最大程度地提高服务质量。在这个阶段，优化问题的主要制约因素是可供配置的 AR 的最大数量。本方法强调了预算的限制，并通过多次仿真分析，考虑不同的预算值，从而评估电网性能的提升程度是否能支持所需要的投资水平。图 13－1 展示了详细的流程图。后面的小节中提供了该方法各阶段的更多细节。

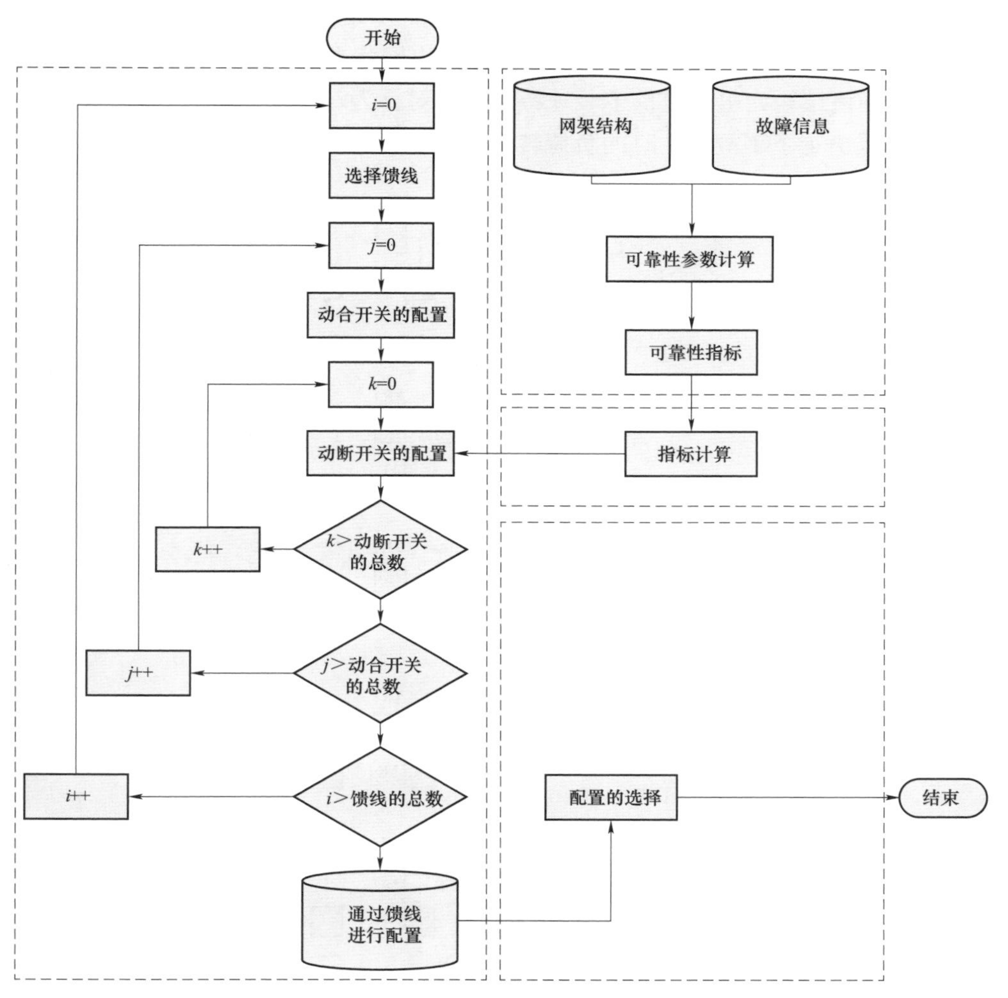

图 13－1　简化算法流程图

13.2.1　第一阶段——状态列举—动合自动重合闸的配置

如前所述，第一个阶段罗列了配电网的中压馈线间安装 NO－AR 后的网架架构。首先，所有 NO 开关的位置都可以用来测试新的 NO－AR 的安装，在两条中压馈线间加装一个 NO 开关，该开关的位置也可以用来测试 NO－AR 的安装，用于测试安装 NO－AR 的候选位置组合定义了一条特定中压馈线的状态。

如图 13－2（a）所示，该中压馈线上已经安装了两个 NC－AR，图 13－2（b）

展示了三个可以安装 NO－AR 的位置，这三个 NO－AR 的安装组合可以构建 8 个可能的网络结构，如图 13－3（c）所示。如果存在 4 个 NO－AR，网络将会呈现 16 种可能的网络结构；如果有 5 个 NO－AR，网络将会呈现 32 个可能的网络结构。以此类推，这些可能的网络结构被称为电网状态。当电网遭受一系列事故时，每种网络结构为电网提供了一种特定的应对行为。换言之，NO－AR 的数量和安装位置决定了事故发生时的负荷转移能力。

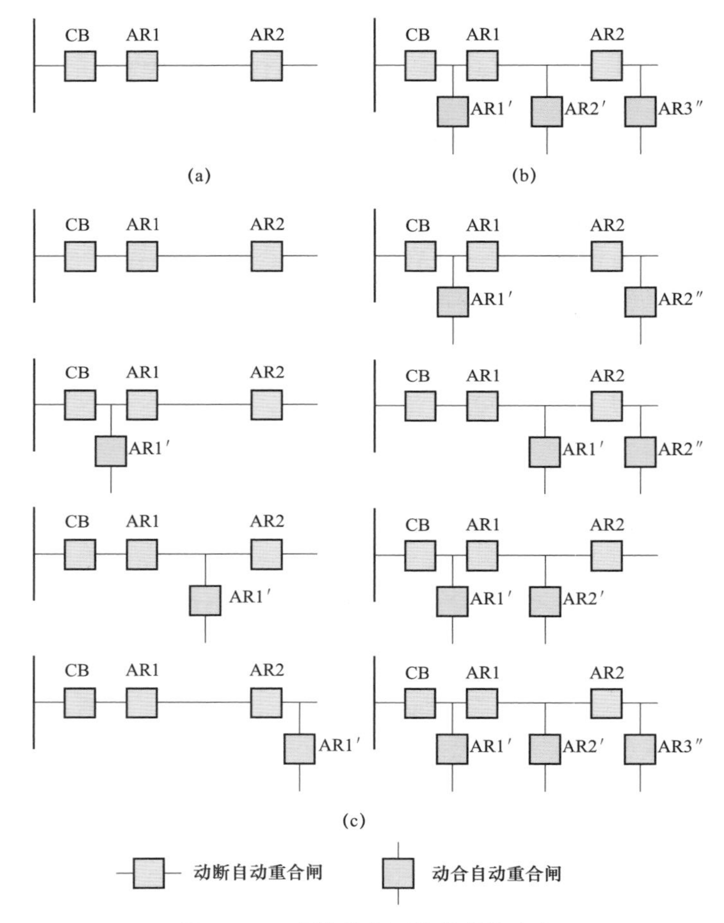

图 13－2　安装动合开关的备选方案

（a）有 0 个动合自动重合闸；（b）有 3 个动合自动重合闸；（c）有 0～3 个动合自动重合闸

13.2.2　第二阶段——动断自动重合闸的配置

该方法的第二阶段决定了配电网中每条中压馈线的 NC－AR 的配置。图 13－1 中蓝色部分中阐述了方法的第二阶段：首先选取某一条特定的馈线；然后对于所选馈线可能出现的运行状态，该方法确定一组 NC–AR 的最佳安装位置。

初始状态下，该方法通过测试每个候选位置确定了一个 NC–AR 的最佳安装位置。所有包含某种 NC 开关（如常规开关、保险丝等）的位置都可以用来测试 NC–AR 的安装。然而，由于现实网络中可能存在大量候选位置，启发式规则逐步被用来测试新的 NC–AR 的效果，从而确定候选位置。启发式规则要求如下：

（1）不能在熔断器后安装 AR。

（2）不能串联安装超过 3 个 NC–AR。

（3）不能在变电站旁（如少于 50m）安装 NC–AR。

在确定所选馈线中一个 NC–AR 的最佳安装位置之后，此方法继续优化若干问题以确定更多数量的 NC–AR 的最佳安装位置（同时安装两个、3 个 NC–AR 等）。对于所选馈线的每个可能状态，重复该过程从而确定一组 NC–AR 的最佳安装方案。在完成一条馈线的优化之后，此方法重复对所评估的配电网的下一馈线的分析。此方法从优化两个 NC–AR 的安装问题开始，逐渐增加 NC–AR 的数量，直到 NC–AR 集合的成本超过缺供电量值的减小值。为了将投资与缺供电量的减小值进行比较，此方法将购买和安装 AR 的费用定为 20 000 美元，停电损失费为 60.00 美元/MWh/年，回报率为 7.5%，AR 的使用寿命为 20 年。图 13–3 说明了此方法第二阶段中的自动化过程。配置 NC–AR 对供电质量指标影响的评估过程详见图 13–4。从图 13–3 中可以看出，该方法得到了考虑所有可能状态和所有可能的 NC–AR 安装数量的最优解。

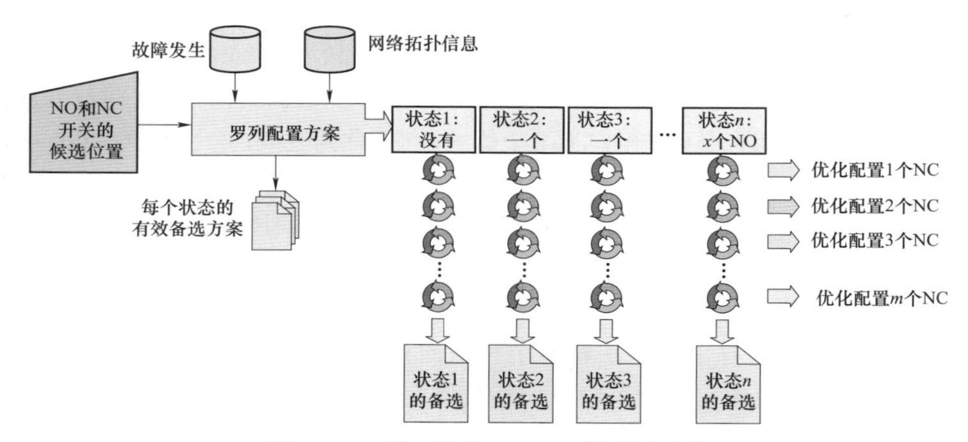

图 13–3　第二阶段 NC–AR 的配置过程

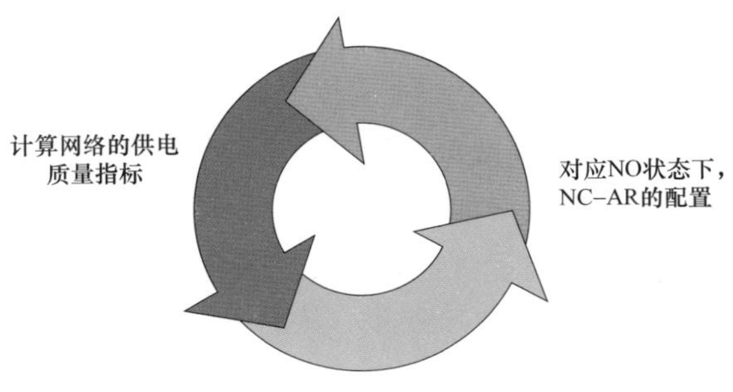

图 13－4　NC－AR 的配置对质量指标影响的评估过程

如前所述，此方法通过求解优化问题确定两个或更多 NC－AR 的最佳安装位置。由于 NC－AR 有多个候选安装位置，并且需要考虑每条中压馈线所有可能的状态，必须对多个优化问题进行求解。求解每一个优化问题时，不仅需要确定个体最大值还要考虑迭代数，使用基于遗传算法（genetic algorithms，GA）的方法会很方便，且 GA 还可以确定解决每个优化问题所耗的时间。其他元启发式方法也可以被用来解决同样的问题。由于要同时配置多个 NO、NC 设备，且实际的配电网中有数千条母线组成，研究的重点不应该放在考虑的解决方案上，而是应该放在方法本身上。

13.2.2.1　遗传算法

GA 由 Holland 在 1975 年提出，其目的是通过严格解释自然系统中的适应过程，开发一种能保留自然系统中原始机制的人工系统。GA 从一个“串”开始，每个元素必须与问题的参数有明确的关系。从遗传学上讲，“串”可以被理解为一条包含基因（或位）的染色体，在染色体的不同位点（串中的位置）代表个体的若干特征。每个基因的值，对应于一个特定的特征，与一个等位基因相匹配。此外，遗传包通常称为基因型，可以通过定义字符串的数据结构和 GA 进行对应。这种遗传包与环境的相互作用定义了个体的特征，称为表型，这相当于在 GA 中，在对结构的解码中形成的可能备选方案或可能解参数集。一旦建立了 GA 的基本元素（即“串”）以及它与实际问题的关系（即它的编码），GA 的机制就相对简单了。

1. 字符串编码法

第二阶段的字符串编码法考虑了整数向量，字符串的长度由可供配置的 NC－AR 的数量决定。每一个向量的整数值由 NC－AR 的候选安装位置决定。图 13－5 展示了一个字符串编码法的例子。图 13－5（a）中，馈线 F 上有一个断路器（circuit breaker，CB），两个 NO 开关和 5 个 NC 开关，这 5 个 NC 开关的位置是安装 NC－AR 的备选位置。在线路拓扑图的右边，有一条记录了两个 NC－AR 安装位置的字符串。由于有 5 个候选位置，字符串中每一个向量值都是从 0～4 变化。在字符串编码过程中，该方法不允许在字符串中出现重复的值。图 13－5（b）表明两个 NC－AR 分别安装在 NC2 和 NC4 处。图 13－5（c）表明 NC1，NC2 和 NC4 处各装有一个 NC－AR。

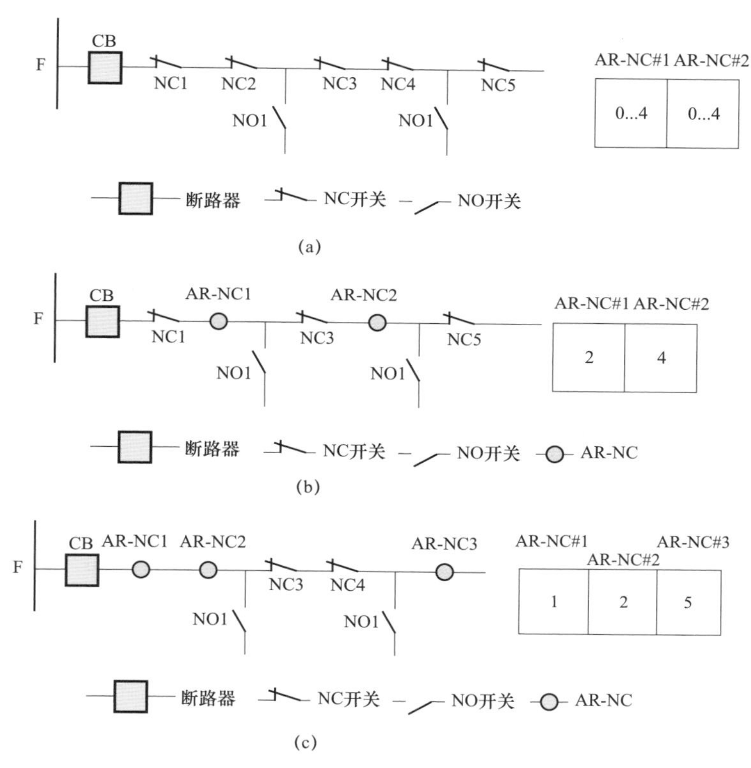

图 13－5　基于遗传算法的二阶段优化问题的字符串编码方法

（a）两个 NC－AR 的候选位置；（b）两个 NC－AR 的安装；（c）3 个 NC－AR 的安装

需要考虑的是，如何基于每一个个体的评价函数值，确定最合适或者最优的个体。

2. 评价函数

对于方法的第二阶段，评价函数旨在通过减少意外事件的平均发生频率和持续时间来衡量配电网的供电质量的提高程度，并通过减少缺供电量来计算提高的收益。因此，对评价函数进行建模时需要考虑三项指标：

（1）停电用户数（Interrupted Customers，IC）：一定时间段内总的停电用户数。

（2）用户停电小时数（Hours of Interrupted Customers，HIC）：一定时间段内，用户总的停电小时数。

（3）缺供电量（Energy Not Supplied，ENS）：一定时间段内，由于故障发生而减少的供电量。

多种优化问题中考虑的评价函数如式（13－1）所示。

$$\max\left[K_{IC}\cdot MI_{IC}+K_{HIC}\cdot MI_{HIC}+K_{ENS}\cdot MI_{ENS}\right] \tag{13-1}$$

式中　MI_{IC}——IC 减少的价值指数；

MI_{HIC}——HIC 减少的价值指数；

MI_{ENS}——ENS 减少的价值指数；

K_{IC}——IC 的权重因数；

K_{HIC}——HIC 的权重因数；

K_{ENS}——ENS 的权重因数。

价值指数（merit index，MI）描述了中压馈线初始状态评价等级（没有安装 AR－$Grade_{without}$）与一个备选方案对应的电网状态等级（安装 AR 后 $Grade_{with}$）之间的差异。为了比较不同评价等级的影响，这些不同点被 $Grade_{without}$ 统一做了归一化处理。MI 的表达式如式（13－2）所示：

$$MI=\frac{Grade_{without}-Grade_{with}}{Grade_{without}}=1-\frac{Grade_{with}}{Grade_{without}} \tag{13-2}$$

因此，MI_{IC}、MI_{HIC} 和 MI_{ENS} 的计算公式如式（13－3）～式（13－5）所示：

$$MI_{IC}=1-\frac{IC_{with}}{IC_{without}} \tag{13-3}$$

$$MI_{HIC}=1-\frac{HIC_{with}}{HIC_{without}} \tag{13-4}$$

$$MI_{ENS}=1-\frac{ENS_{with}}{ENS_{without}} \tag{13-5}$$

每一项指标的改善程度都是由配电网中每条馈线的每个状态决定。IC 指数、HIC 指数分别和 SAIFI 指数和 SAIDI 指数相关联。用 IC 和 HIC 代替原始的 SAIFI 和 SAIDI 是由于该方法致力于整个辖区内电网的总体性能的提高。采用 SAIFI 和 SAIDI 评估每一条馈线时，可能不会最大程度的提高供电质量。通过计算上述指标，对每个可能的个体进行评价，并遵循一个“先验的”的可靠性计算方法。

3. 一个“先验的”的可靠性计算方法

该“先验的”可靠性计算方法基于故障历史数据得到的平均可靠性参数，预估了一个配电网的可靠性指标，包括 IC、HIC 和 ENS。因此，有必要计算每一个负荷区域和保护区域的可靠性参数。负荷区域指的是由分段开关划定的一组连续馈线段。保护区域指的是仅由保护装置划定的一组负荷区域。

在这个方法中，一个负荷区域由 4 个参数决定，分别是平均故障率、平均停电时间、用户数量和电力需求量，如图 13－6 所示。在图 13－6 的馈线示意图中，有 4 个负荷区域和两个保护区域。

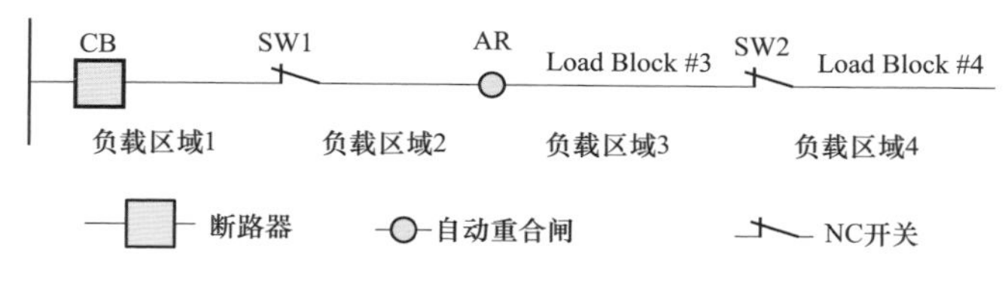

图 13－6　负载区和相应参数的电路图

配电网的 OMS 获得的停电历史数据可以用来计算每一个负荷区域的平均故障率（f^{avg}），根据停电发生时的保护设备动作，将停电事件进行分组。由于负荷区域 1 和负荷区域 2 来自同一个保护区域，负荷区域 1 和负荷区域 2 的 f^{avg} 是相同的。

平均停电时间（average failure duration，dur^{avg}）也是通过停电历史数据计算得到。同样，根据停电时的保护设备动作，将停电事件进行分组，dur^{avg} 是每一个停电事件的平均停电时间。因此，由于负荷区域 1 和负荷区域 2 属于同一个保护区域，负荷区域 1 和负荷区域 2 的 dur^{avg} 是相同的。

对于每一个负荷区域，只有用户数（number of customers，NC）和平均电力需求量（average demand，D^{avg}）是特定的，NC 是通过区内总的用户数计算得到。一般来说，这些信息可以通过配电公司的 GIS 数据库获得，D^{avg} 是通过计算负荷区域内用户的耗电量得到。一般来说，这些信息可以通过配电公司的企业资源计划（enterprise resource planning，ERP）系统的数据库获得。基于上述 4 个参数，可以计算供电质量指标。

4. 总用户停电数量

IC 由式（13－6）计算得到：

$$\mathrm{IC}=\sum_{i}^{n}\left(NC_i \cdot f_i^{avg}\right) \qquad (13-6)$$

式中　n——指的是配电网中总的负荷区域数量；

i——指的是一个特定的负荷区域；

f_i^{avg}——指的是负荷区域 i 的平均故障率；

NC_i ——由于负荷区域 i 发生故障导致的用户停电数量。

5. 总的用户的停电小时数

HIC 由式（13－7）计算得到：

$$HIC = \sum_{i}^{n} \left(NC_i \cdot f_i^{avg} \cdot dur_i^{avg} \right) \quad (13-7)$$

式中，dur_i^{avg} 是负荷区域 i 上一个故障的平均持续时间（用小时数计量，根据巴西的规定，只考虑停电时间超过 3min 的事件）。

6. 缺供电量

ENS 由式（13－8）计算得到：

$$ENS = \sum_{i}^{N} \left(D_i^{avg} \cdot f_i^{avg} \cdot Dur_i \right) \quad (13-8)$$

式中　D_i^{avg} ——负载 i 的平均电力需求。

每一个负荷区域的平均电力需求是通过将每一个用户的月耗电量和一个月的平均小时数相除得到，如式（13－9）所示：

$$D_i^{avg} = \frac{\varepsilon_i^{monthly}}{730} \quad (13-9)$$

式中　i ——一个特定的负荷区域；

$\varepsilon_i^{monthly}$ ——负荷区域 i 上用户总的耗电量（用 kWh 计量）。

为了评估负荷转移的可能性，需要判断馈线容量和节点电压是否越限。为了确保计算性能的良好性，只需要对电网的原始状态进行一次潮流计算。

考虑到负载约束，连接 NO 开关和电源的线段容量大小决定了该开关的转供能力，连接 NO 开关和电源的最低容量的线段决定了紧急情况下一条中压馈线接纳负载的能力。考虑到电压限制约束，连接 NO 开关和电源的线段的总阻抗决定了该开关的转供能力，负荷转移造成的 NO 开关所连母线上的电压降不能越限。

通过这个方法，不需要对电网的每一个状态都进行潮流计算。因此，该方法的表现并不受到计算时间的影响。

“先验的可靠性计算方法”只考虑当负荷区域在故障负荷区域下游时，负荷区域从一条馈线向另一条馈线的转移。通过打开开关来隔离故障负荷区域，闭合 NO 开关来恢复电源对下游负荷区域的供电，并不会破坏配电网的辐射特性。因此，不需要像重构问题一样，对电网进行辐射状检测。

在 GA 里，各个体的初始群体是一组随机建立的字符串。种群通过 3 个步骤：繁殖、交叉和变异，进化成新的几代。繁殖指的是根据个体的评价函数，复制成为新的一代的过程。交叉过程作用在一对随机选择的字符串。变异是指操作者根据一定的概率，修改字符串的基因（等位基因）的值。根据上一代的种群，GA通过上述三个步骤，创造了下一代的种群。新的种群有新的表现，可能会包含表现最好的个体。图 13－7 展示了这些阶段是如何相互关联的，并介绍了本章节采用的 GA。更多关于 GA 的介绍呈现在文献［1］中。在方法的第二阶段，所应用的选择算子以锦标赛选择的形式呈现，并对三个个体进行了评估，如图 13－8 所示。

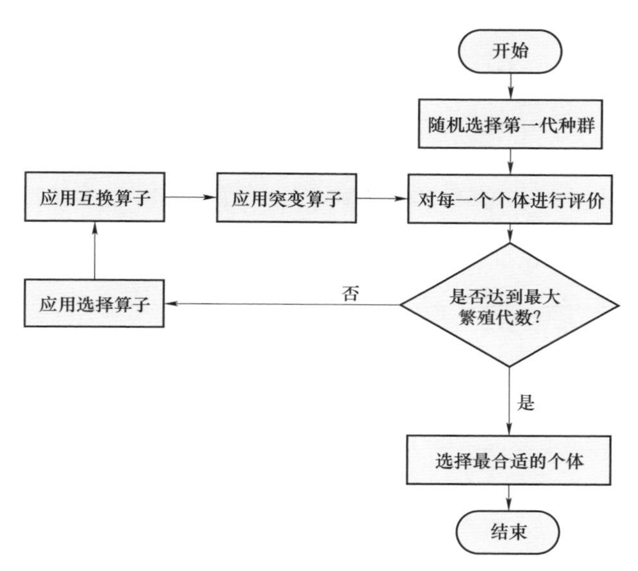

图 13－7　简化遗传算法流程图

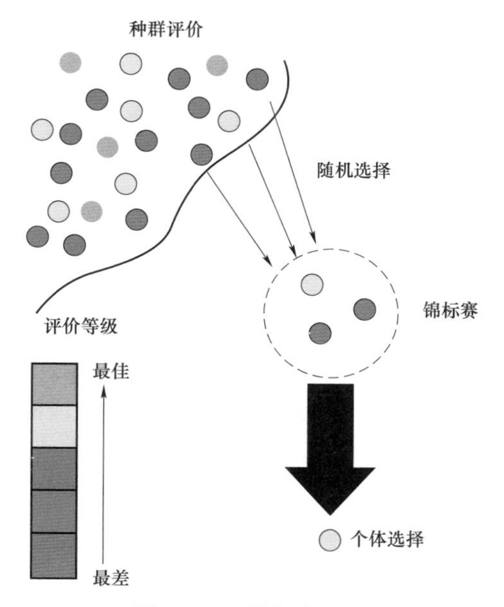

图 13－8　锦标赛选择

变异算子考虑了 1%的变异率，见图 13－9。

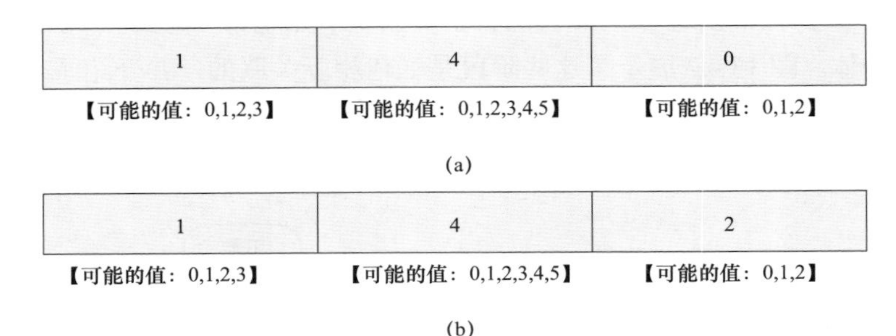

图 13－9 变异算子

（a）原始字符串（选择第三个位置进行变异）；（b）新的字符串（执行变异后）

交叉算子考虑了 75%的交叉率，见图 13－10。

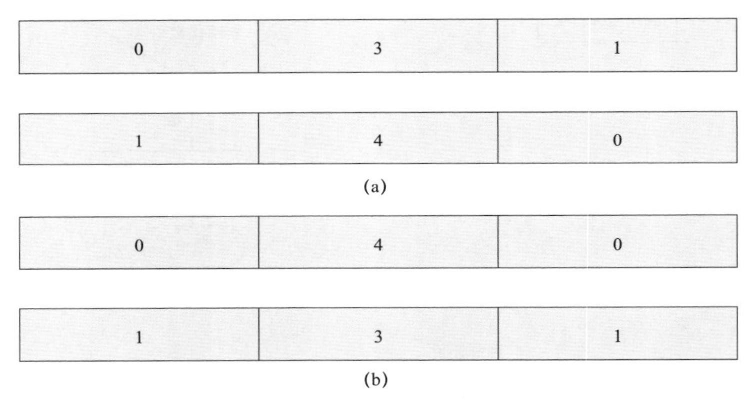

图 13－10 交叉算子

（a）原始字符串（选择第二个位置进行交叉）；（b）新的字符串（执行交叉后）

13.2.3 第三阶段——全局优化

为了最大程度的提高配电网的供电质量，该方法的第三阶段阐述了如何从第二阶段中每条中压馈线的备选优化方案中挑选出最佳方案。因此，该阶段通过 NO－AR 的安装数量，确定了将要考虑的电网状态，并通过 NC－AR 在每条中压馈线上的安装数量，决定了将要考虑的备选方案。该阶段的主要限制在于投资配置 AR 的可用预算和允许安装的 AR 的最大数量。

为了阐明该阶段用到的方法，式（13－10）从线性规划角度说明了优化过程。对于每个电网状态和备选方案组合的评估都考虑了在自动重合闸装置的最大数量的限制下，供电质量指标降低所带来的效益。

$$\max\sum_{i=1}^{n}\frac{benef_i}{num\_dev_i} \tag{13-10}$$

约束条件：

$$num\_dev_i \leqslant \max\_num\_dev$$

$$\max\_\mathrm{num}\_\mathrm{dev} \leqslant \frac{budget}{unit\_cost}$$

式中　i——一条特定的中压馈线；

n——电网中中压馈线的最大数量；

$benefit_i$——馈线 i 上供电质量指标的下降程度；

num_dev_i——馈线 i 上配置的自动重合闸的数量；

max_num_dev——电网中可供配置的自动重合闸的最大数量；

$budget$——可用预算值；

$unit\_cost$——购买和安装一个自动重合闸的单位成本。

如式（13－10）所示，其他优化技术也可以用来解决优化问题。由于 GA 易于实现，因此也考虑用 GA 来解决这一阶段的优化问题。

13.2.3.1　遗传算法

这一阶段考虑的 GA 的计算过程和第二阶段的过程非常类似，其中选择、变异以及交叉算子过程都和第二阶段中的相同。变异和交叉算子的概率分别为 1% 和 75%。

该阶段采用的方法和第二阶段的最大不同在于，对于整个配电网，现在不是解决多个优化问题，而是只解决了一个优化问题。由于 NO－AR 决定了电网的状态，规划工程师需要明确每条馈线对应的状态，然后根据 NC－AR 的配置找到合适的最优解。这些问题通过字符串编码的方法得到了解决。

该阶段所提出的备选方案的代码是一条包含两类位置信息的字符串，字符串开头部分的每个二进制数与每个 NO－AR 的位置相对应。他们决定了电网中一个特定位置安装（1）或者不安装（0）一个 NO－AR。字符串后段部分的每个整数和电网中所分析的每条中压馈线相对应。图 13－11 展示了一个用于字符串编码法分析的线路拓扑图，图中有 4 条馈线，NC 开关和 NO 开关决定了安装 AR 的候选位置。

如图 13－11 所示，每一个 NO 开关上的位置上是否安装 NO－AR 是由字符串中相对应的二进制数决定。由于这个例子里面有 4 个 NO 开关，所以字符串代码必须包含 4 个二进制数。

CB1
NC1
NC2
NO1
NC6
CB3
F1
F3
NO2
NO4
CB2
NC3
NC4
NC5
NO3
NC9
NC8
NC7
CB4
F2
F4
断路器
NC开关
NO开关

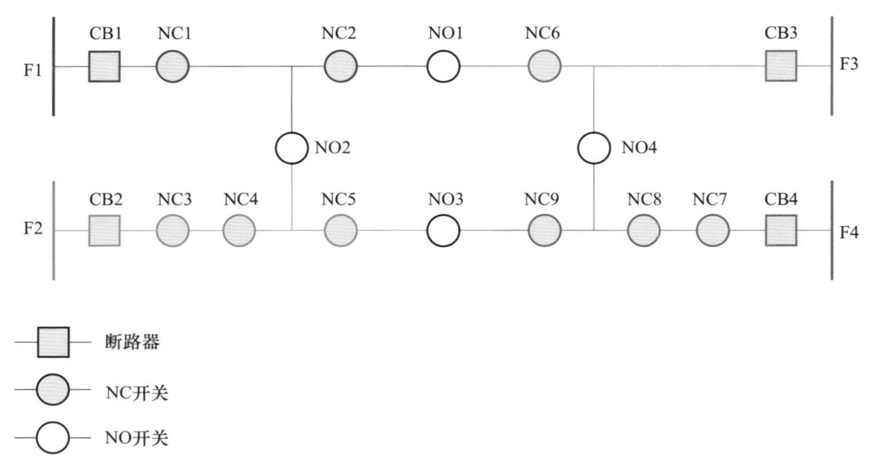

图 13－11　AR 的候选安装位置

对于每一条中压馈线，都存在很多用于配置 NC－AR 的备选优化方案，每个备选方案都对应着配电网第二阶段确定的一个特定状态，因此，每一条馈线有很多组最优解。每组最优解列出配置一个 NC－AR、两个 NC－AR、3 个 NC－AR 等情况，直到安装 NC－AR 减少的 ENS 值不超过 NC－AR 的单位成本。每一组最优解也对应着中压馈线的一个特定状态，中压馈线的状态由 NO－AR 决定。如图 13－11 所示，F1 有两个位置可以安装 NC－AR，NC－AR 的安装有 4 种备选方案：① 不安装 NC－AR；② 开关 NC1 处安装一个 NC－AR；③ 开关 NC2 处安装一个 NC－AR；④ 开关 NC1 和 NC2 处各安装一个 NC－AR。采用十进制编码记录 NC－AR 的安装是一项便捷的方式。由于案例中有 4 条中压馈线，字符串代码必须包含 4 个十进制数，每一个十进制数对应一条中压馈线。图 13－11 所示的电网的通用字符串编码在图 13－12 中作了详细说明。

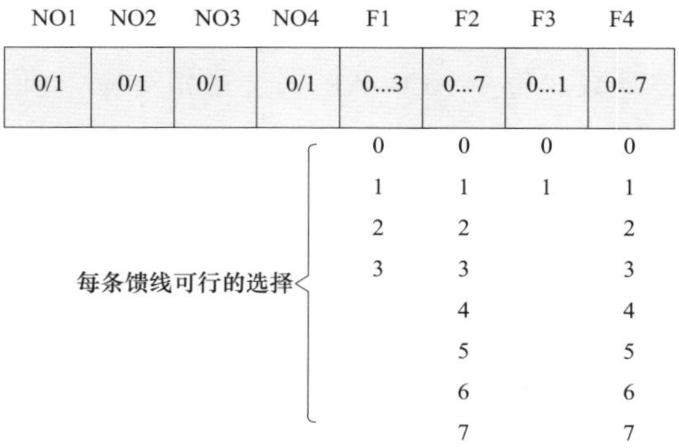

NO1
NO2
NO3
NO4
F1
F2
F3
F4
0/1
0/1
0/1
0/1
0...3
0...7
0...1
0...7
每条馈线可行的选择
0 0 0 0
1 1 1 1
2 2 2
3 3 3
4 4
5 5
6 6
7 7

图 13－12　考虑所有可能的 AR 的位置的字符串

为了更好地说明这一点，图 13－13 展示了一个可行解决方案的编码字符串。

NO#1	NO#2	NO#3	NO#4	F#1	F#2	F#3	F#4
1	1	0	0	3	0	1	6

图 13－13　一个可行解的字符串

如图 13－13 中的字符串所示，开关 NO1 和 NO2 处各安装了一个 NO－AR。馈线 F1：开关 NC1 和 NC2 上各安装了一个 NC－AR；馈线 F2：没有安装 NC－AR；馈线 F3：开关 NC6 安装了一个 NC－AR；馈线 F4：开关 NC8 和 NC9 上各安装了一个 NC－AR。图 13－14 展示了由该编码表示的解决方案。

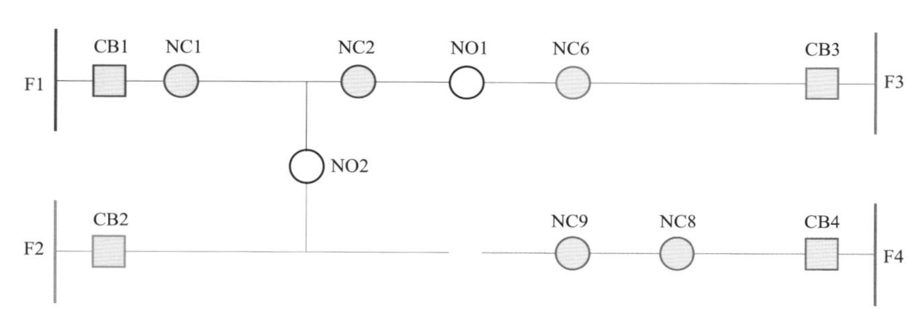

图 13－14　配置 AR 后的线路拓扑图

13.2.3.2　评价函数

在方法的第三阶段，评价函数的目的是通过降低意外事故的发生频率和持续时间，衡量提高的配电网的供电质量，并通过减少供电损失，计算电网企业增加的收益。对于评价函数的建模，往往考虑 *IC*、*HIC* 和 *ENC* 三项指标。

众多优化问题中，对于每一个可能解决方案的评价函数，都在式（13－11）中作了说明。

$$\max\left[K_{IC}\cdot f_{IC}+K_{HIC}\cdot f_{HIC}+K_{ENS}\cdot f_{ENS}\right] \tag{13-11}$$

式中　f_{IC}——该函数表明了整个电网中 *IC* 的总体下降程度；

f_{HIC}——该函数表明了整个电网中 *HIC* 的总体下降程度；

f_{ENS}——该函数表明了整个电网中 *ENS* 的总体下降程度，用公式表示为：

$$f_{IC}=1-\frac{\sum_i^n IC_{with}(feeder_i,NO_1,\cdots,NO_k,Alternative\#)}{\sum_i^n IC_{without}\left(feeder_i\right)} \tag{13-12}$$

式中　$feeder_i$——所分析的电网中一条特定的中压馈线；

$NO_1,\cdots,NO_k$——NO－AR 的候选安装位置，定义了

$feeder_i$ 的状态；

$Alternative\#$ ——安装在 $feeder_i$ 上的 NC－AR 的组合；

$IC_{with}(feeder_i, NO_1, \cdots, NO_k, Alternative\#)$ ——该函数根据由 $NO_1, \cdots, NO_k$ 的组合定义的馈线状态和 NC－AR 的安装组合，返还 $feeder_i$ 的 IC 值；

$IC_{without}(feeder_i)$ ——在没有安装 AR 的情况下，返还 $feeder_i$ 的原始 IC 值。

$$f_{HIC} = 1 - \frac{\sum_i^n HIC_{with}(feeder_i, NO_1, \cdots, NO_k, Alternative\#)}{\sum_i^n HIC_{without}(feeder_i)} \qquad (13-13)$$

式中 $HIC_{with}(feeder_i, NO_1, \cdots, NO_k, Alternative\#)$ ——该函数根据由 $NO_1, \cdots, NO_k$ 的组合定义的馈线状态和 NC－AR 的安装组合，返还 $feeder_i$ 的 HIC 值；

$HIC_{without}(feeder_i)$ ——在没有安装 AR 的情况下，返还 $feeder_i$ 的原始 HIC 值。

$$f_{ENS} = 1 - \frac{\sum_i^n ENS_{with}(feeder_i, NO_1, \cdots, NO_k, Alternative\#)}{\sum_i^n ENS_{without}(feeder_i)} \qquad (13-14)$$

式中 $ENS_{with}(feeder_i, NO_1, \cdots, NO_k, Alternative\#)$ ——该函数根据由 $NO_1, \cdots, NO_k$ 的组合定义的馈线状态和 NC－AR 的安装组合，返还 $feeder_i$ 的 ENS 值；

$ENS_{without}(feeder_i)$ ——在没有安装 AR 的情况下，返还 $feeder_i$ 的原始 ENS 值。

13.3 结果

该仿真分析考虑了整个公共事业辖区自 2012 年至 2015 年 2 月 19 日发生的 327 472 次的停电事件，这些事件都是通过巴西电网公司 OMS 的数据库获得，该数据库记录了每一起停电事件发生时的保护动作设备，停电的开始时间和供电的恢复时间。基于这些信息，可以计算每一个负荷区域的平均故障修复时间和平均故障率。

第二阶段，所有基于 GA 的优化方案考虑了 50 代种群，每一代有 100 个个体。第三阶段，所有基于 GA 的优化方案考虑了 200 代种群，每一代有 500 个个体。这两个分析的仿真时间都在 15min 左右。所有的仿真分析都在一个有着 2 台处理器和 8GB 内存的虚拟机上进行。

由于这项研究的前提是需要考虑之前是否安装了 AR，该研究可以被分为：

（1）棕色地带：考虑现有的 AR 的影响时，安装新的 AR；

（2）绿色地带：忽略现有的 AR 的影响时，重新配置已有的 AR。

图 13－15 展示了应用所提方法的试验区，它由隶属于巴西电网公司的两个真实变电站（SED）组成。该电网有如下特性：

（1）第一个 SED 有 9 条馈线，其中一条存在问题。

（2）第二个 SED 有 16 条馈线，其中两条存在问题。

（3）拥有 14 513 条母线。

（4）拥有 13 803 个线段。

（5）第一个 SED 的馈线上有 17 个 AR，其中 4 个是 NO－AR。

（6）第二个 SED 的馈线上由 28 个 AR，其中 8 个是 NO－AR。

（7）一共装有 765 个开关（包括常规开关和熔断器）。

（8）*HIC* 的初始值是 779 727.13h/年。

（9）*IC* 的初始值是 641 862.52 用户/年。

（10）*ENS* 的初始值是 304.65MWh/年。

图 13－15　试验区

13.3.1 棕色地带分析

本章节采用方法的第二阶段决定了 261 个可以安装 NC–AR 的位置和 35 个可以安装 NO–AR 的位置。表 13–1 详细记录了棕色地带分析的结果。

表 13–1 棕色地带模拟

	HIC 最优	IC 最优	ENS 最优	配置 10 个新的 AR	配置 20 个新的 AR	配置 30 个新的 AR
NO–AR 的数量	20	15	20	2	5	8
NC–AR 的数量	48	34	47	8	15	22
HIC 下降程度	19.23%	—	—	10.16%	15.00%	16.44%
IC 下降程度	—	19.25%	—	10.38%	16.24%	17.84%
ENS 下降程度	—	—	25.61%	9.52%	16.18%	21.38%

如表 13–1 所示，满足限制条件下，通过安装 20 个新的 NO–AR 和 48 个新的 NC–AR，最大程度地降低了 HIC 值；在 IC 减少方面，通过安装 15 个新的 NO–AR 和 34 个新的 NC–AR 得到最优结果；在 ENS 减少方面，通过安装 20 个新的 NO–AR 和 47 个新的 NC–AR 得到最优结果。通过整合第二阶段中馈线指标的最大降低程度，得到上述结果。然而，用于全局优化的 GA 还没被采用。

全局优化仿真考虑了 10、20、30 个重合闸的配置约束。除此之外，该分析考虑了满足限制条件下，每一项指标的最佳结果。因此，为了配置 10 个重合闸，该方法提出安装两个 NO–AR 和 8 个 NC–AR，20 个重合闸的配置需要安装 5 个 NO–AR 和 15 个 NC–AR，30 个重合闸的配置需要安装 8 个 NO–AR 和 22 个 NC–AR。

13.3.2 绿色地带分析

本章所用方法的第二阶段决定了 286 个可以安装 NC–AR 的位置和 38 个可以安装 NO–AR 的位置。表 13–2 详细记录了绿色地带分析的结果。

表 13–2 绿色地带模拟

	HIC 最优	IC 最优	ENS 最优	重新配置 45 个现存的重合闸
NO–AR 的数量	26	25	28	9
NC–AR 的数量	61	56	61	36
HIC 下降程度	37.46%	—	—	34.44%
IC 下降程度	—	36.12%	—	33.29%
ENS 下降程度	—	—	41.83%	32.73%

如表 13－2 所示，满足限制条件下，安装 26 个新的 NO－AR 和 61 个新的 NC－AR，HIC 的下降最为显著；在 IC 减少方面，通过安装 25 个新的 NO－AR 和 56 个新的 NC－AR 得到最优结果；在 ENS 减少方面，通过安装 28 个新的 NO－AR 和 61 个新的 NC－AR 得到最优结果。

全局优化仿真考虑了重新配置 45 个重合闸的限制条件，因此，为了配置 45 个重合闸，该方法提出安装 9 个 NO－AR 和 36 个 NC－AR。

13.3.3 结论

图 13－16 展示了两个分析的结果比较。新的重合闸的配置提高了供电质量。另外，供电质量的改善效果随着所配置的设备数量的增加而趋于缓和，称之为重合闸的配置带来的效益饱和。

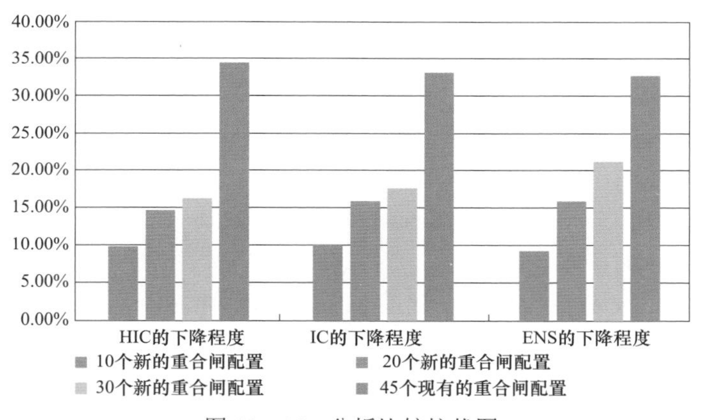

图 13－16 分析比较柱状图

本章比较了棕色地带分析中配置新的重合闸的结果和绿色地带分析中重置现有的重合闸的效果。通过分析发现，重置一个重合闸的效果好于安装一个新的重合闸，因此，相比当前大部分电网公司采用的配置方法，本章提到的方法可以得到更好的结果。

参 考 文 献

［1］ D.E. Goldberg, *Genetic Algorithms in Search, Optimization, and Machine Learning* (Addison-Wesley, 1989).

［2］ G. Levitin, S. Mazal-Tov, D. Elmakis, Genetic algorithm for optimal sectionalizing in radial distribution systems with alternative supply. Electr. Power Syst. Res. 35(3) (1995).

［3］ R. Billinton, S. Jonnavithula, Optimal switching device placement in radial distribution systems. IEEE Trans. Power Deliv. 11(3) (1996).

［4］ F. Soudi, K. Tomsovic, Optimal distribution protection design: quality of solution and computational analysis. Int. J. Electr. Power Energy Syst. 21(5) (1999).

［5］ G. Celli, F. Pilo, Optimal sectionalizing switches allocation in distribution networks. IEEE Trans. Power Deliv. 14(3) (1999).

［6］ F. Soudi, K. Tomsovic, Optimal trade-offs in distribution protection design. IEEE Trans. Power Deliv. 16(2) (2001).

［7］ J.H. Teng, C.N. Lu, Feeder-switch relocation for customer interruption cost minimization. IEEE Trans. Power Deliv. 17(1) (2002).

［8］ J.H. Teng, Y.H. Liu, A novel ACS-based optimum switch relocation method. IEEE Trans. Power Syst. 18(1) (2003).

［9］ M.R. Haghifam, Optimal allocation of tie points in radial distribution systems using a genetic algorithm. Eur. Trans. Electr. Energy Syst. (2004).

［10］ L.G.W. Silva, R.A.F. Pereira, J.R.S. Mantovani, Allocation of protective devices in distribution circuits using nonlinear programming models and genetic algorithms. Electr. Power Syst. Res. 69(1) (2004).

［11］ D.H. Popovic, J.A. Greatbanks, M. Begovic, A. Pregelj, Placement of distributed generators and reclosers for distribution network security and reliability. Int. J. Electr. Power Energy Syst. 27(5 – 6) (2005).

［12］ C.S. Chen, C.H. Lin, H.J. Chuang, C.S. Li, M.Y. Huang, C.W. Huang, Optimal placement of line switches for distribution automation systems using immune algorithm. IEEE Trans. Power Syst. 21(3) (2006).

［13］ V.C. Zamborlini, D.R. Trindade, E. Zambon, B.B. Garcia, E.F Azeredo, *Otimização da Alocação de Religadores em Larga Escala; II CBEE-Congresso Brasileiro de Eficiência Energética* (Vitória/ES, Brazil, 2007).

［14］ A. Moradi, M.F. Firuzabad, Optimal switch placement in distribution systems using trinary particle swarm optimization algorithm. IEEE Trans. Power Deliv. 23(1) (2008).

[15] L.G.W. Silva, R.A.F. Pereira, J.R. Abbad, J.R.S. Mantovani, Optimised placement of control and protective devices in electric distribution systems through reactive Tabu search algorithm. Electr. Power Syst. Res. 78(3) (2008).

[16] A. Helseth, A.T. Holen, Impact of energy end use and customer interruption cost on optimal allocation of switchgear in constrained distribution networks. IEEE Trans. Power Deliv. 23(3) (2008).

[17] H. Falaghi, M.R. Haghifam, C. Singh, Ant colony optimization-based method for placement of sectionalizing switches in distribution networks using a fuzzy multiobjective approach. IEEE Trans. Power Deliv. 24(1) (2009).

[18] W. Tippachon, D. Rerkpreedapong, Multiobjective optimal placement of switches and protective devices in electric power distribution systems using ant colony optimization. Electr. Power Syst. Res. 79(7) (2009).

[19] N. Kagan, C.C.B. Oliveira, E.J. Robba, *Introdução aos Sistemas de Distribuição de Energia Elétrica. 2ª Edição* (Editora Edgard Blucher, 2010).

[20] C.C.B. Oliveira, D. Takahata, M. Maia, *Metodologia de Alocação Otimizada de Dispositivos de Proteção em Alimentadores Baseada no Desempenho Máximo do Alimentador (DMA). IX CBQEE-Conferência Brasileira sobre Qualidade da Energia Elétrica* (Cuiabá/MT, Brazil, 2011).

[21] D.P. Bernardon, M. Sperandio, V.J. Garcia, J. Russia, L.N. Canhab, A.R. Abaideb, E.F.B. Daza, Methodology for allocation of remotely controlled switches in distribution networks based on a fuzzy multi-criteria decision-making algorithm. Electr. Power Syst. Res. 81(2) (2011).

[22] D.P. Bernardon, M. Sperandio, V.J. Garcia, L.N. Canha, A.R. Abaide, E.F.B. Daza, AHP decision-making algorithm to allocate remotely controlled switches in distribution networks. IEEE Trans. Power Deliv. 26(3) (2011).

[23] A.A. Jahromi, M.F. Firuzabad, M. Parvania, M. Mosleh, Optimized sectionalizing switch placement strategy in distribution systems. IEEE Trans. Power Deliv. 27(1) (2012).

[24] L.S. Assis, J.F.V. González, F.L. Usberti, C. Lyra, C. Cavellucci, F.J. Von Zuben, Switch allocation problems in power distribution systems. IEEE Trans. Power Syst. 30(1) (2015).

[25] J.C. López, J.F. Franco, M.J. Rider, Optimisation-based switch allocation to improve energy losses and service restoration in radial electrical distribution systems. IET Gener. Transm. Distrib. 10(11) (2016).